공연장이야기 1

극장컨설턴트와 함께 하는

콘서트홀 & 오페라극장

Concert Hall & Opera House

[엘브필하모니홀 & 코펜하겐오페라하우스]

김 남 돈

공간예술사

극장컨설턴트와 함께 하는

콘서트홀 & 오페라극장

저 자 | 김 남 돈

출 판 | 공 간 예 술 사
신 창 근

주 소 | 서울시 종로구 사직로9가길 6 (필운동, 3층)

TEL | (02) 737-1020

FAX | (02) 737-1500

홈페이지 | www.spacearts.co.kr

E-mail | spacearts@korea.com

등 록 | 제 9-315 호

ISBN | 978-89-7799-108-8 93540

발 행 | 2019. 01. 05

정 가 | 37,000원

Elbphilharmonie Hamburg
Copenhagen Opera House

차를 끓이다 得茶字

봄 강물이 불어나서 모래벌판에 넘쳐나니	春水初生漲岸沙
한가롭게 신을 신고 전원에 나가보네.	閒來着屐向田家
마을이 깊어 고목이 둘러 에워쌌고	村深古木周遭立
산은 외져 오솔길이 구불구불 나 있네.	山僻行蹊邃繞斜
산골에도 풍년 들까 마음 제법 흔쾌하여	頗喜峽居逢樂歲
이웃 사는 벗들하고 살아갈 일 털어놓네.	每從隣友說生涯
해가 길어 수풀 아래 책 읽기가 딱 좋으니	日長正好林間讀
찬 샘물을 길어다가 좋은 차를 끓이네.	汲得寒泉煮茗茶

\- 浣巖 鄭來僑 (1681~1759) -

향기(香氣) 좋은 차를 놓고.. 원고를 마무리한다.

이제 마음을 열고 가득히 담아 온 그간의 바램을 하나로 하며, 새로움을 가슴에 담아보려 합니다.

좋은 공연장의 매력(魅力)은 무엇일까?

이것은 수없이 들어도 지치거나 질리지 않는 울림의 매력, 그 깊고 오묘한 울림의 매력은 거대한 공연장이 소리에 미치는 영향 때문일 것이다. 모든 콘서트홀과 오페라하우스는 고유한 울림의 특성(特性)을 가지고 있다. 따라서 모든 음악 애호가(愛好家)들은 공연장에서 울림의 효과를 알고는 있지만 다양한 공연공간에서 음악을 반복해서 듣지 않으면 그 중요성을 인식(認識)할 수 없게 된다.

관객이 느끼는 음악의 기쁨에는 작품, 지휘자, 오케스트라, 성악가 등 많은 요인들이 복잡하게 얽혀 있지만 공연장에서 음악의 웅장함과 감동을 느끼기 위해서는 이러한 많은 요인들과 함께 홀의 울림이 가장한 요소라 할 수 있다. 홀의 울림은 일단 홀 안에서 소리가 발생하면 그 소리는 실내 전체로 확산과 반사를 반복하면서 성장(成長)의 과정을 거쳐, 일정한 크기에 도달하게 되면 마침내 정상상태(頂上狀態)에 이르게 된다. 그때 소리가 갑자기 멈춰버리면 그 순간부터 홀 내부의 음(音)은 감쇠과정을 거치면서 소멸(消滅)하게 되는데 이러한 감쇠과정에서 들리는 소리를 홀의 울림, 즉 잔향(殘響)이라 부른다.

공연장에서 들리는 음은 연주음에 이러한 공간의 잔향감이 더해져 만들어지는 소리다. 홀(Hall)의 크기, 실(室) 형상, 경계면의 흡음특성, 공간위치에 따라 관객에게 도달하는 직접음과 반사음 레벨, 전달과정, 도착방향(到着方向), 주파수특성 등이 달라지고 이에 따라 소리의 느낌도 전혀 달라지게 된다. 전 세계에서 수천 개의 홀이 건립되어 사용하고 있는데 완전하게 같은 울림의 특성을 갖는 홀은 단 하나도 존재(存在)하지 않는다. 따라서 각 홀에서 연주되는 음악은 서로 다른 소리를 표현하게 되고 각각의 홀이 가진 고유한 소리에서 과연 좋은 소리를 담은 좋은 홀이란 무엇일까? 라는 의문을 갖게 된다.

이런 끊임없는 의문(疑問)은 세계 각각의 장소에서 자신만의 소리를 내는 공연장을 찾게 하는 또 다른 매력일 것입니다. 이러한 매력의 정점(頂點)에 있는 공연장인 독일 함부르크의 엘브필하모니홀, 덴마크 코펜하겐의 코펜하겐오페라하우스에 대하여 그간 견학, 공연관람, 자료를 정리하여 책을 발간하게 되었습니다.

부러움, 그리고 스스로에 대한 자책(自責)을 넘어, 앞으로 우리도 이와 같은 공연장 건립이 멀지 않았다는 확신은 언제나 새로운 용기(勇氣)를 주기도 합니다.

부족함이 가득한 책을 발간함은 언제나 한계(限界)를 느끼게 합니다. 이런 한계에 대한 자책은 이 책이 새로운 공연공간 건립에 아주 작은 처음의 역할을 하는 마중물이 되었으면 하는 바램으로 위안을 삼으려 합니다.

언제나 깊은 배려와 관심에 감사의 말씀을 전합니다.

2019. 01.

한 겨울, 봄을 기다리며... **金南暾**

Elbphilharmonie Hamburg
Copenhagen Opera House

제1장 함부르크 필하모니 홀(Elbphilharmonie Hamburg)

1. 건립계획(建立計劃) ········· 012
2. 구상(構想) ········· 018
3. Elbphilharmonie Hamburg 건설(建設) ········· 029
4. Elbphilharmonie Hamburg 건축 관련 도면 ········· 040
5. 콘서트홀(Main Hall)의 계획(計劃) ········· 047
6. 콘서트홀(Main Hall)의 건축음향설계 ········· 061
7. 콘서트홀(Main Hall)의 건축 ········· 138
8. 리사이틀홀(Kleiner Saal) ········· 158
9. 카이스튜디오(Kaistudio) ········· 168
10. NDR Elbphilharmonie Orchester ········· 176
11. The Westin Hamburg Hotel ········· 188
12. Elbphilharmonie Hamburg 사진자료 ········· 192
13. 함부르크의 기타 공연장 ········· 215
    · 함부르크 콘서트홀(Laeiszahall) ········· 215
    · 함부르크 오페라하우스(Staatsoper) ········· 221

제2장 코펜하겐오페라하우스(Copenhagen Opera House)

1. 유럽의 극장건축 역사(歷史) ········· 228
2. 계획(計劃)과 구성(構成) ········· 241
3. 코펜하겐오페라하우스(Copenhagen Opera House) ········· 244
4. 오페라하우스 탄생(誕生) ········· 273
5. 오페라하우스의 음향설계(音響設計) ········· 289
6. 오페라하우스의 무대 엔지니어링 ········· 305
7. 코펜하겐오페라하우스 사진자료 ········· 333
8. 코펜하겐의 새로운 공연장 ········· 347
    · 뉴덴마크 왕립극장(The Royal Danish Playhouse ; Skuespilhuset) ········· 347
    · 덴마크 DR콘서트홀(Danish Radio Concert Hall) ········· 351
9. 추천 명곡(推薦 名曲) ········· 374

□ 부록 / Bibliography

1. 참고문헌 / 2. 추가자료 ········· 400

함부르크 필하모니 홀
코펜하겐 오페라하우스

함부르크 필하모니 홀
Elbphilharmonie Hamburg

1 건립계획(建立計劃)

독일 북부에 위치한 항구도시인 함부르크는 북해(北海)로 흐르는 엘베 강가에 위치하는 항구를 중심으로 하는데, 수도 베를린 다음으로 규모가 큰 대도시이다. 상업과 경제의 도시라는 얼굴 이외에 음악의 도시로서 명성이 높다. 클래식 음악에서는 브람스 및 멘델스존의 출신지로 텔레만(Georg Philipp Telemann)이나 칼 필립 엠마누엘 바흐(Carl Philipp Emanuel Bach－요한 세바스찬 바흐의 차남), 하세(Johann Adolph Hasse) 등 저명한 클래식 음악의 작곡가가 활약한 곳이다.

세계적인 피아노 제조사 스타인웨이(Steinway)의 공장도 있으며 록 음악에서는 비틀즈가 밴드 데뷔의 초기 시절(初期 時節)을 보낸 곳으로도 유명하다.

함부르크는 세계 유수의 녹색 도시(Green City－綠色都市)로서 명성이 높고, 녹음(綠陰)이 우거진 시기에 하늘에서 도시를 바라보면 큰 숲속에 감추어져 있는 비밀스러운 도시처럼도 보인다.

또, 출판이나 TV 등 미디어 각사(各社)가 본거지를 두고, 포토리터치로 사용되는 Adobe Photoshop이나 DTP관련 소프트의 메이커로서 알려진 Adobe Systems도 독일에서는 함부르크에 거점을 두는 등 미디어 관련 산업이 모인 도시로서도 잘 알려져 있다. 함부르크는 대규모 무역항과 항만을 가지고 있어 중세에 한자동맹(Hansebund)의 중심도시로서 번성하였다. 한자동맹은 북독일에서 왕후귀족 지배를 받지 않고 만들어진 북해~발트해 연안의 상업도시 연맹으로 귀족지배가 없이 상업 중심으로 발전한 독특한 역사를 건조물 등에서 엿볼 수 있다. 특히 엘베 강가에 펼쳐진 창고(倉庫)거리의 아름다운 경치는 그 상징으로, 유네스코 세계유산에도 등록되어 있다. 이 창고거리에서 강에 이르기까지의 지역은 현재 유럽 최대의 시가지 재개발 프로젝트인 「하펜시티」지구의 정비(整備)가 진행되고 있다.

도시에는 항상 무언가가 결여(缺如)되어 있다. 그 부분이 도시계획의 출발점이다. 그도 그러한 것이 사회의 변용 속도(變容 速度)에 비해 도시는 그리고 건축은 항상 느리기 때문이다. 그러므로 도시는 기본적으로 결여체의 태세를 갖춘다. 그리고 그 「무엇이 결여되어 있는가?」를 주시하는 것이 도시론(都市論)의 기본이며, 그에 대해 계획자는 교묘한 계획을 만들어내야만 한다. 즉, 현재의 도시는 그 「결여되어 있는 무언가」가 일으키는 여러 문제에 대한 고안(考案)과 그 축적(縮積)된 역사로서 존재한다. 뒤를 돌아보고 역사가 보여주는 것에 시선을 돌리는(리뷰 하는) 자세와 이번에는 그것을 미래를 향해 갱신하는(리바이스 하는) 자세가 항상 거기에 요구된다.

하펜시티의 상징(象徵)이라고 할 수 있는 랜드마크로 건설된 것이 서쪽 끝단에 건설된 「엘브필하모니 함부르크(Elbphilharmonie Hamburg)」이다.

스위스의 저명한 건축가 그룹인 「헤르조그 & 드 뫼롱(Herzog & de Meuron)」에 의해 설계된 대, 소 2개의 콘서트홀, 웨스트인 호텔, 콘도미니엄(주거)이 들어간 26층 구조의 복합시설(複合施設)로 2017년 1월 11일에 오픈하였다.

상부(上部)와 하부(下部)로 완전히 분리된 특징적인 디자인을 채용하고 있으며 하부의 외장은 벽돌조의 창고를 그대로 활용하고 물결을 이미지해서 곡면 유리를 구사한 상부의 모던 디자인과의 대비(對比)가 인상적이다.

8층의 갈려진 부분은 플라자라 불리며 엔트런스 및 엘리베이터 홀이 있고, 그 외 밖으로 개방된 전망 테라스로 되어 있는 외주(外周)를 걸을 수 있어 함부르크 시가 및 항구를 조망(眺望)할 수 있다. 이미 많은

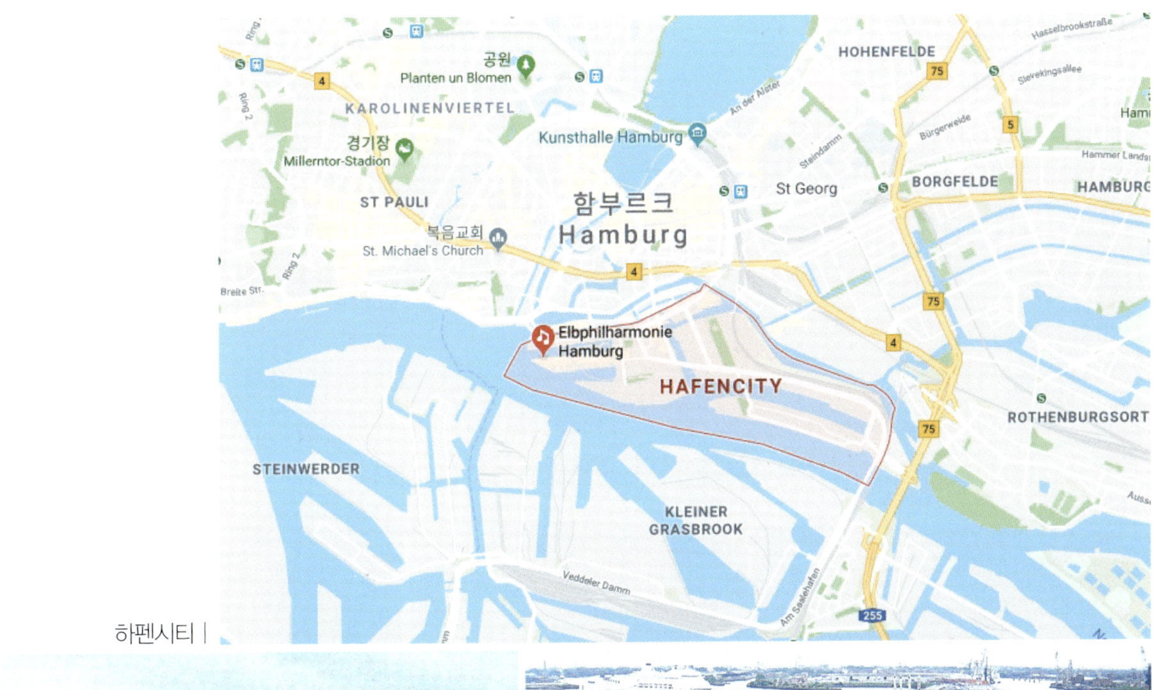

하펜시티 |

사람들로 붐비는 새로운 관광명소이기도 하다.

건물의 외관은 함부르크의 거리를 연상시키는 붉은 벽돌조에 곡면 유리를 다용(多用)한 현대 건축을 합친 독특한 구조로 하펜시티 지구, 나아가서는 함부르크의 랜드마크로서 한층 더 존재감을 보이고 있다.

외벽은 기존 시설의 추억(追憶)을 남길 뿐 아니라 굽이치는 지붕 및 물고기의 아가미와 같은 유리창을 적용하고 있다. 디자인에서도 새로운 랜드마크가 되고 있다. 이 유리에는 자세히 보면 현무암(玄武巖)으로 작은 회색 마킹이 이루어져 있다. 이 마킹은 빛을 반사시켜, 태양광에 의한 온도상승(溫度上乘)을 막는 동시에 유리를 빛나게 하고 있다.

엘프필하모니홀이 위치한 이 지역은 함부르크 주민들과 세계 각지의 문화예술에 관심 있는 사람들에게 새로운 사회 및 문화의 중심지가 될 수 있다. 시민들의 방문을 촉진하기 위하여 대도시의 현대적인 다양성을 반영한 매력적인 조합의 시설들이 유치될 것이다. 고풍스러움을 함께하는 부두가의 창고 건축물과 전통을 승계하는 섬세한 설계의 조화(調和), 다양한 공적(公的)·사적(私的)인 공간들은 새로운 필하모닉홀을 방문하는 사람들에게 잊지 못할 경험을 선사(善事)하고 있다. 바깥에는 테라스에서의 풍경이 안으로는 필하모닉홀의 세계가 대조(對照)를 이루고 있다.

엘프필하모니의 건물 8층까지의 하부는 1963~1966년에 건설되어 찻잎이나 커피 등의 무역품의 저장에 사용된 "Kaispeicher A"라는 오래된 벽돌조의 창고 외벽(外壁)만을 그대로 활용해 사용하고 있다. Kaispeicher A는 함부르크 출신의 건축가 Werner Kallmorgen이 설계했다.

8층보다 상부는 유리로 마감된 무수한 파도와 물거품을 이미지하는 디자인인데 유리판은 1,100장 사용하였다. 개개의 유리창에는 둥글게 그러데이션이 디자인되어 있고 곳곳에 곡면도 다용되는 등 매우 정교한 디자인으로 되어 있다. 태양과 하늘, 수면의 반사를 받아 시시각각 그 표정을 바꾼다. 높이는 110m이다.

엔트런스는 수수한 구조인데 얼핏 보면 창고 그 자체라는 느낌이다. 실은 이것도 연출의 하나로서 들어간 후의 독특한 확산감(擴散感)이 있는 실내에 더 강한 인상을 심어주기 위해서이다. 기대감을 부추기고, 상상력을 자극한다. 들어가는 계단부터 예술체험(藝術體驗)은 시작되고 있는 것이다.

| 예전에 있었던 창고 카이슈파이어(Kaispeicher) A의 표기와 같은 DIN 1451폰트를 사용해 만들어졌다.

| 파사드 하부는 창고의 외벽을 그대로 남기고 있다.

| 엘프필하모니와 그 건너편에 있는 창고가와의 대비. 하부의 벽돌 부분은 창고와 조화를 이룬다.

자연스럽게 만들어진 엔트런스에 어프로치 하여 입장(入場) 게이트를 통과하면, 그대로 하얀 동굴과 같은 디자인으로 천천히 움직이는 80m나 되는 긴 에스컬레이터를 올라간다. 완만한 커브를 그리고 있고 발밑의 단차는 작아 커브에 따라 약간 차이가 따른다. 일단 에스컬레이터를 환승하는 부분에 유리로 만들어진 전망할 수 있는 작은 방이 있다. 서향(西向)이기 때문에 엘베 강으로 떨어지는 석양(夕陽)을 조망할 수 있다. 에스컬레이터에서 내리면 조금 계단이 이어지고 다 올라가면 플라자의 넓은 홀이 나온다. 대 소 2개의 콘서트홀 및 호텔 등과 합류(合流)하는 미팅 포인트가 되고 있다. 이곳은 요소에서 밖으로 나올 수 있고 37m의 높이에서 360도로 전체를 즐길 수 있는 관광 스포트가 되고 있다. 바(Bar) 등도 있어 엘베 강에 펼쳐진 항구의 경치를 조망할 수 있다.

플라자에서는 메인 콘서트홀과 소 홀인 리사이틀홀로 계단을 이용하여 접근한다. 콘서트홀의 포이너는 수직의 벽이 적고 비스듬한 직선을 다용한 참신한 디자인으로 바닥이나 계단 등에 목재가 다용(多用)되어 있고, 화이트를 기조로 한 모던디자인이면서 온기도 느껴진다. 구(球)와 라인의 2종류의 라이트를 리드미컬하게 배치하고 있다.

균형감각(均衡感覺)이 이상해질 것 같지만, 홀은 높이가 있기 때문에 묵묵히 계단을 올라가는 것보다도 라인이 만들어내는 아름다움을 발견하는 탐험을 하고 있는 듯하여 공간에 있는 즐거움이 있다. 곳곳에 음료를 즐길 수 있는 공간도 있어 프로그램 중간의 휴식 시간에 많은 사람들로 붐비고 있었다. 큰 유리창은 조망도 뛰어나 콘서트 전후(前後)에 조망을 즐길 수 있는 구조로 되어 있다.

상층부에는 2,100명을 수용할 수 있는「대 홀인 콘서트홀」과 550석이 갖추어진「소 홀인 리사이틀홀」의 두 공연공간이 있다. 대 홀은 엘프필하모니의 심장부라고도 할 수 있는 곳인데, 지상 높이 51.0m의 위치

| 엘브필하모니는 하펜시티 최서단에 상징처럼 우뚝 솟아 있다.

에 있는 17층부터 68.0m의 위치에 있는 21층까지를 차지하는 대 홀은 서커스극장과 같은 고저차(高低差)가 있는 좌석배열로 이루어져 있다. 오케스트라의 지휘자로부터 객석까지의 거리는 최장 30.0m이므로 그 임장감(臨場感)은 더할 나위 없다. 포도밭을 콘셉트로 해서 객석이 오케스트라를 둘러싸듯이 배치되어 있다. 엔트런스를 12군데 설치하고 있고 각 포이어에는 바 카운터가 설치되어 있다. 다른 콘서트홀에서는 볼 수 없는 공간의 여유감(餘裕感)을 느낄 수 있다.

메인 콘서트홀의 공간 컨셉은 'Vineyard 모델' 에서 따온 것으로, 오케스트라와 무대가 홀의 중앙에 위치하고 객석의 층은 계단식으로 전 방향으로 배치된다. 또, 특별한 벽과 천장구조를 개발하였는데, 「하얀 피부(皮膚)」라 불리는, 밀리 단위로 개별적으로 성형된 1만 장의 석고 섬유판을 벽에 이용함으로서 홀 전체를 의도한 대로의 소리로 뒤덮고, 천상에 실치된 미시룸 모양의 반사판이 이상적으로 소리를 분산(分散)시켜 준다는 것이다.

이를 통해, 청중은 음악가를 눈앞에 두고 최고의 소리를 즐길 수 있다는 것이다.

소 홀이라 불리는 리사이틀홀은 주로 실내악을 상정(想定)해 만들어져 있다. 벽면은 물결치듯이 성형된 목제 패널로 구축되어 있으며 이쪽도 멋진 음향효과를 실현하고 있다고 한다.

엘브필하모니 대 홀인 콘서트홀은 「북독일 방송 엘브필하모니 관현악단(NDR Elbphilharmonie Orchestra, 구 명칭 : 북독일방송교향악단), 소 홀인 리사이틀 홀은 「앙상블 레조난츠(Ensemble Resonanz)」의 본거지(本據地)가 된다.

건축 비용이 당초의 예정 금액보다 점점 늘어나 몇 번이나 공사가 중단되었기 때문에, 약 7년 늦게 완성된 엘브필하모니홀은 하펜지구의 엘브 강가에 위치하며, 아래는 붉은 벽돌조, 상부는 대담한 파형(波形)으로 디자인된 유리가 눈길을 끄는 건물로 함부르크를 대표하고 있는데, 언제까지 많은 시간이 지나도 건설중인 건물을 보고 함부르크 시민들은 "돈만 갉아 먹는 벌레"라 야유(揶揄)했지만, 오픈하고 나서 보니 대인기(大人氣)를 누리고 있다. 2018년도 콘서트 티켓은 이미 매진되어 버렸다. 세계 굴지의 콘서트홀이라는 평판으로 NDR 교향악단원은 「좋은 소리는 더없이 아름답게 울려 퍼지지만, 좋지 않은 소리도 꾸밈없이 정직하게 울려 퍼진다」고 말하였다. 연주가에게 있어서는 「실력이 여실히 드러나 버리는 홀」이라는 평가를 받고 있다.

| 엘프필하모니의 단면도

구 분	내 용
소재지	Elbphilharmonie Hamburg, Platz der Deutschen Einheit 4, 20457 Hamburg
발주자	함부르크市(HAMBURG)
설 계	헤르조그 & 드 뫼롱(Herzog & de Meuron)
시설종류	26층 규모의 복합시설 (공연, 교육, 주거, 호텔)
시설규모	공연/교육공간: 콘서트홀 리사이틀홀 Kaistudios 각 부속시설(연습실 및 악기보관실 등) 공용공간: Plaza, Tube, Foyer 등 주거, 호텔 편의시설: Cafe, Shop, Restaurant 주차공간

상주단체 : 북독일 방송 엘프필하모니 관현악단(NDR Elbphilharmonie Orchestra),
앙상블 레조난츠(Ensemble Resonanz)

구성	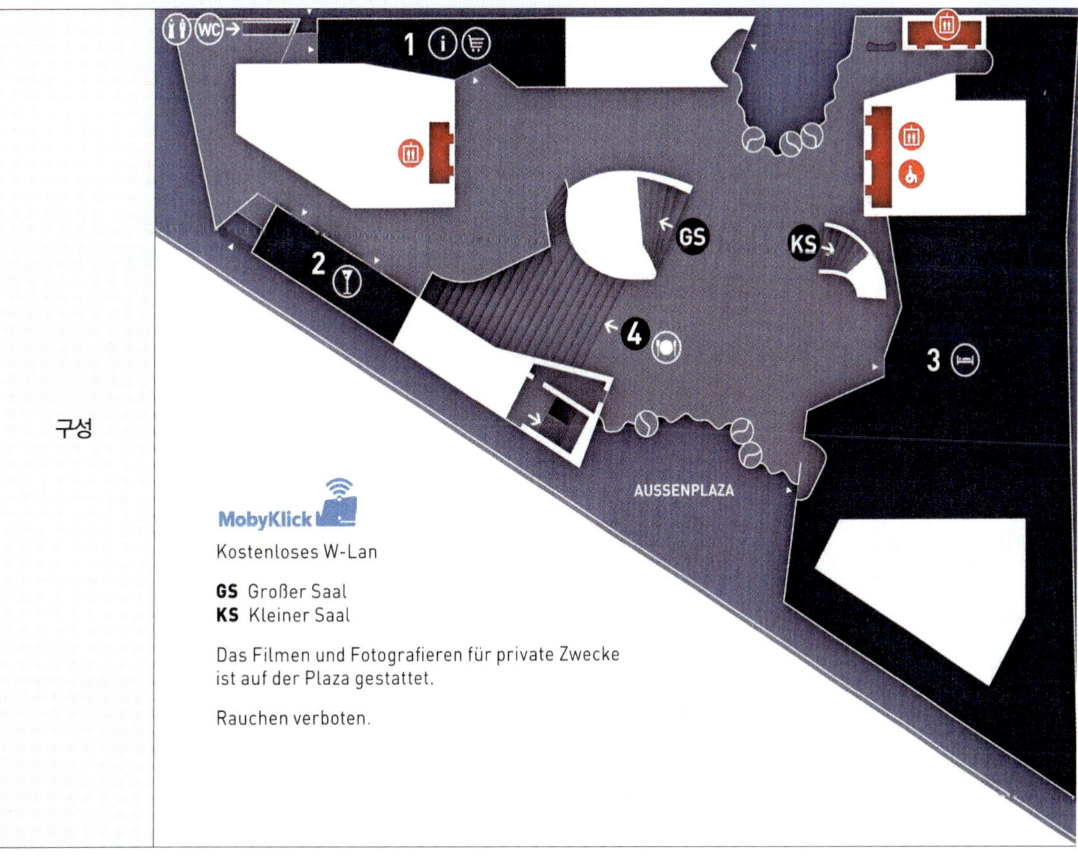

2 구상(構想)

HERZOG & DE MEURON

Jacques Herzog와 Pierre de Meuron은 1978년 바젤에 사무실을 개설했다. 오늘날 회사는 설립자들과 협력자인 Christine Binswager, Ascan Mergenthaler, 그리고 Stefan Marbach에 의해 운영되고 있다. 유럽, 아시아, 미국을 거치며 380여개의 프로젝트를 진행했다. 바젤 본사에 이어 함부르크, 런던, 뉴욕과 홍콩에 지사가 있다. Herzog & de Meuron은 그들의 작품을 인정받아 2001년 Pritzker Architecture Prize(건축계의 노벨상)를 수상했다. 그들의 설계는 규모가 큰 편이다. 그들이 뮌헨의 알리안츠 아레나, 북경(北京)의 올림픽 스타디움 (둥지)을 구상할 때도, Herzog & de Meuron의 성공적인 결과물을 위한 방법이자 미리 설계된 건물이 아닌 '주변에 맞는 고유한 맞춤 건물 설계'라는 점은 동일하게 유지(留支)되었다, 마치 런던의 테이트 모던처럼. 혹은 최초의 윤곽을 프로젝트의 입안자인 Alexander Gerard와 Jana Marko와의 회의 중 Kaispeicher A의 사진 위에 스케치를 그리면서 디자인한 엘브필하모니 또한 그러했다.

그 곳에 창고(倉庫)가 있었다. 함부르크 최적의 위치 중 하나이며 엘베 강(江)강의 강둑 위에 바로 서 있었다. 창고 안에는 코코아의 향이 퍼져있고, 사무실들은 가구들이 꽉 차서 쌓여있었다. 이런 먼지 쌓인 실내로 들어와 보면, 방치된 이곳에서는 아무것도 할 수 없을 것 같고, 세상 밖과 단절된 것처럼 느껴졌다. 함부르크 시 중앙에 위치한 오래된 "Kaispeicher A", 혹은 "Wharf Warehous A"는 무시하기엔 너무 크지만 뭔가 의미 있는 것으로 탈바꿈하기에도 너무 큰, 과거의 유적(遺蹟)처럼 서 있었다.

이것이 엘브필하모니의 환상적(幻想的)인 이야기의 시발점(始發點)이다. 초기 구상과 Jacques Herzog가 2001년 12월 21일 바젤에서 창고의 사진 위에 급하게 그려낸 스케치로 시작되었다. 빨간 벽돌의 사각형 구조 위에 위로 솟구치는 파도는 대담하고 야심찬 발상(發想)이었다. 스케치 뒤에 숨겨진 구상은 거대하고 급진적(急進的) 이었다.

| 아이디어 스케치

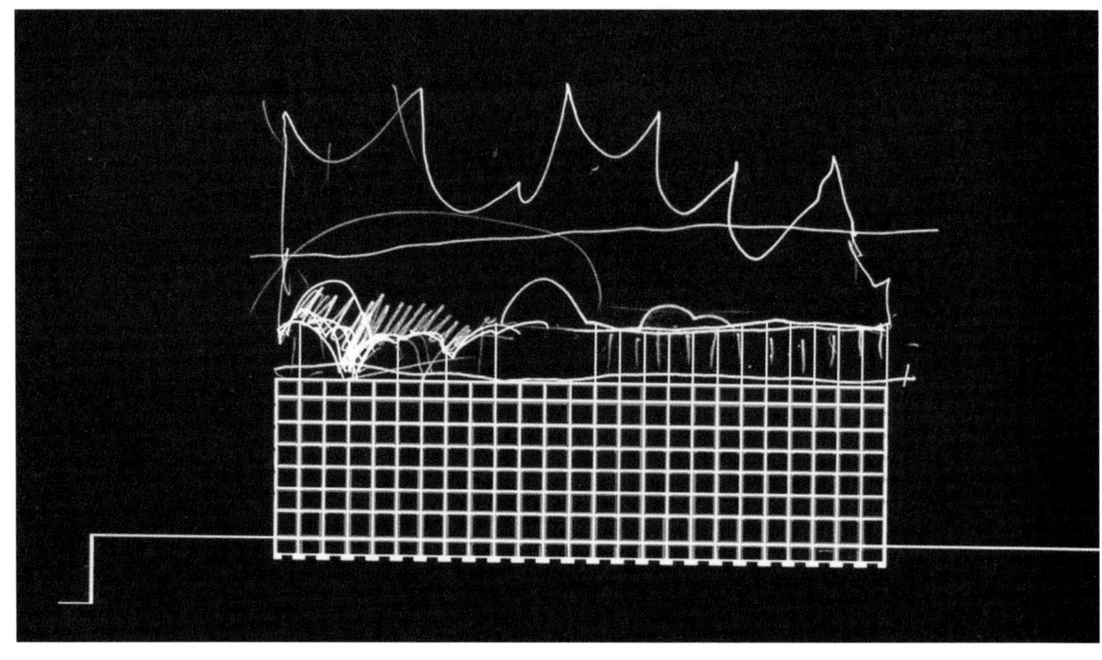

헤르조그 & 드뫼롱에게 함부르크의 Kaispeicher A에 콘서트홀을 설계해 보지 않겠냐고 제안한 개발업체 책임자는 원래 그 바로 옆에 개별 수상 타워를 세우는 건 어떨지 권하고 있었다. 그곳을 호텔과 집합주택으로 충당(充當)하면 이 문화시설의 자금(資金)을 어느 정도 조달할 수 있다는 계산이었다.

최근 몇 십 년 동안 많은 대도시들은 인상적인 문화와 관련된 건물들을 건설하는 것에 투자하여 눈길을 끄는 상징적인 요소로 경쟁력을 얻길 바랐다. 주목할 만한 사례는 스페인의 항구도시인 빌바오가 있다. 주목받는 건축가 Frank Gehry가 구겐하임 박물관으로 예술적인 전당을 만들면서 그 이후 전 세계에서 관광객들이 모여들고 있다. 오슬로의 도시 계획가들은 문화에 투자하는 것이 현대사회에서 사회 전반에게 혜택을 주는 사회적으로 필연적(必然的)인 일이라고 생각했다. 그로 인해 오슬로의 오페라하우스는 지금 시기의 랜드마크가 되었다. 새롭게 지어진 프랑스의 파리 필하모니홀은 의도적(意圖的)으로 도시 바깥쪽에 위치하여 음악이 생활에 필수적인 요소라는 생각을 프랑스의 수도 외곽지역(外廓地帶)에도 퍼뜨리려고 했다.

이상적으로 콘서트홀들은 방문객들의 상상력에 불을 지펴야 하며 삶의 질에 대한 감각을 끌어올려야 한다. 음악이 우리들을 해방(解放)시킬 수 있는 힘을 직접적으로 경험할 수 있는 장소가 되어야 한다.

그러나 건축가 측에서는 심사숙고를 거듭한 끝에 공간을 이분할(二分割)하는 것으로 결론을 내었다. 즉, 중후한 벽돌 창고 위에 역시 블록을 착실히 쌓아 올린 듯한, 단 재질이 전혀 다른 수정풍의 글라스 동(棟)을 올린다는 계획이다.

이 유리면에 반사 방지용의 전사(転写) 필름을 붙이고 나아가 표면을 구부려 틈새로부터 자연환기(自然換氣)를 하도록 하면 그 배후에 집합주택이나 객실을 배치할 수 있다. 유리는 보통 그 투명성(透明性) 때문에 이용하는데, 헤르조그 & 드뫼롱의 경우는 유리 소재 그 자체를 부각시켜서 거기에 흔들림과 안길이를 주어, 유리를 마치 일렁이는 수면(水面)처럼 보여준다. 이 유리면에는 주변 일면에 펼쳐지는 2대 요소인 하늘과 바다가 비춰진다.

프로젝트의 창시자인 Alexander Gerard와 Jana Marko는 함부르크 콘서트홀이 그들이 생각한 것에 따라 장관(壯觀)을 이루길 바랐다. 그들의 생각은 네 면 중 세 면이 물과 마주하고 있는 기존의 건물을 받침대로 사용하는 것이었다. 물에서 37m 높이로 올라온 이 복합건물은 다양한 기능들이 있고 중앙에는 그랜드 콘서트홀이 호텔과 주거시설로 둘러쌓여 있다.

또한 광장(廣場)은 대중에게 공개되어 호텔을 예약하지 않거나, 레스토랑에 가지 않거나 또는 공연 티켓이 없다 하더라도 함부르크의 놀라운 경관을 감상할 수 있다. 그뿐이 아니다. 서쪽 면에 적은 수의 주거공간을 더해, 후대(後代)의 개발자들이 엘베 강 해질녘의 경관을 방해할 수 없도록 하는 것은 어떤가? 또한 가장 중요한 점으로 새로운 구조를 신기술(新技術)로 제작된 유리 파사드로 완전히 감싸, 지구상에서 한 번도 보지 못한 형태를 만들어내기를 기대(期待)하였다.

유리를 두른 콘서트홀 동(棟)이, 대좌(台座) 위의 조각처럼 벽돌창고 위에 실린다. 카이슈파이어의 사다리꼴 평면을 답습(踏襲)하면서도 그것과는 전혀 다른 느낌을 표현한다. 저면과 지붕이 크게 굽이치고 바람을 안은 돛처럼 부풀어진다. 이 텐트풍 지붕의 능선이 수속(收束)하고 있는 개소에서는 정하중 강도가 늘어난다. 한편 저면에는 구(舊) 창고의 옥상에서 바라보면 캐노피(天蓋)처럼 보이는 볼트가 3개 뚫려 벽돌 동과 글라스 동 사이에 틈새를 만들고 있다.

| 2003년 6월

초기 구상 후 몇년 동안 외부 모습에 대한 구상은 내부의 구상만큼이나 바뀌었다. 건물은 여전히 활력(活力)을 보여주고 있지만 광범위한 폭의 기능들과 구역들로 인해 그 요소들은 더 이상 매력적이지 않은 장소들에 모두 모여 있었다. 이 모든 것은 독일에서 가장 크며 '문화의 중심지(文化 中心地)'이지만 수십 년 동안 클래식 음악을 위한 공연장은 하나밖에 없는 그 도시를 위한 것이었다.

모든 건물 구조에 독창적(獨創的)인 구조를 갖추는 것을 원했으나 그 중 가장 중심이 될 요소는 물론 건물의 외관만큼이나 훌륭한 음향(音響)을 가지게 될 콘서트홀이다. 또한 '엘브필하모니에는 함부르크의 전경을 볼 수 있는 대중적 공간이 있어야 한다. 그 점이 매우 중요한 요소로 작용하였다.

거리와 항구를 조망하는 이 틈새가 방문객(訪問客)을 맞이하는 전망 광장(展望 廣場)으로 이용되고 있다.

벽돌 동(棟)과 글라스 동의 틈새를 건축가는 일부러 오픈 스페이스 그대로 두었다. 도시계획적으로 말하자면 이 틈새가 거리의 중심(中心)에 해당된다. 헤르조그 & 드뫼롱은 이 역사적인 창고를 방문하자마자 그 옥상을 거대한 전망대(展望臺)로 만들면 전혀 달리 보일 거라고 확신했다.

그 맞은편 북쪽에는 상인계급이 구축한 부(富)의 축도인 중심가가 있고 남쪽에는 그 영화(榮華)를 가져온 도시경제의 아킬레스건인 컨테이너항이 기다리고 있다. 도시의 뼈대가 되기도 한 이 두 가지를 공존(共存)시키면 함부르크의 이면성(裏面性)이 부각된다.

그야말로 카이슈파이어가 공존(共存)하지 못했던 이 둘을 이어주면 이 역사적 건조물은 통일의 상징이 되기도 하고 동시에 도시 함부르크의 새로운 중심이 되기도 한다. 헤르조그 & 드뫼롱은 그렇게 짐작하고 벽돌의 토대와 유리의 상부 구조 사이에 광장(廣場)을 설치, 이것을 사이에 두고 건물내의 각종 시설을 연결(連結)시켜 모든 사람들에게 개방된 공간을 준비한 것이다. 방문객은 광장을 한 바퀴 돌면서 360도 전망을 즐길 수 있다.

| 기존 건물 (2003년 4월)

| 적층된 프로그램의 띠

초기의 볼륨 스터디에서는 두 개의 콘서트홀 배치(配置)가 검토되었다. 집합주택 · 호텔용의 타워 안은 아직 살아있지만 투자가가 원한 것처럼 타워는 물 위에 독립해 있지 않고, 반대로 카이슈파이어의 위에 배치되어 홀과의 관계 방식이 검토되고 있었다. 그 중에는 타워를 납작하게 하여 기능을 적층시킨 안도 있었다.

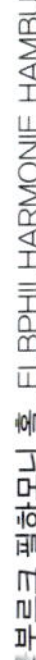

| 내장된 홀과 병설된 홀

| 부유하는 블록

상업기능(商業機能)과 문화기능(文化機能)의 정리방식을 검토한 베리에이션. 당초에는 집합주택·호텔용의 타워를 카이슈파이어 및 양 홀과 대비(對比)시키고 있었는데 후에 이들 상업기능을 전체적으로 내장(內藏)시켜 하나의 볼륨으로 정리하고, 벽돌 동처럼 깔끔하게 정리하고 있다.

타워의 베리에이션. 기반인 카이슈파이어의 평면 형상을 답습(踏襲)하면서도 성격이 전혀 다르다. 구(舊) 카이저·카이슈파이어의 교회풍의 첨탑(尖塔)을 연상시키는 것이 구 항만시설을 대표하듯 강에 돌출된 서단(西端)에 놓여 있다.

투자가의 생각은 두 콘서트홀은 카이슈파이어 내에 만들어질 예정이었다. 그러면 신구(新舊) 건물의 이음매를 없애고 나름대로 상징적인 볼륨으로 정리해야만 한다. 하지만 수상타워 안은 구조적으로 무리가 있었다.

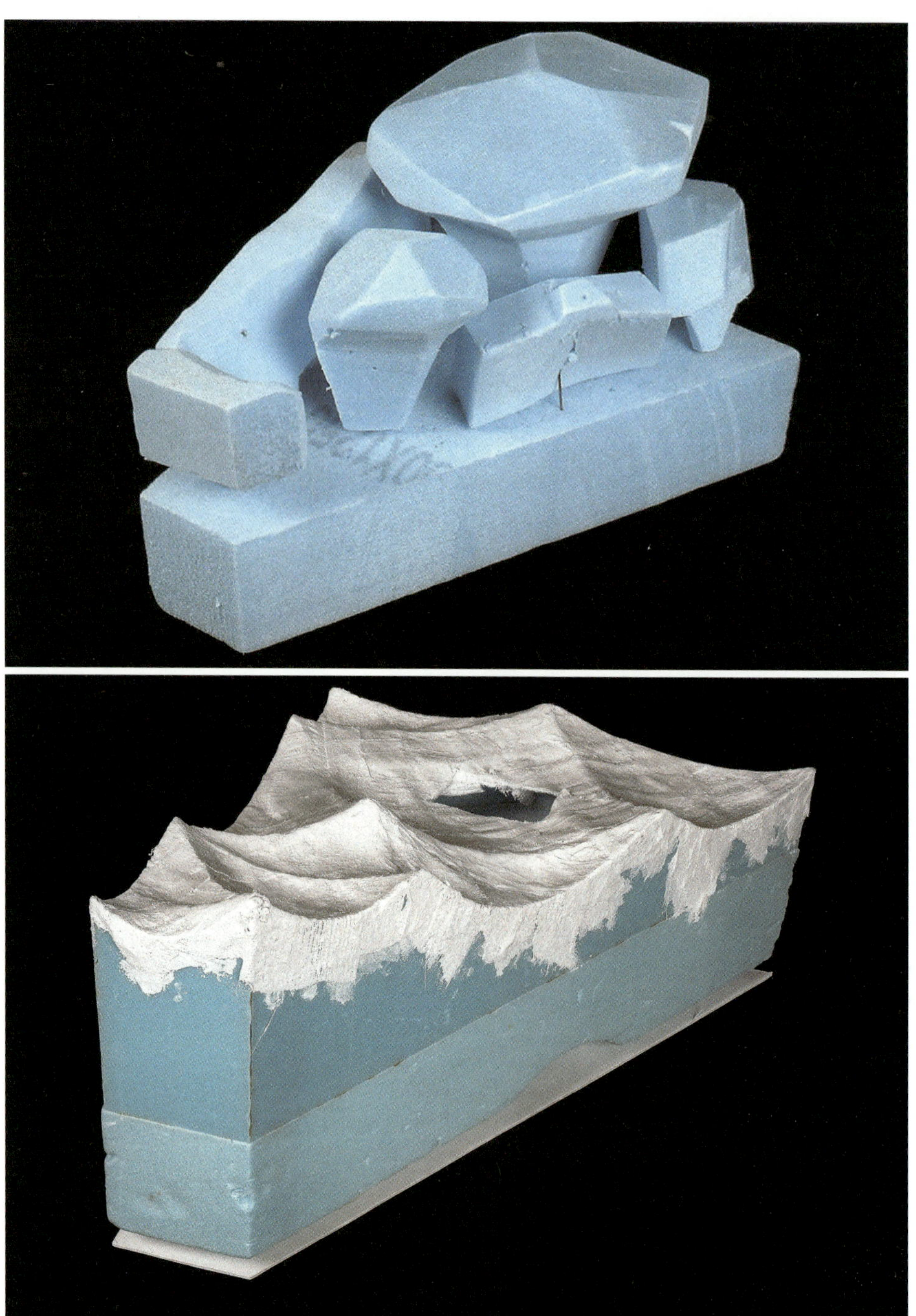

새로운 기능을 콤팩트한 볼륨으로 정리하려 했던 단계에 문제가 부상(浮上)하였다. 과연 어떤 형태를 어떤 식으로 카이슈파이어와 관련시킬 것인가 하는 것이다. 그래서 채용된 것이 「대좌(台座)와 조각(彫刻)」 방안이다.

즉, 벽돌 동의 평면을 답습하면서, 그 이외의 면에서는 최대한 신축 동을 이 단순한 기하학(幾何學) 형태로부터 탈피(脫皮)시키는 것이다.

| 함부르크 필하모니 홀_ELBPHILHARMONIE HAMBURG

카이슈파이어에 실리는 두 홀의 배치를 검토한 모형 베리에이션으로, 하나의 토대 위에 복수(複數)의 덩어리를 경단(瓊團) 모양으로 올리게 하여, 문화시설을 한 덩어리로 해서 이것을 상업구역으로 감싸는 편이 더 적합할 것 같았다. 다만, 예를 들어 이 덩어리를 큰 볼륨에 눌러 넣고 거기에 별도(別途) 지붕을 디자인해서 씌우지는 않는다.

오히려 어떻게 하면 홀 공간이 마치 수면에 떨어진 물방울이 파문을 그리는 것처럼 지붕에 리드미컬한 형태를 띄울 수 있게 될 것인가가 모색(摸索)되었다.

구조계산을 해본 결과, 이것이 상당한 어려움이 있음이 판명(判明)되었다. 카이슈파이어 자체는 매우 조밀하게 짜인 그리드로 보강되어 있는데 반하여, 홀은 넓은 무주(無柱) 공간이 되기 때문에 힘의 흐름을 그 외측에서 처리해야 한다. 그렇다면 이 구조를 어떻게 성립시킬 것인가. 그렇다고 해서 수직 코어에 철골(鐵骨)을 넣을 수도 없다. 어느 모형에서는 카이슈파이어에서 위로 뻗은 힘의 작용선(作用線)이 홀의 껍질에 휘감겨 마치 덤불화되어 있다.

최종적으로는 플라자에 경사진 기둥을 넣어 홀 내부의 힘의 흐름과 카이슈파이어의 그것을 합류(合流)시키고 있다. 그 이전에 만들어진 모형에서는 여전히 내관(內館)이 셸 너머에서도 보이곤 한다.

엘브필하모니는 다목적(多目的) 공연공간으로 건설되었기 때문에 몇 개의 존으로 나누어져 있다. 상층부는 콘서트홀을 중심으로 구성되어 있고, 그 좌측에 해당하는 통로에 인접(隣接)해 있는 부분에 웨스턴 호텔과 리사이틀홀이 배치되고, 우측의 3방향을 강으로 둘러싸인 부분이 아파트로 되어 있다.

상층부와 하층부를 잇는 부분은「플라자」라 불리는 광장으로 되어 있고 콘서트홀이나 호텔로 이동할 수 있다. 또, 건물의 외주부는 보도(步道)로 되어 있으며 37m의 높이에서 360도의 파노라마 뷰를 즐길 수 있도록 되어 있다.

하층 부분은 도로에 면해 있는 엔트런스, 그곳에서 상층을 향해 이어지는「튜브」라 불리는 길이 약 80m의 에스컬레이터, 에스컬레이터 출구 부근에 있는 레스토랑, 그 외 음악교실용의「Kaistudios」, 주차장 등을 갖추고 있다.

플라자는 전통적(傳統的)인 구조를 남긴 하층부와 현대건축(現代建築)의 상층부의 연결 역할(連結 役割)을 하는 부분으로, 콘서트홀 및 웨스턴트 호텔의 로비로 연결되는 메인 엔트런스의 역할을 하고 있다. 건물의 외주 부분(外周 部分)은 일반 개방되어 있어, 콘서트의 관람자나 호텔의 투숙객이 아니더라도 조망(眺望)을 즐길 수 있다.

3 Elbphilharmonie Hamburg 건설

상징적인 이미지를 형성하고 사람들을 끌어 모을 수 있는 인상적(印象的)인 건축물이 필요하다는 것을 모두가 인식했다. 또한, 주변의 매력적인 보석(寶石)은 그들의 사업을 더 번창하게 만들 것이라 생각하는 프로젝트의 투자자들에게도 가치를 가져다 줄 그런 상징이 필요했다. 2003년 12월 16일, 시의회에서는 Kaispeicher A 부지(敷地)에 엘브필하모니 프로젝트를 진행하는 것을 결정했다.

엘브필하모니 프로젝트는 평범한 건설현장과는 매우 다른 환경이었다.

대부분의 요소는 주문 제작(注文 製作)이라 모든 환경이 쉽지 않았다. 또한 가격(價格)이 상당했다.

엘브필하모니가 전 유럽에 걸친 입찰(入札)에 나왔을 때 건축가 Jacques Herzog는 다음과 같이 말했다.

'필하모니는 하나의 아이콘이다. 나는 함부르크의 지도자들이 그것을 이해하리라 믿는다.'

함부르크에서 가장 작고 사랑받는 건축적 성공의 요소(要素)는 벽돌이다.

벽돌은 성 미카엘 성당 – 'The Michel'이라는 애칭으로 불리는 – Laeiszhalle에 특성을 준 요소이다. 또한 함부르크에 있는 두 개의 세계유산(世界 遺産)인 Chile House와 Speicherstadt가 모두 벽돌로 만들어진 건물이라는 것은 확연하게 우연(偶然)의 일치가 아니다. Kaispeicher A는 또 다른 벽돌로 겉이 입혀진 건물이다. 엘브필하모니의 미학적(美學的)인 긴장 상태는 아래에 위치한 빨간 오래된 벽돌과 위에 있는 부드럽게 반사(反射)되는 근대성(近代性)의 대비, 기호(嗜好), 재질에서 생긴다.

그러한 매우 높은 품질의 기술적 문체의 폭발은 엘브필하모니의 건축가 Herzog & de Meuron이 일반적으로 가진 철학이다. 벽돌 베이스는 소박함과 단정함을 가져 플라자에서부터 솟아 올라가는 유리의 파도와 대조(對照)를 이룬다.

오래된 건물의 기능(機能)을 떠올릴 수 있는 것은 건물의 동쪽 방면(方面)이다. Kaispeicher A라고 크게 표기되어있던 곳에 같은 DIN 1451폰트로서 동일한 52cm의 높이로 Elbphilharmonie라고 각인(刻印)되어 있다. 빨간 배경에 무광의 흰색으로 칠해진 글자들은 명확한 신호를 보낸다. 이 건물은 독일의 기술로 지은 것이라는 의미다. 또 다른 역사의 암시(暗示)는 남쪽에서 찾을 수 있는데, 육지에 물건들을 들어 올릴 때 사용하던 3개의 갠드티 크레인들이 있다.

지금은 항구의 역사유물(歷史遺物)이며 보존된 기념물이다. 건설 작업은 기존의 Kaispeicher A의 지붕을 5m 올려서 원래의 비율(比率)을 지켰다. 그 결과 플라자 아래 부분의 인접한 벽돌층은 기존의 물건이 아닌 정성을 들여 원래 벽돌을 모사(模寫)한 것이다. 공사 작업 중 손상(損傷)된 벽돌들은 전쟁 중 손상된 드레스덴의 프라우엔 교회의 복구작업에 참여했던 전문가들에 의해서 새것과 같은 상태로 되돌아왔다.

POTAIN

천장의 거대한 유리 스팽글에서의 최고의 풍경은 그 위를 지나가는 비행기에서 볼 수 있다. 이 '건물의 다섯 번째 파사드'는 크리스탈과 돛, 파도와 그 정점(頂點)을 합친 형상(形狀)이다. 단수의 표면 덕분에, 건물의 외형은 언제나 일정하지 않고, 항상 움직이고 변화한다. Fischmarkt에서 안개 낀 아침의 햇빛이 도달하면, 거대하고 불투명한 거상을 보게 될 것이다. 밝게 빛나는 햇빛에서는, 강에 떠 있는 배가 보일 것이다. 건물은 유리 조각상처럼 빛난다. 따뜻한 여름 저녁에는, 절묘하게 바란 하늘을 담는다. 어둠이 깔리면, 안에서 빛을 내뿜으며 매력적으로 빛난다. 건물 안을 거의 바로 볼 수 있는 것처럼 보인다. 한 가지 분명한 점은, 건물이 낳는 마지막 모습은 무심(無心)하다는 점이다.

파사드의 판유리로 된 직소 퍼즐은 독일 남서부의 Gundelfingen에 위치한 Joseph Gartner사가 설치했으며, 그들은 전 세계에 특별한 요청을 수용하여 서로 다른 결과물을 내는 것으로 유명하다.

외부 표면의 파사드의 이중창(二重窓) 패널의 다수에 프린트된 점의 배치는 단순히 기발한 디자인 요소가 아니다. 이러한 회색 점들은 햇빛의 강도를 최소화한다. 건물에 사용된 전체 유리 중 약 1/3이 이러한 패턴을 가지고 있다. 빛을 반사하는 크롬 층과 단열층은 발광 효과(發光 效果)를 강화시킨다.

건축가들이 최초 안이었던 평평한 파사드를 포기한 이후, 물고기의 아가미와 말굽을 닮은 새로운 형상은 유리 팀에게 새로운 도전이 되었다. 점들이 밀리미터 단위로 정밀하게 배열된 후 각각의 유리 패널들은 섭씨 600도의 온도에서 접혀져서 형상을 갖추게 되어 휘어지고, 튀어나오고, 거대한 소리굽쇠 형태가 되어 파사드의 다양한 시각적 효과를 냈다. 패널의 설치는 2009년 12월 16일에 시작, 2011년 초까지 계속되었다. 그러나 3년 후인 2014년 1월 31일 오후 1시 21분의 추운 날씨 속에서야 1,096개의 유리 조각 중 마지막 조각이 공식적으로 파사드에 부착(附着)되었다. 그때까지, 16,000㎡ 넓이의 유리가 부착, 고정되었으며, 이 넓이는 3,830개의 탁구대(卓球臺) 넓이와 같다.

엘브필하모니의 다른 독특한 요소는 바로 천장 구조이다. 이 작업은 정밀(精密)한 작업이라고도 불렸는데, 8개의 오목한 부분이 6,000㎡의 공간을 덮고 무게는 총 8,000톤이 나갔다. 파도(波濤) 모양을 이루는 천장의 가장 낮은 부분은 강(江)에서부터 79.1m 위에 있었고, 가장 높은 부분은 110m 위에 있었다. 이 구조는 약 1,000개의 지주(支柱)가 받치고 있는데, 각각의 지주가 개별적(個別的)인 모양을 띄고 용접(鎔接)되어 있어 독일 북부 평야의 작은 산맥(山脈) 모양을 이룬다. 이 구조의 한 가지 예상 못한 긍정적(肯定的)인 작용은 빗물이 더 쉽게 빠진다는 점이다.

함부르크 필하모니 홀_ELBPHILHARMONIE HAMBURG

2011년 6월경에는 인계 시점(引繼 時點)이 2014년 4월로 연기되어 있었다. 그리고 2011년 10월에는 건설작업이 거의 완전히 정지(停止)되었는데, Hochtief측에서 천장 건설이 최종 위치까지 내리기에는 충분히 견고하지 않다고 판단해서였다. 각각의 단체는 상황을 매우 다르게 이해했다.

이 작업이 진행되는 동안 인계 일자는 다시 연기되어 2014년 11월이 확실한 최종 일자가 되었다. 시(市)정부는 반대를 겪고 있었다. 한 가지가 아닌 여러 곳에서의 반대였다. 그 동안 밀려진 마감기한 때문에 건설사에게 4000만 유로의 벌금을 부과(賦課)했다.

2012년 초, 함부르크 시는 Hochtief에게 최후통첩(最後通牒)을 보냈다. 건설사는 5월 31일까지 건설작업을 재개하고 천장을 내리는 작업을 마무리하거나, 전체 계약이 파기(破棄)되는 것을 지켜보라고 통보받았다.

Hochtief는 작업을 재개했지만 천장을 내리진 않았다. 추가적인 통첩들이 잇따랐다. 9월에는 안전 측정이 지붕의 외부와 철골지탱 구조에 대해서 진행되었다. Olaf Scholz는 크리스마스까지는 해결방법(解決方法)을 찾을 것이라 했다. 정치인들은 이번에도 승리했다. 11월 말에 들어 지붕은 건물에 설치되었다.

그리고, –믿던지 말든지 간에– 다시 연기된 개관일을 제외한다면 어떤 끔찍한 일도 일어나지 않았다. 이번에는 2016년 초(初)였다.

2012년 크리스마스 직전, 시장과 문화부 의원은 도시에 사랑스러운 선물을 가져왔다. 어려운 협상 과정의 나날들을 거쳐, 기존의 계약들은 모두 폐기되고 재앙스러웠던 혼란은 단호하게 종결되었다. 그때로부터 함부르크 시는 Hochtief와 단 하나의 직접적인 계약만 맺게 되었다. 건축가들은 '전체적인 예술적인 방향'과 질적 관리를 담당하게 되었다. 그들은 앞으로 모든 위험 부담을 지게 될 건설사와 계약을 하게 되었다.

Hochtief와 Herzog & de Meuron 사이의 모든 문제들은 정리되었다. '이와 같은 계약은 결단코 없었다.' 라며 Olaf Scholz가 말했다. '우리에게 더 이상 위험은 없다.' 유일하게 함부르크에게 남아있던 대안은 Hochtief를 배제하고 보상금에 대한 법정 싸움을 몇 년 동안 계속하며 건설작업을 스스로 맡게 되는 것이었다. 새로운 계약은 그러한 우울한 대안이 적용되지 않는 것을 의미했다. 이 협약의 결과로 최종적인 인계 시점은 또 다시 연기되어 2016년 10월이 되었다. 개관 시점은 2017년 1월로 잡혔다. 그러나 가장 큰 문제는 시간에 대한 것이 아닌 돈에 관한 것이었다.

소요된 총 비용이 너무 가파르게 상승하고 있었다. 그래서 새로운 협약에서는 함부르크의 원칙(原則)은 '나중에 후회하는 것 보다 지금 조심하는 게 낫다'였다. 건설비용은 'Total Blanket Fixed Price'라고 재명명(再命名)되었으며, 최대 수치는 5억 7500만 유로로 잡혔다. 건물의 총 비용은 8억 6600만 유로로 상승했으며, 함부르크 시는 그 중 7억 8900만 유로를 지불(支拂)했다. 2013년 초가 되어 새로운 계약(契約)이 맺어질 준비가 되었다.

Hochtief는 추가적인 요청들을 모두 폐기(廢棄)했으며 함부르크 시는 몇 백만 유로 어치의 보상금 요구를 포기했다. 논쟁과 소송(訴訟)의 시기는 이 새로운 'Blanket' 계약으로 마무리되었다.

기공식으로부터 6년하고도 1주일 후인 2013년 4월 9일, 새로운 계약이 체결되었다. '우리는 생각할 수 있는 모든 사항을 추가하였다.' 이제 자금 집행(資金 執行)에 모든 신경을 써야 할 때라고 시장 Olaf Scholz가 기쁘게 발언하였다.

'우리는 생각할 수 있는 모든 것을 포함시켰다. 빠놓은 것이 없다.' 거의 8년 전인 2005년 6월의 타당성(妥當性) 조사에서 그의 전임자 Ole von Beust가 자신 있게 발표한 함부르크의 부담 비용은 7,700만 유로를 넘지 않았다. 그리고 그는 '매우 보수적으로 잡은 예상이다' 라고 말했었다. 또한 그는 덧붙이기를, '나는 납세자(納稅者)의 부담분은 실제로 더 적을 것이라고 확신한다' 라고 했다. 7,700만 유로는 '완전히 한계치(限界値)'라고 그는 공언(公言)했다.

그것은 역사적인 규모의 실수였고 반복되어 돌아오면서 프로젝트와 함부르크의 담당자들을 괴롭혔다. 몇 년의 시간 동안 지속적인 비용 증가가 발표될 때마다 Von Beust의 안일한 초반(初盤)의 주장은 원치 않는 메아리처럼 지속적으로 인용되었다.

그러나 그로부터 많은 일들이 벌어졌다. 프로젝트를 감싸고 있는 분위기의 변화는 부정적인 제목의 기사들이 점점 줄어드는 것에서부터 시작되었다.

그리고 개관일(開館日)이 점점 다가와서, 실제로 상상할 수 있을 만큼 보이기 시작했다. 프로젝트가 실제로 완료(完了)될 것이란 게 점차적으로 확연(確然)해져 갔고, 엘브필하모니가 곧 온 세계 음악을 사랑하는 사람들의 관심(關心)을 드러내게 하고 잡을 것이라는 확신이었다.

좋지 않은 매스컴의 관심과 조롱(嘲弄) 또한 사라지기 시작했다. 결국, 그 곳에는 함부르크가 자랑스러워 할 만한 무언가가 실제로 생겨났고 새롭고 쉽게 감지(感知)할 수 있고 기대되는 감정들이 함부르크에 드러났다.

4 Elbphilharmonie Hamburg 건축관련 도면

| Level 0

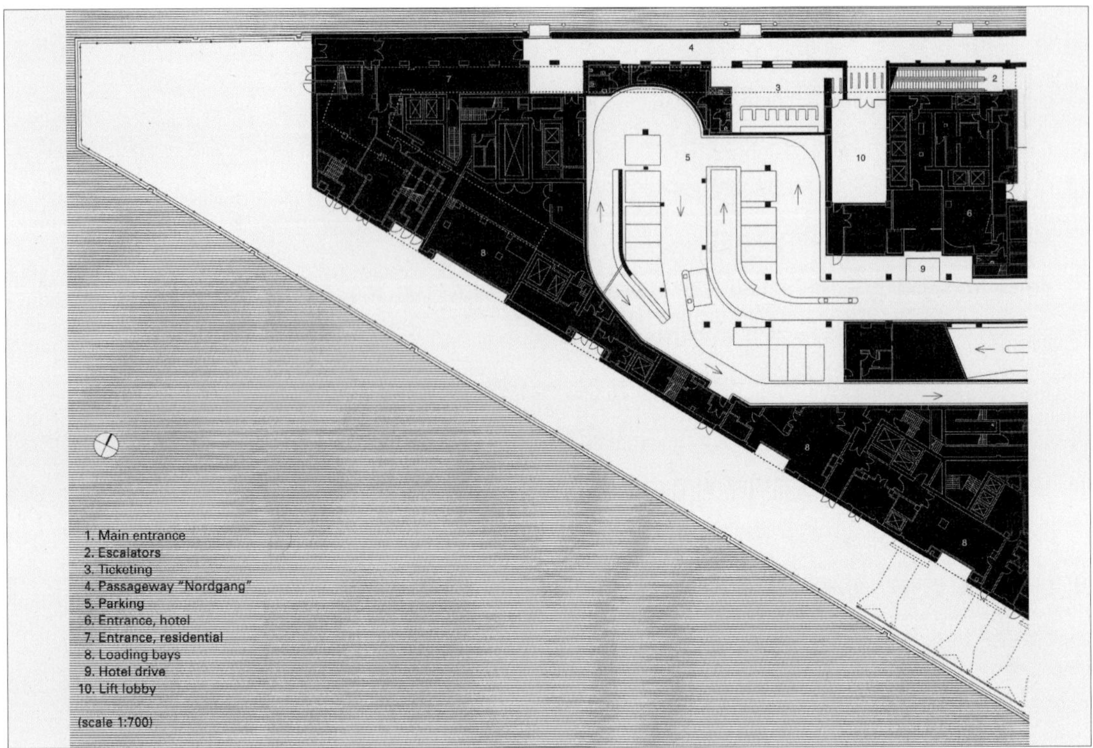

| Level 3

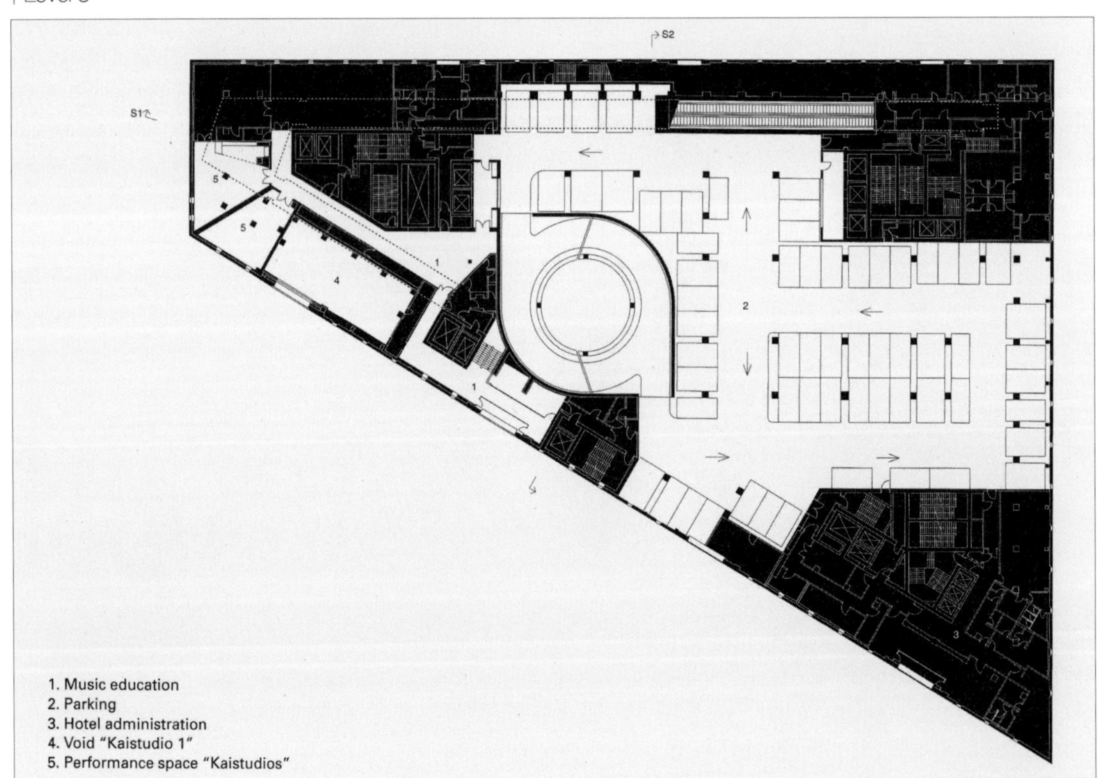

| Level 6

1. Lookout
2. Technical room
3. Hotel spa
4. Restaurant

| Level 8

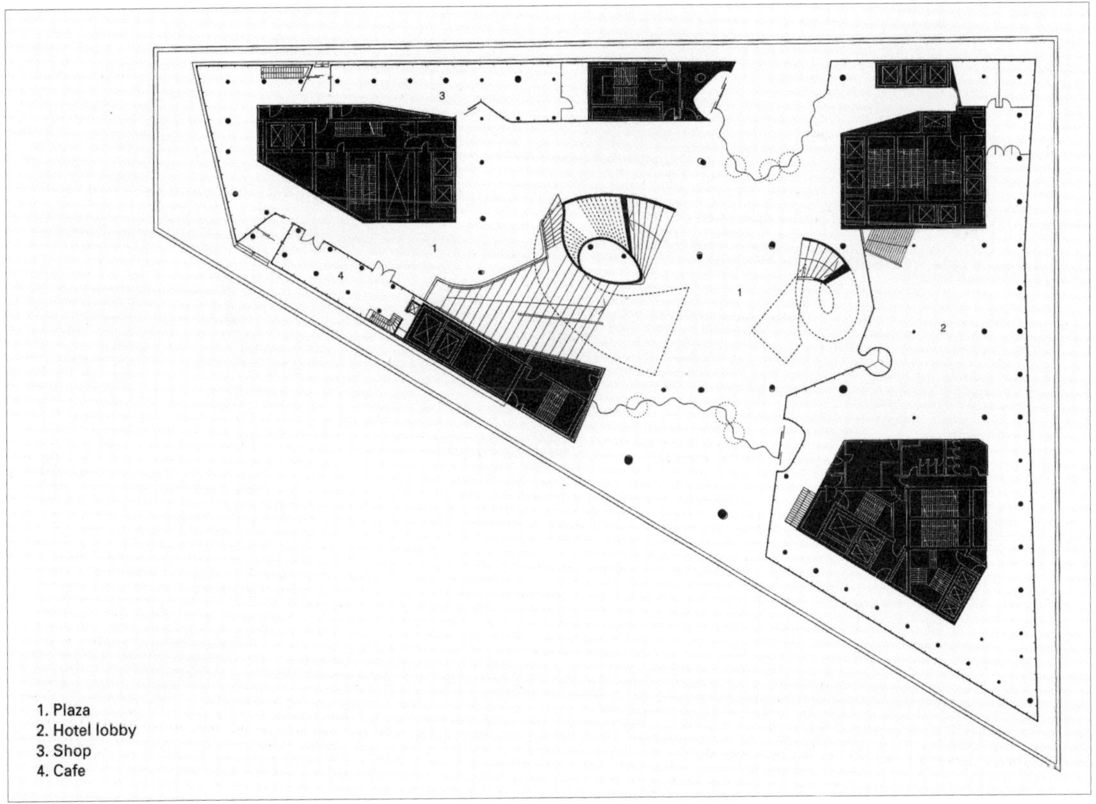

| Level 9

1. Plaza
2. Void, plaza
3. Hotel
4. Technical room

| Level 12

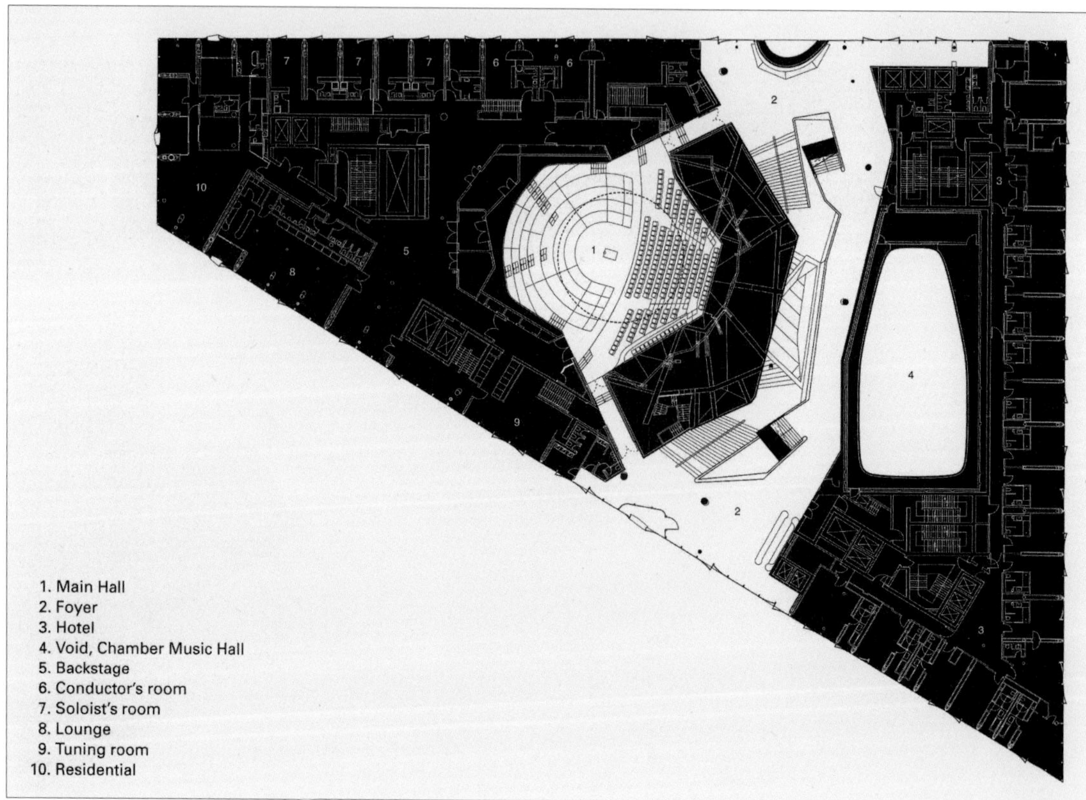

1. Main Hall
2. Foyer
3. Hotel
4. Void, Chamber Music Hall
5. Backstage
6. Conductor's room
7. Soloist's room
8. Lounge
9. Tuning room
10. Residential

| Level 13

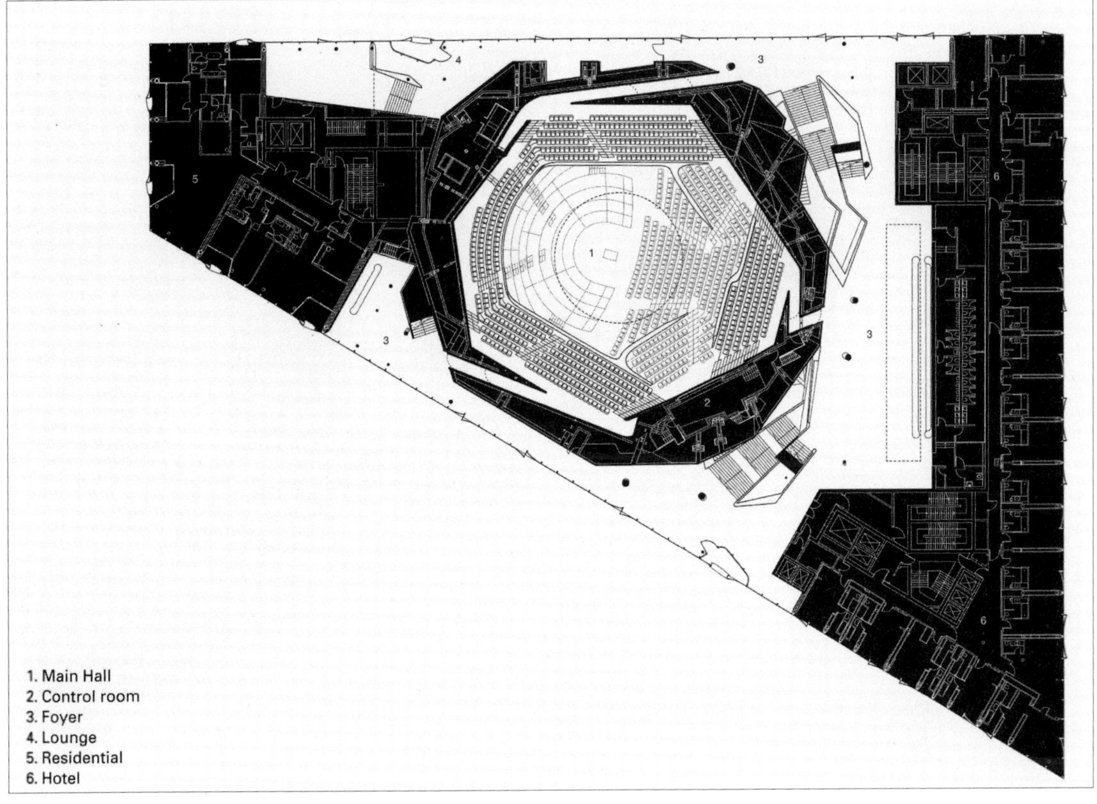

| Level 17

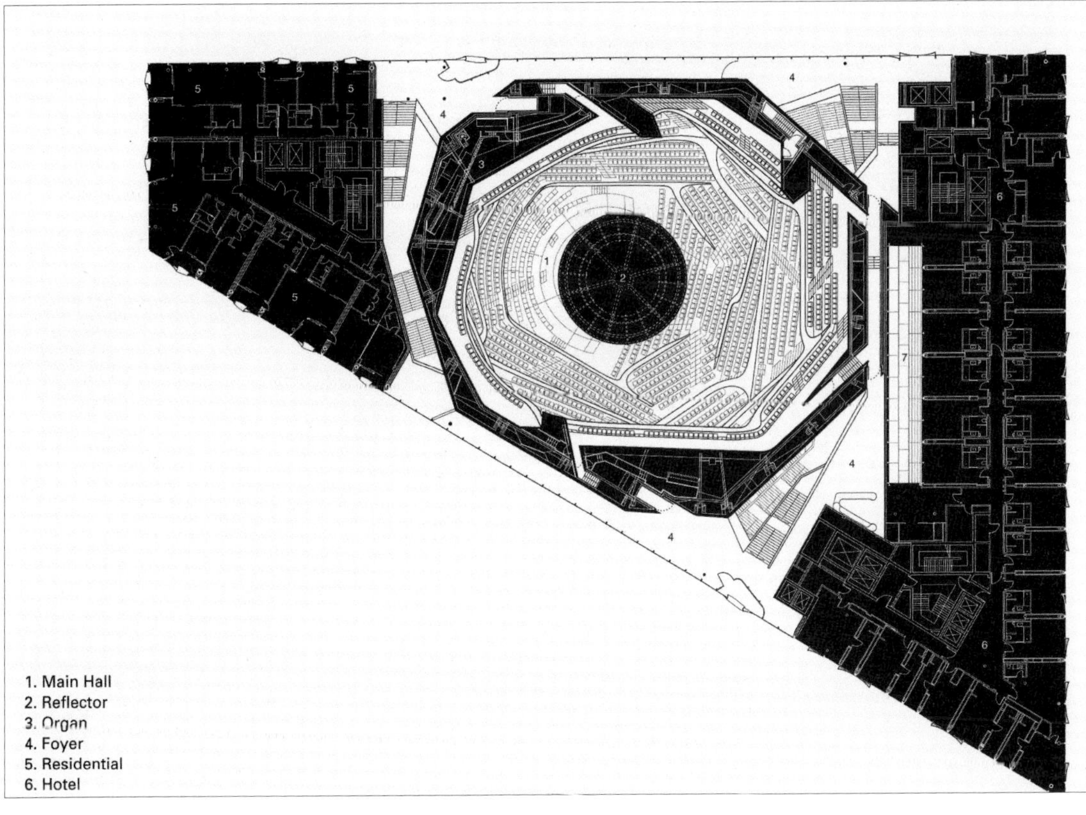

| Level 19

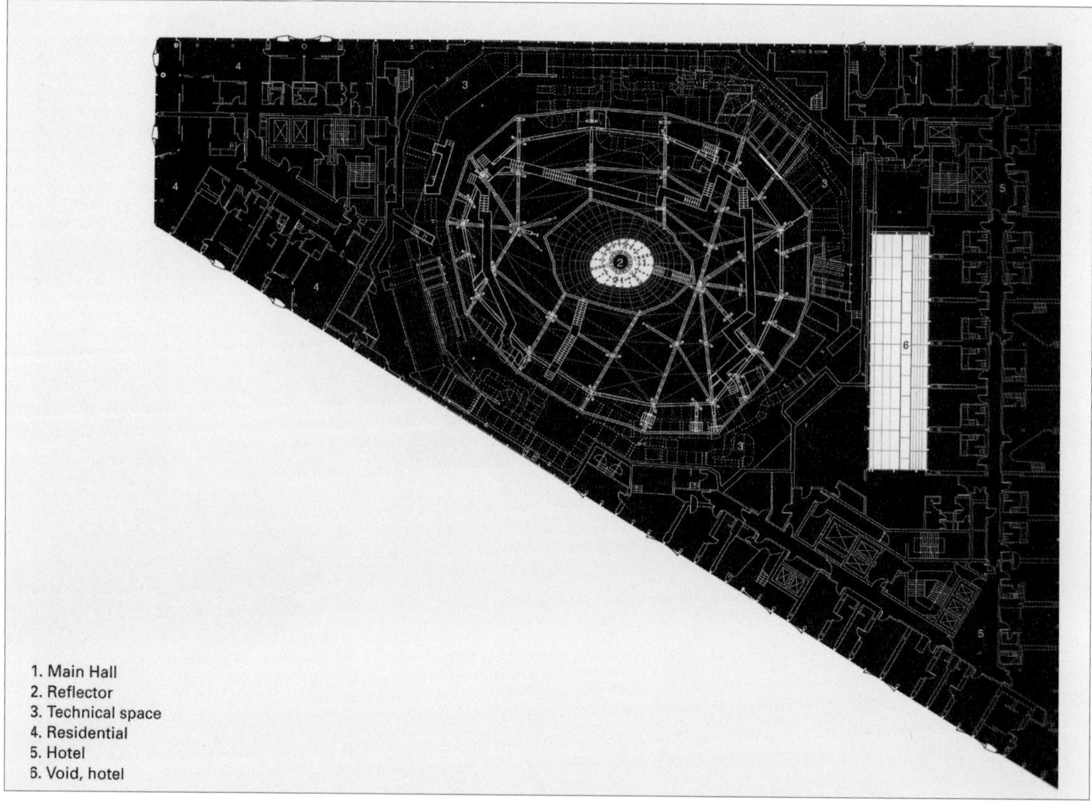

| Level 21

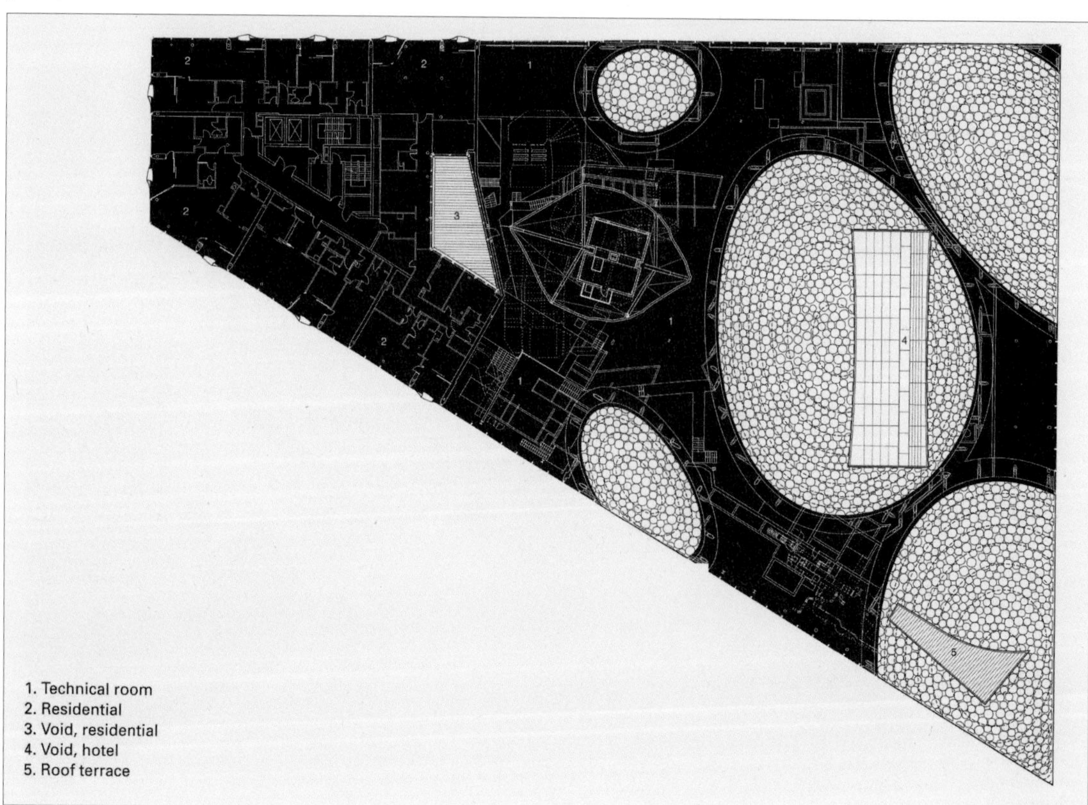

| Roof

1. Roof terrace
2. Void, hotel
3. Void, residential

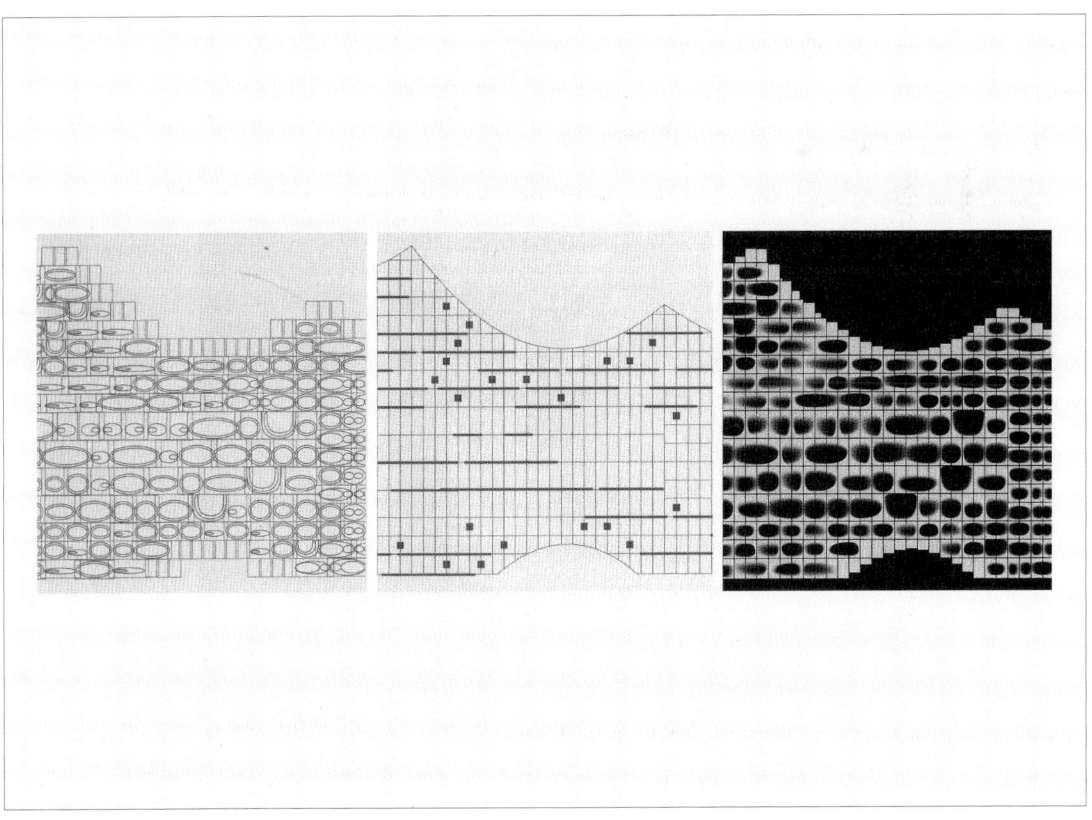

| Section 1

Longitudinal section (scale 1:700)

| Section 2

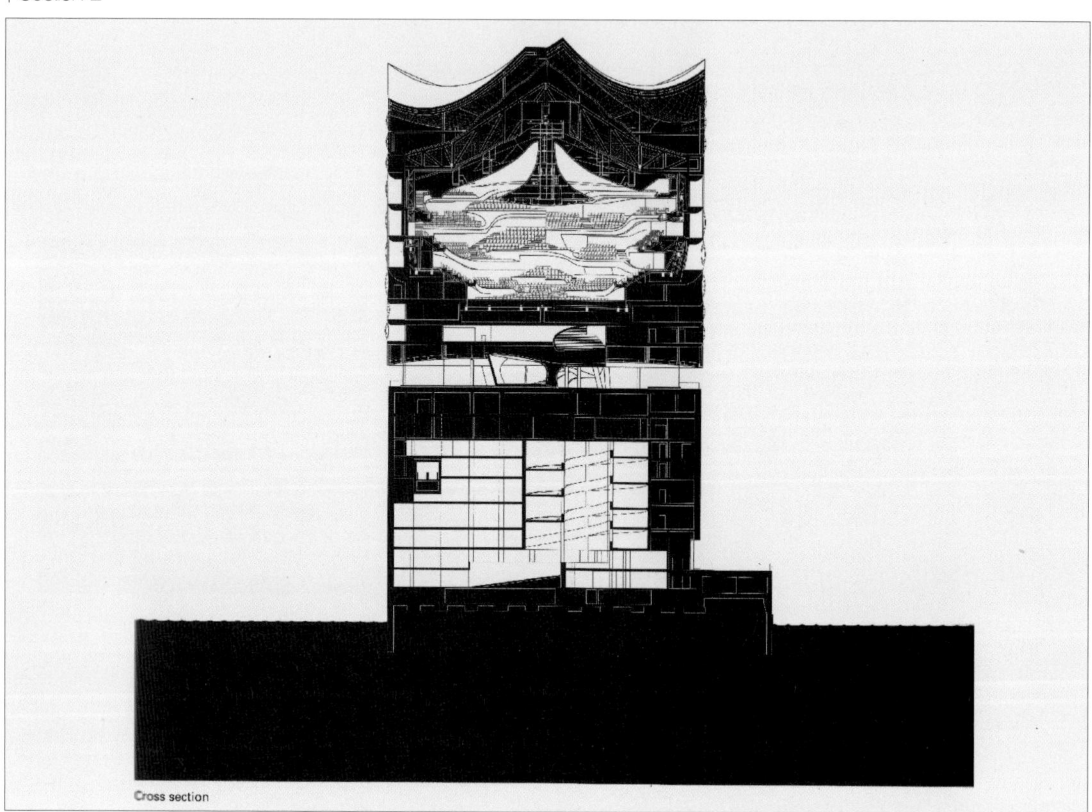

Cross section

5 콘서트홀(Main Hall)의 계획

우리는 경험적(經驗的)으로 근대적인 의미에서의 콘서트홀을 유럽 시민사회의 대두와 동시에 시장경제 속에서 성립하게 된, 소위「오로지 클래식 음악을 연주하는 사회화된 공간」으로 이해하고 있다.

그것은 부르주아적 시민계급의 음악지원 시스템으로서 17세기 후반부터 18세기에 걸쳐 영국에 등장한 프라이빗·뮤직·클럽(Private Music Club)이나 빈의 무지크페라인(Musikverein) 잘(악우협회 대 홀)로 대표되는 19세기의 대형 콘서트홀화를 거쳐, 오늘날에 있어서는 민족이나 국가를 뛰어넘어 국제적이고 스탠다드한 가치를 가지게 된 클래식 음악문화의 확대에 대응(對應)하는 공간으로 인식하고 있다고 볼 수 있을 것이다. 즉 콘서트홀이란, 건축공간과 동시에 일종의 사회 시스템이라고 이해해 둘 필요가 있을 것이다.

재즈나 록도 최근에는 콘서트홀에서 연주되는 기회가 늘고 있다. 그러나 콘서트홀이 구축해 온 문화의 총체(總體)에는 얼마 안 되는 위치밖에 차지하지 못하고 있다고 파악하는 것이 타당할 것이다.

록이나 재즈는 그 자체가 독자의 문화체계와 연주의 체계를 만들고 있다. 그리고 지금까지는 그 틀이 클래식 콘서트홀의 틀과 겹쳐지는 경우는 적었다. 그러나 콘서트홀은 어디까지나 경험 혹은 문화로서의 인

| 건축물의 개요

구분	내용
객석수	■ 콘서트홀 (Gro ß er Saal) – 2,100석 └→ 12층 : 457석(포디움 94석 포함) 13층 : 523석, 15층 : 778석, 16층 : 370석 ■ 리사이틀홀 (Kleiner Saal) – 550석
건축음향 (空席時)	■ 콘서트홀 (Gro ß er Saal) – 잔향시간(T30) : 2.40초(500㎐), – 음의 강도(G) : 5.4(㏈) – 초기감쇠시간(EDT) : 2.30초 – 명료도(Clarity– C80) : 0.3(㏈) – 시간 중심(TS) : 135(ms) – NC값 : NC–15 ■ 리사이틀홀 (Kleiner Saal) – 잔향시간(T30) : 1.70초(500㎐), – 음의 강도(G) : 11.0(㏈) – 초기감쇠시간(EDT) : 2.0초 – 명료도(Clarity– C80) : –0.8(㏈) – 시간 중심(TS) : 143(ms)
기타	■ 콘서트홀 (Gro ß er Saal) – 면적 : 3,300㎡ – 높이(최고부) : 25m, 폭 : 50m, 길이 : 40m – 객석 최후열에서 지휘자까지의 거리 : 30m – 무대 지름 : 약30~50m, 높이 : 25m ■ 리사이틀홀 (Kleiner Saal) – 면적 : 462.71㎡ – 높이 10m, 길이 : 30m, – 무대 면적 : 90~172㎡

| 델포이(Delphi)의 야외극장(野外劇場)

식이므로 앞으로 새로운 음악영역(音樂領域)에 대응해 가는 것은 충분히 예상된다.

이때 콘서트홀은 어떤 형태로 변화되어 갈지 이에 대해 예상할 수 없는 부분도 있다는 것을 충분히 알아 둘 필요가 있을 것이다.

그러한 경험적인 성립을 이해한 후 일단 콘서트홀을 서양 기원의 클래식 음악을 중심으로 하는 사회화된 연주공간으로서 해석하고 역사적인 전개와 현황, 계획과 설계에 있어서의 여러 가지 문제, 그리고 상식적(常識的)인 테두리 안에서의 설명도 포함해 앞으로의 가능성을 이해해 두고자 한다.

콘서트홀 자체가 사회에 있어서의 문화적인 합의(Consensus)의 산물(産物)인데, 콘서트홀을 계획·설계하는 입장과 콘서트홀에서 연주·감상·운영하는 입장에 따라서도 콘서트홀에 대한 이해는 달라진다.

구체적인 사례를 보면 음악도 한다면 연극도 한다는 식의 이러한 다목적 설계를 통해 만들어진 시설이라 하더라도, 가령 기획이나 운영이 클래식음악에 특화되어 훌륭한 연주활동을 항상 계속 이어나가고 있는 홀이 있다고 하자. 이는 물리 공간으로서는 콘서트홀은 아니지만 사업 공간(事業 空間)으로서는 콘서트홀이다.

메소포타미아 및 이집트 등의 고대문명에서 출토(出土)된 악기나 그림에서는, 인류가 어느 시대이든 음악을 즐기고 있던 모습을 엿볼 수 있다. 사람이 무언가 목적을 가지고 모이는 장소에서 음악이 연주되었을 때 음악공간은 시작되었다.

우리가 음악공간이라는 말로 떠올릴 수 있는 것은 콘서트홀로, 오늘날에는 중세(中世)부터 현대까지의 음악을 음악전용홀에서 듣는 것을 당연하게 여기게 되었다.

그런데 클래식 음악의 본가(本家)로 알려져 있는 빈 필하모니나 악우협회 대 홀은 모차르트나 베토벤의 시대에는 아직 존재하지 않았고 음악을 듣는 방식도 지금과는 크게 달랐다. 음악은 사람이 모이는 장소에서 연주되어 온 것으로 음악공간 그 자체가 시대와 함께 양상을 바꾸어 온 점에 다시 한 번 주목했으면 한다.

J. S 바흐는 라이프치히의 성 토마스 교회의 악장(樂長)으로서 신랑(身廊) 배면의 2층에서 연주를 하고 있었다. 이래서는 연주하는 모습이 잘 보이지 않는데, 바흐뿐 아니라 교회음악은 신에게 기도하는 사람들이 모이는 장소이고, 마찬가지로 신을 위해 연주되는 것이기 때문에 이것이 자연스러운 모습이다.

보컬·앙상블·카펠라(Vocal·Ensemble·Cappella)는 바로크 이전의 교회음악을 당시의 모습을 답습하여 하나의 큰 보면대(譜面臺)를 올려보는 것처럼 전원(全員)이 제단을 향해 노래하고 있다. 그 모습은 매우 인상적으로, 이 콘서트에서는 등을 돌리고 연주를 한다고 불평을 하는 사람은 아무도 없다.

르네상스시대에는 세속음악(世俗音樂)이라 불리는 민중의 희로애락으로 가득한 훌륭한 음악의 대부분이 옥외(屋外)에서 연주되고 있었다.

리코더나 숌(Shawm) 등의 바로크 이전부터 활약해 오던 악기는 오늘날에도 야외에서 듣는 것이 적합하다.

이와 같이 보면 인간이 음악을 듣는 행위의 원점은 사람들이 모인 장소에 연주가 더해졌다고 보는 편이 자연스럽다. 교회, 광장, 극장, 귀족의 건물, 박람회장 등 각각 다른 용도의 공간에서 음악은 항상 진짜 주역이 될 수는 없었다.

사람들이 음악을 듣는 것을 주목적으로 만들어진 가장 초기의 사례 중 하나로, 라이프치히의 게반트하우스가 있다. 오페라하우스가 완성된 후에 음악홀을 원하는 시민의 요망을 수용하여 직물회관의 2층 도서실을 홀로 개수(改修)한 것이다.

요한 칼 프리드리히 다우테(Johann Karl Friedrich Dauthe)의 설계로 1781년 완성한 초대 게반트하우스는 객석이 무대 방향이 아니라 중앙 통로(中央 通路)를 사이에 두고 좌우가 서로 마주보도록 배치하고 있다.

현재의 시점에서 보면 매우 기이(奇異)하게 비치는 광경이지만, 그곳에 모인 사람들이 서로 얼굴을 마주보면서 음악을 듣는 것이 매우 일반적인 감각이었다는 것을 이곳에서 엿볼 수 있다.

엘브필하모니의 콘서트홀(Main Hall)은 음악을 일종의 사교행사로 즐길 수 있는 장소이기 때문에 여기에는 연주가와 청중을 대치시키는 좌석배치보다도 청중이 연주가를 둘러싸는 배치가 더 적합하다.

따라서 건축가가 근거(根據)로 내세운 것이 전형적인 고대 그리스의 야외극장이다. 언덕의 경사면에 지어진 야외극장에서는 무대를 둘러싸는 석단이 천연 공명상자(共鳴箱子)와 같은 효과를 낸다. 그들은 또 옛 그대로의 대형 캐노피(天蓋)를 가지는 축제성에도 시선을 돌렸다.

| 2004. 10

| 2004. 10

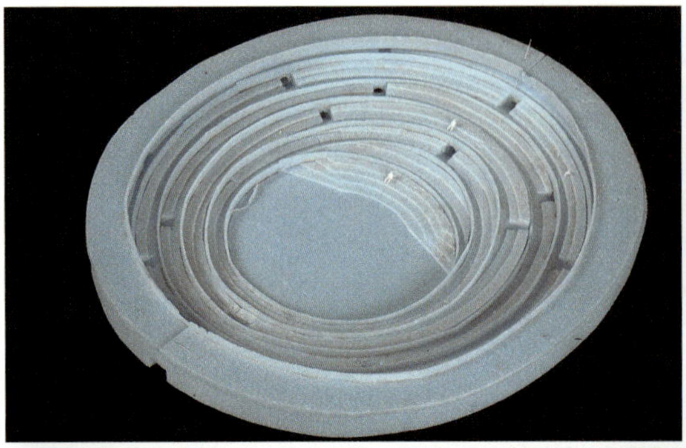

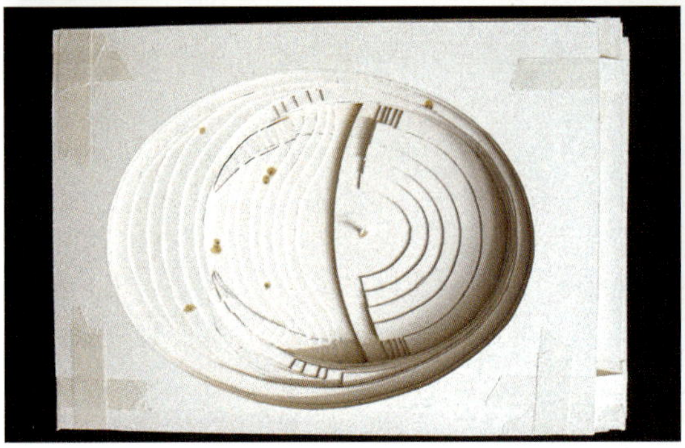

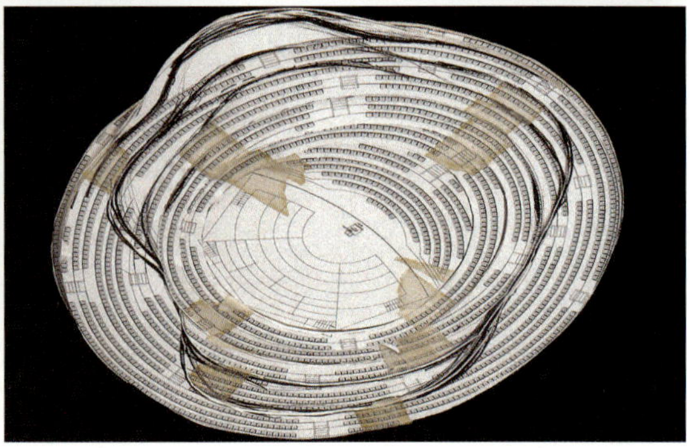

모형이 보여주듯이 콘서트홀의 공간구성은 두 갈래로 시도(示導)되었다. 조각처럼 공간을 도려내는 방법과 오케스트라를 기준면으로 하여 거기서부터 객석을 적층시키는 방법이다. 어느 경우든 발코니를 구획 단위로 다루는 것이 아니라 수평으로 이어서 리본 모양으로 한 것을 적층시킴으로서 공간을 연속시키고 있다. 델포이의 선형(부채꼴) 극장을 수직으로 투영(投影)한 느낌이 된다.

| 2005. 01

| 2005. 02

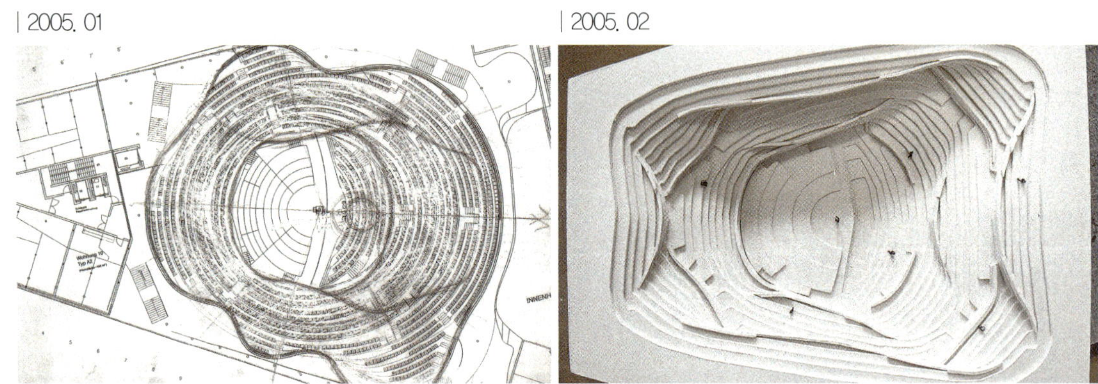

계획 개요(槪要)에 따르면 리사이틀 용도의 소 홀의 총 객석수는 650석, 대 홀의 객석수는 2,100석, 최대 수용인수 85명의 스테이지를 갖추고, 동시에 클래식 공연과 함께 앰프를 이용한 대음량의 음악에도 대응할 필요가 있었다. 콘서트홀의 유형학(Typology)에는 일반적으로는 2종류밖에 없다. 슈박스형(빈, 암스테르담, 바젤, 보스턴)이거나 객석이 스테이지를 빙 둘러싸는 아레나형(베를린, 산토니)이거나이다. 함부르크에는 19세기에 건축된 훌륭한 콘서트홀인 Laeiszahall이 있기 때문에 이번에는 빈 야드(포도밭) 형식이 좋겠다는 결정을 하게 되었다.

| 2005. 04

2005. 04 |

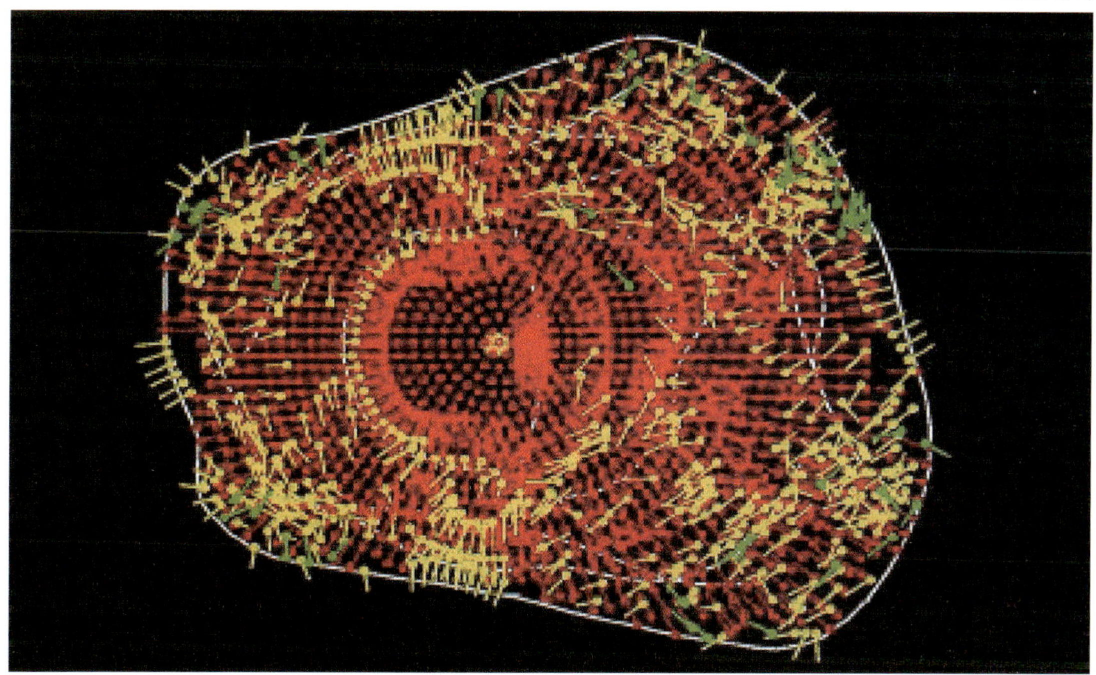

관객도 연주자도 모두 하나의 공간 안에 있다. 이는 지극히 당연한 것으로 특별히 내세울 만한 내용이 아니다. 아레나 타입은 그것을 강조해서 보여주는데, 슈박스 타입도 역시 그와 마찬가지이다.

그러나 사실, 하나의 공간으로서 설계되어 있다 하더라도「하나가 되는」공간이라고 느껴지는 것일까?

음악에 의해 사람들이 하나가 되는 공간을 만들어낼 수 있는 것인지 그 부분이 문제시(問題視)된다.

구체적으로는 이러하다. 티켓에는 좌석에 가까운 출입문 번호가 기재되어 있고, 그것을 보고 홀 안으로 들어가 종연(終演) 후에도 같은 문으로 포이어에 나와 삼삼오오 귀가(歸家)에 오른다. 입·퇴장시, 같은 동선(動線)을 이용할 수 있도록 계획해 두는 것은, 피난 계획상의 원칙으로 바람직하다. 그것은 그것으로 충분하다. 그러나 다만 좌석에 쉽게 이를 수 있는 동선이 확보되어 있는 것만으로 충분할까? 음악가와 관객이 같은 공간 속에 있다는 것, 나머지는 멋진 음악으로 가득 채워진다면 그것으로 충분한 것일까?

감동에 휩싸인 사람들이 어떤 기분이 들지, 어떻게 그것을 표현하고 싶은지, 콘서트를 보러 온 사람들이 어떠한 기분으로 홀에 들어가는지에 대해 무관심하고 싶지 않다. 관객석에서는 감동을 조용히 받아들인 뒤, 박수가 터져 나온다. 그 기분을 가슴에 안은 채 조용히 집으로 돌아가는 사람도 있다. 한편, 기쁨과 감사의 마음을 담아 음악가·지휘자에게 다가가 박수와 웃는 얼굴로 표현하고 싶어 하는 관객도 적지 않다. 그것을 표현하기 위해 일단 객석에서 나와 밝은 포이어를 지나지 않고서는 가까이 갈 수 없다면 흥(興)도 깨져 버린다.

감동을 그대로 안은 채 무대 가까이까지 갈 수 있는 자연스러운 루트가 있다면 양자(兩者)의 감동을 하나로 만들어낼 수 있다.

여러 번 찾아가는 홀이라면 자신이 좋아하는 경로(徑路)를 즐길 수 있는 공간이 있어 좋다. 홀 운영상 좌석 지정은 필연의 일이겠지만 관객이 자신만의 방식으로 즐길 수 있는 여유(旅遊)를 가질 수 있다는 것은 음악에 대한 친근함을 공간화한다는 의미에서 중요한 일이다.

음악공간에 새로운 바람을 불어 넣은 한스 샤로운이라는 젊은 건축가가 있었다. 항상 관객과 무대의 다이내믹한 관계를 찾는 시도는 지금도 신선하게 비친다. 가장 초기의 시도는 1등이 되었지만 실현되지 못했던「카셀(Kassel) 주립극장」으로, 이곳에서는 T자형의 무대와 대칭성을 가진 객석이라는 정통적인 극장

| 한스 샤로운「만하임 주립극장 안(案)」, 1953년, 평면도, 입면도

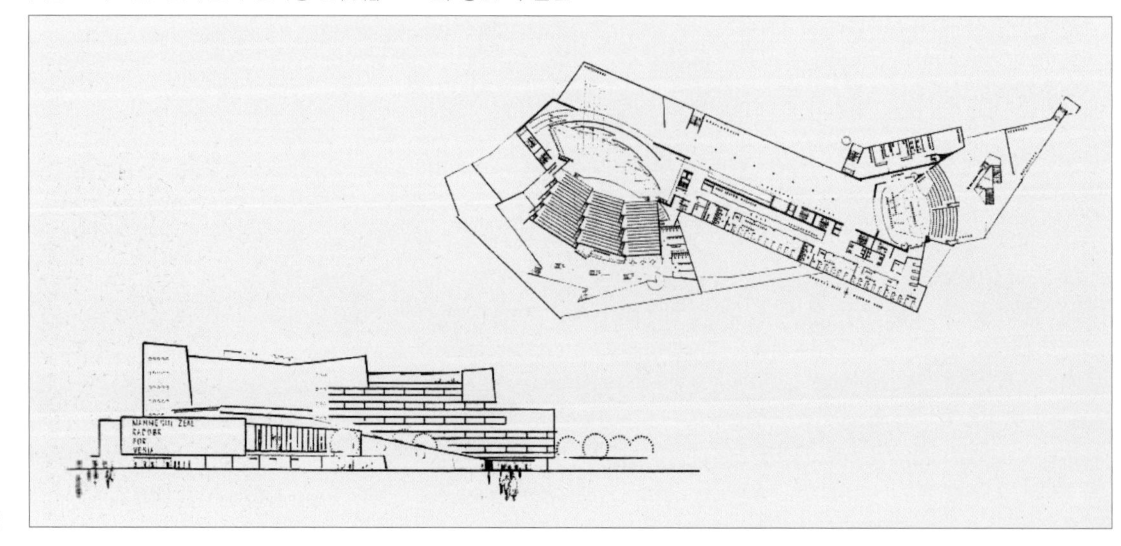

계획을 제시하였지만, 그 이듬해에 실시된 만하임(Mannheim) 주립극장의 설계 공모안은 놀랍다. 비대칭성(非對稱性)의 객석, 자유곡선을 가진 무대 선단에는 무대에 정면으로 마주하는 느낌이 없다.

안길이보다도 가로방향으로 펼쳐진 무대도 서구(西歐)에서는 보기 드문 것이었다. 이 안(案)을 부정하는 것은 쉽겠지만 어째서 이와 같은 객석·무대인지 한마디도 듣지 않고 단정하기는 부족하다. 왜냐하면, 그가 베를린 필하모니(1963년)의 설계자이기 때문이다. 이때 1등으로 뽑힌 안이 유니버설·공간을 표방(標榜)한 미스 반 데어 로에(Mies van der Rohe)의 안으로, 대조적이었기에 더욱 그러하다.

베를린이 20세기의 콘서트홀이라 일컬어지는 이유는 빈, 암스테르담, 보스턴 등 19세기를 대표하는 콘서트홀의 합리적이고 음향이 보증(保證)된 건축의 형식을 깬 그 젊은 건축가다운 기질(氣質)에 있다.

그 형태로부터 「카라얀의 서커스 극장」으로 비유되며 음향상의 언밸런스를 지적하는 음향가도 있었다. 그러나 어떤 우수한 콘서트홀에서도 맛볼 수 없는 음악과 청중의 멋진 일체감, 음악에의 에너지를 요구하여 그것을 몸 천제로 느끼며 함께 공유하는 기쁨, 그러한 폭발이 건축계뿐만 아니라 음악가부터 시민들에게까지 폭넓은 지지를 받아, 그 이후의 음악공간의 원형(原形)을 보여주는 결과를 낳았다.

대칭성(對稱性)을 중시하면서도 귀빈실이나 오르간을 설치함으로서 교묘하게 대칭성을 피하고 있다. 또 그랜드 레벨에서 무대 상층 레벨까지 홀을 빙 둘러싸는 다양한 레벨의 포이어를 입체적으로 구성함으로서 건축적인 표리(表裏)를 만들지 않고, 정면성(正面性)을 지워 없애는 점에서도 그 이전의 극장건축과 현저히 다르다. 이것이 음악의 나라 독일에서 탄생했다는 것을 명심해 둘 필요가 있다.

| 모형 | 평면도 | 단면도

| 한스 샤로운 「카셀 주립극장 설계공모안」 1952년, 모형, 평면도, 단면도, 가변성 안

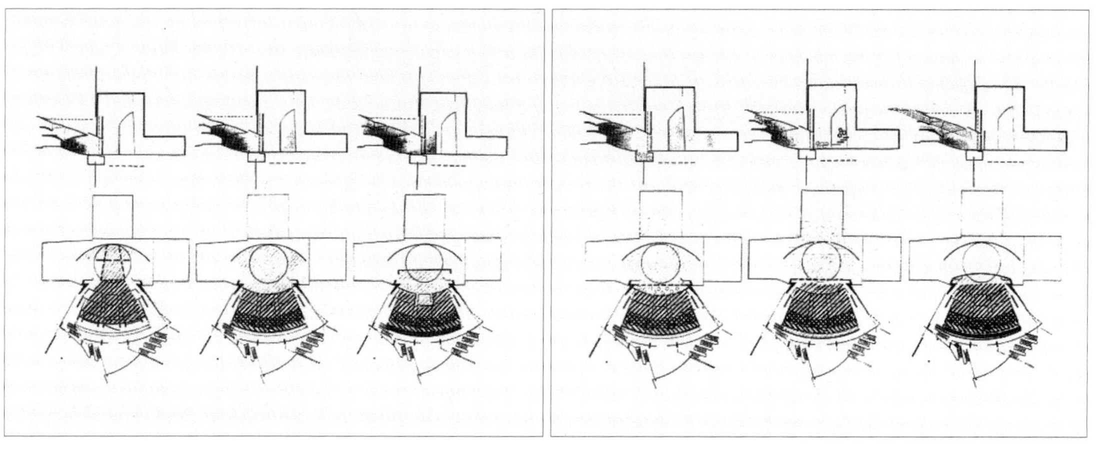

음악과의 만남, 즐거움 및 기쁨을 공감(共感)할 수 있는 공간을 디자인하는 것이 「See the Music」으로 통한다.

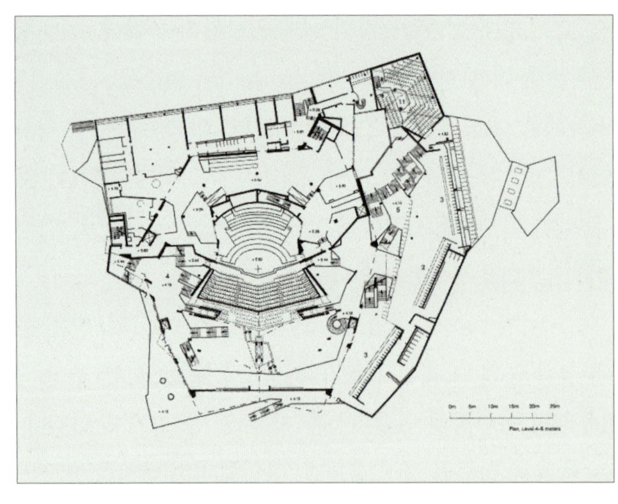

| 한스 샤로운 「베를린 필하모니」 1963년,
포디움석에서 본 홀의 객석 내부,
홀을 둘러싸는 포이어, 평면도

엘프필하모니의 건축가는 직선이나 예각(銳角)과는 무관한 한없이 매끈한 면으로 덮인 동굴(洞窟)과 같은 형태를 만들어냈다.

이 공간의 음향효과(音響效果)를 효율적으로 확인하기 위해, 그들은 곧장 데이터를 수집(收集)한 후 그때마다 건축음향설계자와 협의하였다. 하지만 결과는 좋지 못했다.

소리가 균일(均一)하게 확산되지 못하고 거울처럼 되어 반향을 일으킨다는 것이었다. 그래서 건축음향설계자는 홀의 외측에 다각형 평면의 공간을 추가하든지 좀 더 다공질(多孔質)의 구조로 해서 소리를 흡수시키도록 건축가에게 제안했다.

| 베를린 필하모니홀

건축음향설계자의 의견을 들은 건축가는 다시 출발점으로 되돌아와 콘서트홀에 어울리는 형태를 모색(摸索)하였다. 어떻게 하면 음향조건을 만족시키면서 카이슈파이어의 사다리꼴 평면을 살릴 수 있을까 하고... 그래서 주목(注目)한 것이 두 가지 선례, 즉 베를린 필하모니 홀과 스테이지를 중심으로 말굽형(馬蹄形)으로 벽을 따라 발코니석을 적층시킨 스칼라극장의 고전적(古典的)인 배치이다.

후자(後者)는 바닥면적에 한계(限界)가 있는 경우에 적합하다.

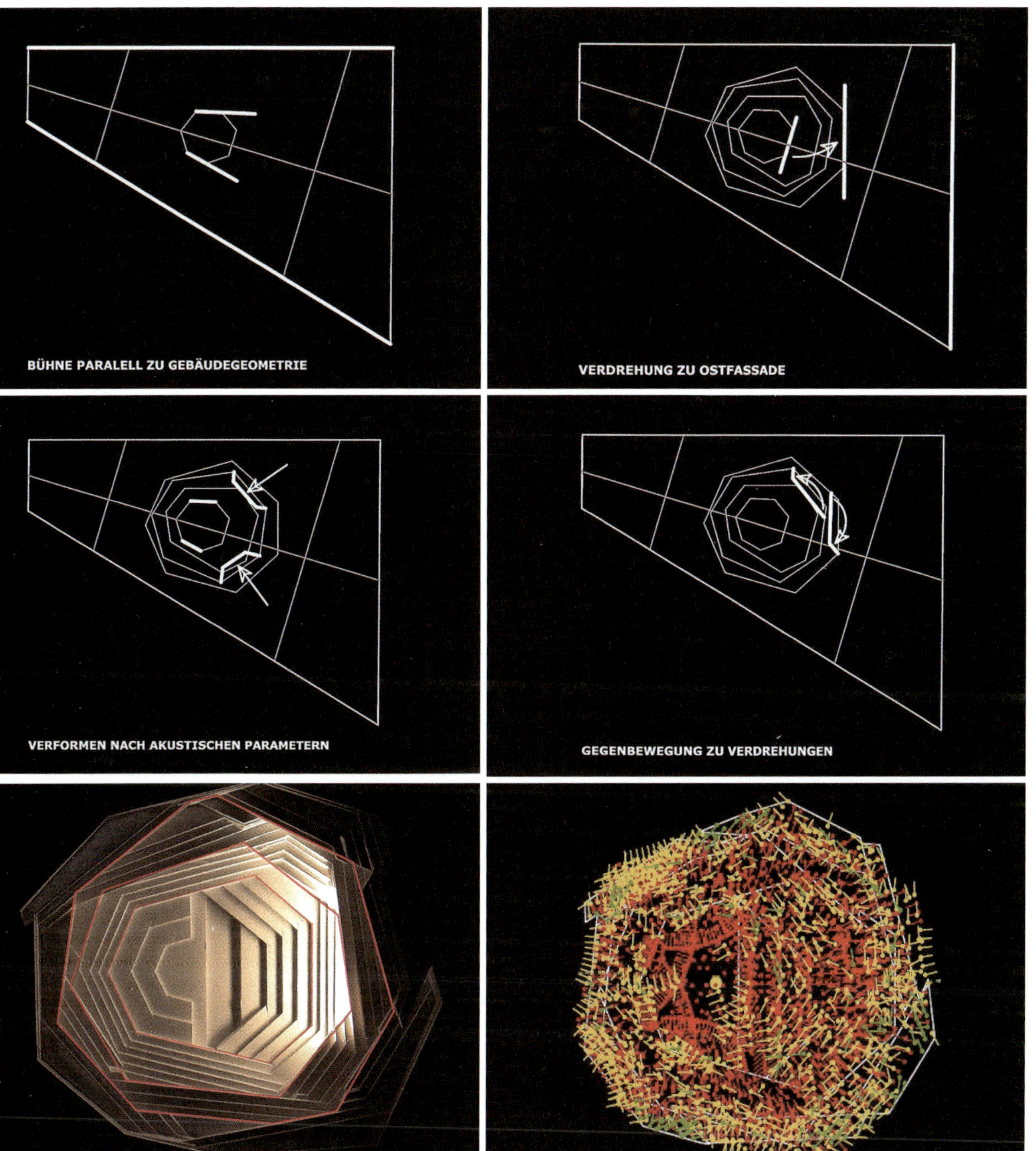

건축가는 카이슈파이어의 사다리꼴 평면을 토대로 그 중앙에 위치하는 지휘자석에서 중선(中線)을 그어 사다리꼴을 등분하고, 다음으로 지휘자석의 주위에 원(圓)을 그리고 그 안에 오케스트라와 청중을 배치하였다. 나아가 사다리꼴 평면의 볼륨에 홀을 내장시키기 위해 홀의 위치를 축선(軸線)에서 약간 어긋나게 하였다.

이 기하학(幾何學) 구조를 음향조건에 따라 최적화하자 먼저 사다리꼴 평면에 계단 모양의 풍경이 나타났다. 그 다음은 청중과 오케스트라와의 거리를 최대한 줄이기 위해, 나온 모서리 부분을 안쪽으로 밀어내고 객석 부분을 레이어 단위로 가볍게 소용돌이 모양으로 비틀면서 공간을 매끄럽게 연속시켜 갔다.

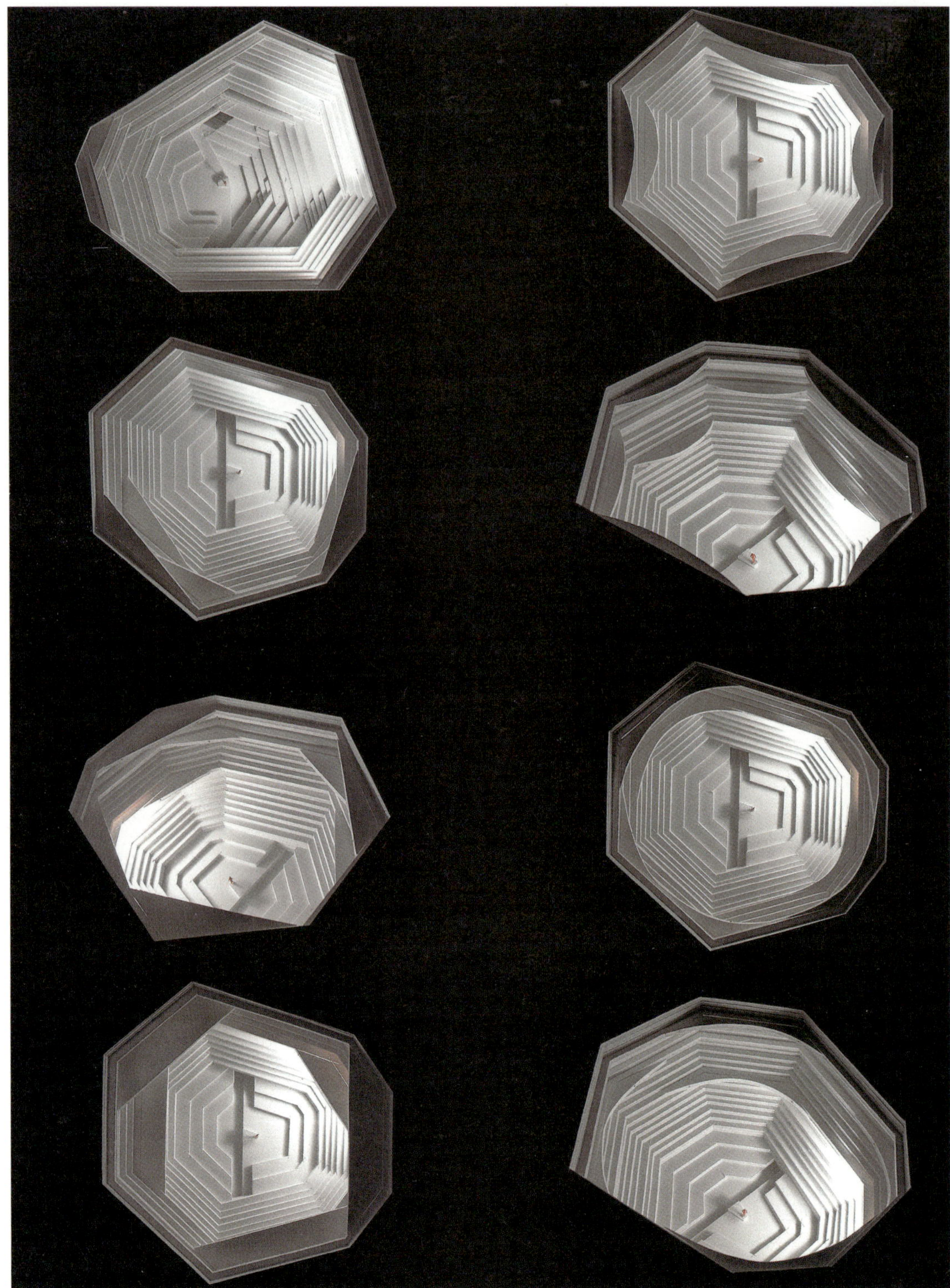

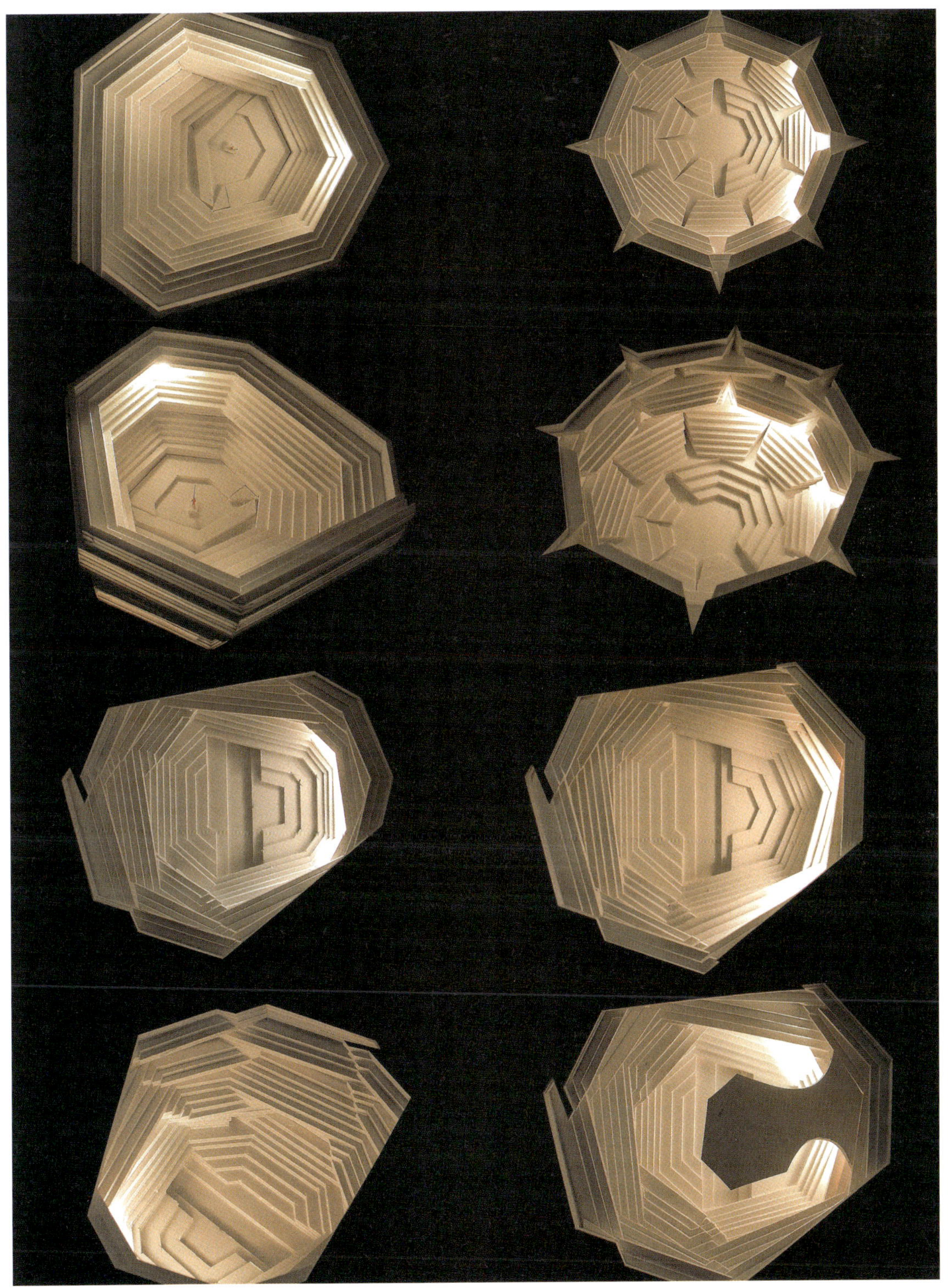

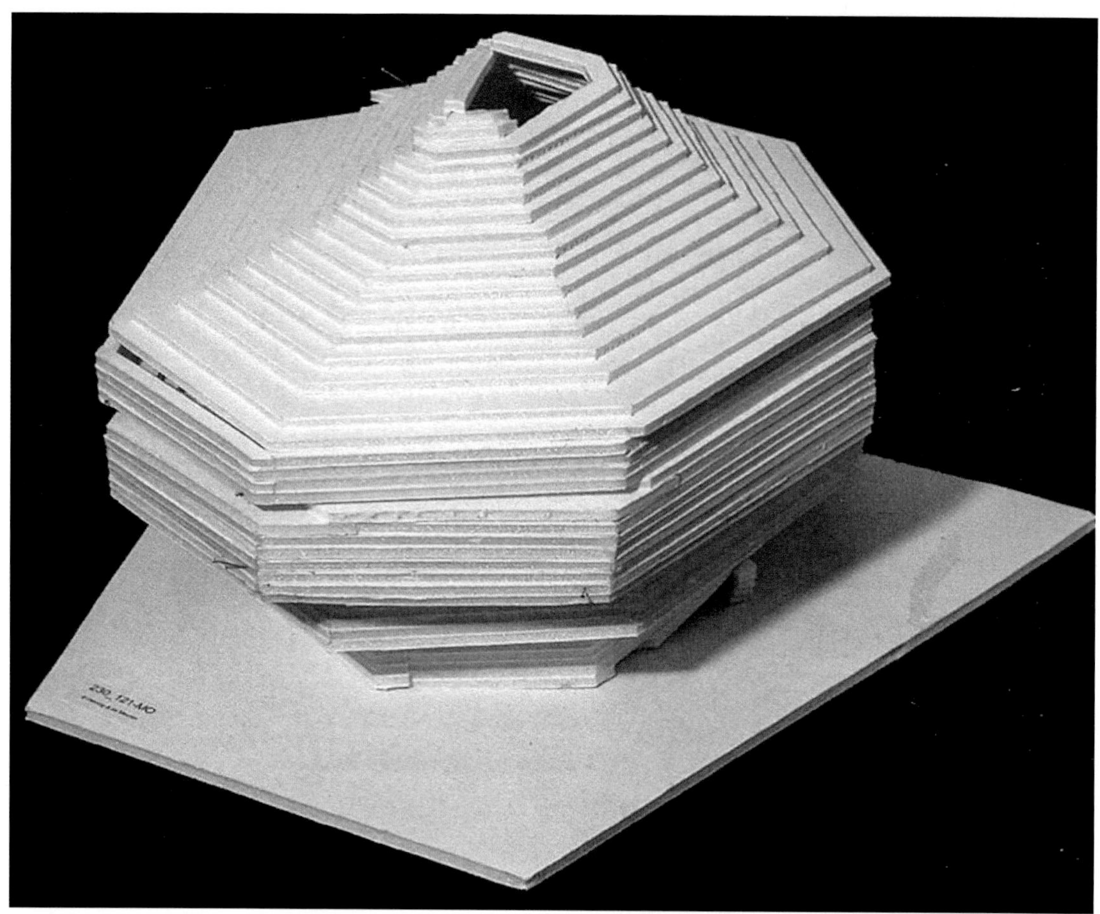

이와 같은 사항을 제 3차원상에 전개하기 위해 지휘자석 주위에 원을 그려 넣고 있다. 건축가는 이 탁월(卓越)한 객석을 들여다보며 청중과의 거리를 확인하였다. 이 가상적인 시계(視界)에서는 가장 먼 좌석이라 해도 지휘자석으로부터의 거리가 30.0m를 넘지 않는다. 또 표면의 요철(凹凸)이 불필요한 반향을 일으키지 않도록 목업을 이용해 발코니와 난간 벽을 조정하고 있다.

객석에는 대량의 마네킹 – 진짜 청중에 근접시키기 위해 옷을 입히고 펠트제의 모자를 씌운 인형 – 을 두고 음질의 변화를 비교해 그 데이터를 컴퓨터에 입력하여 해석(解釋)을 달았다. 이러한 복잡한 과정을 거치는 동안, 소리는 균일하게 확산하게 되었다.

2006년 1월 종이재질로 제작한 축척 1/50의 대형 목업(Mock-Up)이 제작되었는데, 3D모델·데이터를 넣은 커팅·플로터로 파트를 정확하게 잘라낸 이 모형에 의해 처음으로 객석이 구현(具現)된다.

직선상(直線上)의 발코니간 틈새에 대해서는 어떻게 다루든 음향에 지장(支障)은 없으므로 여기에 플라스티신(Plasticine ; 유점토)을 수작업(手作業)으로 채워 넣은 뒤 둥그스름하게 만들어 매끄럽게 연결하고 있다.

이것으로 다각형 공간이 어느 정도 유기적인 양상(樣相)을 띠었다.

이 홀의 디자인은 음향 요인에 바탕을 두고 있지만 건축가의 목표는 어디까지나 독자적인 건축형태를 찾는 것에 있으므로 그만큼 생각이 고정(固定)되어 있는 것은 아니다.

| 2006.01

2006.01 |

2006.01 |

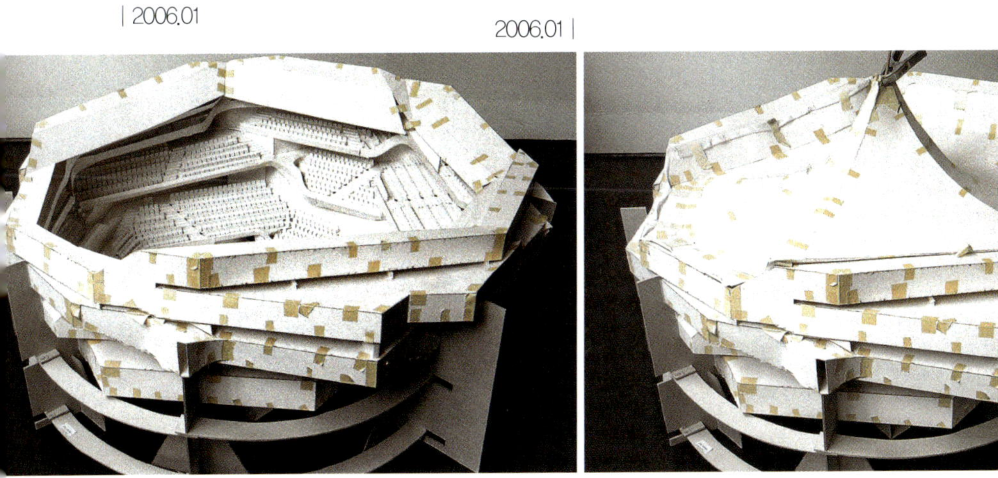

6 콘서트홀(Main Hall)의 건축음향설계

음악이란 참으로 이론적(理論的)인 예술이다. 매우 감각적이면서 또한 매우 과학적(科學的)이기도 하다. 모든 것이 자연과학의 법칙을 바탕으로 하여 성립하고 있기 때문에 같은 예술이라 해도 그림이나 조각(彫刻)과는 전혀 다른 성질을 가지고 있다고 말할 수 있을 것이다.

클라드니(Ernst Florens Friedrich Chladni－18세기 독일의 물리학자이자 천문학자), 「Entdeckungen über die Theorie des Klanges(소리 이론의 발견)」의 저서(著書)에는 클라드니도형이라 불리고 있는 소리를 가시화(可視化)한 도형이 나온다. 원래는 1680년 자연철학자인 로버트 훅(Robert Hooke)에 의해 발견된 도형이지만 훗날 이것을 클라드니가 체계화(體系化)시킨 것이다. 진동이 전해지는 판 위에 알맹이(입자) 형상의 물질을 깔고 현악기의 현으로 판의 테두리를 문질러 문양(文様)을 그려낸다. 진동의 변위(變位)에 의해 입자가 이동하여 음별로 고유의 형태를 만들어 내는 것이다. 클라드니도형은 앞서 소개한 스탠포드의 뮤직비디오를 비롯해 현재 많은 뮤지션 및 예술가에게 사용되고 있는 수법이다. 예를 들어, 사진과 음악을 융합시킨 유닛 Resonantia(레소난티아)도 그 중 하나이다. 음계를 클라드니 도형화(圖形化)하고 사진으로 촬영한 작품을 발표하고 있다. 도레미파솔라시도의 모든 소리가 형태로서 가시화되고 그들이 매우 기하학적(幾何學的)인 모양으로 그려지는 점에서 경이롭다.

소리는 진동이며 공기라는 매체(媒體)가 있기 때문에 비로소 성립하는 「자연과학적 현상」이라는 것을 다시 한 번 깨닫게 해준다.

□ 홀 설계의 역사(歷史) – 기원전(紀元前)에 있어서의 소리와 건축

소리와 건축의 역사는 아주 옛날까지 거슬러 올라갈 수 있다. 공화정 로마기에 활동한 건축가·건축이론가인 비트루비우스(Marcus Vitruvius Pollio)의 저서 「De Architecturra(건축십서)」의 제5서 제4장은 「Harmonikē(조화)는 ……」이라는 한 구절로 시작되고 있다. —「목소리는 접해짐으로서 청각에 느껴지는 공기 흐름의 기식(氣息)이다. 이것은 무한한 둥근 고리(원형)를 이루며 움직인다. …… 중심에서 한없이 넓게 퍼져갈 수 있는 것처럼 …… 같은 원리로 목소리도 이처럼 원형으로 움직이는데, 물에서는 원형은 수평으로 옆으로 움직여, 목소리는 옆으로 나아가는 동시에 또 높은 방향으로도 계단 모양으로 올라간다.」 소리의 성질(性質)을 파문(波紋)으로 비유하면서 상세히 설명하고 있는 제5서는, 그리스의 수학자들의 탐구(探究)에서 얻은 소리의 이론인 3개의 선율, Harmonia, Chroma, Diatonon을 주축으로 논리적으로 설명되어 있다.

비트루비우스는 상승하는 소리의 성질을 살리기 위해서는 극장 계단석의 형태가 수학적(數學的) 논리에 근거하고 있다고 지적한 후 소리를 더 좋게 하기 위한 수법을 기술(記述)하고 있는 것이다.

예를 들어 청동(青銅) 항아리를 공연공간의 계단석 아래에 배치하는 수법도 그 중 하나이다. 항아리의 크기 및 배치는 공연공간의 크기에 비례해 결정되었고 항아리의 공명(共鳴)에 의해 음향효과를 높이고 있다고 한다.

이외에도 극장의 프로포션 및 지붕, 기둥 등의 배치에 대해서 상세한 제안이 기록되어 있다. 기원전(紀元前)의 시대임에도 불구하고 소리의 본질에 입각하여 극장의 공간설계를 이에 근거한 것으로 하고자 하는 자세에는 깜짝 놀랄만 하다. 비트루비우스의 시대로부터 2,000년 이상이나 지난 지금, 소리와 건축과의 관계성(關係性)은 어떻게 변하였을까.

홀 설계의 경우 음향전문가가 참여하는 것이 일반적이지만, 그 참여방법은 홀의 종류에 따라 크게 달라진다. 일률적(一律的)인 홀이라 해도 규모나 용도에 따라 요구되는 음향효과에 차이가 있을 수밖에 없기 때문이다.

예를 들어 클래식 음악의 연주가 이루어지는 전용홀인「콘서트홀」, 오페라 및 발레의 상연을 목적으로 하는 극장인「오페라하우스」, 나아가 다목적 홀 및 라이브하우스 등 여러 종류의 홀이 존재한다. 음향전문가는 이러한 홀의 특징을 파악하여 어느 정도의 음향을 추구(推究)할 것인지를 판단하는 것이다.

이와 더불어, 홀의 형상에 따라서도 참여방식(參與方式)은 달라진다.

「슈박스형」이라 이름 붙여진 구두상자와 같은 직방체 형상 홀의 경우는 비교적 조정이 용이한 한편, 객석이 스테이지를 둘러싸 계단식 밭과 같이 경사진「빈야드형」의 홀은 그 형상(形狀)으로 인해 소리의 반사음이 다양한 방향에서 오기 때문에 시뮬레이션하는 것이 매우 어려운 형상으로 알려져 있어, 1/10 축척의 모형을 사용한 소리의 실험을 실시해 컴퓨터상의 시뮬레이션으로는 확인 못한 에코현상 등을 관찰하는 수법을 취하는 것이 일반적이다.

공연장 설계는 항상 이 기본적인 질문에 답해야 한다. 슈박스냐, 빈야드냐?

'슈박스' 형태로 알려진 공연장들은 직각으로 구성되어 소리가 무대에서 청중으로 향할 때 어떻게 움직일지 비교적 계산하기 쉽다. 많은 유명한 공연장들이 이 방식으로 지어졌다. 그런 공간들의 독특한 음향환경은 음악가와 청중들에게 학습(學習)되어야 한다. 또한 사회학적인 측면 또한 존재한다. 공연장 내에는 확연하게 더 좋은 자리가 있고, 좋지 않은 자리가 있다. 최고의 자리는 물론 갤러리 내의 박스석으로 내려다 볼 수 있고 올려다 보이는 위치이며, 그 외에는 1열 좌석으로 시야(視野)에 대한 가격이 포함되어 있다.

'빈야드' 방식은 조금 더 민주적이고 현대적(現代的)이다. 이 공간들은 좀 더 평평하고 관객들이 덜 격리(隔離)되어 있어 기본적(基本的)으로 음악에 대한 다른 경험을 하게 된다는 것이다. 더 대담한 건축물들이 이 방향으로 나아가고 있으며 무대 또한 관심의 중심인 공연장 가운데로 움직이게 된다. 더 이상 한쪽 면에 쏠리지 않고 업무공간을 보여주는 장소로, 그리고 무대를 모든 방향에서 볼 수 있도록 했다.

베를린 필하모니는 이러한 혁신적(革新的)인 콘서트홀 설계의 훌륭한 사례이다. 베를린의 연주가들은 비엔나의 Musikverein의 연주가들보다 무대 위에서 더 커뮤니티의 일원같이 행동한다. 아마도 가장 중요한 점은 그들은 서로의 말을 훨씬 더 잘 들을 수 있다는 점이다. 그러나 이러한 사고방식(思考方式)과 건설은 건축가와 음악전문가들에게 엄청난 요구사항을 가져오게 된다. 그들은 측정한 치수에 맞게 만든 해결방법(解決方法)을 가져와야 하며, 이 방식은 상당한 아이디어와 활발한 창조적인 충동을 요구로 한다. 건설 단계 동안 실행상의 이유로 변경되는 모든 것들은 미학적(美學的)인 컨셉과 완전히 일치하여야 한다. 조화(調和) 없이는 필하모니도 없다.

엘브필하모니 콘서트홀의 형상은 밀라노의 La Scala에 영향을 받았다. 줄지어 배열(配列)된 발코니도 그렇지만 좋은 축구장 같은 설계로 인해 관객들은 경기장 바로 밖에 거의 바로 앉을 수 있다. 현대 경기장 설계의 최고 사례 중 하나는 Herzog & de Meuron의 다른 작품인 안에서 불빛이 나오는 수많은 거미줄 형상의 파사드가 있는 뮌헨의 Allianz Area이다. '우리는 좀 더 압축된, 자연스러운 형태를 찾고 있다.' 라는 말이 Jacques Herzog가 엘브필하모니에 대한 그의 생각에 대해서 한 말이다. '우리는 사람들이 음악가들에게 매우 가깝게 다가갈 수 있는 공간을 원한다. 사람이 공간을 만들어야 한다.' 2005년 전문가들이 함께 한 공청회(公聽會)에서 정돈된 의견이 나왔다.

'계급(階級)의 차이(差異)가 없는 공연장 – 모두가 함께 할 수 있는 공연장.'

□ 음향컨설턴트(음향전문가)의 탄생

극장의 형태와 소리의 성질과의 관계성은 까맣게 먼 옛날까지 거슬러 올라갈 수 있지만 홀의 음향학으로서 분야가 확립된 것은 의외로 최근이었다. 물리학자(物理學者)인 월리스 클레멘트 세빈(Wallace Clement Sabine)이 보스턴의 심포니홀(1900년 10월 15일 완성)의 건설에 앞서 음향분야 전문가로서 고용(雇用)된 것이 그 시작이라고 한다.

세빈은 「Reverberation(잔향음)」이라고 이름 붙여진 논문(論文)으로 음향전문가로 이름을 알리고 있는데, 그 논문을 쓰기 전에는 사실 소리의 전문가가 아니었다. 하버드대학 물리학 코스의 조교수 시절에 에코가 심했던 하버드대학 포그미술관 강당의 음향개선 프로젝트를 맡아 이 실적을 인정받아 음향전문가로서 고용되었던 것이다. 그는 「Reverberation(잔향음)」 중에서 세빈의 법칙이라 불리는 잔향시간(음원이 발음을 멈춘 후 잔향음이 60㏈ 감쇠하기까지의 시간)을 구하는 방정식을 발표하고 있다. 그 수치는 지금도 여전히 중요한 음향지표(音響指標)로서 이용되고 있다. 지표가 있는 한편으로 양호한 소리를 판단하는 룰이나 알고리즘은 음향전문가에 따라 각기 다르다.

구조와 마찬가지로 명쾌한 답이 있는 것이 아니라 사람에 따라 「좋은 소리」라고 생각하는 조건이 다르기 때문이다. 현재 국제적(國際的)으로 나가타음향설계, Arup, Marshall Day Acoustics, Kirkegaard Associates 등 많은 음향전문회사가 활약하고 있으며 각각 독자(獨自)적인 알고리즘을 가지고 있다.

□ 음향가시화(音響可視化) 소프트웨어

최근 몇 년 간, 음향 시뮬레이션을 실시할 수 있는 소프트웨어가 진화(進化)해 왔다. 음향설계가도 어느 정도의 단계까지는 컴퓨터를 사용한 시뮬레이션을 하고 있다. 그러나 소리를 다루는 방식은 아직 발전 중에 있다. 그 대부분이 소리의 파동성(波動性)을 무시하고 빛과 동일(同一)하게 직진 및 기하학적 반사만으로 소리의 전달 방식을 기술하는 「기하음향」에 의해 해석되고 있다. 소리의 본질(本質)인 파동을 다루는 「파동음향」은 아직 연구단계에 있다.

□ 함부르크 엘브필하모니

자연스럽게 만들어진 동굴 같은 좌우 비대칭(非對稱)이 아름다운 커브는 가만히 조개 속을 들여다 보고 있는 것처럼 유기적(有機的)이다.

빈야드형의 홀의 형상은 전통적인 콘서트홀의 모습임에도 불구하고 예스러움은 전혀 느껴지지 않는다. 오히려 뭔가 새로운 시대를 예감(豫感)시키는 긴장감과 온기가 함께 존재하고 있다. 장식적 조형물(造形物)은 일제 생략하고 의자도 난간도 매우 제한적인 양상(樣相)을 띠고 있는데, 일단 조명이 켜지고 콘서트를 보러 관객이 모이면 한순간에 화려함이 꽃을 피우는 것이다. 어느 좌석도 장애물이 없어 시야가 확보되고 있다는 객석 설계는 부스가 촘촘이 나뉘어져 매우 급한 경사면(傾斜面)에 의해 구성되어 있다.

관객들은 마치 포도밭의 경사면에 앉아 아름다운 경치를 바라보고 있는 것처럼 가련(可憐)한 소리에 귀를 기울이는 것이다.

이 신기한 유기성과 친밀성(親密性)을 만들어 내고 있는 것은 벽을 구성하고 있는 소재의 표정(表情)이다. 거칠지만 섬세하게 조각된 표면은 거대한 공간에서 균일성을 없애고 복잡하고 세밀한 음영(陰影)을 준다. 요철은 천장 쪽이 더 깊고 천장에서 매달려 있는 거대한 버섯처럼 보이는 원반에도 요철(凹凸)이 들어가 있다. 이 요철이 반향판(反響板)의 새로운 모습으로 표현된다.

건물은 콘서트홀(2,150석)뿐 아니라 챔버홀(500석)과 호텔, 주택, 레스토랑, 거리를 조망할 수 있는 공공공간을 겸비하여 기존의 붉은 벽돌 창고 위에 유리로 된 건축구조를 올린 총 바닥면적 12만㎡나 되는 거대한 프로젝트이다.

엘브필하모니홀의 콘서트홀은 12층에서 17층까지 사용하고 2,100석이 갖추어져 있다. 높이는 25m이며 외측에서도 가장 높은 부분은 23층까지 점유(占有)하고 있다. 홀의 직경은 30~50m이다.

음향설계는 일본의 나가타음향설계(永田音響設計)로, 산토리홀도 담당하였던 음향설계가 도요타 야스히사(豊田泰久)가 맡았다. 홀의 형상은 객석이 스테이지의 앞쪽 뿐 아니라 주위를 둘러싸듯이 배치되어 있는 것이 특징이다.

포도밭의 경사면과 닮아 있다는 점에서 빈(와인)야드 구조라 불리고 있고, 최근의 콘서트홀은 이 형식을 채택하는 경우가 많은데, 지휘자까지의 거리를 가장 멀리 떨어진 좌석이라 할지라도 30m 이내로 제한하여 어느 좌석에서도 임장감 있는 체험(體驗)을 할 수 있다. 홀도 역시 「악기(樂器)」이다. 아무리 훌륭한 솔리스트, 오케스트라가 열심히 연주해도 전혀 울리지 않거나 혹은 너무 울려서 분리의 명료도가 결여되거나 무대와 객석의 일체감이 부족하다든지... 음향에 문제를 가진 홀은 많다.

엘브필하모니(Elbphilharmoine)의 외관(外觀)에는 그 내부의 상태가 여실히 나타나고 있다. 지붕의 곡선 및 파사드의 굴곡이 표면에 요철 액센트를 주고 있는데, 이러한 형태는 따지고 보면 콘서트홀의 디자인에서 출발(出發)하고 있다.

헤르조그 & 드뫼롱은 다각형 및 유기적인 요소를 이용하면서 2종류의 셸로 외계(外界)와 나누어진 거의 원형에 가까운 차음 공간(遮音 空間)의 중앙에 스테이지를 설치하였다. 급구배로 밀리듯 올라가는 벽이 밀라노의 스칼라극장 혹은 셰익스피어의 글로브극장을 연상(聯想)시킬 뿐 아니라 영국의 축구경기장의 열기도 느껴진다.

객석 4개 층의 높이에 달하는 파이프오르간이 공간에 자연스럽게 녹아들어 있다. 발코니는 벽과 이어져 있기 때문에 시야(視野)가 가려지지 않고 회유성(回遊性)도 있다. 한스 샤로운이 베를린 필하모니를 대상으로 고안(考案)하여 화제가 된 빈야드 형식을 모방(模倣)하면서도 헤르조그 & 드뫼롱은 한 걸음 더 앞서 나간다.

즉, 바닥면적의 제약을 오히려 역(逆)으로 이용하여 발코니를 스테이지에 바짝 끌어 당겨 그 주위를 단단히 방비(防備)하고, 이로써 관객과 연주가와의 거리를 줄여 홀 가득히 화기애애(和氣靄靄)하고 화려한 분위기 및 체험을 공유하는 사람간의 연대의식(連帶意識)을 극대화하는 것이다. 마찬가지로 대천막의 캐노피처럼 위가 오므라진 천장의 형태가 외관에 반영되어 파형(波形)의 지붕으로 변한다. 스테이지의 바로 위에는 거꾸로 매달린 버섯 모양의 음향반사판이 떠 있는데, 이것은 천장을 낮게 보여주는 효과가 있다. 형용할 수 없을 정도로 아름다운 공간은 이처럼 완성되었다.

이 아름다움에 더 빛을 발하고 있는 것이 치밀한 디테일이다. 파도 모양으로 물결치는 이 디테일에는 수학자 브누아 망델브로(Benoit Mandelbrot)의 프랙털 (Fractal) 구조가 반영되어 있다.

예를 들어 홀 내부의 조명에 유리 전구(電球)를 이용하는 한편 피라네지(Piranesi)풍의 어지러울 정도의 포이어에는 관 모양의 조명을 사용하면서, 어디까지나 스테이지를 중심으로 방사형상(放射形狀)으로 배치하고 있다.

홀의 차음(遮音) 셀은 고전(古典)으로 비유하면 바로크양식의 일류 콘서트홀에 설치되어 있던 흡음용(吸音用)의 회반죽 마감에 해당한다. 건축가는 음향설계가와 함께 협의한 결과에 따라 고밀도 섬유강화 석고보드(FG-Board)에 만들 굴곡의 최적 구조를 컴퓨터로 산출해 냈다. 이렇게 제작한 1만여 장 의 보드를 여러 두께로 겹쳐 허니콤 릴리프모양으로 한 패널을 벽이나 난간 벽과 천장에 붙여 겉모습을 통일(統一)하고 동시에 공간에 움직임을 주고 있다.

슈박스형의 실내악 공연용 리사이틀홀에서도 이것과 접근법(接近法)은 동일하다. 다만 이들 보드에는 볼록 모양을 만들고 마감에 오크재를 이용하고 있다. 카이슈파이어 내의 음악스튜디오에는 옆의 공개 리허설실과 마찬가지로 구(舊) 창고에서 이어받은 견실(堅實)한 분위기가 유지되고 있다.

| 2005.06

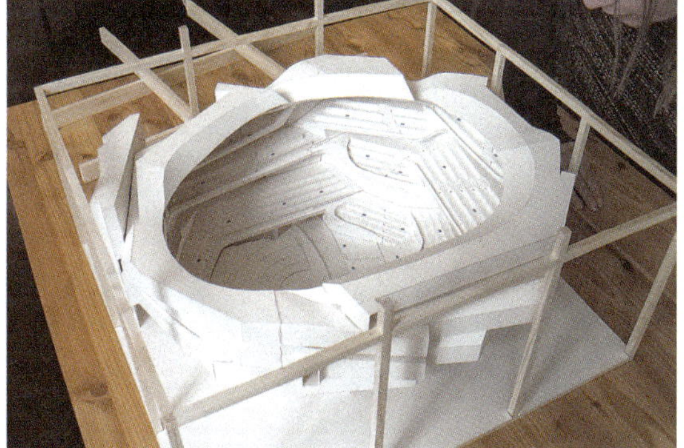

| 2007.04

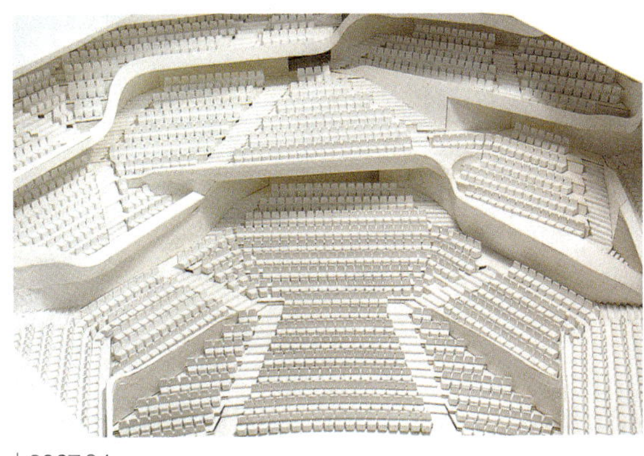

| 2007.04

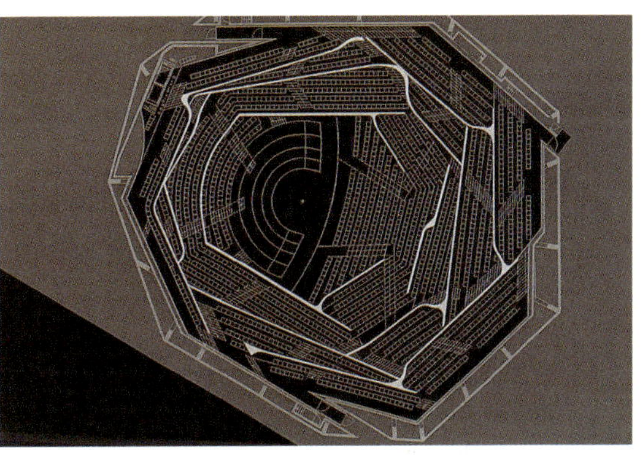

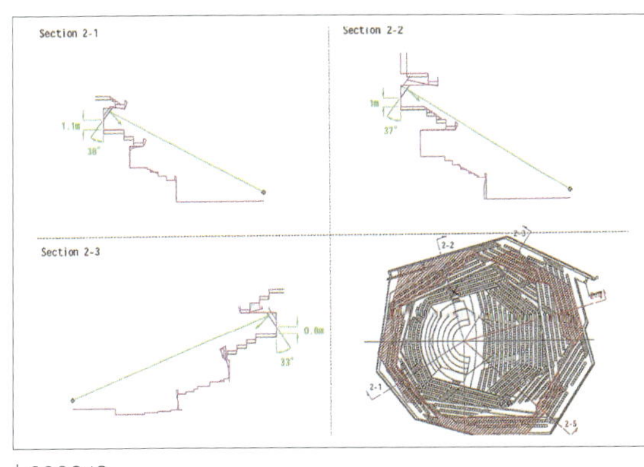

| 2006.10

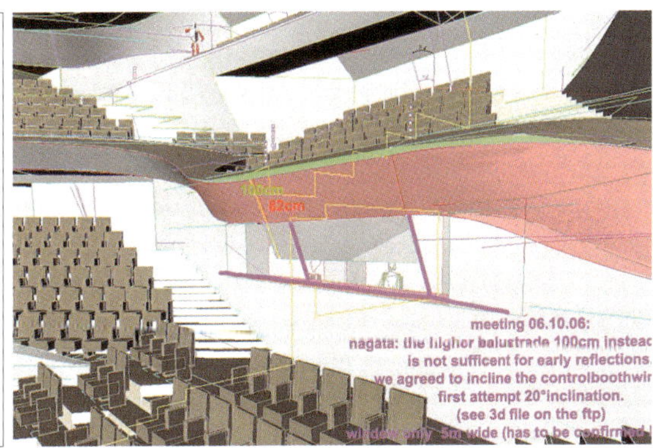

| 2006.10

콘서트홀의 1/50 축척(縮尺)의 대형 모형은 3D 모델 데이터를 넣은 커팅 플로터로 종이재질의 원지(原紙)를 잘라내 만들어졌다. 이 모형 덕분에 비로소 객석의 세부화(細部化)를 할 수 있게 되었다. 직선상의 발코니 간의 틈새에 대해서는 어떻게 다루든 간에 음향에 지장(支障)은 없기 때문에, 여기에 플라스티신(Plasticine)을 수작업으로 채워 매끄럽게 연결하고 있다. 덕분에 기하학적인 공간이 몇 가지 유기적인 양상을 띠게 되었다. 모형의 바닥판을 떼어내고 이것을 헬멧처럼 머리에 쓰면 홀 내부를 일종의 가상현실(Virtual Reality)로서 육안(肉眼)으로 관찰할 수 있다.

1/20 축척의 목업 상에서 각 면의 연결이 매끄러워지도록 수정(修正)이 이루어졌다. 발코니석 후벽의 하부를 도려내고 발코니 천장 부분을 끌어 올려 천장 전체를 하향(下向)으로 경사시키고 있다. 이와 같이 발코니의 단면을 맞배지붕 모양의 형태로 하면 스테이지에 대해서 수직면이 늘어나는 만큼 소리를 최적 조건(最適 條件)으로 반사시킬 수 있게 된다. 객석에서 홀 천장이 잘 보이도록 발코니 하부 천장에 경사(傾斜)를 주고 또 어느 좌석에서 스테이지를 바라봐도 사각(死角)이 발생하지 않도록 난간 벽을 조금 기울이고 있다. 이 각도(角度)와 두께는 음향요인에 따라 결정하였다.

객석의 좌우(左右) 열을 맞출 수 있도록 계단이 그 사이를 사선(斜線)으로 종단하고 있다.

□ 1/10 음향 축소모형

음향설계자가 음향해석 데이터를 시뮬레이션 하는데 전용 음향 모형이 필요해졌다. 2007년 여름, 함부르크 Veddel 구역의 창고(倉庫)에는 콘서트홀의 1:10 비율 모델이 지어졌다.

독일 남쪽의 전문 업체가 제작한 축소모형에 케이블과 센서가 부착(附着)되었고 소재는 목재이다. 축소모형의 무게는 4.5톤, 크기는 5.0x5.0x3.5m이다.

모형 내부에 진입하기 위해선 콘서트홀의 중간(中間)에 있는 해치를 통해 들어가야 한다. 내부 마감은 설계안과 같은 형태이며 축소하였다는 것만 제외하면 모든 것이 완공 후의 모습과 같다.

미니어처 스피커가 모델 주변에 분포되어 있어 공간 주변의 65개 지점(地點)에서 서로 다른 테스트 음향을 내고 있었다.

실내의 크기만이 원형(原型)과 정밀한 비율로 만들어진 것은 아니었다. 실내의 공기도 특별히 제작되어 질소를 투입하여 공기 중 산소 비율을 20%에서 5%가 되도록 조정하였다. 축소모형에 투자한 20만 유로의 비용은 현명한 투자였다. 이 단계에서 수정(修正)되지 않고 남겨진 음향장애 요소들은 실제 건설시 고쳐질 수 없거나 막대한 추가 비용(追加 費用)이 들어가게 된다.

4개월의 음향 테스팅 이후 축소 모형은 원형이 보이는 위치인 HafenCity 구역으로 옮겨졌다. 2008년 10월부터 모델은 HafenCity 구역의 새로운 공공공간(公共空間)인 Magellan Terrassen에 32톤의 유리와 철제 큐브에 담겨서 전시(展示)되었다.

건설단계에 사용되었던 물품들은 큐브의 지상층에 진열되었으며, 파빌리온의 외벽에 있는 20개의 헤드폰은 엘브필하모니의 콘서트 프로그램이 어떤 느낌인지 사전(事前)에 알 수 있게 했다.

축소 모델은 큐브의 위층에 전시되었으며 그곳은 건설 현장 투어에서 관람객(觀覽客)들이 처음으로 보게 되는 장소였다. 투어가 더 이상 진행이 불가(不可)할 때 함부르크 시는 다른 방안을 세웠다. 함부르크항을 운항하는 유람선(遊覽船)이 Lutte Deern 이란 이름에서 MS Elbphilharmonie라고 명명(命名)되었고 매 일요일마다 건물 주변을 순항(順航)한다.

가장 중요한 사실은 매우 확실(確實)했다. 참여(參與)했던 사람들과 그동안 표현된 시간처럼 콘서트홀은 그 공간에서 낼 수 있는 최상(最上)의 음향을 낼 것이다.

구 분	모형제작기법	시뮬레이션 + 가청화기법
장 점	– 축소모형을 통한 실험으로 공간감 등의 주관적 인상을 경험할 수 있음 – 전통적인 설계기법	– 최초 기본 설계단계부터 시뮬레이션 실시가 가능하며, 실 형상과 재료 등을 결정하는 시행착오를 경제적이고 신속하게 처리 – 설계 단계에 따라 지속적으로 가능함 – 가청화기법의 개발로 시뮬레이션 기법의 단점을 보완 – 현대적인 공연장 설계기법
단 점	– 기본설계가 완료된 후에야 모형제작이 가능하며, 기획 및 기본설계 단계에서의 음향조정 및 수정보완이 불가하며, 실험의 결과를 걸계에 적용시키기 위해서는 공기(工期)적인 여유가 필요함(모형제작기간 최소 6개월) 제작비, 보관장소 등의 비용이 발생한	– 가청을 위한 별도의 사운드랩이 필요함 – 시뮬레이션 프로그램 활용을 위한 기술력 필요

| 1/10 음향모형, 2007년 7월

| 1/10 음향모형, 2007년 7월

| 2007.07

| 2007.07

| 2007.07

| 2007.07

| 2007.06

| 2007.07

무지향성(無指向性) 스피커로 오케스트라를 대용(代用)하였으며, 객석에는 펠트를 붙이고 관객 역할의 인형에는 의복(衣服)을 입히고 모자를 씌우고 있다. 음향시험에서는 모형의 스케일에 맞춰 우선 10옥타브 높은 소리부터 시작해서 서서히 주파수(周波數)를 낮추어 갔다.

건축가와 음향설계가는 1/10 축척의 음향모형을 바탕으로 난간 벽의 각도에 개선(改善)의 여지가 있을 만한 부분을 찾아내어 갔다. 모형의 난간 벽에 직사각형 모양의 원지를 붙이는 방법으로 조건(條件)을 바꿔 가며 그때마다 내시경으로 녹음한 데이터를 컴퓨터에 입력(入力)하여 비교하고 있다.

2007.06 |

2007.07 |

2007.07 |

음향시험을 담당한 음향설계자는 그때마다 계측(計測) 대상 밖의 부분에 컬러가 있는 커버를 씌웠다. 모형의 바깥쪽에 광섬유 케이블을 넣어 조명을 시뮬레이션하고 있다.

이 모형에는 섬유강화 석고보드의 미세 구조(微細 構造)의 세밀한 디테일이 빠짐없이 재현(再現)되기 때문에 이것을 사용하면 반사판의 빛이나 난간 벽에 떨어지는 빛까지 확인할 수 있다. 이와 병행(竝行)해서 진행된 조명시험에서는 워낙 복잡한 공간이므로 빛이 반사되고 있는 지점은 없는지, 혹은 빛이 닿지 않는 발코니가 없는지 점검(點檢)하였다.

콘서트홀의 실내음향설계에 있어서 중요한 포인트는 크게 정리하자면 "실 형상(室 形狀)"과 "내장 재료(內粧 材料)"라는 두 가지이다.

물론, 실 형상이라는 것은 홀 천장의 높이나 실의 폭(幅), 객석의 레이아웃 등의 큰 실 형상부터 천장이나 벽의 세밀한 요철(凹凸) 형상까지 모든 형상을 포함하고 있고, 또 내장 재료의 경우 실내의 표면적인 마감재료뿐 아니라, 그 이면(裏面)의 구조까지 포함한 재료를 의미한다.

그러나 그 두 요소 모두 건축의 디자인 그 자체(自體)이며, 따라서 콘서트홀 내부의 설계는 건축설계와 음향설계가 하나가 되어 진행되지 않으면 안 된다.

엘브필하모니의 홀 내부 설계에 있어서의 키워드는 "Intimacy(친밀감, 근접함)"이었다. 건축적으로도 음향적으로도 「가깝다」라는 것, 대형 홀이기에 크기, 거리감을 느껴지지 않게 하는 것이 설계단계에서 가장 중요한 테마였다. 음향설계 부문이 프로젝트에 참여한 단계에서, 콘서트홀의 기본적인 레이아웃은 소위 슈박스형이 아니라 객석을 최대한 스테이지에 가깝게 배치할 수 있는 빈야드형으로 한다는 기본 방침은 이미 결정되어 있었다.

음향설계를 진행해 가는데 있어서의 가장 큰 과제는 음향적인 "Intimacy"를 실현하는 것에 유효(有效)하면서 중요한 초기반사음(初期反射音)을 효과적으로 얻을 수 있도록 객석 주위에 음향적으로 유효(有效)한 반사 벽을 어떻게 설치하는가 하는 점이었다. 객석을 세밀하게 그룹화 함으로서 객석 주위에 벽을 설치하고 그들을 음향적으로 유효한 벽으로서 이용한 것이다.

벽면에는「화이트 스킨」이라 부르는 개별적으로 성형(成形)한 다른 크기의 굴곡이 붙은 고밀도 섬유혼입 석고보드가 1만 장이나 배치되어 있어 소리의 흡수(吸收)와 반사(反射), 확산(擴散)을 컨트롤 하고 있다. 굴곡은 조개껍데기를 모티브로 하고 있다.

음향설계자는 악우협회(樂友協會) 대 홀(뮤지크페어라인) 등의 정통파 콘서트홀의 사례를 들면서 무엇보다 중요한 것은 소리의 흐름을 좋게 하는 것이라고 지적(指摘)하였다. 소위, 유서(由緖) 있는 홀의 음향이 훌륭한 것은 공간의 비율이 좋은 것도 있지만, 무엇보다 홀 내부에 이루어진 장식이 소리를 확산하여 반향(反響)을 막는 작용을 하고 있기 때문이다.

당초(當初) 시도한 홀의 마감재 중에 기포 형상(氣泡 形狀)의 물방울 모양을 본뜬 석고형(石膏形)이 있다. 그래서 이 형태를 보로노이 다이어그램(Voronoi Diagram)에 따라 레이아웃한 기하학 모양을 그대로 피막(皮膜)으로서 홀 내부에 붙이기로 하였다. 음향설계가는 이를 수용(受容)하여 피막의 두께와 중량이 어디에 어느 정도 필요한지를 산출하였다.

| 빈 악우협회 대 홀 (1870년)

| 2005. 05

| 프로그래밍된 표면기하학 (2006. 10)

| 2007. 01

| 표면구조의 음향사양

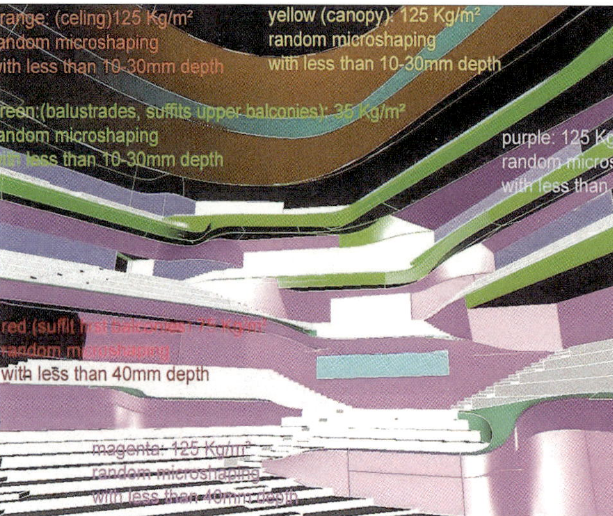

| 2008. 09

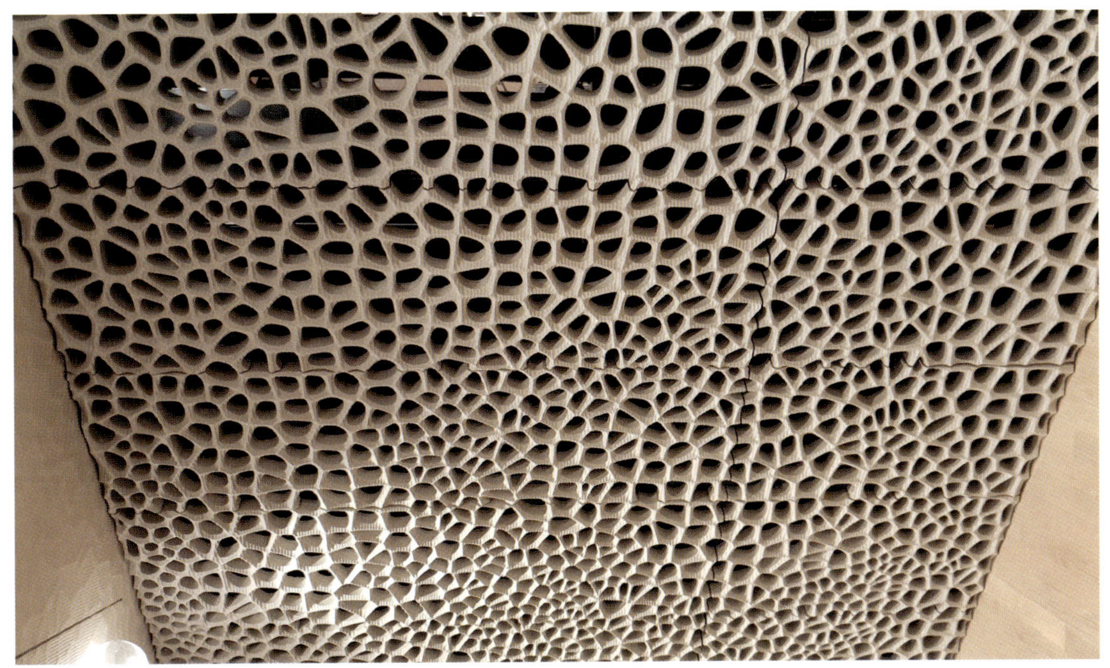

건축가가 고안해 낸 요철면이 세포조직(細胞組織) 모양으로 나열된 패턴은 바로크건축에 있어서의 스투코(Stucco) 마감의 현대판(現代版)으로 건물 지붕의 기복(起伏)을 연상시키는 것이다.

섬유강화 석고보드에는 통상 합판을 붙여 마감하지만 여기서는 노출된 그대로 사용되었다. 실제로 디테일의 목업이나 전체 길이 5.0m의 난간 벽을 보면, 칼끝이 두꺼운 엔드밀(Endmill)로 자르는 편이 구멍의 깊이에 5㎜~90㎜로 차이는 있지만, 거칠고 성긴 그물코로 마감하고 또 전체가 균질한 인상(印象)이 되는 것으로 판명되었다. 스테이지 배후 및 파이프오르간 정면 부근의 소리를 좋게 하기 위해 그 부분에 붙여지는 보드의 구멍은 모두 관통(貫通)시키고 있다.

| 2011. 06

| 2012. 02

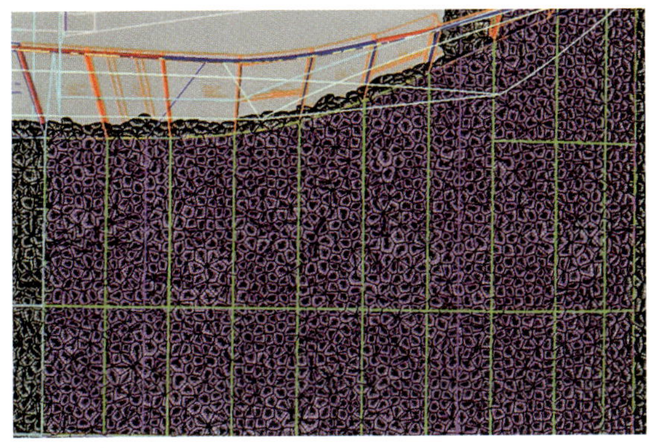
| 2012. 10

| 2012. 02

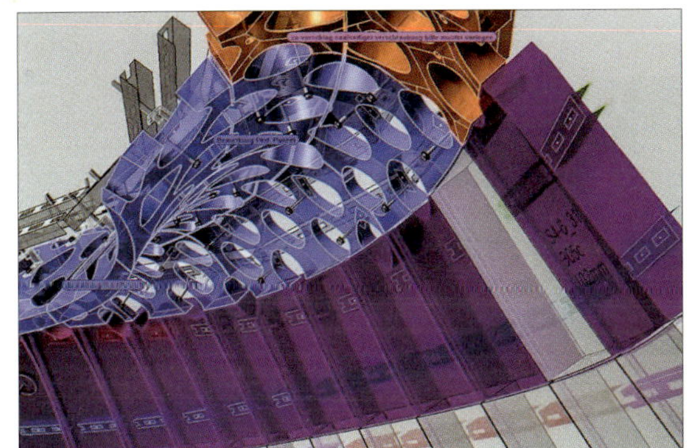

| 2014. 08

패널의 절삭가공(切削加工)에 들어가기 전에 건축가 측에서는 실내의 벽과 천장, 난간 벽을 포함한 여러 면에 실시되는 총 수 100만 개에 이르는 세포 패턴을 데이터 출력(出力)할 수 있도록 하였다. 이 데이터를 바탕으로 해서 제작업체가 전체 1만 장에 이르는 고밀도 섬유강화 석고보드 1장 1장에 세포 패턴 및 패널의 윤곽(輪廓)이 되는 구형(직사각형)을 전사(転写)해 갔다. 물론 보드에는 노치(Notch)를 하고 보드 자체를 구체에 고정시키는 부품이나 조명, 스프링클러, 난간이 설치되도록 준비한 후 CNC 프레이즈반에 걸치고 있다.

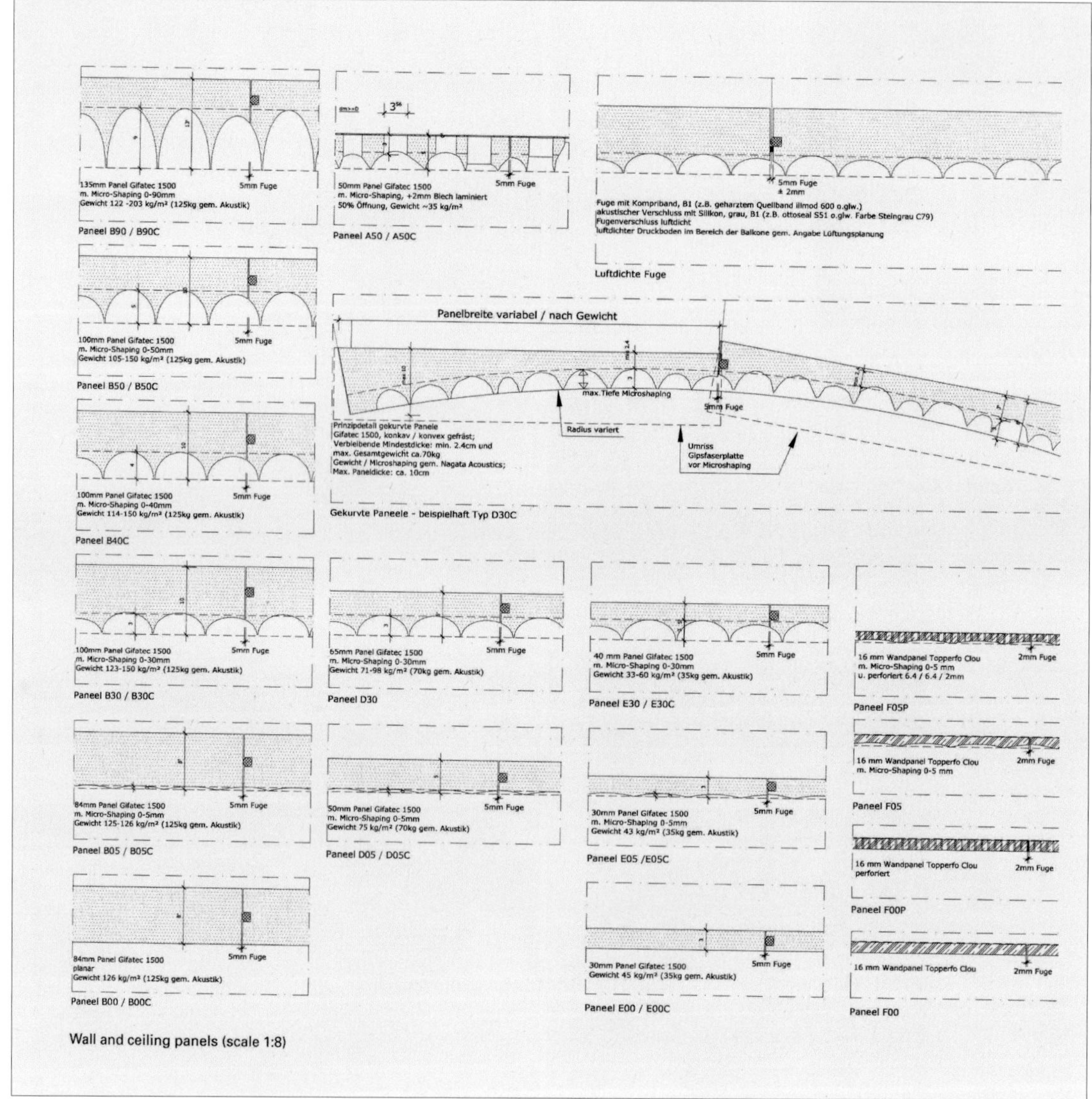

Wall and ceiling panels (scale 1:8)

홀 내에 붙여지는 패널은 1장 1장 두께도 무게도 마감도 다르다. 패널에 새겨지는 요면(凹面) 하나만 하더라도 객석 구역(區域)에서는 깊은 편이지만 출입구 부근이나 천장에서는 야트막하게 설정되어 있다.

유공 패널의 개공율(開孔率)은 50%. 개개의 간섭요인을 미리 소프트웨어에 넣고 있기 때문에 패널의 마감은 일률적이지 않고, 오히려 산호(珊瑚)와도 비슷한 그 유기적인 형태가 사람의 손으로 만든 듯한 느낌을 살린다.

다만 패널의 이음매는 직각이므로 아무리 패널의 표면이 사납게 울퉁불퉁해도 전체적으로 보면 정연한 배열이 된다. 잘라내기 전의 패널에는 번호를 달아, 현장에서는 이 번호 순으로 늘어놓으면 되도록 하고 있다.

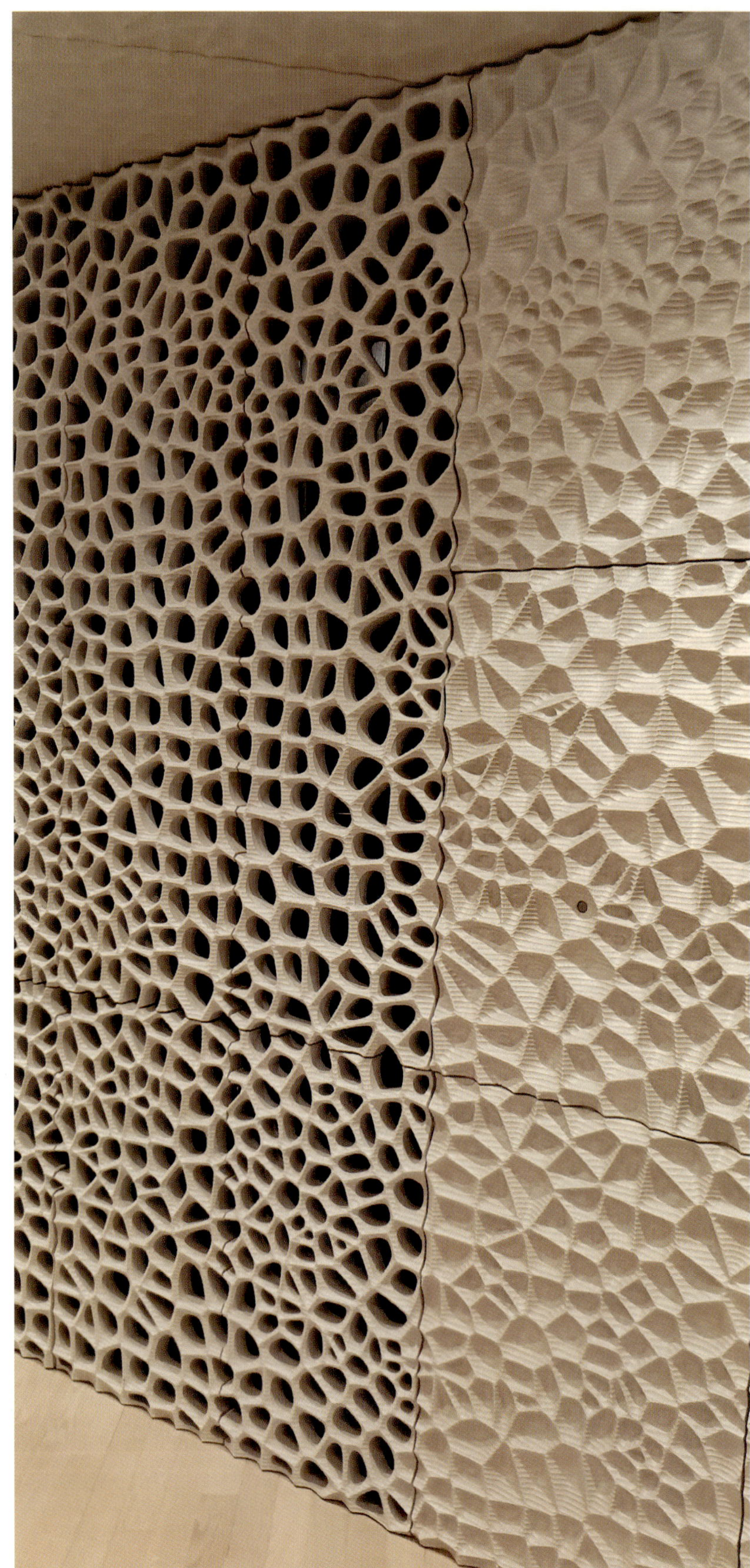

□ **세목별(細目別) 연구 – 콘서트홀의 내장 마감**

다이내믹한 평활면으로 구성된 포이어에서 콘서트홀로 안내되어 가장 먼저 눈에 들어오는 것은 벽면·천장면의 요철(凸凹)이다. 이 요철은 디자인적으로 조개껍질이 모티브로 음향적으로는 소리를 산란(散亂)시키는 역할을 한다.

벽면·천장면에서의 소프트한 음향 반사를 기대함과 동시에 국소적(局所的)으로 장애가 되는 에코를 산일(散逸)·해소시키는 역할도 함께 가지고 있다.

객석의 블록화·천장높이·벽면의 위치 등 반사음의 도래 상황(到來 狀況)을 결정짓는 홀의 기본적인 실형상은 설계 초기의 단계에서 컴퓨터를 이용한 시뮬레이션을 토대로 홀의 음향 설계팀과의 깊은 논의(論議)를 거쳐 정리되었다.

다음 단계에서는 1/10 스케일의 모형을 제작하여 음향실험을 실시함으로서 더 상세한 잔향(殘響)의 검토를 진행하였다.

이 음향 모형실험에서는 먼저 장애(障碍)가 되기 쉬운 에코의 유무(有無) 확인과 에코가 감지된 경우의 대처(對處)방안 검토를 실시하였다.

엘브필하모니의 콘서트홀과 같은 객석이 스테이지를 둘러싸는 아레나형에서는 시간지연(時間遲延)이 커서 강한 반사음(롱패스 에코)이 되돌아오기 쉽다. 본 홀에서도 스테이지와 그 주변의 객석에서 롱패스 에코가 감지(感知)되었다.

이 에코 장애에 대한 대처방안으로는 반사면의 각도 변경·흡음 마감·산란이 있는데, 음향설계팀에서 소프트한 음향반사를 위한 산란의 연장선상(延長線上)에서 "산란에 의한 에코 장애 해소"를 요망(要望)하였다.

그래서 1/10 스케일로 조개껍질 모티브의 산란면(散亂面)을 제작하고 에코의 원인이 되는 면에 설치하여 그 효과를 확인한 후 각 부분에 필요한 산란(散亂)의 깊이를 결정하였다.

실제(實際) 산란면의 소재는 비중(比重) 1.5의 섬유강화 석고보드이다. 이 보드를 여러 장 붙인 패널을 만들어 그 표면을 깎아 조개껍질 모티브의 산란면을 만들고 있다. 소프트한 반사를 기대하는 일반 부위의 산란의 깊이는 10~30㎜, 에코 장애 해소(解消)를 목표로 하는 산란의 깊이는 50~90㎜이다. 또 이들 면은 저음역(低音域)까지 소리를 유효하게 산란시키기 위한 중량(重量)이 필요하다는 점에서 조개껍질 모티브가 설치된 상태에서 평균 125kg/㎡의 면밀도(面密度)를 가지고 있다.

벽·천장 전체가 필요면밀도를 지닌 소재(素材)인 섬유혼입 강화석고보드로 구성되어 있고, 3D 모델상에서 패널을 나눈 후 공장에서 제작되었다. 나아가 객석 단상(壇上)도 동일 소재의 평면 패널 위에 목제 플로어링 마감이 이루어져 있다.

함부르크 엘브필하모니의 내부 마감 |

ㅁ 대화(對話)하는 반향판

약 10,000장의 하나하나 똑같은 것이 없는 요철 보드. 소재는 석고혼입 강화섬유보드(FG-Board)를 여러 장 겹쳐 이것을 잘라낸 것이다. 깊이의 배리에이션도 다양(多樣)하다. 사실 이 요철 패널이야말로 이번 설계의 키포인트가 된다.

슈박스형의 전통적인 홀은 복잡한 장식물(裝飾物)을 통해 부드러운 음향반사 효과를 만들어 냈다.

예를 들어, 우수한 소리를 가진 홀로서 명성이 높은 빈의 무직페어라인 홀도 네오고딕풍의 장식에 의한 아름다운 내장이 특징이다. 한편 엘브필하모니의 경우는 설계자의 의도에 따라 장식적 요소가 최대한 생략되어 있다. 그러면 어떻게 음향반사(音響反射)의 조정을 하고 있는 것일까. —그 대답(對答)이 되는 것이 갑각류(甲殼類)의 껍데기를 이미지화해서 만들어진 패널의 요철이다. 음향시뮬레이션을 실시한 후에 1/10 축척의 모형으로 요철면까지 상세히 재현하여 에코를 일으키는 원인이 되는 개소를 찾는다.

그 대처로서, 통상적으로 이루어지는 반사면의 각도 변경 등은 하지 않고 홀의 형상은 그대로 유지하면서 요철의 깊이를 컨트롤 하는 수법(手法)을 만들어 낸 것이다. 음향효과를 위해 2종류의 깊이로 나눠 부드러운 소리를 만들어내는 깊이 10~30㎜의 요철, 에코의 장애를 해소하기 위한 50~90㎜ 깊이의 요철이 설계되어 있다.

그렇게 함으로서, 형상의 연속적인 아름다움을 유지하면서도 최대한의 음향효과(잔향시간은 2.4초)를 이끌어내는데 성공하였다.

그러면 이 정도 양의 패널을 다품종(多品種) 소량 생산하여 음향효과를 높이는 깊이의 컨트롤에 어떤 기술이 이용된 것인가를 알아보면 다음과 같다.

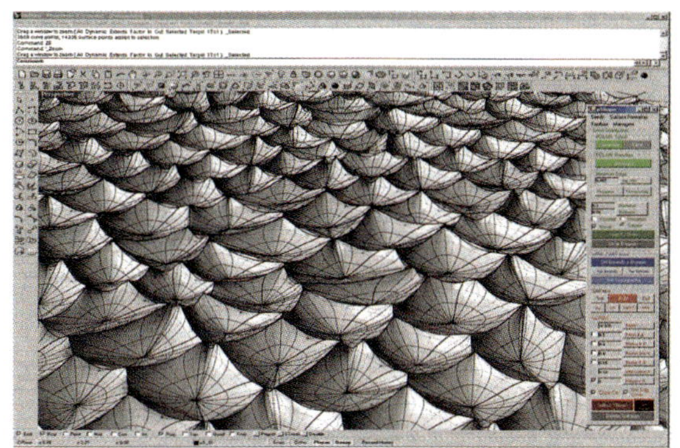

컴퓨터로 생성된 100만 개의 요철 |

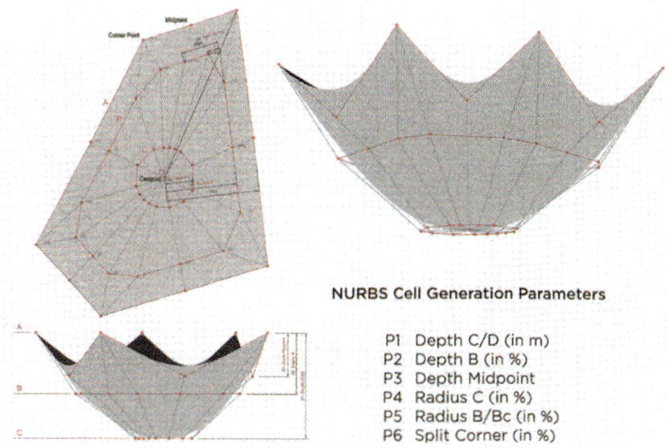

6개의 포인트에서 이루어지는 유닛 |

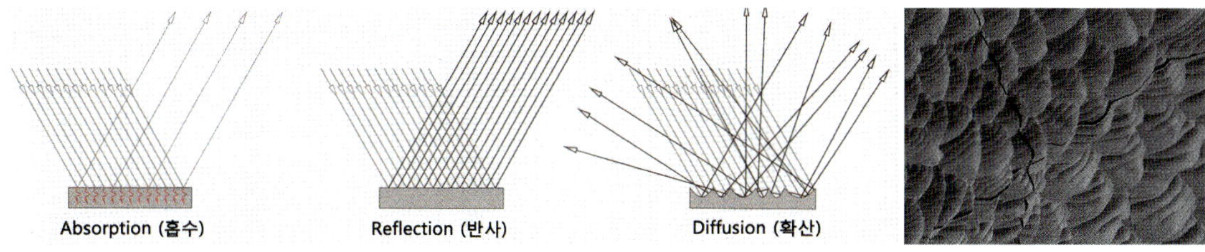

요철면이 이끌어내는 소리의 확산 모델 | 패널 간의 매끄러운 연속성 |

□ **제작(Fabrication)과의 연계(連繫)**

건축가와 음향설계가의 접점이 되는 요철의 패널 설계 이면에는 협력사(協力社)인 One to One의 존재가 있었다. Benjamin S. Koren이 이끄는 One to One은 뉴욕을 거점으로 3개국에 사무소를 둔 건축에 관한 첨단기술(尖端技術)을 전문으로 하는 스튜디오이다.

기하학적 계산을 비롯, 정확도 높은 3차원 설계, 나아가 생산(生産)으로 이어지는 제작기술을 자랑한다.

프로젝트에서는 요철 패널의 설계시공을 매개(媒介)로 소리와 형태의 대화를 뒷받침하는 중요한 역할을 맡고 있다.

이번에는 설계를 위해 제작된 여러 툴의 개발을 중심으로 이루어졌다. 예를 들어, 요철 형상을 결정하기 위한 Parametrical Tool(Rhinoceros Plug-in으로서 개발)도 그 중 하나이다.

Voronoi Grid 형상으로 배열된 요철의 모양은 그리드의 랜덤성, 크기를 파라미터로 조정할 수 있고 또 여기에 높이를 주어 3차원화 한 시점에 6개의 파라미터(포인트가 되는 깊이 및 직경, 각의 처리 등)에 의해 형태를 조정할 수 있도록 되어 있다.

섬세(纖細)한 조작을 통해 소리의 매력을 이끌어내는 파라미터를 도출(導出)하고자 하는 것이다.

제작된 패널은 10,287장이나 되고, 여기에 시공된 요철은 100만 개 이상 된다고 한다. 사람의 수작업으로는 도저히 실현할 수 없는 양이다. 더구나 이웃하는 패널 간을 5㎜로 유지하기 위해서는 높은 정확도를 필요로 한다. 이를 실현한 것은, 5축 및 3축의 절삭가공기술과 오리지널 마테리얼 개발이다. 패널 비율에 따라 공간이 분단(分斷)된 인상을 받지 않도록, 이웃하는 패널의 절삭은 연속성을 유지하기 위한 고안이 이루어져 있다. One to One은 그들의 CAM 데이터를 제작하여 제조자(Fabricator)인 Knauf Integralfh 측으로 매끄러운 중개(仲介)를 성공시켰다.

이런 과정을 통해 실현된 요철 패널로 덮인 홀은 소리의 성질이 깎아내는 아름다운 리듬을 만들어내고 있다. 소리의 움직임에서 도출된 모습은 설계와 소리를 연결하는 매체로서 새로운 형태를 보여주었다.

| 홀과 외부로 이어지는 통로. 문은 없고 벽으로 흡음하고 있다.

| 벽면에 붙여진 음향조정용 화이트스킨

| 화이트스킨의 상세. 주로 이 형상이 사용되어 있다.

ㅁ 파이프오르간

엘프필하모니 콘서트홀의 파이프오르간은 본(Bonn)의 유명한 정통 오르간 제작사인 Johannes Klais社 제품이다. 그 규모는 홀 객석 4층 분의 높이에 달하고 스톱 수는 총 69개. 파이프 수는 총 4,765봉으로 파이프는 가장 짧은 것이 겨우 11㎜이지만 가장 긴 것은 10m가 넘어, 이들이 음색별(音色別)로 배열된다.

파이프 중 380봉은 목관(木管), 나머지는 주석 합금제의 금관(金管)이다. 오르간은 총 중량이 대략 25톤에 달하지만, 외관은 그리 크지 않다.

규모는 15.0×15.0m의 악기이지만 그 대부분은 유공 음향 패널 안쪽에 숨겨져 있다. 고정 콘솔(연주대) 외에 스테이지용의 가동(可動) 콘솔도 있다.

4,765개의 파이프를 사용한 파이프오르간이은 얼핏 보면 잘 알지 못하도록 구멍이 뚫린 벽의 안쪽에 들어간 상태로 홀 주위에 설치되어 있다. 리모트로 오르간의 음색을 선택(選擇)하는 레지스터(스톱)가 4개, 천장의 리플렉터(반사판)에 들어가 있어 위에서도 소리가 내려온다.

| 주요 콘서트홀의 수용인원과 오르간의 스톱 수

홀 명	수용인원	스톱 수
베를린 필하모니	2,218명	84 스톱
베를린 음악대학 콘서트홀	1,340명	70 스톱
본, 베토벤홀	1,407명	78 스톱
도쿄, 무사시노 음악대학 베토벤홀	1,200명	55 스톱
런던, 로열페스티벌홀	3,000명	103 스톱
로테르담, 콘서트홀	2,145명	70 스톱

오르간의 구조에는 4가지 중요한 부분을 생각할 수 있다. 여러 종류의 파이프 군(群), 그들에게 공기를 불어 넣어 주는 송풍장치(送風裝置), 연주자가 직접 접촉하는 연주대와 거기에 연결된 제어장치(制御裝置), 나아가 오르간의 각 부분과 그 전체를 감싸는 외장(外裝)이다. 콘서트홀의 경우 특히 문제가 되는 것은 연주대의 위치와 키의 오르간 내부에 전달하는 기계장치이다.

콘서트홀에 있는 이상 오르간 연주자가 관객에게 보이고 그 연주 상태를 잘 알 수 있도록 하는 것이 일반적이다.

게다가 오르간 본체(本體)로부터 이것이 너무 멀어져 버리면 효과가 떨어진다. 한편, 최근의 일반적인 경향으로서 전력(電力)을 이용하지 않고 키의 힘으로 직접 밸브를 여는, 가장 원시적인 Mechanical Tracker action 방식(mechanishe Spieltraktur)가 좋다고 알려져 있다. 이는 연주자의 미묘한 터치 변화가 전달되기 때문이다. 음악적으로는 당연한 것이다. 소형 마그넷으로 밸브를 여는 전기식의 경우는 연주대와 오르간 본체는 전선으로 연결될 뿐이기 때문에 그 위치는 비교적 자유롭게 선택할 수 있고, 연주대를 가동식으로도 할 수 있기 때문에 콘서트홀의 경우 유리한 점도 있다. 메커닉식과 전기식 2대의 연주대를 동시에 갖추는 것도 가능하다. 윈드 체스트(Windlade)도 역시 옛날부터 있는 슬라이더 체스트(Schleiflade)가 현재는 가장 많이 이용된다. 그리고 이들 메커니컬한 구조에 의한 오르간은 그 스타일이 매우 한정된다. 즉, 연주대와 오르간 본체는 상당히 밀착(密着)시켜야 하고, 또 본체를 옆으로 확장하는데 한계가 있어 오히려 높게 쌓아 올리는 형태가 된다.

트래커 액션과 견줄만한 또 하나의 제어기구로 스톱 액션이 있는데, 연주회에 필요한 스톱 조합 기억장치(Setzer Kombination) 및 그 이외의 연주 보조장치를 갖추기 위해서는 전기식 스톱 액션(Elektrische Registertraktur)이어야만 한다. 한편, 음향상 큰 영향력(影響力)을 가지는 것이 파이프 각 그룹의 배치(Werkaufbau)와 외장(Gehäuse)이다.

수천 봉에 이르는 파이프는 기능적인 각 건반(鍵盤)에 배분되며 그 그룹은 그것으로 하나의 작은 오르간을 형성하는데, 그 독립성, 파이프의 음향적 혼합(Klangmischung)과 소리의 확산을 돕는 것이 소위(所謂) 오르간 케이스이다. 게다가 오르간의 각 부분(Teilwerk)은 전체적으로 하나로 통합되어야 한다. 오르간 설계의 단계를 또 한 번 요약해 보면 다음과 같다.

제일 먼저 결정되는 것이 오르간의 사양(仕樣)이다. 오르간의 사용목적, 홀의 조건에 맞춰 스톱의 수 및 종류, 그리고 각 그룹에 대한 배분(Disposition)이 제안된다. 나아가 파이프의 스케일은 각각 그 진동수와 홀의 음향상태로부터 결정된다. (Mensurierung) 그와 동시에 오르간에 필요한 공간이 산출되는데, 전술한 바와 같이 전기식과 메커니식에서는 그 형태가 상당히 달라진다. 근본적으로는 오르간의 음악적 생명이 중요하다고는 하나 역시 건축물의 일부가 되는 이상 그 디자인도 홀의 내장에 매치되어야 하며, 이러한 점에서도 오르간 제작자와 건축가와의 상호 이해가 필요하다. 오르간의 디자인은 오르간의 악기로서의 개성(個性)을 그대로 나타내기도 한다.

| 오르간을 설치한 홀의 제원과 오르간의 규모, 설치 장소

홀 명	좌석 수 (석)	잔향시간 (초)	홀의 성격	오르간					
				메이커 명 · 사양	위치	수평거리 (m)	높이 (m)	직선거리 (m)	그 외
산토리 홀	2,006	(2.6)2.1	콘서트홀	Rieger / 4단	정면	19	4.5	20	
로열 페스티벌 홀	3,000	(1.7)1.45	콘서트홀	74스톱	정면	11	2	11	
콘세르트헤보	2,206	(2.4)2.1	콘서트홀	Harrison&Harrison / 120스톱	정면	11.5	3	12	
베를린 필하모니	2,218	(2.4)2.1	콘서트홀	Flentrop / 수리	상수위	22	7.5	23	
보스턴 심포니 홀	2,613	(2.7)1.8	콘서트홀	Schüke /84스톱	정면	10	5	11	콘솔은 이동식

이와 같이 다양한 방면에서의 검토가 이루어진 후 오르간은 공방에서 제작 단계에 들어가는데, 그것이 완성되는 것은 홀 내부(內部)에서이다. 그리고 조립이 끝나면 하나하나의 파이프가 그 홀의 음향상태에 맞게 정음(Intonation)된다. 엘브필하모니 콘서트홀의 파이프오르간은 멋진 모습이지만 그렇다고 해서 이것을 상징물(象徵物)의 대상으로서 장식하는 것이 아니라, 오히려 벽 안쪽에 숨겨 건축에 자연스럽게 녹아들도록 하고 있다. 오르간은 홀 가득 소리를 울려 퍼지게 하여 홀 그 자체를 악기로 바꾼다. 목제 부품과 작은 파이프는 벽의 안쪽에, 큰 파이프는 앞쪽에 놓인다. 가까이 가서 보면, 유공 음향 패널 너머로 그 모습을 볼 수 있다. 오르간 리사이틀 중에는 이것을 배후(背後)에서 조명을 비춰 관객이 악기의 움직임을 볼 수 있도록 하고 있다.

□ 천장반사판

홀의 천장높이가 너무 높기 때문에 오케스트라 피트 바로 위의 천장을 15.0m정도 낮출 필요가 있었다.

그래서 헤르조그 & 드뫼롱은 보통 공중에 여러 개의 부운(浮雲-뜬 구름) 반사판을 매다는 곳을 다기능을 탑재(搭載)한 현대판 샹들리에를 조형하는 방법을 강구하였다.

이 샹들리에는 단순히 소리를 반사시킬 뿐 아니라 스포트라이트를 갖추어, 천장에 간접조명을 설치하고 스피커와 마이크를 내장(內藏)하였으며, 나아가 중량이 있는 기구를 매다는 리깅 훅(Rigging Hook)을 장비(裝備), 오르간의 에코효과를 담당하는 Fernwerk와 그 파이프를 일부 탑재(搭載)하였다.

| 천장을 올려다 본 도면

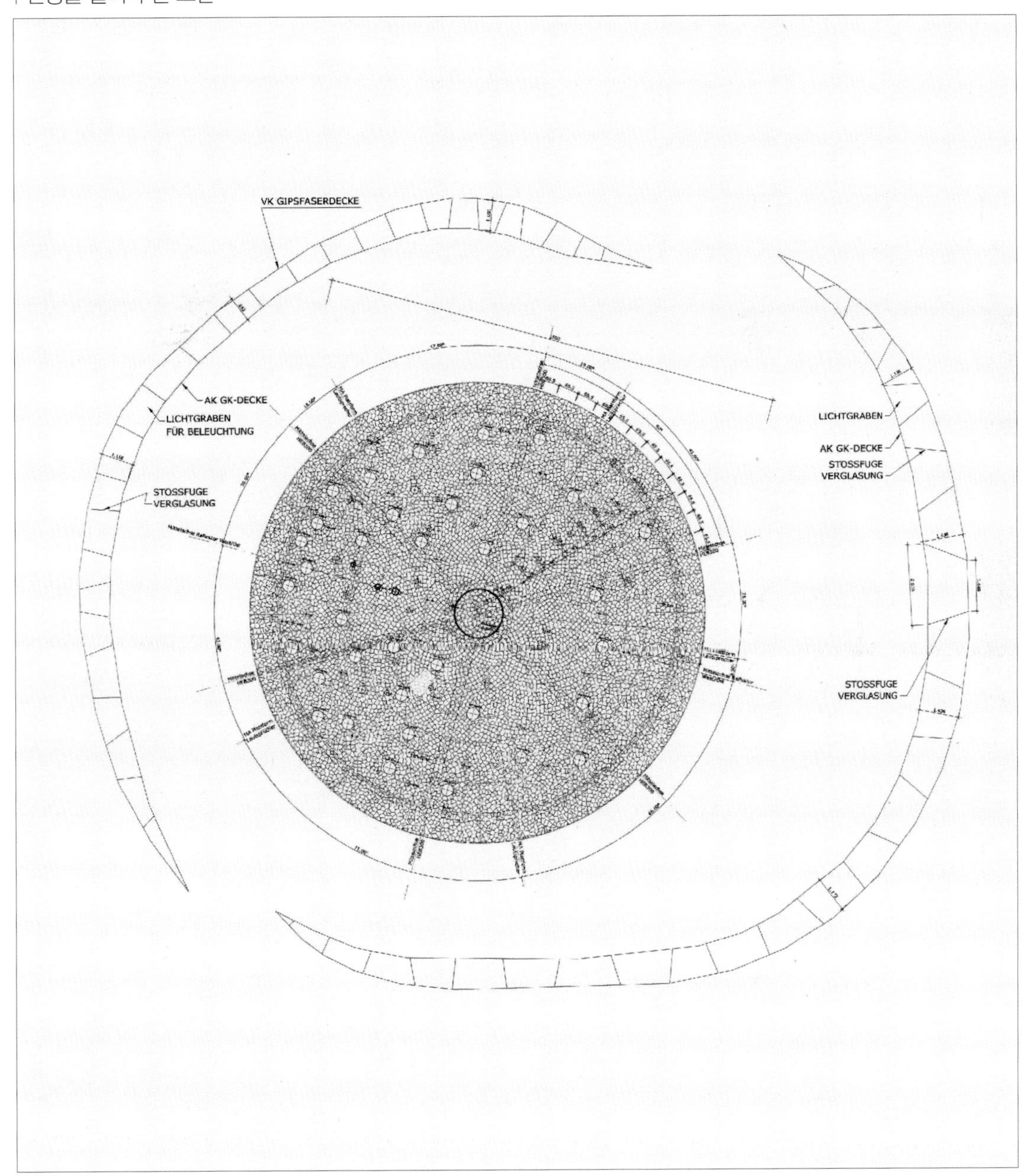

| 스피커 내장(內藏) 모습

| 스피커 노출(露出) 모습

| 2015. 03

건축가가 홀의 조명용으로 개발한 스포트라이트는 체코의 작은 유리공방(琉璃工房)의 장인(匠人)이 만들었다는 유리 전구 속에 전용 LED를 장착한 것으로, 이들을 하나하나 구멍에 채워 넣으면 물방울처럼 된다. 두께가 있는 유리의 미끈한 감촉(感觸)이 글라스 파사드의 질감과 비슷하다.

실내의 평면 형상을 고려해 조명을 불규칙적으로 배치하고 있다. 그러자 샹들리에로 비춘 것처럼 조사(照射)면만 밝아진다.

| 각부분 조명기구

ㅁ 콘서트홀의 객석의자

객석의자는 착석(着席)시 청중에게 가려지는 면 이외는 음향적으로 반사성(反射性)을 원칙으로 하였다. 즉, 좌면(座面)과 등받이 표면은 쿠션 + 천 마감, 등받이 뒷면은 나무패널 마감이다.

좌면이 올라가 있을 때 열이 원활하게 분산(分散) 되는 유니크한 디자인으로, 좌면 안쪽은 경질(硬質) 패널로 천이 직접 붙여져 있다. 특히 좌석이 두껍기 때문에 잔향실에서 음향실험결과는 한 좌석당의 등가 흡음면적이 0.3(중음역·공석시)으로 큰 편이였다.

한편, 착석시에는 반대로 한 좌석당의 등가흡음면적이 0.4으로 공석(空席) / 착석(着席)의 차가 작다.

좌석에 붙이는 천도 건축가는 독자적으로 디자인하고 있다. 엘브필하모니가 지향하는 것은 모든 사람에게 개방된 홀이다. 바닥 밑에서 꺼내 사용하는 목제 파티션은 앰프를 이용해 대음량의 연주에도 도움이 되는 가동식의 음향조정장치이다.

음향 패널에는 일부러 합판을 붙이지 않고 석고를 노출한 그대로 두고 있다. 이 울퉁불퉁한 질감을 의자 마감재에서도 재현하고자 하여 크바드라트(Kvadrat)社의 흑백 넵(Nep)이 들어간 트위드(Tweed) 감으로 선정하였다.

천(Fabric)의 인상은 넵의 크기에 따라 달라진다. 크면 트위드 본래의 손으로 짠 느낌이 나오고, 작으면 데님으로 착각할 정도가 된다.

| 객석 배치 사진

| 2006. 09

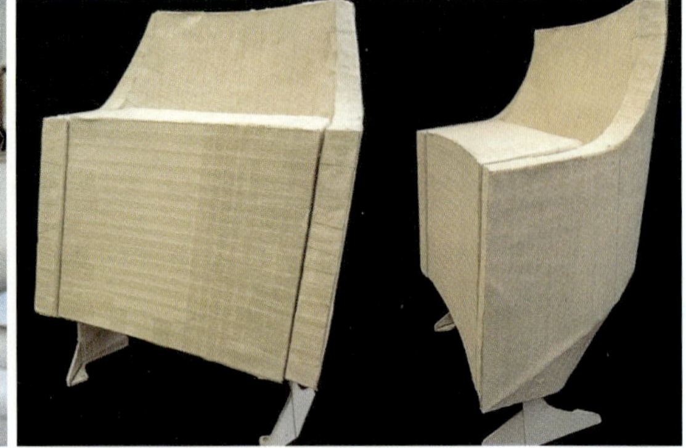

| 2012. 11

좌석은 1석씩 구분(區分)되어 있기 때문에 청중은 갑갑한 느낌이 들지 않는다. 팔걸이와 등받이는 일체형(一體形)으로, 거기에 들어간 약간의 굴곡이 역시 음향 패널의 모양과 마찬가지로 지붕의 형상과 연동(聯動)되면서, 엘브필하모니 전체의 일관성(一貫性)과 조화를 심어준다. 발코니석의 코너 부분에 놓인 2인용 시트는 이 부분의 유기적 형태를 채용한 디자인으로 시점(視點)을 바꿀 때마다 실내의 인상(印象)이 달라진다.

| 각부분 객석의자

| 발코니 단면도

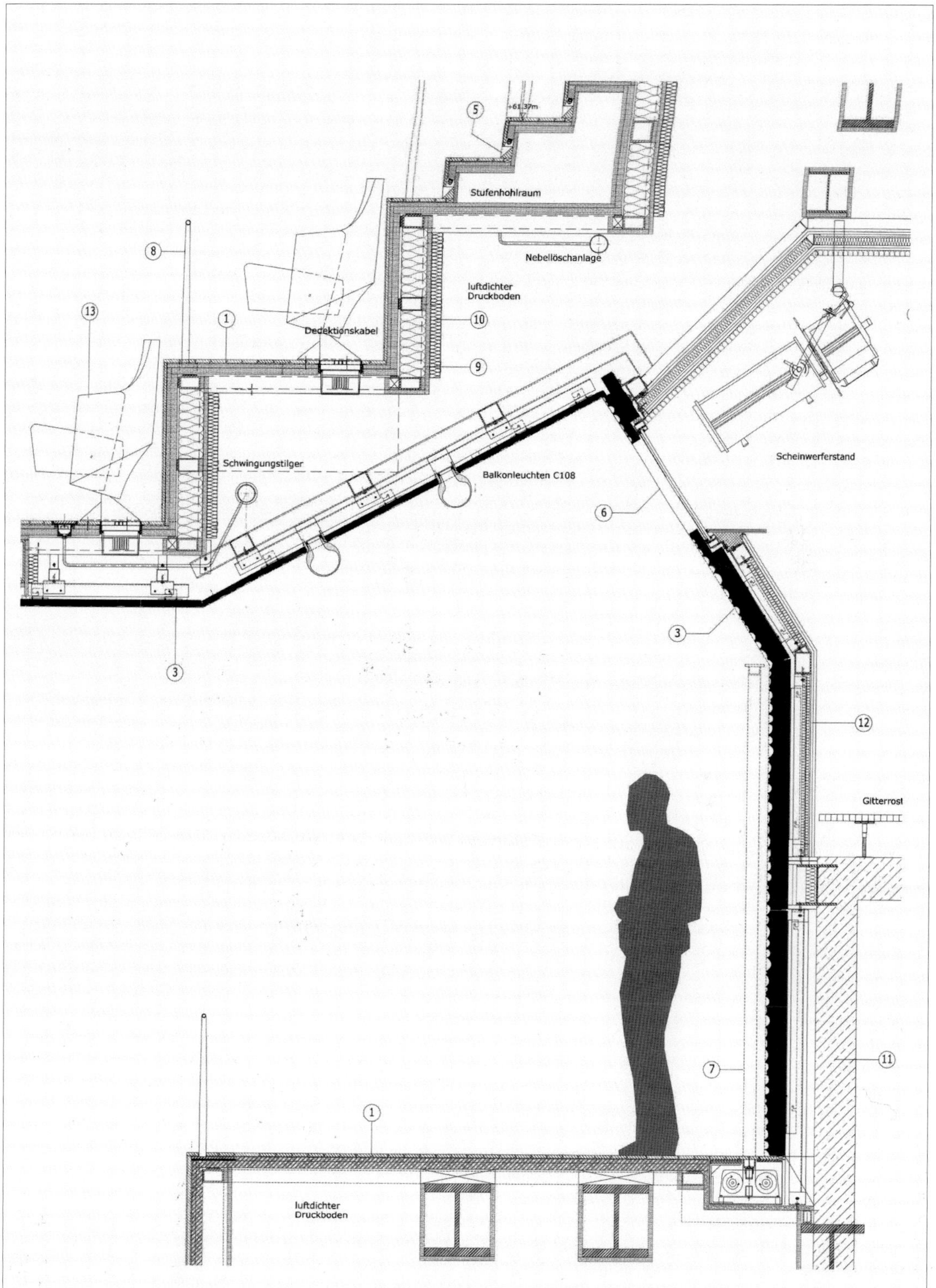

+61.37m
5
Stufenhohlraum
Nebellöschanlage
8
luftdichter Druckboden
13
1
10
Dedektionskabel
9
Schwingungstilger
Balkonleuchten C108
Scheinwerferstand
6
3
3
12
Gitterrost
7
11
1
luftdichter Druckboden

| 발코니 구성사진 (1)

| 발코니 구성사진 (2)

Elbphilharmonie, Großer Saal

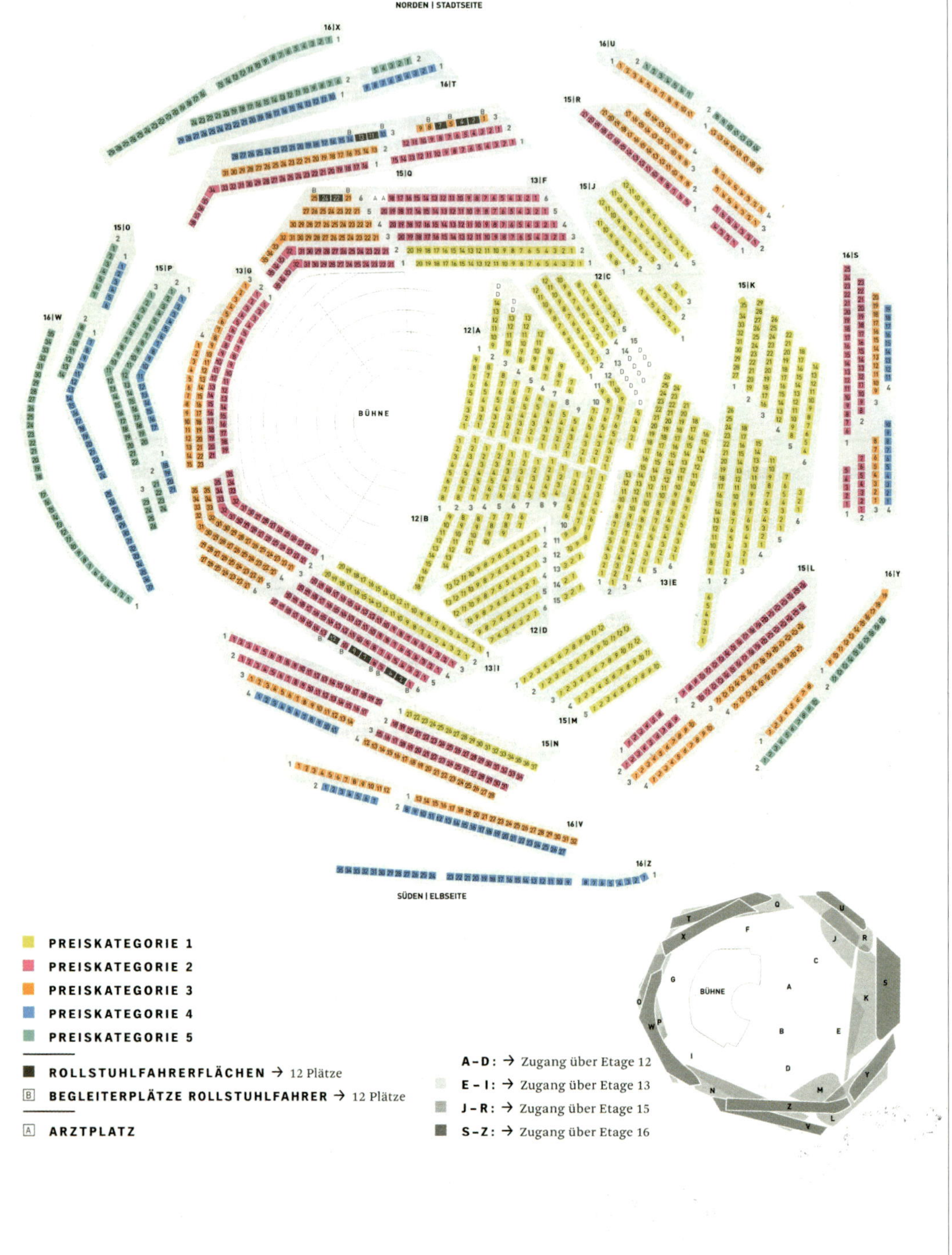

콘서트홀 좌석 배치도

○ 선박 기적(汽笛)의 차음 대책

콘서트 홀은, 엘베 강에 면한 구(舊)·벽돌창고의 파사드를 남기고, 그 상층부에 건설되어 있다.

엘베 강은 대형 선박도 왕래하여, 건물의 동쪽에는 Queen Mary 2(배수량 약 76,000톤)를 비롯한 대형 여객선이 정박하는 터미널이 있다.

이들 선박이 출항(出航)할 때 기적을 울리며, 그 기적은 강에서 떨어진 도심 호텔의 실내에서도 들린다. 기적의 주파수(周波數)는 대형 선박일수록 낮은 주파수로 정해져 있어, Queen Mary 2급의 기적을 차단하기 위해서는 R'w 90, 125㎐ 대역(帶域)에서 75㏈의 차음성능이 필요했다.

이 차음성능을 실현하기 위해, 방진고무보다 고유진동수(固有振動數)를 낮게 설정할 수 있는(즉 저음역에서 더 큰 차음성능을 기대할 수 있는) 금속 스프링에 의한 "건물 방진(建物 防振)"이 채용되었다.

구체적으로는, 두께 약 200㎜의 콘크리트박스(하프 PC)의 내측(內側)에 스프링으로 지지된 또 하나의 콘크리트박스(이들도 두께 약 200㎜, 덱(deck) 형틀 숏크리트(shotcrete))를 설치하고, 그 내부에 콘서트 홀 내장을 실시하는 것이다.

설계 고유주파수는 3.5㎐이다. 면진구조(免振構造)의 면진장치를 스프링으로 변경 한 구조라 할 수 있다.

면진과 건물 방진의 차이는, 면진이 횡방향의 흔들림을 대상으로 하고 있으므로 연직 방향의 스프링은 비교적 단단한데 반해, 건물 방진의 스프링은 연직방향(鉛直方向)에도 부드러운 것이다.

준공 직전인 작년 7월에는, 실제 대형 선박의 기적을 이용한 차음 테스트가 실시되어, 아우터 박스와 이너 박스 사이에 낀 공간에서는 기적이 들렸지만 콘서트 홀 안에서는 확인이 되지 않아, 스프링에 의한 방진차음이 기능하고 있다는 것을 확인하고 안심할 수 있었다.

| 홀 내부 닥트 구성

항구 모습

○ 음향(音響)파라미터

ISO3382*에 따라 실측(實測)한 음향파라미터는 다음과 같다.

* ISO 3382-1:2009 Acoustics -- Measurement of room acoustic parameters -- Part 1: Performance spaces

음향파라미터	콘서트 홀
잔향시간, T30, (초) 공석 시 만석 시	 2.4
강도, G, (dB)	5.4
초기감쇠시간, EDT, (초)	2.3
명료도(clarity), C80, (dB)	0.3
시간 중심, TS, (ms)	135

※ 500Hz와 1000Hz의 산술평균 (공석 시 측정값)

□ 음(音)의 물리적 성질(物理的 性質)

○ 음파(Sound Wave)

잔잔한 연못에 돌을 던지면 돌이 떨어진 지점을 중심으로 하여 물의 진동이 일어나고, 이것이 동심원(同心圓)을 그리며 수면을 퍼져 나가는 것을 볼 수 있다. 이와 같이 물질의 어떤 부분에서 일어난 진동이 인접한 부분으로 차례로 전파되어 나가는 현상을 파동(波動)이라 하고, 파동을 전달하는 물질을 매질이라 한다. 이러한 원리와 마찬가지로 소리가 전달되기 위해서는 공기(空氣)라는 매질이 반드시 필요하다.

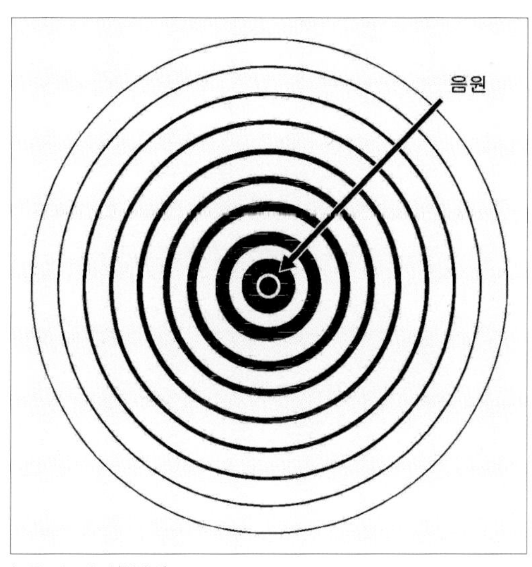

| 음의 전파(傳播)

음파는 관성(慣性)과 탄성(彈性)을 지닌 매질 속을 통해 전달되며 이렇게 음파가 전달되고 있는 공간을 음장(Sound Field)이라 부른다. 음장에서는 매질 입자가 평형 위치의 전·후를 왕복운동(往復運動)을 하고 있다. 그리고 매질이 있는 부분의 입자 변위(變位)는 그것에 인접하는 매질 입자에 작용하여 변위를 제공하므로, 왕복운동(진동)은 파동을 이루며 차례로 전달되어 간다. 이때 소리의 파동은 매질입자의 운동 방향(運動 方向)이 파동의 전달 방향과 같으므로 이러한 파를 종파(Longitudinal Wave)라 부른다.

또한 매질 중에는 아래와 같이 매질 입자가 모여서 밀도가 높고 압력이 상승되어 있는 점과, 반대로 엉성하게 되어 있어 압력이 떨어지고 있는 점이 상호 존재(相互存在)하면서 전파되어 나간다. 그렇기 때문에 어떤 점에서는 밀도가 높은 부분과 엉성한 부분이 엇갈리게 되어 압력의 상승(上昇)과 하강(下降)을 반복한다. 이 압력의 변화정도를 음압(Sound Pressure)이라 부르며, 매질 입자의 운동 속도를 입자 속도(Particle Velocity)라 부른다.

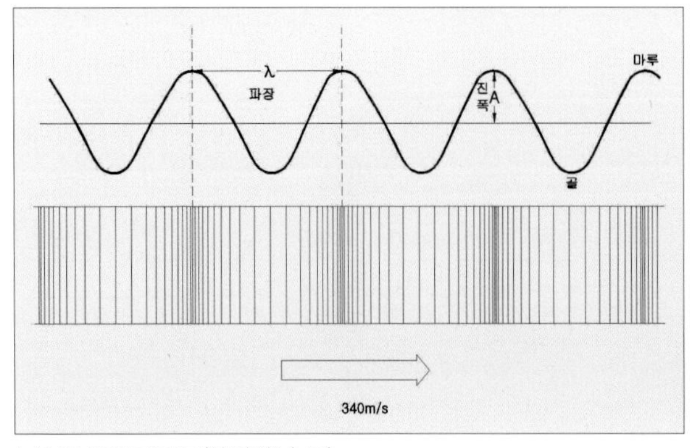

| 음의 전달개념도(傳達槪念圖)

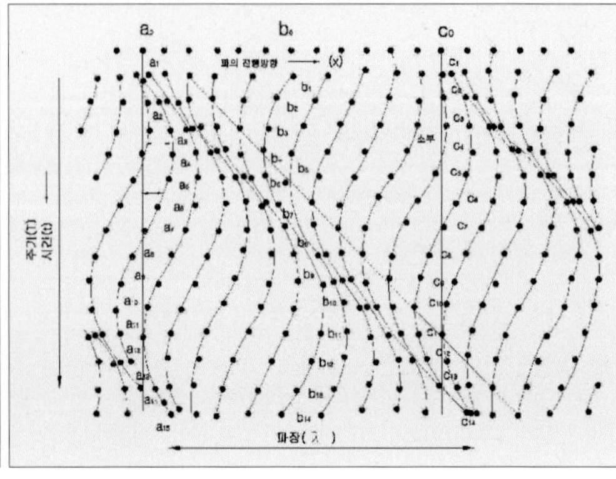

| 입자의 운동과 파의 전파

○ 굴절(Refraction) · 반사(Reflection) · 회절(Diffraction)

서로 다른 2개의 매질 경계면에 평면파가 입사하는 경우 빛과 같이 굴절 및 반사현상이 생긴다. 입사각(Θ_i)=반사각(Θ_r)이며, 굴절각은 Θ_t로서 다음과 같이 식(式)이 성립된다.

$$\frac{\sin\Theta_i}{\sin\Theta_t} = \frac{c_1}{c_2}$$

여기서 c_1, c_2 : 각각의 매질 중의 음속(音速)

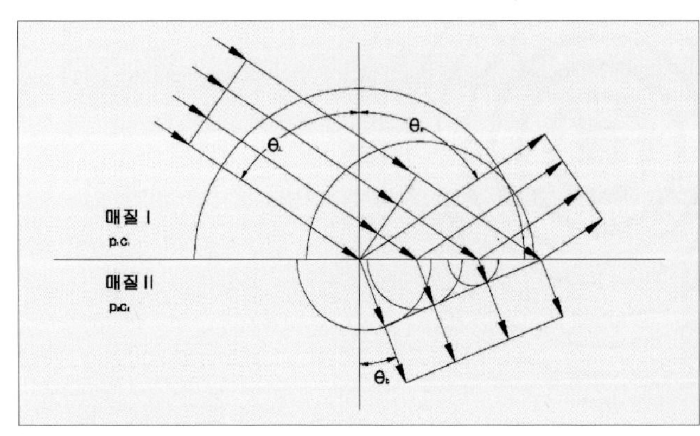

| 두 매질 경계면에서의 반사와 굴절

| 2개 반사면 근방음원에서 음의 전파

이 법칙에 따라 음원(音原) S로부터 나온 음의 진로나 파면을 작도(作圖)할 수 있다. 여기서 I_1 과 I_2는 음원의 경상(鏡像)이며, 음의 진로를 나타내는 직선을 음선(Sound Ray), 동위상의 점을 연결하는 면을 파면(Wave Front)이라 부른다. 음원으로부터 나온 음파의 t초 후의 파면은, 음원 및 그 경상(鏡像, Image)을 중심으로 반지름 ct의 구면(球面)이 된다. 그러나 이 반사 법칙이 적용되려면 반사면이 파장에 비하여 훨씬 커야 한다는 전제조건(前提條件)이 필요하다.

음이 투과되지 않은 유한한 크기의 장애물(障碍物)에 음이 입사한 경우 장애물의 크기가 입사음의 파장보다 크면 장애물 뒤에 음영(Sound Shadow)이 생기지만 파장보다 작은 장애물(혹은 작은 구멍)이라면 호이겐스(Huygens)원리에 의해 음파가 장애물의 뒷부분까지 돌아가서 전달되는데 이러한 현상을 회절(回折)이라고 한다. 다음 그림은 호이겐스의 원리와 음파가 장애물의 작은 구멍에 부딪힌 경우의 현상을 나타낸 것으로 구멍의 치수가 파장보다 작은 경우($x < \lambda$)에는 소리는 구멍을 통해서 모든 방향으로 회절되어 퍼져 나감을 보여주고 있다.

| 회절현상(回折現像)

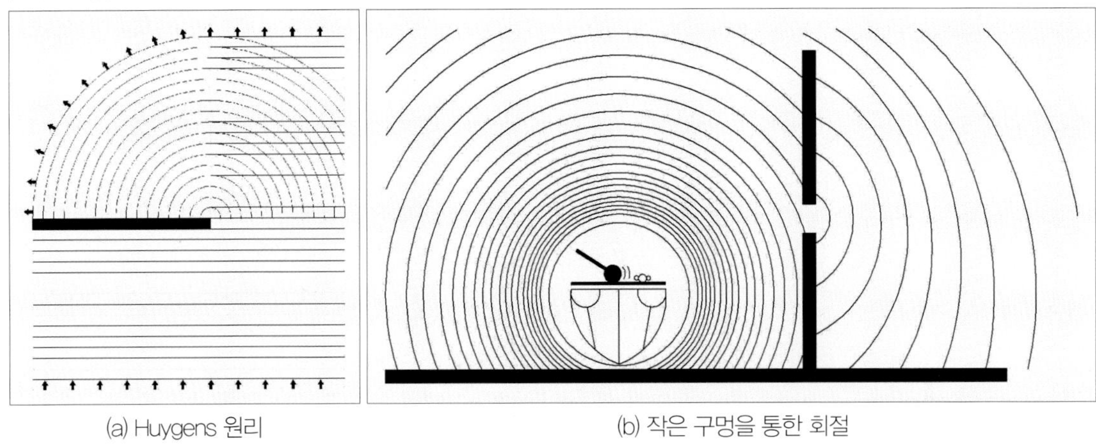

(a) Huygens 원리 (b) 작은 구멍을 통한 회절

○ 간섭(Interference) 및 정재파(Standing Wave)

두 개 이상의 음파가 동시에 전달되는 경우 음파가 겹쳐지는 정도에 따라 서로 음이 강해지거나 약해진다. 이렇게 음파가 겹쳐짐으로써 진폭(振幅)이 변하는 현상을 음의 간섭(干涉)이라 한다. 간섭의 단순한 예로 정재파(定在波)가 있다. 정재파는 진행되는 음파가 파상면에 부딪쳐서 반대 방향으로 되돌아오는 음파와 중첩(重疊)되어서 음압의 변동이 고정되어 실내에 머물러 서 있게 되는 현상을 말한다. 따라서 수음점의 위치에 따라 음압레벨이 다르게 느껴진다.

정재파는 같은 주파수의 두 음파가 좌우로 같은 속력(速力)으로 이동해 갈 때, 간섭에 의해 어떤 장소에서는 동일한 위상을 가진 진동이 나타나서 음압의 진폭이 극대로 되는 점(Loop)과 다른 위치에서는 역위상(逆位相)이 되어 진폭이 극소로 되는 점(Node)이 서로 존재하고, 각 점에서 각각 일정한 진폭으로 조화운동을 반복함으로서 파의 진폭이 시간에 따라 변할 뿐 정지(停止)해 있는 파처럼 보이는 현상이다.

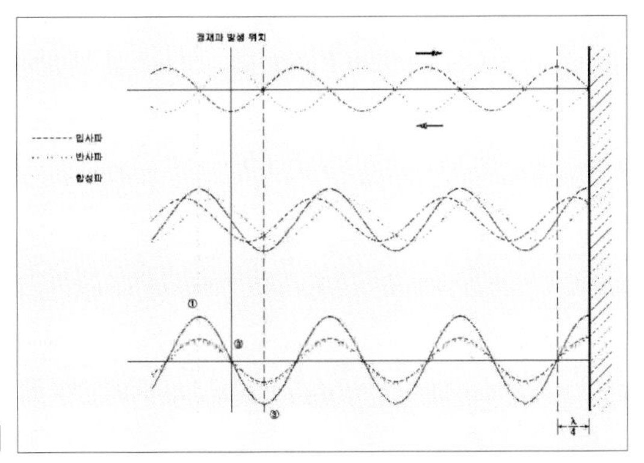

정재파(定在波) |

▫ 실내음향의 기본이론

○ 실내음장(室內音場)

(1) 자유음장(Free Field)과 확산음장(Diffuse Field)

음파는 관성(慣性)과 탄성을 갖는 매질 속을 전파하는 것으로서 음이 전파하고 있는 공간을 음장(Sound Field)이라 한다. 실외에서의 음은 별다른 장애물이 없을 경우 직접음 만이 존재하게 되며, 음원으로부터 방사된 음은 거리의 제곱에 반비례하여 감쇠하기 때문에 거리가 멀어질수록 전달되는 음이 작아지게 된다. 그러나 이러한 외부의 자유음장(自由音場)과는 달리 실내의 확산음장은 거리가 멀어지더라도 음이 그다지 많이 감쇠하지 않는 특징을 가지고 있다.

| 자유음장(自由音場)과 확산음장(擴散音場)

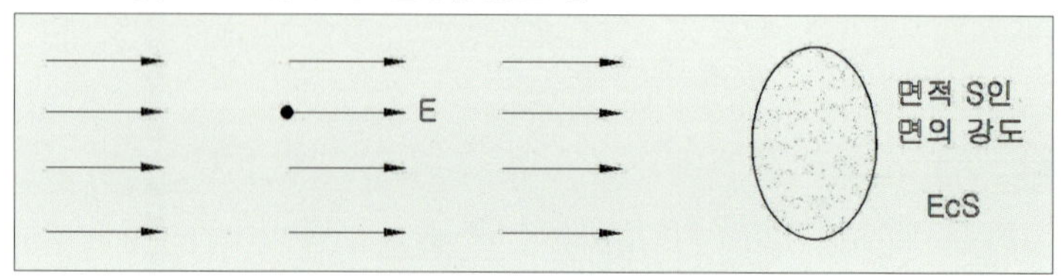

(a) 자유음장에서의 평면파 음장

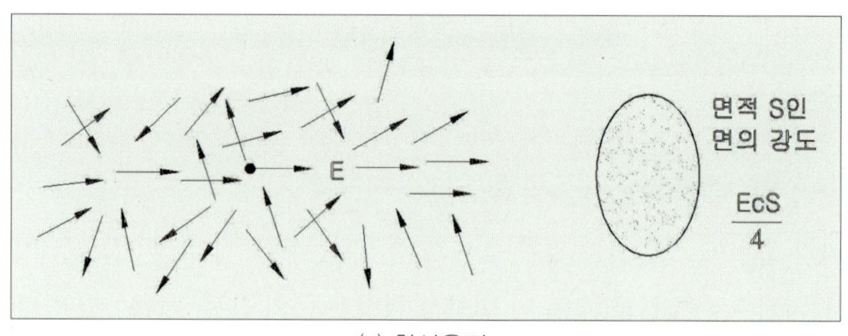

(b) 확산음장

1) 자유음장

자유음장은 반사가 전혀 없는 자유 공간(옥외-屋外)에서의 음의 전파(傳播)를 말한다. 이러한 조건은 대기(大氣)중에서나 벽에 부딪치는 모든 소리가 흡수되는 무향실(Anechoic Room)에서 존재한다. 자유음장에서의 음의 전파는 음원으로부터 거리가 2배 될 때마다 6dB씩 감쇠하는 역자승법칙(Inverse Square Law)의 특성을 가지고 있다.

| 자유음장이 존재하는 무향실

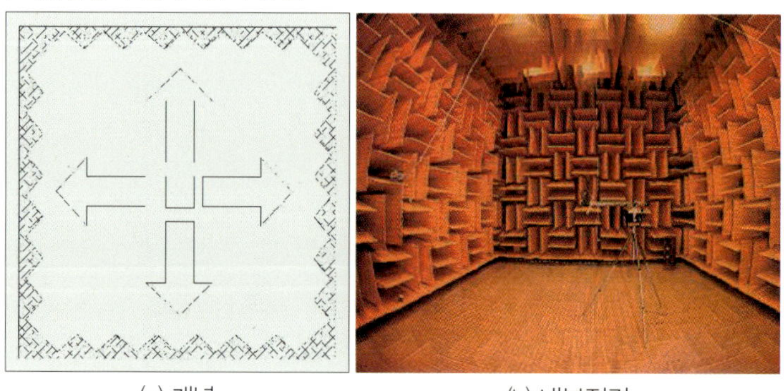

(a) 개념　　　　(b) 내부전경

2) 확산음장

자유음장과는 달리 음원에서 발생한 음 에너지가 벽이나 바닥, 천장등에 계속 부딪혀 어느 정도 시간이 경과(經過)되면 실내 모든 곳에서 음에너지 밀도가 동일(同一)한 공간이 형성되는데 이를 확산음장이라고 하며 잔향실(Reverberation Room)에서 얻어진다.

| 확산음장(擴散音場)이 존재하는 잔향실

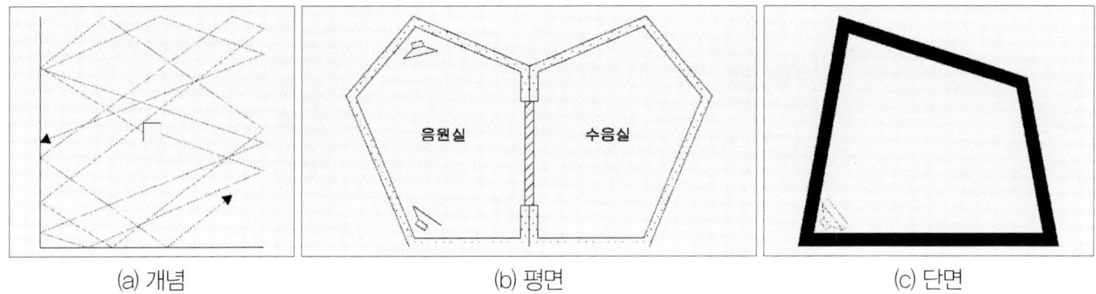

(a) 개념 (b) 평면 (c) 단면

이러한 확산음장의 성질은 다음과 같다.

① 실내의 음 세기가 모든 곳에서 같다.

② 실내 어느 한 위치에서의 음은 모든 방향으로부터 입사(入射)한다.

음향설계의 경우 실내의 음장을 확산음장으로 이상화함에 따라 음원의 출력과 실내 음압레벨의 관계, 잔향이론 등을 설명할 수 있게 되었다.

3) 근음장(Near Field)과 원음장(Far Field)

실내에서의 음장은 근음장과 원음장으로 구분되고, 원음장은 자유음장(Free Field)과 잔향음장(Reverberant Field)으로 나누어진다. 근음장은 음원에서 매우 가까운 거리에 존재하는 것으로 입자속도(粒子速度)는 소리의 전파방향과 관련성이 없으며, 위치에 따라 음압변동이 아주 심하고 소리의 세기는 역자승법칙과 비례관계가 거의 없다. 또한 음원의 크기나 주파수, 방사면의 위상에 크게 영향을 받는다. 그러나 원음장은 소리의 역자승법칙이 성립되는 자유음장과, 음원의 직접음과 반사음이 중첩되는 잔향음장으로 구분된다. 그림에서 보면 원음장의 일부인 자유음장에서는 직접음의 강도(强度)가 두 배 멀어질때마다 6dB씩 감소하는 반면 잔향음장에서는 흡음처리 정도에 따라 음압레벨은 다르지만 자유음장과는 달리 거리가 멀어져도 일정한 음압레벨을 유지하고 있음을 알 수 있다. 이때 직접음과 잔향음의 강도(强度)가 같아지는 거리를 임계거리(Critical Distance)라 한다.

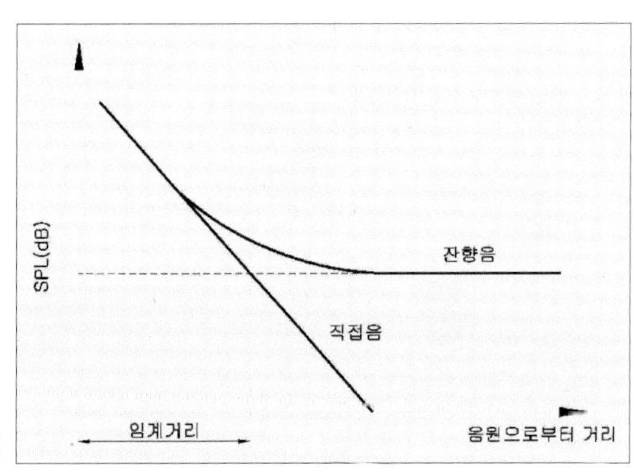

임계거리의 정의(定義) |

다음은 가로×세로×높이가 각각 6.0m×6.0m×3.0m인 실내에서 천장과 벽의 흡음처리 유무(有無)에 따른 소리의 감쇠정도(減衰程度)와 실내음장의 유형을 나타낸 것이다.

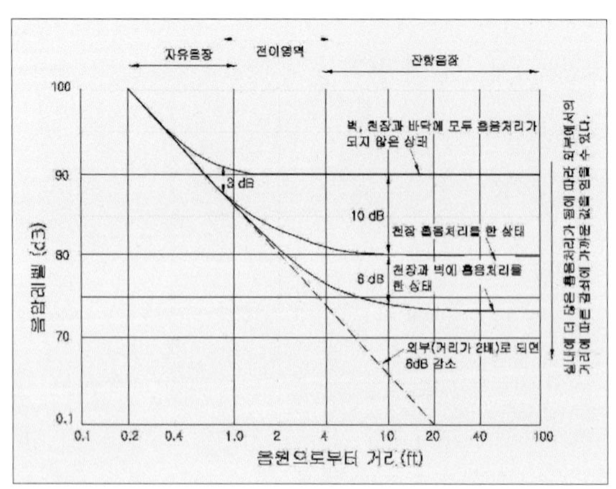

| 실내음장 유형(類型)

4) 실내음장의 음에너지 밀도(密度)

평면파가 벽면에 수직(垂直)으로 입사될 경우 단위면적(1㎡)에 1초 동안 입사된 음에너지 I는 다음과 같다.

$$I = E \cdot c$$

I : 1초 동안 입사된 음에너지, E : 음에너지 밀도, c : 음속(m/s)

전 표면적이 S(㎡)이고, 평균 흡음율이 $\overline{\alpha}$인 실내에 음향출력이 W인 무지향성 음원이 있다고 가정(假定)하여 실내의 음장별 음에너지 밀도를 검토해보면 다음과 같다.

(1) 구면파(球面波) 직접음장의 공간 음에너지 밀도

음원으로부터 거리 r(m) 떨어진 공간의 단위면적에 입사되는 구면파 직접음의 세기 I는 다음과 같다.

$$I = \frac{P^2}{\rho c} = \frac{W}{4\pi r^2} \ [W]$$

만약 음원이 특정 방향으로 지향성(志向性)을 가지거나, 무지향성 점음원이라도 아래 그림과 같이 음원이 실내에 놓여 진 상황(狀況)에 따라 지향성을 갖게 된다. 즉, 지향계수는 점음원이 실내 공간 중앙에 있을 때 1, 벽이나 바닥 중앙에 있을 때 2, 두 면(面)이 접하는 곳에 있을 때 4, 세 면이 접하는 코너에 있을 때 8이 된다.

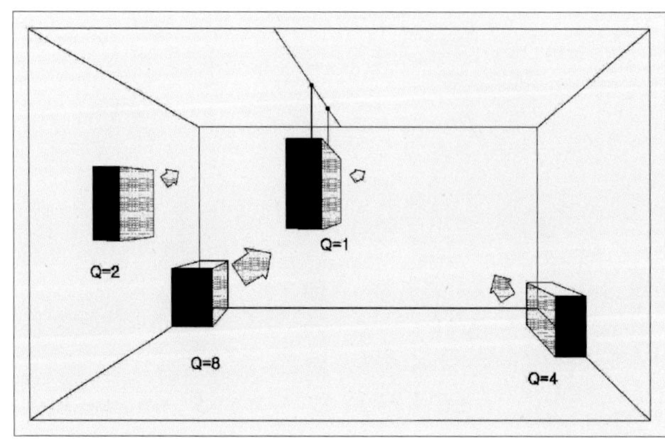

| 무지향성 점음원의 위치별 지향계수

따라서 지향계수 Q를 고려한 구면파 직접음의 세기 I는 다음과 같다.

$$I= \frac{QW}{4\pi r^2}\ [W]$$

이 식을 기초로 하여 직접음장에서 음에너지 밀도 E는 다음과 같다.

$$E= \frac{I}{c} = \frac{QW}{4\pi r^2 c}\ [J/m^3]$$

따라서 같은 음향파워를 갖는 음원이라도 많은 면이 접하는 곳에 위치할 때에 직접음이 크게 됨을 알 수 있다.

(2) 잔향음장 주변의 벽면에 입사되는 음에너지 밀도

잔향음장내의 음에너지 밀도를 E라 할 때 실내 벽면의 미소(微小)부분 dS로부터 거리 r(m)만큼 떨어진 점을 포함한 미소체적 dV 내의 음에너지는 EdV가 되며 이 음 에너지는 실내의 모든 방향으로 전파된다. 그 중 dS에 입사되는 음에너지를 ΔIdS라 하면, [그림 1.14]에서 보듯이 dV에서 dS를 본 면적은 dS·cosΘ이므로 다음식이 성립한다.

$$\Delta IdS= \frac{dScos\Theta}{4\pi r^2} E\cdot dV$$

1초 동안에 dS에 입사되는 전 음에너지(E_i)를 구하기 위해서는 dS를 중심으로 1초간에 음이 전파되는 거리 C를 반경으로 한 반구의 체적(體積)내에 있는 모든 dV를 적분(積分)하여야 한다.

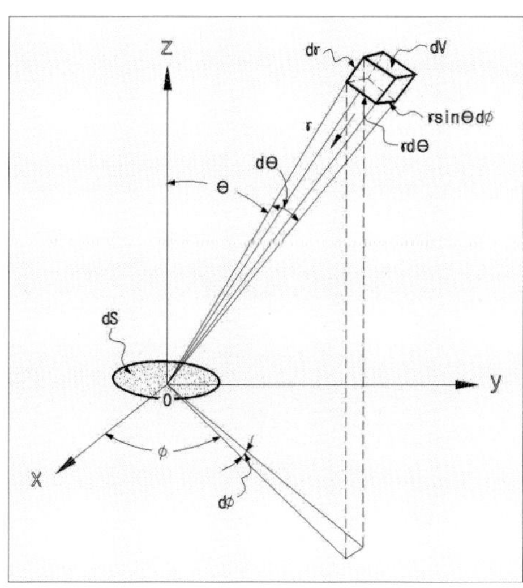

확산음장에서 음의 입사 |

dS를 원점으로 하는 dV의 극좌표를 γ,Θ, ø 라 하면

dV=γdΘ·dγ·γsinΘdø 이므로

$$\Delta IdS= \frac{EdS}{4\pi} \cos\Theta \sin\Theta d\Theta d\o d\gamma \cdots\cdots$$

$$IdS= \frac{EdS}{4\pi}\int_0^{\pi/2}\cos\Theta\sin\Theta d\Theta\int_0^{2\pi} d\o \int_0^{c} d\gamma = \frac{c}{4}E\cdot dS \ \cdots$$

따라서 음 에너지 밀도가 E인 확산음장 벽의 단위면적(單位面積)에 1초 동안 입사되는 음에너지 I는 다음과 같다.

$$I=\frac{E\cdot c}{4}$$

한편, 완전 잔향음장에서의 에너지 평형을 고려할 때 공급된 음향파워 즉, 음원에서 방사된 후에 표면에서 1회 반사된 음향파워 $W(1-\bar{\alpha})$와 소비된 음향파워 즉, 표면에 흡수된 음향파워 $IS\bar{\alpha}=\frac{E\cdot c}{4}S\bar{\alpha}$ 이므로 $W(1-\bar{\alpha})=\frac{E\cdot c}{4}\cdot S\bar{\alpha}$ 이다.

$$E=\frac{4}{c}\cdot\frac{W(1-\bar{\alpha})}{S\bar{\alpha}}=\frac{4W}{c\cdot R}$$

여기서 $R=S\bar{\alpha}/(1-\bar{\alpha})$로 이를 실정수(Room Constant)라 하며, 이 값이 클수록 실내의 흡음성(吸音性)이 높음을 의미한다.

ㅁ 실내의 음압레벨

○ 무지향성 음원

실내에서 음원의 출력이 W인 음원은 정상상태에 있는 실내에너지 밀도는 나타낼 수 있지만 이것은 실내의 전체 평균(平均)이며 실제로는 음원에 가까운 곳이 멀리 떨어져 있는 곳보다 음향에너지 밀도가 크다. 이 분포(分布)를 구하려면 직접음에 의한 음 에너지밀도 E_d를 분리하여 계산한다. 음원이 무지향성으로 수음점까지의 거리를 r로 하면

$$E_d=\frac{W}{4\pi r^2 c}$$

이 직접음이 벽면에서 1차 반사된 후에는 확산음으로서 실내에 일정하게 확산되어 있다고 가정하여 그 에너지 밀도를 E_s라 하면, 용적 V인 실내의 전 확산음 에너지 E_sV는 1회 반사할 때마다 $E_sV\bar{\alpha}$의 에너지를 잃는다. 1초 동안 cS/4V회 반사하므로 1초간에는 $E_sV\bar{\alpha}\cdot(cS/4V)$ 의 에너지를 잃는다. 한편 에너지의 공급량은 음원에서 나와 방사되어 벽면에서 1회 반사한 것이므로 $W(1-\bar{\alpha})$이다.

이것이 손실에너지와 같을 때에 정상이므로 확산음 에너지 밀도는 다음과 같다.

$$E_s=\frac{4W}{cS\bar{\alpha}}(1-\bar{\alpha})\ \cdots$$

따라서 정상상태의 에너지 밀도는 다음과 같다.

$$E=E_d+E_s=\frac{W}{c}\left(\frac{1}{4\pi r^2}+\frac{4(1-\bar{\alpha})}{S\bar{\alpha}}\right)\cdots$$

여기서 $\frac{S\bar{\alpha}}{(1-\bar{\alpha})}=R$ 로 놓고 실정수(Room Constant)라 부른다.

또한 음 에너지 밀도와 음압의 관계는 다음과 같다.

$$E=\frac{I}{c}=\frac{P^2}{\rho c^2}\ \cdots$$

$$P^2=E\rho c^2=W\rho c\left(\frac{1}{4\pi r^2}+\frac{4}{R}\right)\cdots\cdots$$

따라서 음원으로부터 r(m) 떨어진 위치의 음압레벨은 다음과 같다.

$$SPL = 10\log\left(\frac{P}{P_o}\right)^2 = 10\log P^2 - 10\log P_o^2$$

$$= \left\{10\log\left(\frac{W}{W_o}\right) + 10\log\rho c + 10\log\left(\frac{1}{4\pi r^2} + \frac{4}{R}\right)\right\} - 10\log(2\times10^{-5})^2$$

$$= PWL + 10\log_{10}\left(\frac{1}{4\pi r^2} + \frac{4}{R}\right) \quad [dB] \quad \cdots\cdots(2.16)$$

윗 식의 제 2항은 음원으로부터의 거리에 의한 분포를 나타내는 것으로, R값에 따른 변화를 보면 아래 그림과 같이 된다. $R \to \infty$은 완전흡음 상태로 무향실과 같은 자유음장이 여기에 속한다.

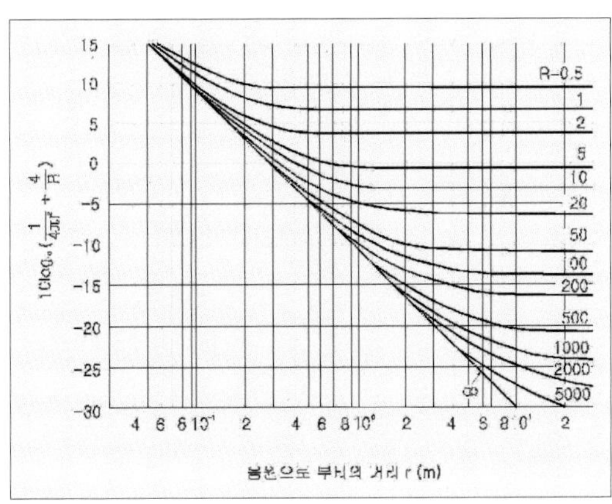

무지향성 음원의 실내음장분포 계산 |

○ 지향성 음원

수음점에 대한 음원의 지향계수를 Q로 하여 , 직접음에 의한 에너지 밀도 Ed는 다음과 같다.

$$E_d = \frac{QW}{4\pi r^2 c} \quad \cdots\cdots$$

또한 확산음 에너지밀도는 다음과 같다.

$$E_s = \frac{4W}{cS\bar{\alpha}}(1-\bar{\alpha}) \cdots\cdots$$

따라서 정상상태의 에너지 밀도는 다음과 같으며

$$E = E_d + E_s = \frac{W}{c}\left(\frac{Q}{4\pi r^2} + \frac{4(1-\bar{\alpha})}{S\bar{\alpha}}\right) \cdots\cdots$$

음압레벨은 다음과 같은 식이 된다.

$$SPL = PWL + 10\log_{10}\left(\frac{Q}{4\pi r^2} + \frac{4}{R}\right) \quad [dB] \cdots\cdots$$

위 식에서 첫째 항은 직접음의 크기가, 두 번째 항은 표면(表面)의 반사에 의한 잔향음의 크기가 영향을 주는 요소임을 알 수 있다. 실정수 R의 크기에 따른 실내 음장분포의 변화를 살펴보면 아래 그림과 같다.

자유공간(R=무한)에서는 음원으로부터 거리가 2배씩 멀어지면 6dB씩 감쇠되며, 실정수(R)가 작을수록 실의 잔향성(殘響性)이 크게 나타남을 알 수 있다. 일반적으로 평균 흡음율에 따라 정해지는 실의 종류는 다음과 같이 구분한다. 즉, 평균흡음율이 0.99일 때는 무향실, 0.50일 때 Dead Room, 0.10일 때 준잔향실 등으로 나눈다.

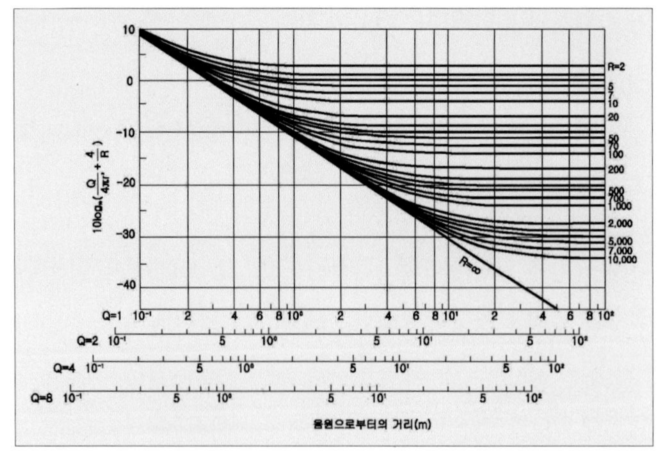

| 지향성 음원의 실내음장분포 계산도표

그리고 식의 두 항이 서로 같을 때는 음원으로부터 임의(任意)의 거리 r(m) 떨어진 위치에서 직접음 및 잔향음의 크기가 같음을 의미하고, 그 거리(임계거리)는 다음 식으로 산출된다.

$$d_c = \sqrt{\frac{QR}{16\pi}} = 0.14\sqrt{QR} \quad [m]$$

○ 실내흡음에 의한 음압레벨 저감(低減)

건축음향설계를 하기 위해서는 실내에 흡음재(吸音材)를 부착했을 경우 음압레벨의 저감량을 정확히 파악할 필요가 있다. 따라서 흡음재를 부착하지 않았을 경우 실정수를 R_1, 실내 한 점의 음압레벨을 SPL_1이라 하면 다음과 같다.

$$SPL_1 = PWL + 10\log\left(\frac{Q}{4\pi r^2} + \frac{4}{R_1}\right) \quad [dB]$$

또한 흡음재 부착후의 실정수를 R2, 음압레벨을 SPL2라 하면 다음과 같다.

$$SPL_2 = PWL + 10\log\left(\frac{Q}{4\pi r^2} + \frac{4}{R_2}\right) \quad [dB]$$

윗 식을 토대로 흡음재 부착후의 실내소음 저감량(NR, Noise Reduction)은 다음과 같다.

$$NR = SPL_1 - SPL_2 = 10\log\left(\frac{\frac{Q}{4\pi r^2} + \frac{4}{R_1}}{\frac{Q}{4\pi r^2} + \frac{4}{R_2}}\right) \quad [dB]$$

한편, 음원으로부터 멀리 떨어진 곳에서는 직접음을 무시할 수 있으므로 실내소음 저감량은 다음과 같다.

$$NR = 10\log\left(\frac{R_2}{R_1}\right) = 10\log\left(\frac{\overline{\alpha_2}(1-\overline{\alpha_1})}{\overline{\alpha_1}(1-\overline{\alpha_2})}\right) \fallingdotseq 10\log\frac{\overline{\alpha_2}}{\overline{\alpha_1}} = 10\log\frac{A_2}{A_1} \quad [dB]$$

여기서 $\overline{\alpha}_2$: 흡음대책 후 실내 평균흡음률, $\overline{\alpha}_1$: 흡음대책 전 실내 평균흡음률

A_2 : 흡음대책 후 실내총흡음력, A_1 : 흡음대책 전 실내총흡음력

□ 실내음향 계획(室內音響 計劃)

○ 건축 음향 평가지수

1885년 Harvard 대학교 Fogg Art Museum Lecture Room의 음향장애를 해결하려는 W.C.Sabine의 연구자들에 의해 잔향이론에 대한 추가적인 연구가 진행되고 있으며 그에 따른 많은 제안들이 발표되고 있다. 그렇지만 복잡한 음장의 해석, 사람의 주관적인 평가 등을 해결하기 위한 많은 다른 개념의 이론이 정리, 발표되고 있는 실정이다. 음향성능을 평가하는 방법에는 귀로 들어서 판단하는 주관 평가(主觀評價)와 음장의 특성을 나타내는 물리량에 의한 분석법(分析法)이 있다. 그리고 실내 음장의 특성을 나타내는 물리량으로는 다시 시간(時間) 파라미터(Temporal Criterion)와 공간(空間) 파라미터(Spatial Criterion)로 나눌 수 있다. 시간 파라미터로는 가장 대표적인 물리량으로서 울림의 길이에 관계되는 잔향시간(RT)과 잔향감을 보충 해 주는 초기감쇠시간(EDT) 등이 있고, 직접음 대 반사음 에너지의 비를 이용하여 음성 및 음악의 명료함를 나타내는 D_{50}, C_{80}, 그리고 S/N비를 고려한 RASTI등이 있다. 이밖에 LF, LE, RR, IACC등은 반사음으로 인한 공간감을 나타내는 파라미터이다.

| 실내음향 평가 파라미터

구분	파라미터	정의
청취 음량	SPL (Sound Pressure Level, 음압레벨)	$SPL = 20\log\frac{P}{P_o}$ [dB]
	G_{10} (Overall Strength, 전에너지레벨)	$G_{10} = 10\log\frac{\int_0^{\infty} P^2(t)dt}{\int_0^{\infty} P_A^2(t)dt}$ [dB]
울림의 양	RT (Reverberation Time, 잔향시간)	음원이 정지한 후 60dB감쇠할 때까지 소요되는 시간
	EDT (Early Decay Time, 초기감쇠시간)	음원이 정지한 후 10dB의 감쇠를 대상으로 60dB이 감쇠할 때까지의 소요시간
명료도	D_{50} (Definition, 음성명료도)	$D_{50} = 100\times\frac{\int_0^{50ms} P^2(t)dt}{\int_0^{\infty} P^2(t)dt}$ [%]
	C_{80} (Clarity, 음악명료도)	$C_{80} = 10\log\frac{\int_0^{80ms} P^2(t)dt}{\int_{80ms}^{\infty} P^2(t)dt}$ [dB]
	T_s (Center Time, 시간중심)	$T_s = \frac{\int_0^{\infty} tP^2(t)dt}{\int_0^{\infty} P^2(t)dt}$ [ms]
	STI (Speech Transmission Index, 음성전달지수)	변조주파수(Modulation Frequency)를 이용하여 음성전달성능을 평가하기 위한 지수
공간 인상	LF (Lateral Energy Fraction, 측면음에너지 비율)	$LF = \frac{\int_{5ms}^{80ms} P_L^2(t)dt}{\int_0^{80ms} P^2(t)dt}$ [dB]
	LE (Lateral Efficiency, 측방효과)	$LE = \frac{\int_{25ms}^{80ms} P_L^2(t)dt}{\int_0^{80ms} P^2(t)dt}$ [dB]
	RR (Room Response, 실응답)	$RR = 10\log\frac{\int_{25ms}^{80ms} P_L^2(t)dt + \int_{80ms}^{160ms} P^2(t)dt}{\int_0^{80ms} P^2(t)dt}$ [dB]
	IACC (Interaural Crosscorrelation, 兩耳間相互相關度)	$IACC = \left\|\frac{\phi_{lr}(\tau)}{\sqrt{\phi_{ll}(0)\cdot\phi_{rr}(0)}}\right\|_{max}$ $\|\tau\| \le 1ms$ $\phi_{lr}(\tau) = \lim_{T\to\infty}\frac{1}{2T}\int_{-T}^{+T} f_l(t)f_r(t+\tau)dt$ $\phi_{ll}(0) = \int_{-\infty}^{\infty} f_l^2(t)dt$

실내음향특성을 표현하기 위한 파라미터를 크게 나누면 다음과 같다.

① 청취음량에 관한 것 ② 울림의 양에 관한 것 ③ 울림의 명료도에 관한 ④ 공간인상에 관한 것

이런 파라미터를 보다 세부적으로 나누어 보면 앞 표와 같이 구분할 수 있다.

○ 시간 파라미터

시간 파라미터는 반사음의 방향(方向)을 고려하지 않은 물리량을 평가하는 지수이다. W.C.Sabine이 실내음향 효과를 좌우하는 중요한 척도로서 잔향이론을 발표하고 실내음향기초를 확립한 이후로, EDT(Early Decay Time), T_s(Center Time), C_{80}(Clarity), G(Strength), BR(Bass Ratio), D_{50}(Deutlichkeit)와 같은 지표가 제시되고 있으며 그 주관적 평가와의 대응에 관해 연구되고 있다.

이 각각은 소리의 합이 Impulse Response의 디지털 측정값을 재계산하여 얻을 수 있는 것으로 각각 나름대로의 중요한 실내음향 가치를 나타내는 것이다.

(1) 음량에 관한 지수

1) 음의 세기(Loudness)와 음압레벨(SPL)

사람이 느낄 수 있는 음압의 범위는 상대적으로 매우 넓다. 그러나 음향의 물리량은 그 크기의 변화에 따라 매우 민감하게 청취자의 음감을 좌우할 수 있다. 객석의 음압레벨은 객석의 위치, 음원과의 이격거리(離隔距離), 음선의 각도, 음원의 음향 출력, 실의 체적, 잔향시간등과 복합적으로 연관(聯關)되어 있다. 사람이 느끼는 주관적인 음의 세기(Loudness)는 청취된 음압레벨의 크기에 결정적으로 좌우된다. 특히 주파수별 음압레벨의 특성은 실내 음향의 질(質)을 결정하는 중요한 요소가 된다. 일반적으로, 음악의 경우 고주파수보다는 저주파수의 음압레벨이 높은 것이 바람직하나, 높은 음의 요해도(了解度)가 필요한 강연 시(講演 時)에는 500Hz ~ 4,000Hz에 해당하는 중.고음역의 음압레벨이 중요하다. 그러나 이러한 특정 주파수 대역별 음압레벨 분포보다는 모든 주파수대역에 걸쳐 충분한 음압레벨이 확보되는 것이 무엇보다 중요하다.

공연장의 경우 전기음향의 도움이 없이 모든 객석에 균등한 음압이 전달 되게 하는 것이 매우 중요하다. 객석의 균등(均等)한 음압분포는 소리의 직접음과 초기반사음 에너지의 양에 따라 결정된다. 이러한 균등한 음압분포는 음원주위 즉, 무대 주변의 마감재료 특성에 크게 좌우되며, 음선분석(音線分析)과 컴퓨터 시뮬레이션의 결과를 토대로 유효반사면을 확산처리 함으로써 얻을 수 있다. 음의 확산은 음압레벨 뿐만 아니라 LF값을 제외한 거의 모든 음향인자(音響因子)의 균등한 분포에 결정적인 요인이 되므로 초기반사음이 될 수 있는 한 많이 확산 되도록 설계하는 것이 절대적으로 필요하다.

유효한 초기반사음의 평가에서 주관적인 느낌의 정도를 변화시키는 변수(變數)로는 시간지연차(ITDG) 뿐만 아니라 반사음의 음압레벨도 중요한 변수이다. Veneclasen은 음악당의 주관적인 평가에서 사람들로 하여금 가장 만족스러운 느낌을 갖도록 하는 것은 "여운이 있는 명확성"이라고 제안하였다. 이러한 명확성은 잔향감이 존재하면서도 초기 음에너지 비율이 높은 경우에 얻을 수 있다. 그리고 초기반사음의 주관적인 느낌을 결정하는 가장 중요한 변수는 직접음에 대한 시간차보다는 음압레벨의 차이이며, 실제로 음압레벨이 가장 높은 반사음이 청중들이 느끼기에 직접음을 보강하는 유효반사음이 된다. 따라서 각 반사면으로부터 도달하는 반사음을 직접음의 보강에 효과적(效果的)으로 이용하기 위해서는 반향을 느끼지 않

는 범위에서 각 좌석에 도달하는 반사음의 음압레벨을 증가시키는 방법이 유용(有用)하다.

일반적으로 실내음장의 분포는 음원에서 수음점까지의 음선거리에 따라 좌우되므로 실내에서 소리가 발생되어 실내음장이 정상적인 평형상태에 도달(到達)되었을 때 음선거리에 따른 음압레벨은 다음 식에 의하여 계산할 수 있다.

$$SPL = PWL + 10\log\left(\frac{Q}{4\pi r^2} + \frac{4}{R}\right) \quad [dB]$$

여기서, SPL : 수음점의 음압레벨(dB), r : 음선거리(m)

PWL : 음원의 파워레벨(dB), R : 실정수(Room Constant)

인간이 감지(感知)할 수 있는 소리의 크기의 범위는 상대적으로 매우 넓지만 음압의 물리적인 양은 일반적으로 매우 작다. 따라서 인간이 최소한도에서 들을 수 있는 음의 세기는 2×10^{-5}Pa(N/㎡)이며 이것을 기준으로 하여 소리의 크기를 비교할 수 밖 에 없다. 주관적으로 느껴지는 음의 크기가 음압레벨과 밀접한 관계가 있다면 소리의 성질에 따른 주파수별 특성은 위에서 언급한 음악이나 강연의 경우처럼 달라져야 할 것이다. 건축음향설계에 사용되는 음의 세기와 음압레벨의 평가지수(評價指數)는 다음과 같다.

① SPL : 음압레벨(전체좌석에서 ±dB 이내의 편차가 요구된다.)

② SPL(A) : 청감보정(A특성)된 음압레벨

③ LLSPL(A) : 청감보정(A특성)된 총 측면반사 음압레벨(Total Late Lateral SPL)

④ SPL-SEDEV : 측정된 음압레벨의 표준편차(이 값이 크면 확산성이 나쁘다)

2) 전에너지레벨(G_{10}, Overall Strength)

G_{10}은 무향실이나 야외공간과 같은 자유음장 내 10m 거리에서의 전체 음압레벨과 실내 특정 지점에서 나타나는 임펄스응답에서의 직접음 에너지와의 비(比)로 정의(定義)된다. 따라서 G_{10}은 음의 상대 크기 지수 즉, 청취음의 절대 크기라는 의미를 갖는다.

$$G_{10} = 10\log\frac{\int_0^\infty P^2(t)dt}{\int_0^\infty P_A^2(t)dt} \quad [dB]$$

$P_A(t)$: 무지향성 점음원을 무향실에 설치했을 때 10m 위치에서의 음압

P(t) : 동일 음원을 홀내에 설치했을 때 측정점에서 음압

G_{10}값은 옥타브 밴드로 측정된 주파수 함수(函數)로 정의되며, 보통 홀 전체에 걸쳐서 음장분포가 균등한지에 대한 평가와 전달된 에너지가 특정주파수에서 부족한가에 대한 평가에 사용된다.

(2) 울림의 양에 관한 지수

1) 잔향시간(RT, Reverberation Time)

실내에서는 음을 갑자기 중지시켜도 소리는 그 순간에 없어지는 것이 아니라 점차로 감쇠(減衰)되다가 안 들리게 된다. 이와 같이 음 발생이 중지된 후에도 소리가 실내에 남아 있는 현상을 잔향(Reverberation)이라 한다. 잔향을 양적(量的)으로 표시하는 데는 잔향시간을 사용한다. 이는 실내에 일정한 세기의 음을 발생하여 실내가 정상상태(頂上狀態)가 되었을 때 음원으로부터 음의 발생을 중지시킨 후 실내의 음 에너지밀도가 최초값 보다 60dB 감쇠하는 데 걸리는 시간을 말한다. 잔향시간은 W.

C.Sabine이 1895년에 발표한 이래 실내음향환경을 표시하는 데 중요한 요소로 사용되고 있다. 또한 잔향시간의 측정 시 나타나는 감쇠곡선은 대개 60dB까지 떨어지는 경우(RT_{60})가 드물기 때문에 일반적으로 30dB 감쇠한 시간을 2배 하거나(RT_{30}), −5dB ~ −25dB까지 20dB 감쇠한 시간을 3배 하여(RT_{20}) 잔향시간을 구한다.

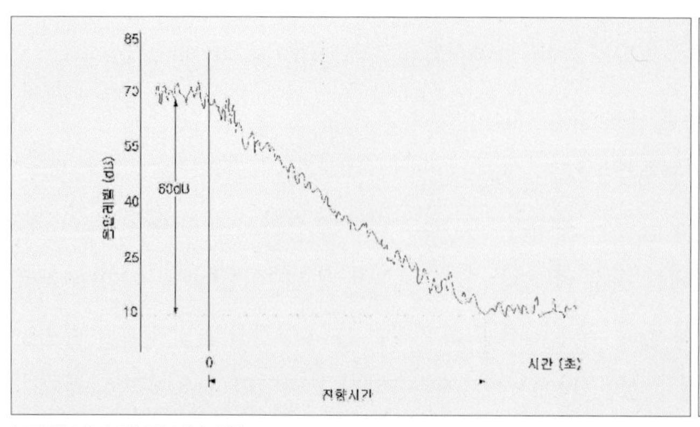

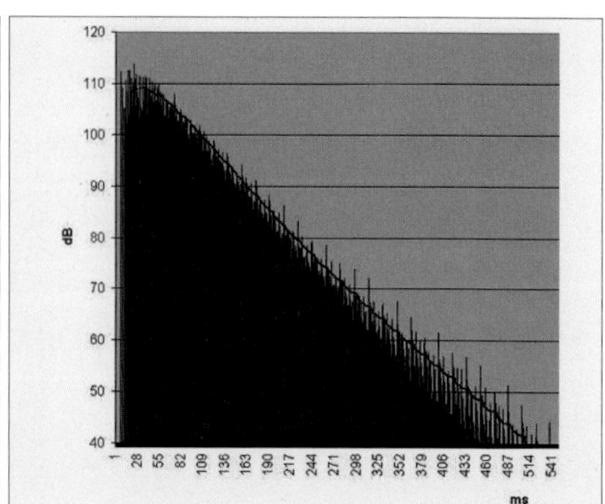

| 잔향시간의 정의(定義)

일반적으로 잔향시간이 너무 길면 음의 요해도가 저하(低下)되고 빠른 연주음일 경우 각 악기의 분리(分離)가 명확하지 못하게 되어 혼란하게 느껴진다. 또한 소리에 둘러 쌓여 있는 느낌이 들며 시끄럽고 압박감(壓迫感)이 든다. 그러나 잔향시간이 지나치게 짧아지면 음악의 풍부성(豊富性)이 없어지므로 실의 용도에 따라 알맞게 조절되어야 한다.

실의 사용 목적 및 용적에 맞는 적당한 크기의 잔향시간을 최적 잔향시간(最適 殘響時間)이라 하며 용도에 따른 최적 잔향시간과 실용적과의 관계는 Knudsen-Harris, Beranek, Ingerslev, Bruel등에 의해 여러 가지로 제안되고 있다.

2) 초기감쇠시간(EDT, Early Decay Time)

V.L.Jordan이 제한한 파라미터로서 이것은 잔향시간 파형의 초기감쇠부분(0 ~ −10dB)에서 실의 음 감쇠에 대한 특징이 결정된다는 개념(概念)으로 Schröeder가 제안한 적분 임펄스방법에 의하여 구한 잔향시간 값으로 정하고 있다. 따라서 잔향시간이 60dB까지의 감쇠를 대상으로 하는 것에 반해 초기감쇠시간은 10dB의 감쇠를 대상으로 60dB이 감쇠할 때까지의 시간을 계산한 값이다. 예를 들어 잔향시간이 2초(2,000ms)라 하면 EDT는 음원이 정지한 후 333ms까지 감쇠되는 잔향시간을 말한다.

확산음장에서 EDT=RT이지만, 실제 음장에서 감쇠곡선은 이상적인 지수함수 형태가 아니라 다른 감쇠곡선의 형태를 보인다. 이러한 경우 잔향감은 비교적 잔향시간의 초기감쇠에서 결정된다는 실험결과로부터 초기감쇠시간이 제안되었다. 어떤 공간에 반사판을 설치하여 1차반사음을 부가(附加)하여도, 실내의 잔향음 성장이 늦는 경우에는 초기감쇠시간이 짧기 때문이다.

결국 EDT는 완전 확산음장에서는 잔향시간과 동일하지만 일반적으로 잔향시간보다 작게 나타나는 경향(傾向)이 있다. 또한 잔향시간은 음에너지의 감쇠과정이 지연시간, 강도, 반사가 발생한 벽의 비율 등 서로 다른 수많은 반사음들로 구성되기 때문 실 형태에 따른 변화는 보이지 않는다. 그러나 EDT는 약간의 강도나 분리된 반사로부터 결정되기 때문에 측정위치(測定位置)에 따라 현저하게 달라진다. 따라서 실의 형상에 대해 매우 민감(敏感)하게 반응하며 동일한 체적이라도 실의 형태에 따라 그 값이 달라진다.

(3) 명료도에 관한 지수

강연이 명료하게 들리는 것은 집회 및 교육시설의 중요한 음향조건이며 음악에서도 각 악기의 위치가 명료하게 분리됨과 동시에 시간의 흐름 중에서도 윤곽이 명료한 것은 바람직하다. 이러한 명료도는 초기 반사음을 포함한 직접음과 잔향음과의 관계로 결정되며 잔향시간을 보충하는 파라미터로 최초로 제안되었던 것이 D값이었다. D값이 강연을 대상으로 한 데 대하여 음악을 대상으로 제안된 것이 C값이다. 이 두 가지의 차이점은 어느 정도의 지연시간까지 초기반사음을 직접음으로 간주(看做)하는가 하는 점이다.

일반적으로 소리가 얼마나 명료하게 들리는가 하는 주관적(主觀的)인 느낌은 직접음이 도달한 이후 짧은 시간 내에 얼마나 많은 소리 에너지가 집중되어 있는가와 관련되어있다. 따라서 명료도는 전체 소리에너지와 초기 소리에너지의 비율로서 정의한다. 여기서'초기(初期)'의 기준이 되는 시간은 50ms와 80ms 2가지가 있으나 후자(後者)의 경우는 주로 콘서트홀 등 음악을 위주로 하는 공간에 적용한다. 명료도를 좌우하는 파라미터는 다음과 같은 것이 있다.

① **잔향시간**

일반적으로 용적이 큰 공간에서 강연을 듣기가 어렵다. 이런 공간에서는 음원에서 멀어질수록 잔향음의 레벨이 커져서 명료도를 저하(低下)시키는 요인 중의 하나이다.

② **반향**(Echo)

직접음이 도달한 후 시간차(時間差)가 많이 나는 반사음은 이중(二重)으로 음이 들리기 때문에 일반적으로 명료도를 저하시킨다고 한다. 그러나 초기반사음을 보강하면 오히려 강연 내용을 알아듣기 쉽게 하는 경우도 있다.

③ **소음**(Noise)

청중이 모여 있는 공간은 많은 소음(騷音)이 존재한다. 사람에서 나는 소리, 조명(照明)이나 공기조화(空氣調和) 설비 및 기계소음 등이 있다. 무대에서 발생하는 소리를 정확히 이해하려면 신호대잡음비(S/N비)를 충분히 확보할 필요가 있다.

1) 음성명료도(D_{50}, Definition)

긴 지연시간으로 청취자에게 도달한 반사음은 바람직하지 못한 경우에 반향(Echo)으로 인식되며 바람직한 경우에는 실에 잔향감을 더해주게 된다. 잔향은 회화의 명료성을 저해하기 때문에 긴 지연반사는 회화전달(會話傳達)의 관점에서 볼 때 아주 해롭다. 따라서 반사음중 직접음을 보강하는 유용한 반사음의 한계범위를 결정하기 위한 연구와 그 잔향의 회화기준이 연구되어지고 있다. 이러한 기준들을 확인하기 위해서는 회화 명료도를 직접적으로 측정해야 할 필요가 있다. 이러한 객관적(客觀的)인 기준을 위한 최초의 시도가 Thiele, R.이 제안한 D_{50}(Deutlichkeit)이다.

$$D_{50} = 100 \times \frac{\int_0^{50ms} P^2(t)dt}{\int_0^{\infty} P^2(t)dt} \quad [\%]$$

D값은 초기 및 후기 영역(領域)의 임펄스응답에 관한 변수로 그는 지연시간이 50ms를 초과하지 않는 범위에 도달되는 초기반사음 및 그 뒤에 계속되는 반사음들은 청취자들에게 매우 잘 지각(知覺)될 수 있으며 이와 같은 현상을 지각의 한계(Limit of Perceptibility)라 하였다. 따라서 유용한 음이라 불리는 직접음 및 초기반사음과 전체음에너지와의 비율인 D_{50}을 제안하였다.

D값에서 50ms까지의 초기반사음은 음향효과상 직접음의 크기를 보강하고 명료도를 높여주는 작용이 있다고 한다. 이는 음성명료도 뿐만 아니라 음악의 청감(聽感)에도 유용하게 쓰이는 제안이다. 이 D값은 짧은 지연반사음이 많을수록, 잔향시간이 짧고 비료적 실의 체적이 작을수록, 청취자들이 음원에 충분히 가까울 때 좋아진다. D값과 음의 충만성(充滿性)은 역함수적인 관계로 D값이 높은 실은 보통 잔향시간이 짧고 반대로 잔향시간이 긴 실은 D값이 낮다. 다목적홀에서 연극이나 강연등의 경우 바람직한 D50의 값은 55~60%이고, 음악당에서는 30~40% 정도 된다.

다음 그림은 D값과 명료도의 상관 관계를 나타낸 것으로서, D값이 55% 이상이 되면 명료도는 90%에 가까워지므로 이해도는 100%를 얻을 수 있다.

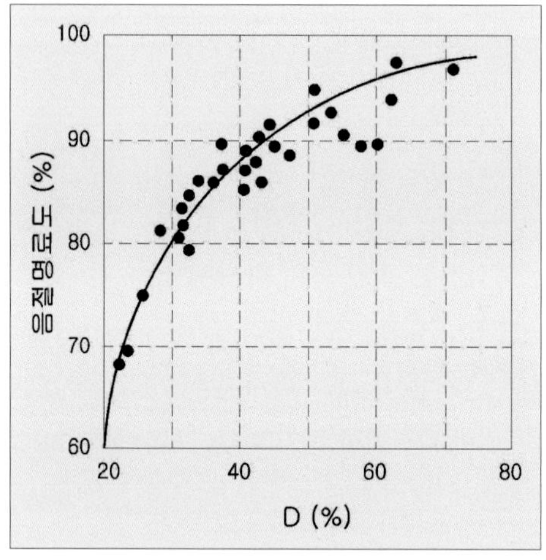

| D값과 단음절 명료도와의 관계

2) 음악명료도(C_{80}, Clarity)

앞의 D와 개념상 유사하지만 콘서트홀에서의 음악에 대한 명료도를 나타내기 위해 명료도 지수(Clarity Index)인 C값이 Reichart 등에 의해 제안되었다. D값이 50ms에 비해 C값은 80ms를 지연시간의 한계(限界)로 사용하는데 이는 음악에서는 반사가 회화음에서 보다 덜 인지(認知)되기 때문에 이런 차이가 있다.그는 음악당 내에서 C_{80}의 허용값을 ±1.6dB로 하였다. 단, 야외 경기장 등의 공간이 크고, 반사성의 마감 처리가 많은 공간에서는 실내공간의 C값보다 조금 넓은 범위의 값이 얻어진다.

$$C_{80} = 10\log\frac{\int_0^{80ms} P^2(t)dt}{\int_{80ms}^{\infty} P^2(t)dt} \quad [dB] \qquad \cdots\cdots$$

여기서, 완전 확산음장에서는 C80을 다음 식으로 계산할 수 있다.

$$C_{80} = 10\log\frac{1-P}{P} \qquad \cdots\cdots$$

여기서 $P = e^{-13.8\times(0.08/RT)}$이다. 예를 들어 잔향시간이 2초인 경우 C_{80}은 −1.3dB이다.

① C_{80}은 음악의 속도와 악기 타입, 실내 잔향에 의존(依存)한다. 악기로는 다음과 같은 4가지 형태가 있다.

ⓐ Blown Instruments(불어 울리는 악기) : 오르간, 튜바, 클라리넷 등과 같이 어택과 디케이가 모두 서서히 이루어진다.

ⓑ Bowed Instruments(활을 가진 악기) : 바이올린, 비올라, 첼로, 베이스 등과 같이 약간 빠른 어택과 느린 디케이가 이루어 진다.

ⓒ Plucked Instruments(뜯는 악기) : 기타, 스트링 베이스 등과 같이 빠른 어택과 조금 느린 디케이가 이루어진다.

ⓓ Percussive Instruments(충격성 악기) : 피아노, 드럼, 전자악기, 실로폰 등과 같이 어택과 디케이가 모두 빠르게 이루어 진다.

② C_{80}의 평가는 다음과 같다.

ⓐ 0/−2dB : 오르간 등의 느린 템포의 Blown 악기 연주에 이상적이며, 오르간 음악, 낭만파 음악에서 얻어져야 하는 명료도 값이다.

ⓑ +2/−2dB : Blown 악기 연주 및 클래식 또는 심포니 악기 음악에 이상적이며, 전통 교회음악에도 적합한 값이다. 조금 빠른 음악에서도 명료도가 얻어진다.

ⓒ +4/−2dB : Plucked 악기에 이상적이며, 속도가 빠른 현대 음악에 적합하다. 포크음악이나 현대 교회음악, 대중음악, 재즈에서도 음악적 명료도가 얻어진다.

ⓓ +6/−2dB : Percussive 악기에 이상적이다. 빠른 Rock and Roll에서도 명료하게 감상(感想)할 수 있는 값이다.

또한 음악명료도 중 음성과 관련한 C_{50}은 D_{50}과 다음과 같은 관련성이 있다.

$$C_{50} = 10\log\left(\frac{D_{50}}{1-D_{50}}\right) \quad [dB] \cdots\cdots$$

3) 시간중심(T_s, Center Time)

Cremer가 제안한 시간중심은 시간에 따른 음압의 감쇠 곡선에 있어서 전체 면적에 대한 음의 중심(中心)을 대표하는 값이다. 즉 감쇠 곡선에서의 무게중심으로 생각해도 되며, 충격반응 에너지의 무게 중심을 나타낸다. T_s값이 작을수록 음의 중심이 초기에 있으므로 요해도(了解度)가 상대적으로 높아진다.

$$T_s = \frac{\int_0^{\infty} tP^2(t)dt}{\int_0^{\infty} P^2(t)dt} \quad [ms] \cdots\cdots$$

시간중심은 주관적으로 느끼는 울림의 양과 상관성(相關性)이 높으며 음절 명료도와도 좋은 상관관계에 있다. 일반적으로 T_s가 100ms의 값을 상회할 때 양호하다는 평가를 하며, 200ms 이하의 값은 중간 정도의 명료도를 가지고 있다고 평가한다. T_s값이 작으면 내부분의 에너지가 일찍 도달해서 명료도가 높고 값이 크면 잔향이 풍부하게 된다. 일반적으로 T_s는 EDT와 비슷한 경향을 보인다.

4) 음성전달지수(RASTI : RApid Speech Transmission Index)

음성전달지수(Speech Transmission Index, STI)는 실내공간에서 음성신호음의 요해도를 떨어뜨리는 주된 요인을 원음의 왜곡(歪曲) 때문인 것으로 판단하고, 그 왜곡의 정도(程度)를 측정함으로써 요해도의 양.부(良.不)를 판단하고자 한 실험적인 척도(尺度)이다.

STI 측정원리는 음성을 모의한 100% 변조파를 실내에 방사하여 외견상 낮은 S/N 비에 상당하는 변조파 MTF(Modulation Transfer Function)의 저하를 측정하여 STI 척도를 계산한다.

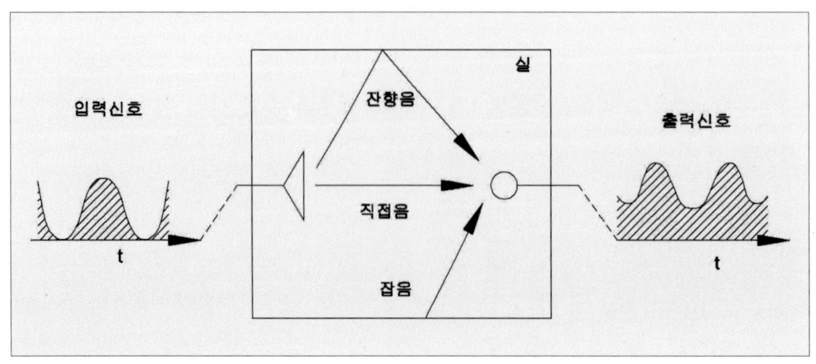

| MTF법에 의한 명료도 측정원리(測定原理)

음성전달지수는 입력신호음의 7개 대역의 가청주파수와 14개 변조주파수의 두 변수에 의해 구해지는 신호대잡음비(Signal-to-Noise Ratio)의 개념이며, 실험의 조건에 따라 여러 가지 변형(變形)이 있다. 그 중 가청주파수 대역을 음성신호음의 대표적 대역인 500Hz와 2kHz의 두 가지로 한정하고, 각각에 대하여 4개 및 5개의 변조주파수로 한정하여 측정한 결과가 RASTI 이다.

(4) 저음비(BR, Bass Ratio)

1989년 A.C.Gade에 의해 제안된 저음비는 만석인 홀에서 저음 잔향시간(125Hz, 250Hz)의 중음 잔향시간(500Hz, 1,000Hz)에 대한 비율로서 저음(低音)에 대한 사람의 주관적인 감각인 Warmth(따뜻함) 즉, 음색의 포근함을 나타내는 평가지수이다.

$$BR = \frac{RT_{125} + RT_{250}}{RT_{500} + RT_{1000}} \quad \cdots\cdots$$

ㅁ 음향테스트

콘서트홀의 음향에 대한 좋고 나쁨의 평가 · 판단은, 잔향시간 등의 물리적(物理的)인 수치의 측정결과로부터가 아니라, 어디까지나 스테이지 위에서 실제로 음악을 연주하고, 그것을 객석에서 들어본 후에 이루어지게 된다.

오케스트라가 처음 청중 앞에서 연주하는 오프닝 당일(當日)은, 긴장해서 무척 힘들지 않을까 생각할지도 모르지만, 사실은 그렇지도 않다. 통상(通常)은 그 수 개 월 전에 이루어지는 첫 리허설이 더 힘들고, 가장 긴장되는 순간이다. 그리고 그것은 새로운 콘서트홀의 음향을 테스트하는 장(場)으로서는 최악의 상황인 것이다.

왜냐하면, 새로운 홀의 음향은 어느 연주자에게든 알려지지 않은 음향으로, 자신들의 소리가 어떻게 울리는지, 혹은 다른 연주자의 소리를 어떻게 들으면 좋을지, 전혀 모르는 상태에서 시작되는 것이다.

음향을 테스트하는 장으로서 최악이라고 하는 이유이다. 서로의 소리를 들으며 좋은 앙상블을 만들어 가는 것은 이제부터의 일인 것이다. 첫 번째 리허설보다도 두 번째 리허설이, 두 번째 리허설보다도 세 번째 리허설이 반드시 더 좋아져 간다.

홀의 오프닝 전에 어느 정도의 기간(期間)을 리허설 등의 준비기간으로 잡아 두면 좋은가, 하는 질문에 대해서는, 길면 길수록 좋은 것이 사실이지만, 실제 문제로서 몇 년이나 되는 기간을 확보하는 것은 현실적이지 않다. 최소 2~3개월, 가능하면 6개월 정도 확보하는 것이 좋다.

참고로 엘브필하모니의 경우는, 최초의 리허설로부터 오프닝까지의 기간은 대략 4개월 정도였다.

□ 오프닝 후의 콘서트

엘브필하모니의 계획 단계부터 현지(現地)의 공공방송국의 오케스트라, 북독일 방송교향악단(Norddeutscher Rundfunk Symphoniker, NDR)이 레지던트 오케스트라로서 새로운 홀을 사용한다는 것이 결정되어 있었다. 여기서 말하는 레지던트 오케스트라란, 매월 정기공연(定期公演)을 실시 할 뿐 아니라, 평소의 리허설을 원칙적(原則的)으로 모두 홀의 스테이지 위에서 실시한다는 것을 의미한다. 참으로 오케스트라와 홀이 일체가 되어 발전해 가는 것, 오케스트라는 新콘서트홀의 얼굴이 되는 것이 기대되고 있는 것이다. NDR 오케스트라는 新콘서트홀의 레지던트 오케스트라가 되는 것에 있어서 그 명칭도 NDR 엘프필하모니 오케스트라로 변경할 정도로 공(功)을 들인 듯하다.

또한 현지의 다른 오케스트라로서, 함부르크 필하모닉(함부르크 국립오페라극장의 오케스트라가 오케

| 기념 벽돌을 받고 기뻐하는 Olaf Scholz씨(중앙). 왼쪽부터 종합예술감독 Christoph Lieben-Seutter, Hochtief AG의 CEO인 Fernández Verdes, 함부르크시장인 Olaf Scholz, 헤르조그 & 드 뫼롱의 한 사람인 Pierre de Meuron, 헤르조그 & 드 뫼롱 회사 파트너인 엘브필하모니의 건축책임자인 Ascan Mergenthaler.

스트라피트가 아니라, 통상의 홀 스테이지에서 콘서트를 열 때의 명칭), 그리고 함부르크 심포니카라는 오케스트라도 매월 정기연주회를 새로운 콘서트홀로 옮기기로 결정되어 있다. 단, 이들 현지 오케스트라가 엘프필하모니를 사용하는 것은 연주회 당일(當日)뿐으로, 평소의 리허설은 다른 장소에서 이루어지게 된다. 이러한 부분이 레지던트 오케스트라인 NDR 엘프필하모니와는 크게 다른 점이다.

이상의 현지 오케스트라, 앙상블에 의한 콘서트와는 별개로, 수많은 연주가, 연주단체가 전 세계로부터 초청되어, 엘브필하모니에서 콘서트를 펼치게 된다.

이와 같은 외부에서의 게스트 초청과 엘브필하모니 시설의 유지, 관리, 운영을 하는 것이 함부르크 무지크(Hamburg Musik)라는 조직으로, 함부르크 시(市)에 소속(所屬)한다. 엘프필하모니의 오프닝은, 이 시설 건설 프로젝트의 최종 목표인 동시에, NDR 엘프필하모니 · 오케스트라와 엘프필하모니(함부르크 · 무지크)의 위대한 출발인 것이다.

세리머니에서는, 함부르크 시장(市長)인 Olaf Scholz씨가 등단(登壇)하여, 「헤르조그 & 드 뫼롱은 설득력 있는 퍼스트클래스의 디자인을 제공하고, 건설회사인 Hochtief AG는 우수한 퀄러티로 시공해 주었다. 그 외, 계속적으로 좋은 일을 해 준 수 천 명의 엔지니어 및 기술자, 기능인에게 감사를 드린다. 그들 덕분에 엘브필하모니가 완성되었다」고 소감(所感)을 말하였다.

마지막으로 「함부르크는 현재(現在), 세계에서 최고의 콘서트홀 중 하나를 가지고 있다. 함부르크 시민들이 꼭 콘서트를 보러 왔으면 한다. 나는 당신이 콘서트에 와서 친구를 초대하길 바란다. 모든 함부르크에 있는 학교의 아이들은, 엘브필하모니의 음악을 접할 기회(機會)를 가져야 한다. 엘브필하모니는 모두를 위한 홀이다. 함부르크의 음악에 있어서의 기회와 같은 것이다. 세계를 자극하는 콘서트홀로서, 나는 모든 공연을 기대하고 있다. 감사합니다!」하고 말을 끝맺었다.

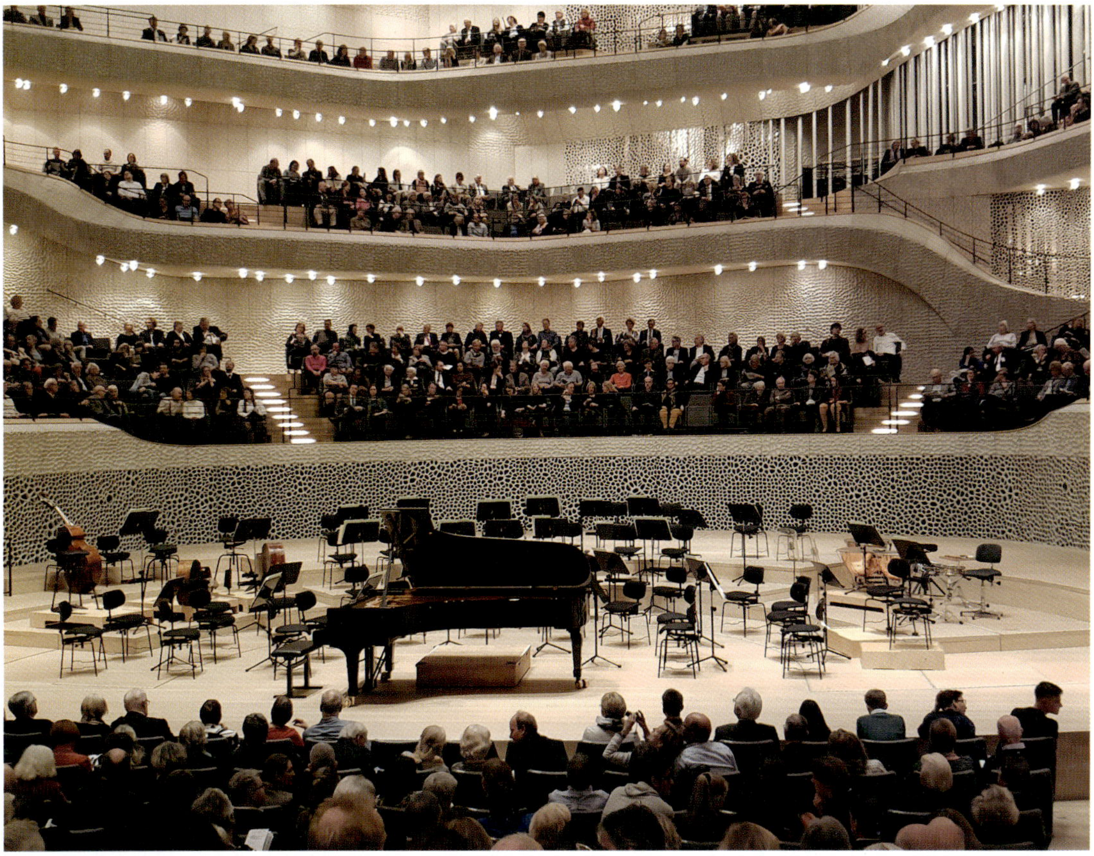

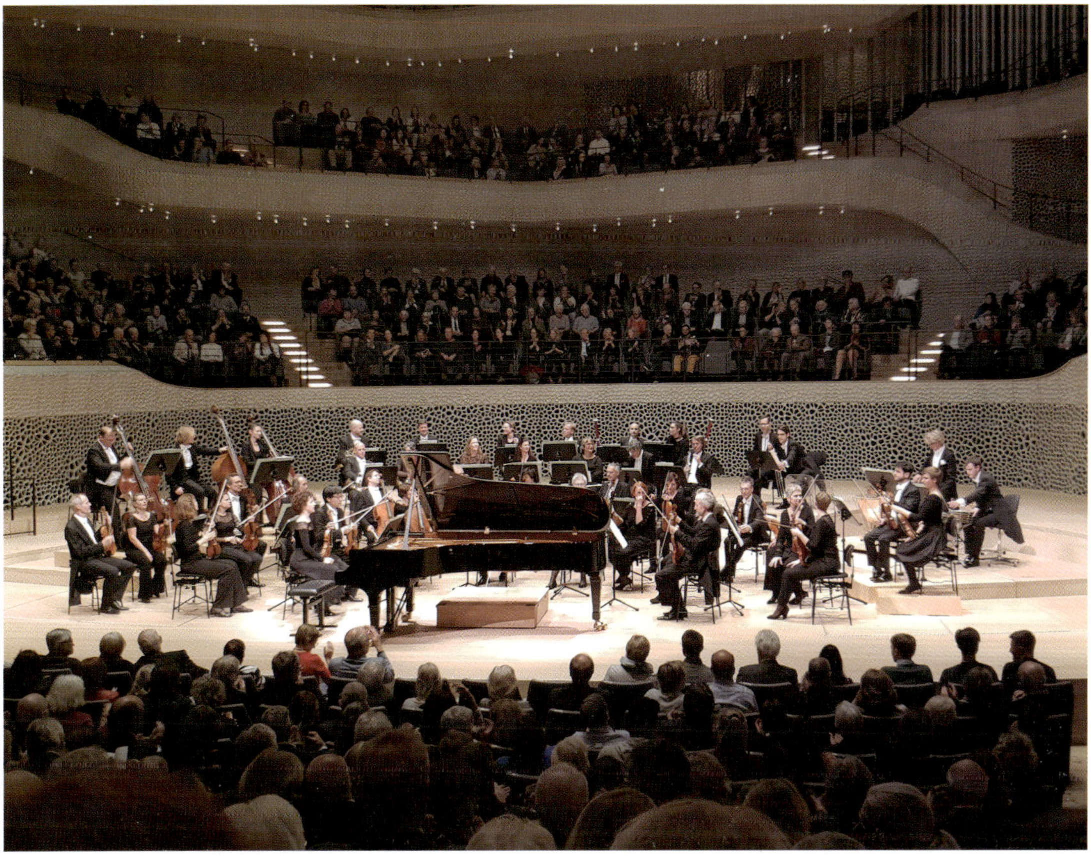

| 함부르크 필하모니 홀_ELBPHILHARMONIE HAMBURG

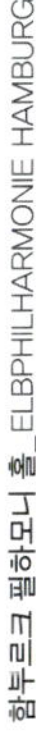

| 난간 벽과 난간 상세도

함부르크 필하모니 홀_ELBPHILHARMONIE HAMBURG

◇ 새로운 홀의 참고 자료: 가마이시시민홀(釜石市民ホール) TETTO

홀에 들어서면, 살짝 나무의 향기(香氣)로 휩싸인다. 벽면에서 천장까지, 나무로 빙 덮인 이 공간은, 완만하게 굽이치는 곡면으로 구성되어 있다. 어느 부분에는 완만하게, 또 다른 부분은 크게 물결치는 표정은, 불규칙(不規則)하면서도 어딘가 리드미컬 한 움직임을 만들어낸다. 적층된 나무의 섬세한 곡면이 만들어내는 것은, 마치 속이 도려내진 줄기 속에 들어간 듯한 부드러운 감각이다. — 2017년 12월 8일에 오픈한, 이와테현 가마이시시(市)의 가마이시시민홀 TETTO이다. 동일본 대지진(大地震)으로 피해를 입어 사용이 불가능해져 버린 가마이시시민문화회관을 대신하여, 신설된 건축이다.

| 매끄럽게 잘린 아름다운 나무단면

| 가마이시시민 홀 TETTO의 내장

설계자는 요코미조 마코토(溝真)이다. 협력자로, ARUP, 나가타음향설계 등이 참여하였다. 그리고 AnS Studio는, 음악홀의 형태 최적화(最適化)를 담당하였다. 홀은 800석 규모의 다목적 홀로, 소 홀과 연결하면 70m정도에 이르는 평면(피트)이 된다.

▫ 형상(形狀)을 정하지 않는 형태의 설계도(設計圖)

가마이시시민홀 건립 프로젝트가 엘프필하모니와 크게 다른 것은, 홀의 형태를 결정하는 과정에 있다. 본 프로젝트는, 형태를 정한 후 소리의 해석(解釋)을 하는 것이 아니라, 소리의 움직을 보면서 형태를 이끌어내는 방법을 취하고 있다. 소위, 형(形)을 정하지 않는 형태의 설계수법이라 말할 수 있을 것이다.

「소리의 움직임에서 형태를 가시화(可視化) 하고 싶다」는 설계자의 생각을, 컴퓨테이션 수법을 구사하여 실현하였다.

형(形)을 정하지 않는 형태의 설계 과정은, 홀의 크기, 소리의 조건, 건축법규, 시공조건 등, 다양한 룰을 설정하고, 이 공간에 소리를 방사시키는 것으로 시작된다. 방사된 소리는, 슈박스 형의 벽면에 소리를 반사시키면서, 공간이 가지는 소리의 잠재력(潛在力)을 찾아간다. 또 벽, 천장면에 흔들림을 주면서, 에코를 일으키는 원인이 되는 개소를 찾아낸다. 벽면은, 자기의 모습을 세밀하게 변형시켜, 다시 소리를 방사하는 것이다. 이리하여 기계학습의 과정을, 반복 실시함으로서, 공간 자체가 소리의 움직임과 형태의 관계성을 풀어낸다. 그리고 홀의 형상은, 반향음의 움직임을 가시화하면서, 천천히 드러나는 것이다.

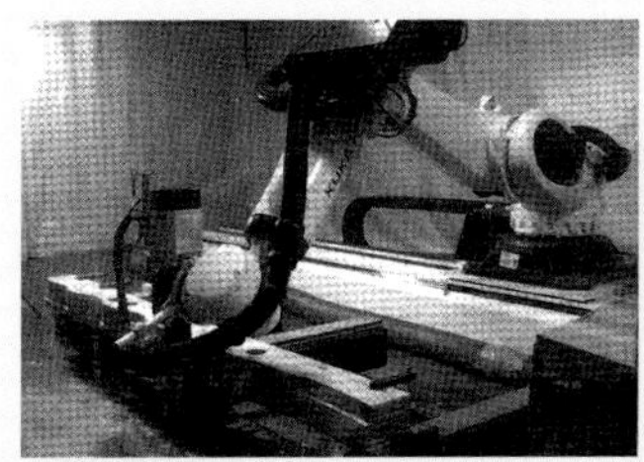

| 로봇에 의한 절삭 가공

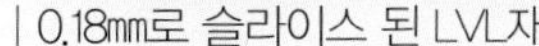

| 0.18㎜로 슬라이스 된 LVL재

| 기계학습의 과정에서 도출된 음향벽의 곡면

이번에, 건축가가 설정한 룰은, 소재의 선정(選定)이 중요한 요소 중 하나였다. 목재를 활용한 홀을 만들고 싶다는 생각을 토대로, 나무 조각을 잘라냈을 때의 아름다운 단면이 보이도록, 목가공(木加工)의 특성에 주목하였다. 바이올린의 형태처럼 보들보들하고 우미한 능선에 의해 형태가 생성되는 룰이다.

컴퓨터의 해석 화면 속에서, 춤을 추듯이 서서히 변화해 가는 홀 형상은, 마치 살아있는 생물(生物)처럼 보인다. 공간에 퍼지는 음선(音線)에 호응해 변용하는 형태는, 종래(從來)의 설계수법과는 구분되고 있다.

□ 불연소재(不燃素材)인 LVL 판재의 개발

홀의 내장은, 벽과 천장의 인상이 분절(分節)되지 않고, 연속된 나무의 소재가 압권이다. 앞무대에서 객석 후방의 벽면까지, 걸고 도중에 끊어지지 않고 물결치는 표정은, 목재다운 중후함(重厚感)을 보여주면서도, 어딘가 경쾌한 리드미컬한 인상을 받게 된다.

홀의 양벽은, LVL 단판적층재로부터 잘려진 두께 100㎜ 이상이나 되는 나무 조각을 다단(多段)으로 쌓아 올리고, 몰아대듯 적층되어 있다.

그러나 설계를 진행하기에 앞서, 천장부의 문제에 봉착(逢着)하게 된다.

같은 재료의 목질로 덮인 공간을 실현하기 위해서는, 불연인정(不燃認定)을 취득한 LVL재료가 필요불가결(不可缺)하였다.

그러나 시장(市場)에는 존재하지 않았던 것이다. 그래서 AnS Studio의 협력 하에, 재료 메이커인 key-tec(キーテック), 합판 무늬목 메이커인 bigwill(ビッグウィル)과 공동으로 불연인정 LVL 무늬목의 개발에 착수(着手)하였다.

특히 어려웠던 것은, 단판(單板) 무늬목를 평행(平行)하게 적층 · 접착시켜 만들어지는 LVL재를, 0.18㎜의 매우 얇은 크로스로 슬라이스하는 공정이었다.

재료의 생산부터 베니어판 제조까지의 공정을 염두(念頭)에 두고 조정함으로서, 곡면 및 요철면에도 자유자재(自由自在)로 붙일 수 있는, 유연한 소재의 개발에 성공한 것이다. 이리하여 비로소, 불연인정을 취득한 LVL단판 적층재(積層材)의 무늬목이실용화(實用化) 된 것이다.

한편, 벽면의 LVL 유닛도 제작에 난항(難航)을 겪었다. 왜냐하면, CNC공작기로 이 곡면을 재현하기 위해서는, 잘리는 깊이가 커서, 한 번의 절삭으로는 어렵기 때문이다. 절삭공정을 여러 번의 공정으로 나눌 필요가 있었다. 그래서 최신 기술로서, 로봇에 의한 절삭가공(切削加工)을 시도한 것이다.

CNC공작기를 이용한 가공시간은 사람의 손도 더해지기 때문에 한 유닛 당, 2시간 이상 걸린다. 그러나 로봇의 경우는 단 10분 정도로 가공을 실현하였다.

어느 연주가에게, 소리가 보이는 것 같다는 이야기를 들은 적이 있다. 팡 하고 튀어 나온 소리가 여기저기에 부딪쳐 다시 되돌아오기까지, 그 궤적(軌跡)이 보인다는 것이다. 그래서 그들이 처음 홀에서 연주할 때는, 리허설에서 소리를 볼 때까지, 매우 걱정된다는 것이었다. 연주하는 위치 및 몸의 방향 등, 면밀한 조정을 하는 것은 바로 그런 이유 때문이다.

가까운 미래에, 홀의 설계는, 윤곽(輪廓)으로서의 형태를 그리는 수법에서 일탈할 것이다. 스스로 학습하는 컴퓨터와 함께, 건축가의 구상력, 연주가의 센스, 음향전문가의 경험치(經驗値)가 같이함으로 도출되는, 다이내믹 한 설계의 시대가 도래(到來)할 것이 틀림없다.

콘서트홀 천장면_요철

7 콘서트홀(Main Hall)의 건축

콘서트홀의 공사는 순서(順序)대로 진행되었다. 우선은 콘크리트로 각각에 차음성을 갖춘 외측(外側) 셸과 내측(內側) 셸을 만들고 이것에 의해 조선소의 소음을 차단함과 동시에 집합주택(集合住宅)의 주민과 투숙객에게 방해가 되지 않도록 한다. 외측 셸 내의 콘크리트로 이루어진 각 돌출 벽 위에 철골을 짜고, 이 입체 트러스에 용수철 조립을 설치해 내측의 셸을 매단다. 안팎의 셸 사이에 낀 틈은 급기 덕트와 제어실로 충당(充當)되고 동시에 콘크리트 벽의 차음성을 높이는 데도 도움이 된다. 내측 셸에 걸리는 철골 트러스에는 발코니와 석고보드 건식구조(乾式構造)가 매달리게 된다.

| 천장의 설치

| 캣워크, 무대장치

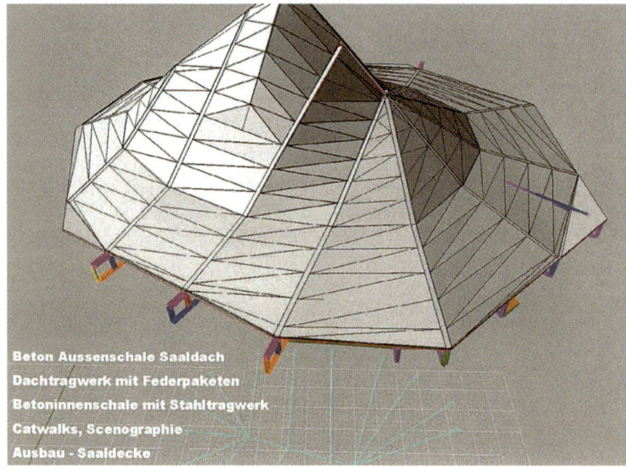

| 콘크리트조 외측 셸

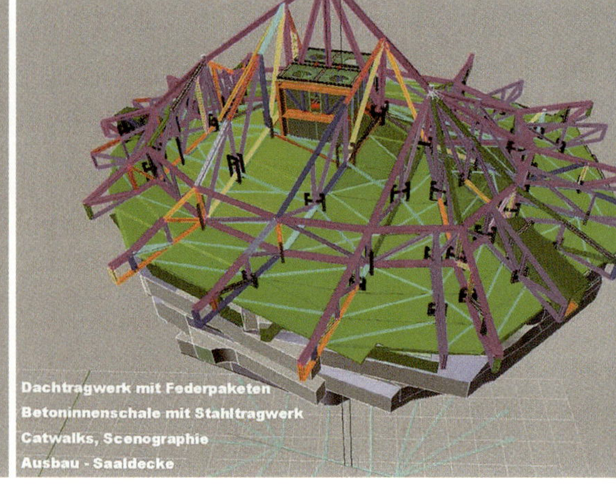

| 방진 스프링이 달린 천장구조

천장도 비슷한 구조로 철근콘크리트조의 천장에는 캣워크와 무대장치(舞臺裝置)가 구성되어 있다. 그 상부에 있는 내측 셸의 콘크리트 천장은 용수철 조립을 끼워 홀을 덮는 철골 트러스와 연결되어 있는데, 소리는 차단된다. 이 철골 트러스와 외측 셸이 건물의 메인구조에 해당한다. 철골 트러스의 위에 생긴 틈은 제어실과 환기 덕트로 충당된다. 이 덕트는 관 지름이 굵지 않으면 홀 내부에 소리를 내지 않고 천천히 공기(空氣)를 보낼 수 없다. 보낸 공기는 좌석의 발밑을 경유(經由)하여 최종적으로는 머리 위의 반사판에 흡수된다.

| 2011.02

홀이 아직 공사 중인데 반해, 양 끝에 있는 호텔과 집합주택에서는 지붕공사가 마무리되었고, 지붕에 덮인 원반(圓盤)이 하얗게 반짝이고 있다. 두 개의 콘크리트 셸이 출현한 후에는 철골 트러스, 거대한 환기(換氣) 덕트, 그리고 발코니용의 철골조 순으로 조금씩 형태가 만들어져 간다.

콘서트홀을 차음하기 위해서는 다른 것으로부터 분리(分離)할 필요가 있었다. 이것이 기술적으로는 매우 번거로운데, 우선 바깥 셸의 내측에 있는 각 돌출벽의 위에 382개의 용수철 조립을 설치한 후, 구체가 되는 철골을 조립해 간다.

천장에만 무려 1,000개의 철골이 사용되었다. 안정(安定)을 도모하기 위해서라도 허용오차(許容誤差)는 최소한으로 억제(抑制)되었다. 구조전문가(構造專門家)인 Heinrich Schnetzer가 콘크리트 셸 내의 철골 트러스를 해체(解體)하여 최대 하중시에 변형(變形)이 일어나는지의 여부를 확인하였다.

홀의 천장에 대해서는 구조상의 제약(制約)이 아주 많았던 만큼 좀처럼 결론이 나지 않았는데, 정밀조사(精密照査) 검토 끝에 현재의 위치로 내려졌다. 홀의 내장공사(內粧工事)도 서서히 진행되고 있다. 음향 패널과 반사판 설치용으로 발판이 설치되고 석고 패널은 천장에서 아래로 순서대로 붙여 갔다. 이 시점(時點)에서 유공 음향 패널의 설치는 완료되었고 그 아래 발코니석도 완성되고 있다.

콘서트홀의 포이어(Foyer)는 이동(移動)의 장소로서 일상(日常)을 잊고 지인(知人)들과 모여 음악에 대한 정열(情熱)을 공유하는 곳이기도 하다. 따라서 대개의 경우 포이어는 홀의 바로 앞에 배치되고 높이는 1~2층 레벨, 안길이는 꽤 있는 편이다. 그런데 이 건물의 성격상 이것이 불가능하다고 헤르조그 & 드뫼롱은 생각하였다. 역시 디자인의 핵심(核心)은 필하모닉홀에 있을지도 모른다. 그렇다고 해서 그것만 좋으면 다 해결되는 것도 아니다.

우선 포이어 역시도 만인(萬人)에게 개방된 공간이 아니라면 함부르크 시를 또 다른 시점(視點)으로 보지 못할 것이다. 그래서 건축가는 뮌헨의 알리안츠 아레나(Allianz Arena)의 경우와 마찬가지로 홀까지의 접근거리를 길게 설정하고 표현을 완전히 바꿔, 도시공간에서 소리의 공간까지 도달하는 이 경로상(徑路上)에 크게 포물선(抛物線)을 그리는 에스컬레이터와 플라자를 설치하였다. 두 홀의 포이어는 모두 이 움직임에 포함(包含)되어 있다.

포이어에는 다른 공간을 막는 도어도 없을 뿐더러 공조(空氣造化)에 의한 장벽도 없다. 플라자에서 포이어를 향해 가고자 어느 나선계단(螺線階段)에 다다르면 바닥의 마감이 벽돌 마감에서 합판 마감으로 바뀌고, 하얀 벽이 나타나 느낌상 왠지 실내로 들어가고 있다는 기분이 들게 된다. 귓구멍(耳道)에 들어가는 듯한 느낌 같다고나 할까.

정작 계단을 오르기 시작하면 발밑의 한단 한단이 바로 홀 내 계단 모양의 풍경(風景)과 연동되고 있는 것에, 아니 오히려 홀을 중심으로 포이어가 구성되어 있는 것을 누구나 알아차리게 된다.

카이슈파이어의 평면을 수직으로 반복시켜 가기로 결정한 이상 유효면적이 좁아도 어쩔 수 없다. 평면상에는 또 다른 포이어를 설치할 만큼 여유가 없었다. 그래서 포이어를 홀에 밀착시켜 수직방향으로 늘이면서 어떻게든 홀과 제 기능과의 사이에 집어넣은 것이다.

골목이나 계단이 집들 사이를 꿰매듯 나아가는 지중해(地中海) 연안의 벽촌(僻村)처럼 이 포이어도 피라네지처럼 꾸불꾸불 사행(蛇行)하면서 7층 분의 높이로 상승하고, 그 사이에도 느닷없이 오픈천장이 나타나 훨씬 아래에 있는 플라자에 시선을 향하게 만든다. 훌쩍 들러 본 손님과 콘서트를 관람하러 온 손님이 서로 시선을 주고받는다.

포이어의 수직성, 즉 홀의 볼륨을 따라 완만하게 커브를 이루며 상승하는 모습이 아직 입장하지도 않은 콘서트 관람객에게 앞으로 보게 될 홀의 모습을 넌지시 예고(豫告)한다. 그런데도 이 계단이 엇갈리는 풍경에는 소위 콘서트홀의 포이어에 필수품(必需品)인 각종 설비가 깔끔히 들어가 있다.

건물 자체에 높이가 있어서인지 어디든 편안함이 느껴진다. 이 계단과 난간 벽이 이제 곧 홀에 입장하게 될 사람에게는 최적(最適)의 보고 / 보이기 위한 배경이 된다.

조용히 이야기를 나누고 싶다면 여기저기에 조그만 니치(Niche)가 마련되어 있다. 터무니없이 넓은 건물이지만 휴먼 스케일에 가까운 탓인지 이상하게 안락(安樂)하다. 홀 내부도 역시 그러하며 지정좌석의 열이나 구획을 찾기 쉽다. 또 얼마나 건물 안으로 들어가든 시선은 수평방향으로 빠지고 유리벽 너머에는 숨막힐 듯 한 멋진 전망이 펼쳐지며, 더 바깥 공기를 쐬고 싶다면 날씨에 신경 쓰지 않고 차양(遮陽)이 달린 발코니에도 나갈 수 있다.

포이어 그 자체가 도시공간의 일부가 되고 있다. 그렇다 치더라도 약간 축제적인 화려함이 있을지 모르지만 적어도 배타적(排他的)이지는 않다.

| 2006.01

2010.08 |

2011.03 |

포이어를 설계하는데 앞서 건축가는 먼저 모형을 제작하였다. 어느 계단도 파사드 방향으로 상승하는 계획은 바로 이 시점(始點)에서 확정하였다.

그 후의 작업은 디지털식과 아날로그식을 여러 번 왔다 갔다 하면서, 즉 컴퓨터상의 3D 모델을 대 스케일의 모형을 재현한 후 거기서 손을 보고, 이 변경을 다시 3D 모델에 반영하는 순서를 반복하여 이 복잡한 공간에 세련미(洗練味)를 더하고 있다.

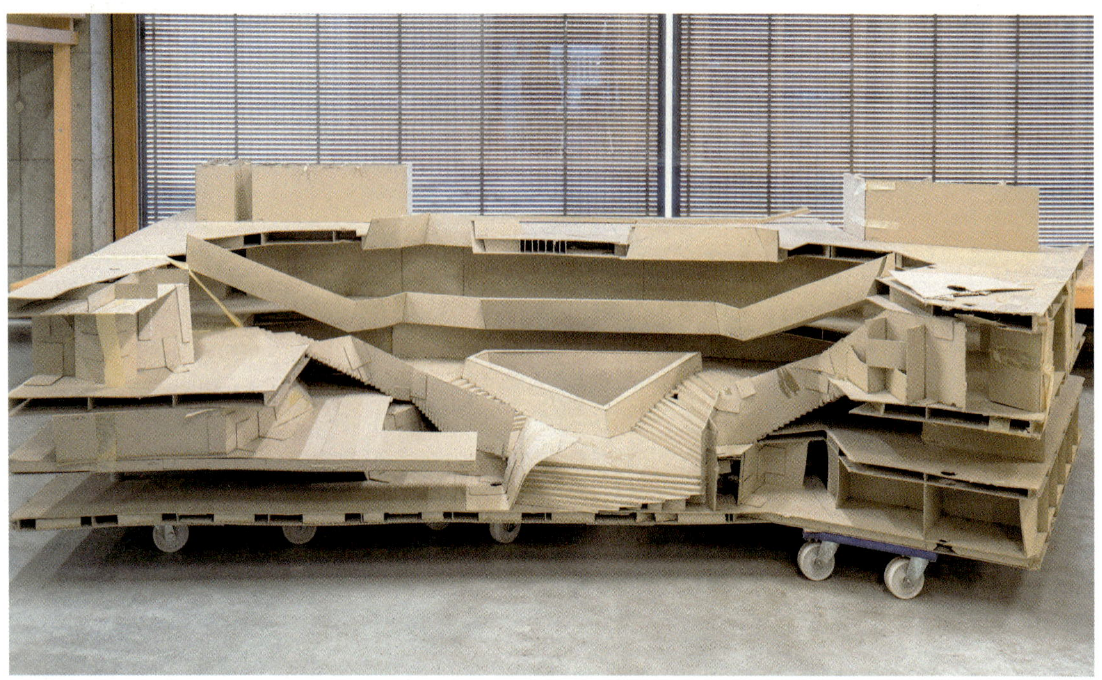

| 2007. 01

| 2007. 01

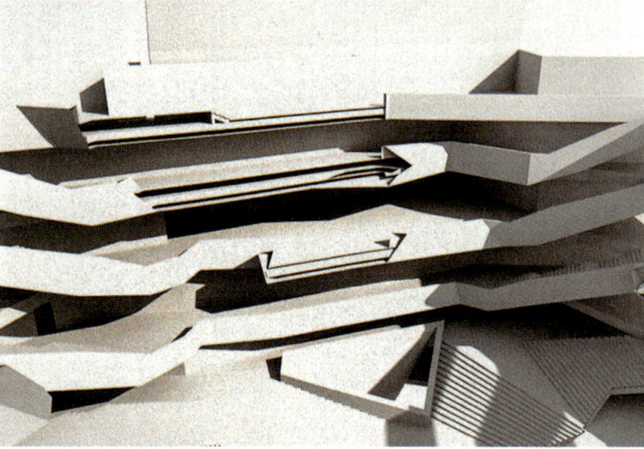

| 2008. 03

2011. 03

2010. 05

이 아름다운 포이어에는 하얀 세계를 드러내는 Stucco Lustro와 거기에 온기(溫氣)를 곁들여 주는 나무가 이용되고 있다. 후자는 (수직방향으로는) 바닥에서 난간 벽을 기어올라 난간을 빠져나가고, (수평방향으로는) 유리벽의 가장자리에 달해 판자(板子) 따위를 내리누르기 위해 박는 가늘고 긴 나무로 변한다. 그 중에는 바닥재가 그대로 가구가 되는 경우도 있다.

또 조명을 관상(管状)의 형광등으로 통일시킴으로서 스포트라이트에 비춰진 에스컬레이터, 플라자, 홀 등의 인접 존과 구별하고 있다.

형광등이라면 빛이 균일하게 돌기 때문에 지휘자에 대한 경의(敬意)를 빠뜨리는 일도 없다. 아무래도 이 엘브필하모니의 중심에 서서 스포트라이트를 받는 것은 지휘자이기 때문이다.

포이어의 디테일에는 건물의 역사를 말해주는 것과 함부르크항의 실제 사회 모습을 전하는 것이 계속적으로 이용되고 있다.

예를 들어, 계단의 난간에는 옛 하역(荷役) 해치에 칠해져 있던 것과 동일한 광택(光澤)이 없는 공업용 도료(塗料)가 칠해져 있다. 방문객은 이 난간을 따라 포이어와 클로크룸으로 향한다.

그곳에서 홀로 들어가 자리에 착석(着席)한다. 이상은 완전히 하나로 연결된 공간으로 도중에는 도어가 전혀 없는데, 기후(날씨)만 변해간다. 실내와 실외의 차이는 살짝 느껴지지만 양자(兩者)를 가로막는 것은 아무것도 없다. 홀로의 여정은 어딘가 이도(耳道/귓구멍)와 비슷하다.

플라자에 설치된 2개의 나선계단이 각각의 홀로 이어진다. 모형 및 현장사진이 보여주듯이 폭이 좁은 계단은 현장타설 콘크리트로 넓은 쪽에는 철골로 기초가 짜여 있다. 이 튼튼한 양 계단이 대 홀의 하면을 플라자에 연결한다.

헤르조그 & 드뫼롱이 의도한 카이슈파이어의 환원주의적(還元主義的) 통어법에 덧붙인 유기적인 성격이 이들 계단에 응축(凝縮)되어 있다.

플라자(Plaza)는 단순히 콘서트홀의 포이어보다는 훨씬 더 많은 것을 담고 있다. 플라자는 엘브필하모니의 명함(名銜)이며 건물이 의미하는 모든 것을 대표하고 외부에 전달하는 심볼이다. '건물의 인테리어가 담고 있는 모든 특성이 이곳에 담겨있다' 라고 함부르크의 문화부 의원 Barbara Kissler가 말했다. 또한 플라자를 다음과 같이 칭찬했다. '건축에서 순수한 시적 존재(詩的 存在)이면서도, 분명하게 함부르크에 뿌리를 두었다.' Herzog & de Meuron의 건축가 Ascan Mergenthaler는 플라자를 '만나고, 나눠지는 곳'이라고 불렀다. 그는 또한, '우리 아래의 창고에서 오는 과거의 무게와 힘을 느껴야 하며, 그 위의 축제의 세상 또한 감지(感知)해야 한다.'고 했다.

플라자는 Kaispeicher A의 무거운 돌로 만들어진 공간과 상단부의 유리로 만들어진 곳 사이의 과도기적(過渡期的)인 공간이다. 단순하게 말하자면 플라자는 방문객들과 호텔 투숙객들이 도착하는 곳이며 함부르크의 시청 광장인 Rathausmarkt 만큼 큰 공간이다. 건물의 철학에 대한 기본적인 발상은 플라자는 모두를 위한 공간이라는 것이다. 공연 티켓은 필요 없다. 플라자는 모든 사람들이 방문하고 주변을 거닐도록 초청한다. 아치형의 튜브를 타고 6층까지 오는 에스컬레이터 여행을 지나 8층까지의 두 번째 엘리베이터를 타고 나면(조금 더 정적인 방법으로는 11개의 엘리베이터 중 하나를 타는 방법이다) 건물이 방문객들을 맞이하는 공간이 나오며, 더 많은 즐길 거리로 향할 분위기를 만든다. 또한 4,400 제곱미터의 고급 생활 공간이 어디에도 뒤지지 않는 풍경이 있는 강가 위치에 자리 잡았다.

플라자를 둘러싼 산책로(散策路) 덕분에 이곳에서는 도시의 전경을 볼 수 있게 된다. 이 말은 엘브필하모니가 세계에서 유일한 오케스트라가 있는 360도 전망 타워가 된다는 것이다. 저 멀리 함부르크 시가 방문객의 발아래 위치하고 그 곳에는 컨테이너 항구, 부두, 교회 탑, 시내의 광경, 넓게 펼쳐진 함부르크시를 볼 수 있다. 이보다 더 함부르크를 잘 내려다볼 수는 없다.

산책로의 입구는 6m 높이에 2.5m 폭의 곡면 안전유리(安全瑠璃)로 된 단독으로 서 있는 윈드 디플렉터로, 각각 산책로의 북쪽과 남쪽면 정면에 세워져 있다. 내려다보면 플라자의 또 다른 독특한 모습을 볼 수 있다. Kaispeicher A의 외벽처럼 바닥 또한 벽돌로 형성되어 있다. 거의 188,000개의 벽돌이 독일의 문스터 지방의 가마에서 구워져 왔고, 매 10번째 벽돌은 게셰어 지방의 엠블렘인 종(鐘)이 찍혀져 있다.

해당 층에는 바닥 아래 난방장치도 있는데, 강으로부터 73m 이상 올라와 있어 가을과 겨울에는 매우 추워질 수 있기 때문이다. 이 공간의 특징은 콘서트홀과 챔버홀의 포이어로 향하는 철제와 콘크리트로 만들어진 계단이다. 곡선의 형태로 인해 이 계단들은 또한 귀의 일부분을 연상(聯想)시킨다. 콘서트홀 포이어를 향한 광경은 방문객들에게 방음벽(防音壁) 뒤에 숨겨진 공연장에 대한 호기심을 자극한다.

건물이 완공되기 오래 전 플라자는 최초의 대중을 상대로 한 콘서트 장소였다. 개발 단계에서 Ensemble Resonanz가 'Enter the Kaispeicher!'라는 곡을 오래된 항구 건물의 가공(加工)되지 않은 음향으로 연주하여 다가올 공연장을 기념했다. 그리고 2012년 9월 함부르크 출생의 요하네스 브람스의 '독일 진혼곡'이 플라자의 건설현장에서 공연되었다. 이 공연은 위치만큼이나 특별한 공연이었다. 함부르크 Theatre Festival은 베를린의 Radialsystem의 'Human Requiem' 제작팀을 함부르크에 초청했다. 이 곡의 '삼차원의 콘서트 버전'에서, 가수 Berliner Rundfunkchor는 평상복을 입고 800명의 관람객 사이에서 움직였다. 피아노와 지휘자, 부지휘자들 또한 관객 사이에 위치했다. 성가대의 구성원들은 그네에 앉아 'Wie lieblich sind Deine Wohnungen, Herr Zebaoth'를 불렀다. 멀어서 펴는 잔디 덩어리, 샌드백, 파일과 같은 건축자재들이 콘크리트의 한가운데에서 열리는 연극적 기도(祈禱)의 배경이 되었다. 성서(聖書)의 인용구들이 기둥에 매달려 있었고, '주 안에서 죽는 자들은 복이 있도다' 부분이 나올 때 조명이 꺼졌다.

플라자의 거대한 기둥들은 서로 두께가 다르며 수직으로 서있지 않다. 이것은 설계자의 실수가 아니라 고의적(故意的)인 것이다. 구조공학자들은 매우 정밀하게 기둥을 배치하였고, 새롭게 받치게 될 건물의 막중한 무게를 버티도록 설계하여 그 무게가 지표면(地表面)으로 가게 했다.

주위에 기둥이 하나도 없도록 배치하여 기둥들은 새로운 건축물이 예전의 벽돌 건물 위에 떠있는 것 같은 감각을 준다. 이 건물에서 직각이란 매우 찾기 힘든 요소이며 그로 인해 건축시공업체들을 더욱 더 힘들어졌다. 곡면의 천장은 소리를 흡수한다. 이 파도 모양은 건물 지붕의 곡선들을 그대로 따라한 것처럼 보인다. 또한 천장에 숨겨진 320m의 통로는 유지관리(維持管理)를 위해 쓰인다.

엘브필하모니의 다른 구역들처럼 플라자의 디테일은 믿기 힘들 정도다. 플라자의 매우 높은 곳에 떠있는 분유리 램프는 매우 정밀하게 코팅되어 빛이 떠도는 일 없이 최적의 양을 제공한다. 포이어에는 긴 발광체(發光體)가 방향 안내의 역할을 하여 그랜드홀에서 지휘자의 보면대가 있는 곳을 바로 향한다. 다른 말로 엘브필하모니는 고객들에게 어디에 음악이 있는지 알려주는 빛으로 된 신호(信號) 시스템이 있다는 것이다.

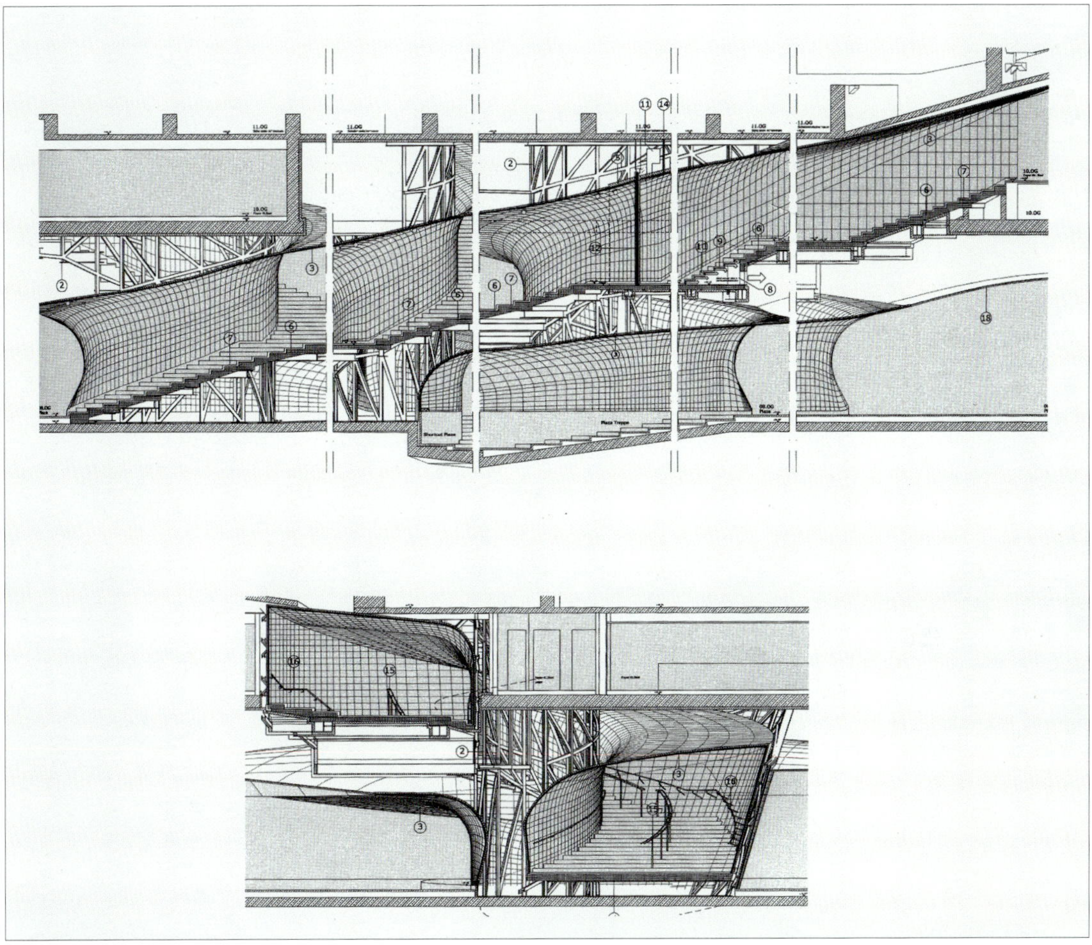

| 계단 단면도

포이어

포이어

| 프라저에서 본 항구 모습

8 리사이틀홀(Kleiner Saal)

콘서트홀에 비해 소규모인 리사이틀홀은 일반적인 슈박스형으로 디자인되어 있어 클래식의 실내악 콘서트뿐 아니라 테크노뮤직 공연 및 리셉션 등 다양한 목적에 적합한 공간이다. 객석 단상은 공기압(空氣壓) 기구에 의해 후벽에 수납 가능하여 평면(피트) 형식에서의 이벤트 및 리셉션의 개최가 가능하다.

블랙 천장으로 사용상 편리성이 확보되고 벽은 섬유강화 석고보드 패널 위에 유럽·졸참나무의 두꺼운 화장판(化粧板)으로 마감되어 있다.

세밀하게 구성된 최대 70㎜의 안길이를 가지는 허니콤·셸은 콘서트홀과는 대조적(對照的)인 볼록 형상으로 더욱 폭넓은 간격으로 배치되어 있다.

그 결과 만들어지는 부드러운 물결은 청중과의 가까운 거리감에 배려하고 있다. 당초(當初)에는 목제 타일 및 안쪽에 커튼을 단 유공 패널을 사용해 실험을 실시하였다.

벽면에는 음향 가변(可變)을 위한 롤 방식 커튼도 설치되어 있다. 벽면은 대 홀과 동일하게 소리의 산란(散亂)을 의도한 요철이 시공되어 있다.

이들은 나무 집성재 패널을 깎아서 제작되어 있다. 천장면은 한정된 층고를 유효하게 이용하기 위해 이너박스의 콘크리트면 노출(블랙 도장)이다.

좌석수 572석으로 벽면을 목제가 물결치는 듯한 형상으로 되어 있어 음향을 조정(調停)한다.

리사이틀홀 내부 벽체의 마감 패널은 각각의 특징을 가지고 있으며, 패널에 새겨지는 요면(凹面)은 실내의 고유한 음향특성을 유지하도록 설계되어 있다.

패널의 절삭 가공(切削 加工)에 들어가기 전에, 패턴을 데이터 출력(出力)할 수 있도록 하였으며, 패널의 표면형상이 각각의 요철을 구성하고 있지만, 전체적으로 보면 정연한 배열이 되며, 음향적으로는 소리를 산란(散亂)시키는 역할을 한다.

벽면에서의 소프트한 음향반사를 기대함과 동시에, 대항면(對抗面) 구성으로 인하여 발생이 우려되는 에코를 분산·해소시키는 역할도 함께 가지고 있다.

챔버홀 음향벽체

| 이동식 객석

| 챔버홀 (후벽)

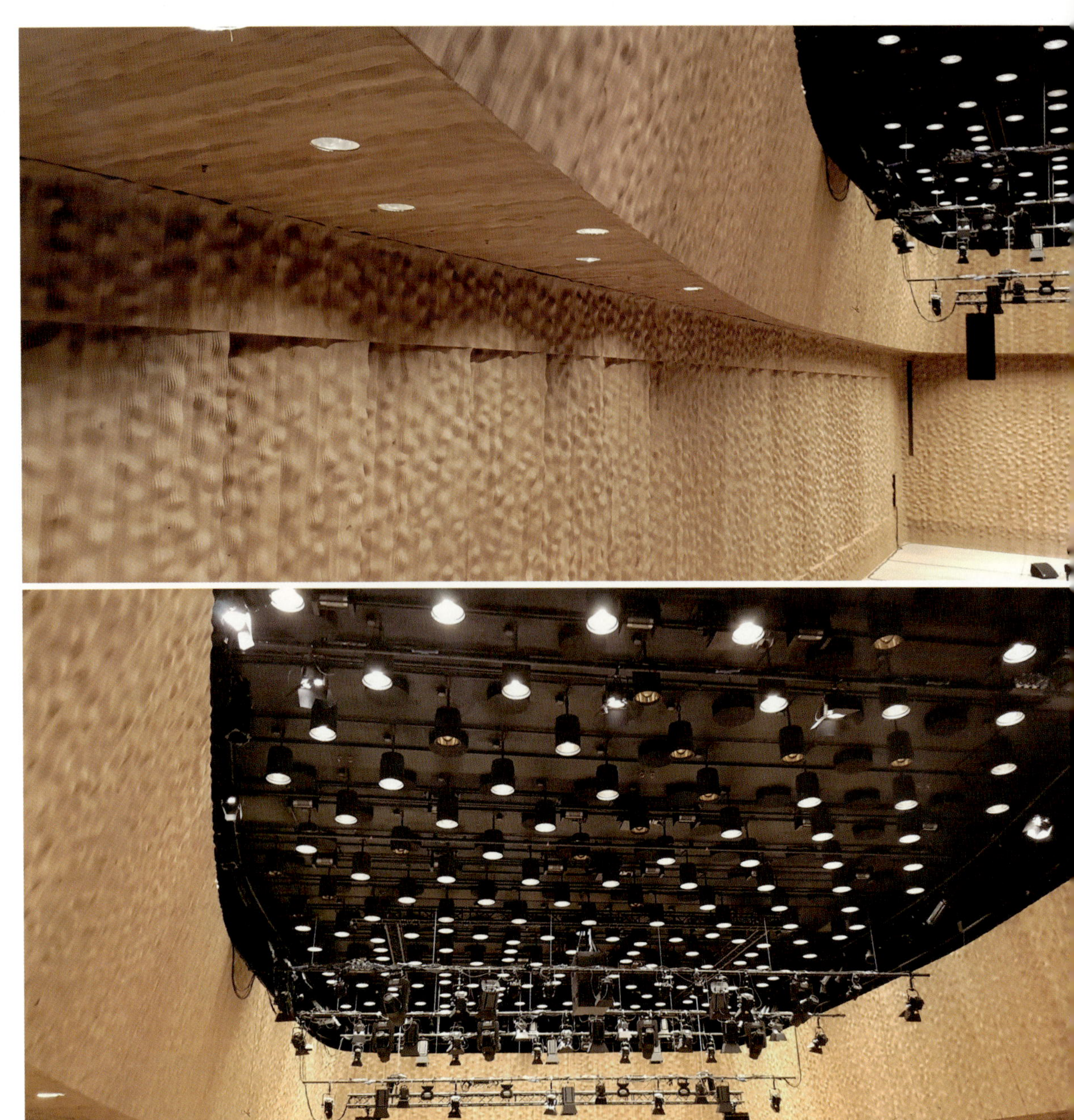

챔버홀 (벽체 / 천장)

□ 음향 파라미터

ISO3382*에 따라 실측한 리사이틀 홀의 음향 파라미터는 다음과 같다.

* ISO 3382-1:2009 Acoustics — Measurement of room acoustic parameters — Part 1: Performance spaces

음향 파라미터	리사이틀홀 (콘서트 형식)
잔향시간, T30, (초)	
공석시	1.7
만석시	1.4
강도, G, (dB)	11.0
초기감쇠시간, EDT, (초)	2.0
명료도(Clarity), C80, (dB)	-0.8
시간 중심, TS, (ms)	143

※ 500Hz와 1000Hz의 산술평균 (공석시 측정값)

동쪽 입면도 |

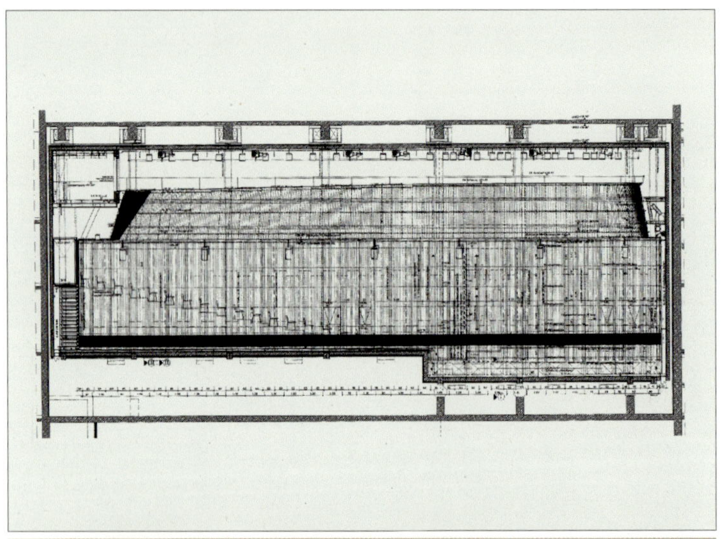

| 리사이틀홀 음료서비스 공간

Elbphilharmonie, Kleiner Saal

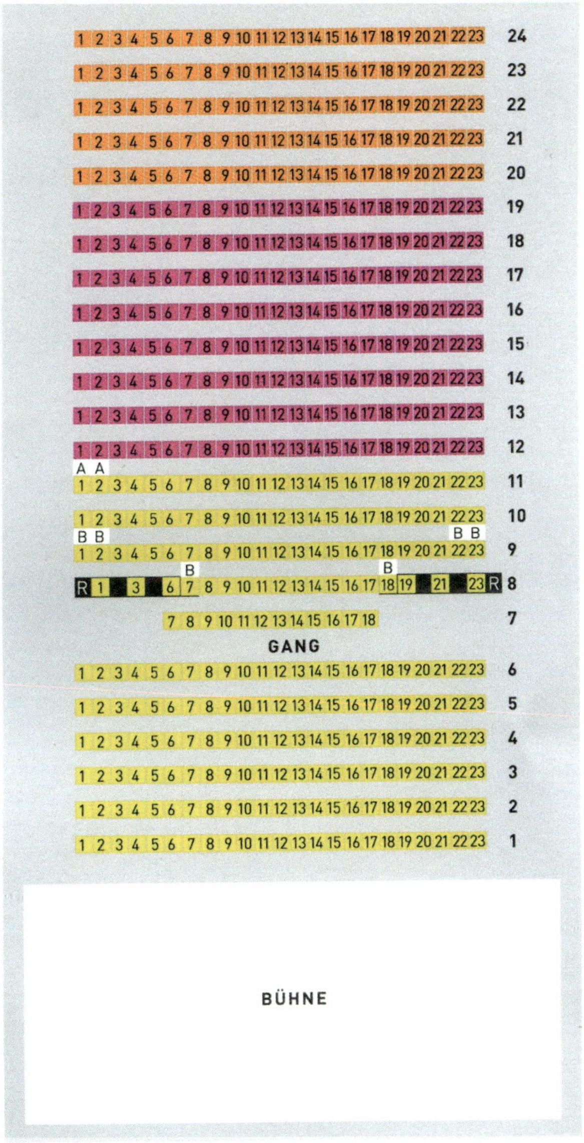

GANG

BÜHNE

- PREISKATEGORIE 1
- PREISKATEGORIE 2
- PREISKATEGORIE 3
- PREISKATEGORIE 4

- R **ROLLSTUHLFAHRERFLÄCHEN** → 6 Plätze
- B **BEGLEITERPLÄTZE ROLLSTUHLFAHRER** → 6 Plätze

- A **ARZTPLATZ**

리사이틀홀 좌석배치도

9 카이스튜디오(Kaistudio)

Kaispeicher의 서쪽 구역 2층과 3층에서는 매우 특별한 것을 찾아볼 수 있는데 바로 Kaistudios이다. 위에 있는 층(層)들이 '듣고', '보고', '보이는' 세 가지의 조합(組合)이라면 이 아래층들은 음악 교육과 의사소통(意思疏通)에 포커스를 맞춘다. 연습(演習)은 완벽한 청중을 만든다.

경사진 천장은 그런 이유로 음악이 편안하게 반사된다. 또한, 특별하게 두꺼운 문과 벽의 사이에 위치한 콘서트홀의 좌석들과 같은 재질로 덮여진 낮은 벤치들이 설치되어 있다. 심지어 화장실조차 어린 방문객들에 대한 배려가 스며있다. 이 공간들은 음악교육이라는 특별한 수요를 위해 주문 제작되었다.

서로 다른 7개의 Kaistudios는 두 개 층에 걸쳐 모든 연령대의 호기심 많은 방문객들을 음악에 좀 더 가까이 갈 수 있도록 돕는다.

엘브필하모니는 모두를 위한 건물이라는 혁신적인 아이디어의 적용(適用)으로 낮 시간대 방문의 대부분은 학교에서 나온다. 시장 Olaf Scholz는 야심차고 드높게 설정한 목표를 앞당겼다. 모든 함부르크의 학생들은 콘서트홀을 실내에서 최소 한번은 봐야 한다.

이 구역 최초의 계획은 지금과 매우 다르다. 처음에는 아이들을 위한 공연과 교육적 행사를 위한 '세 번째 공연장'을 Kaispeicher의 공간에 만드는 계획이었다. 여기에 추가적(追加的)으로 Laeiszhalle의 지하에 있는 '음향 박물관(音響 博物館)'이 'Klingendes Museum'으로 이 공간에 들어설 예정이었다.

이 프로젝트의 수많은 건설 지연 부분들은 계획들을 훨씬 더 큰 규모로 다시 생각되게 되면서 오히려 축복(祝福)으로 바뀌었다.

하나의 공간은 7개의 공간으로 탈바꿈했다. 가장 큰 장소인 Kaistudio 1은 175㎡의 면적이며 170명을 수용한다. 이 공간에는 모든 필요한 기술(技術)들이 제공되었고 다양한 좌석 배치와 작은 무대가 들어간다. 만약 필요하다면 그랜드 피아노 콘서트도 가능하다. 그리고 이 작은 장소 또한 콘서트홀처럼 강가의 다른 강둑들을 볼 수 있는 두 개의 창문들에서 마찬가지로 햇살이 들어온다.

작지만 아름다운 : Kaistudio 1은 젊은 방문객들을 위한 '연습 캠프'로 엘브필하모니의 큰 공연장들에서 공연을 준비할 수 있도록 해준다.

건축가들은 입구에서 코너를 돌면 또 다른 수납 해치를 풍경을 즐길 수 있는 발코니로 만들고, 바(Bar)를 놓을 수 있는 충분한 공간을 두어, Kaistudio 1의 방문객들 중 가능한 나이의 사람들은 음주(飮酒)를 할 수 있다.

다른 6개의 스튜디오들은 30㎡에서 65㎡의 크기를 갖추고 있다. 3층 엘리베이터에서 나오면 케이스 안에 든 악기들이 방문객들을 맞이하고 이 광경은 곧 엘브필하모니에 자리 잡게 될 'Klingendes 박물관'을 떠올리게 한다.

실내에는 실제로 사용해 볼 수 있는 악기들이 이동(移動) 가능한 케이스 안에 담겨져 여기저기로 쉽게 이동할 수 있다. 전체적으로 다양한 학교에서 이곳을 매일 방문할 만큼의 충분한 공간이 있다. Kaistudio의 내부 설계는 건물의 주 기능과 밀접한 연관(聯關)을 갖는 것처럼 보인다.

2009. 03 |

카이스튜디오(Kaistudio)는 엘브필하모니의 제3의 콘서트 시설이다. 오리지널 카이슈파이어의 안쪽 깊숙한 곳에 위치하며, 이용할 일이 없으면 구조와 악취(惡臭) 문제로 다시 만들어졌을 오래된 천장과 구조를 부활시키고 있다.

낮에는 창문으로서 하역(荷役) 해치에 열린 두 개의 가늘고 긴 슬릿으로부터 빛이 들어오고, 부두를 살짝 엿볼 수 있다.

최대 150명을 수용할 수 있는 이 공간은 소규모의 록 연주회나 코러스의 연습에도 적합(適合)하다. 몇몇 리허설 및 교육용 스튜디오에 끼인 카이스튜디오는 차음 커튼과 거울, 그리고 좌석을 구비하고 있다.

| 카이스튜디오 주출입통로

Kaistudio

Tube

| Tube 연결부

| Tube 벽체 / 천장

| Tube 연결부

Störtebeker
↘ bar/patio with harbour view ↘
Entdecke die
Störteb
Brauspezia
Restaurant | Bar
부속시설 – 레스토랑

10 NDR Elbphilharmonie Orchester / 북독일 엘프필하모니 오케스트라

| NDR Elbphilharmonie Orchestra

1945년 창립. 함부르크 북독일 방송교향악단(NDR Sinfonieorchester Hamburg)은 2017년 1월, 이 지역에 새로운 홀 엘브필하모니가 건설되어 그곳을 본거지로 함에 따라, NDR 엘브필하모니 관현악단(NDR Elbphilharmonie Orchestra)으로 개칭(改稱)하였다.

오케스트라의 성격을 결정짓는 것은 25년간에 걸쳐 군림(君臨)한 초대 수석지휘자 한스 슈미트 이세르슈테트(Hans Schmidt-Isserstedt)이다. 슈미트 이세르슈테트의 시대에는 빌헬름 푸르트벵글러, 한스 크나퍼츠부슈, 에리히 클라이버, 오토 클렘페러, 페렌츠 프리차이, 그리고 카를 뵘과 같은 유명한 지휘자가 객연지휘자(客演指揮者)로서 지휘대에 올랐다. 1970년대에 모셰 아츠몬, 클라우스 텐슈테트가 수석지휘자를 역임한 후 귄터 반트가 20년에 걸쳐 오케스트라를 이끌고 슈미트 이세르슈테트 이래의 긴밀한 관계를 구축하였다.

반트는 1982년 수석지휘자에 임명되었고 1987년에는 일찍이 영구 명예 음악감독이 되어 2002년 서거(逝去)하기 전까지 NDR의 활동을 주도하였다. 1990년대에 존 엘리어트 가디너와 헤르베르트 블롬슈테트가 수석지휘자를 역임한 후 1998년에는 크리스토프 에센바흐가 그 자리를 이어받았다. 그리고 2004/05년 시즌부터는 크리스토프 폰 도흐나니(Christoph von Dohnanyi)가 위대한 선인(先人)의 뒤를 이어 오케스트라의 국제적인 명성을 더욱 높였다.

2011년부터는 토마스 헹엘브로크(Thomas Hengelbrock)가 이 자리를 맡고 있다. 그는 실험적인 곡(曲)해석과 파격적인 프로그램으로 잘 알려져 있는데, 헹엘브로크만의 새로운 음악 스타일과 사람에게 감동을 주는 음악의 전달 방법 그리고 혁신적인 표현 형식은 가령 매 시즌 최초에 이루어지는『오프닝 나이트』의 콘서트가 그러하듯이 오케스트라 및 관객, 비평가(批評家)들에게 낙관적이면서 뭔가 새롭게 시작되는 무드를 가져다준다.

슐레스비히홀슈타인(Schleswig-Holstein)에서의 콘서트는 독일 국내외에서 호평(好評)을 받았다. 2014년에는 헹엘브로크의 지휘 하에 바덴바덴 이스터 음악제에 오케스트라 피트 데뷔를 이뤄냈다.

헹엘브로크와 NDR과의 양호한 관계는 수많은 앨범 중에서 특히 Sony에서 발매한 멘델스존, 슈만, 드보르자크, 슈베르트의 CD 및 최근의 브람스 교향곡 제4번 등에서 확인할 수 있을 것이다.

2019/20년 시즌부터는 앨런 길버트 (Alan Gilbert)가 수석지휘자에 취임한다.

| 앨런 길버트 (Alan Gilbert)

'음악적 특색'에 대한 요소들은 사실 매우 간단하다. 올바른 음을 올바른 시간에 연주한다면, 작은 마을의 아마추어에서부터 세계 수준의 조합까지 어느 오케스트라도 자신들이 상주(常駐)하는 공연장만큼 좋은 연주를 보여줄 수 있다. 그렇기 때문에 만약 몇십년 후 오케스트라가 그들의 안방과 같이 알고 있는 소리의 근원지(根源地)를 떠나 새로운 공연장으로 이주하게 된다면, 그로 인한 변화는 컴퓨터에 새로운 운영체제를 설치하는 것과 비슷할 것이다. 재부팅 이후 모든 것들이 제대로 작동하고 여전히 괜찮게 돌아갈 수 있지만 상세한 부분에서 뭔가 부자연스러울 것이다. 이러한 사실들은 엘브필하모니에서도 일어난다. 공연에 쓰이는 악기들 사이의 음향 균형(均衡), 오케스트라와 공연장 간의 감각적인 공생(共生)에서의 보이지 않는 신뢰, 위태함에서 위대함이 되어가는 섬세한 음악의 마디마디, 그 모든 것이 시간과 인내 그리고 면밀한 주의가 필요하다.

그러므로 NDR 오케스트라에게 익숙해지기 위한 충분한 시간은 훨씬 더 중요하다. 2016년 4월 라디오 오케스트라의 지휘자는 이 새 건물의 첫 시즌에 대한 생각과 라인업을 밝혔다. 도시(都市)가 자신들의 구역 내에 매우 밀접하게 연결된 오케스트라를 갖는 것에 대한 관심(觀心)의 가치에 대한 예시는 너무나도 많았다. 베를린 필하모니, 라이프치히의 Gewandhaus Orchester, 암스테르담의 Royal Concertgebous Orchestra이 좋은 사례이다.

NDR이 함부르크 시와 엘브필하모니의 상주 오케스트라에 관한 협약(協約)을 2005년에 맺을 때 모든 사람들은 개관 공연까지 4년밖에 남지 않았다고 여겼다. 그러나 그 문은 12년이 지난 2017년 1월이 되어서야 열렸다.

시작(始作)에서 부터 NDR는 함부르크 시에 연주를 시작하는 것을 얼마나 진지하게 임(臨)하고 있는지에 대해 강조하는 것에 대해 고민(苦悶)하고 있었다. 그러나 실제로는 이 오케스트라는 시 정부(市 政府)로부터 보조금(補助金)을 받은 Philharmonische Staatsorchester만큼 도시에 매여있지 않았다. 대조적으로 NDR은 라디오와 TV의 사용자들로부터 매년 운영비용을 받았으며 세금으로 지원받지는 않았다. 그러나 시 정부의 자금이 없을지라도 오케스트라는 함부르크의 음악 지형에서 중요한 부분이 되어 있었다.

'바로크'에서부터 '비틀즈'까지

'나는 리버풀에서 태어났지만 함부르크에서 성장했다.' 존 레논의 유명한 말이다. 이 말은 게오르크 필리프 텔레만 또한 몇 세기 전에 했을 법한 얘기다. 차이점이라면 그는 그리 멀리 여행오진 않았다는 점이다. Reeperbhan의 비틀즈하고는 다르게 이 바로크시대의 작곡가는 1721년 몇백 킬로미터 상류에 떨어진 마그데부르크에서 함부르크로 도착했을 때 무명(無名)은 아니었다. 그는 레논급의 에고(Ego)와 그에 걸맞은 야망(野望)을 가지고 있었다. 그 해에 텔레만은 어마어마한 위엄과 신망의 위치인 함부르크의 주요 5개 교회의 '음악감독'에 올랐으며 Johanneum의 칸토 자리에도 오른다. 그로부터 사망하는 46년 후까지 그는 부와 명예를 동시에 얻게 되는데, 텔레만이 도시를 자신의 활동 중심으로 함에 따라 함부르크는 유럽의 음악 세계로부터 질투(嫉妬)를 받는 존재가 되었다.

그의 많은 책임 소재들은 텔레만을 다작(多作)의 세계로 이끌었다. 그는 정치적인 곡들과 자기자신의 공연 그리고 오페라 등을 위한 곡을 썼다. 텔레만은 요한 제바스티안 바흐와 게오르크 프리드리히 헨델이 작곡한 곡을 합친 것보다 두 배 더 많은 곡을 작곡했다. 3,600개가 넘는 작품들이 발표되었다. 약 50개의 오페라와 오라토리오, 46개의 미사곡, 찬송가, 고난가, 1,400개의 칸타타, 70개의 세속적인 칸타타, 그리고 40개의 노래, 오드, 캐논들에 매년 지역 군대 행사에서 사용된 '대장의 노래'까지 다양했다. 그에 더해 약 1,000여개의 관현악 모음곡과 100개가 넘는 솔로 콘협주곡을 챔버, 피아노, 오르간 등의 악기가 들어가는 곡으로 작곡했다. 후대(後代)에 그에 대해 '지나친 다작'이라고 평가하여 깎는내리는 것도 놀랄 일은 아니다. 아무도 한 명의 음악가가 그렇게 많이 작곡하고 여전히 위대하다는 것을 믿지 못한다.

1767년 6월 25일 86세의 나이로 텔레만이 사망한 날은 한 시대의 종말(終末)로 기록된다. '얼마나 긴 시간 동안 독일의 음악이 비참하고 끔찍하겠는가, 텔레만의 신성한 재능과 위대한 생산력 없이 어떻게 이 어둠을 헤쳐나가겠는가?' 라는 말이 함부르크 시(市)의 작곡가 부고(訃告) 중 하나에 적혀있었다.

텔레만은 함부르크의 중앙 1529년에 세워진 Gelehrtenschule des Johanneums 묘지에 묻혔다. 묘지가 있던 자리에는 이제 함부르크의 시청이 들어서 주출입구에 서있는 기념 명판(名板)이 텔레만의 재능과 그가 함부르크 시에 얼마나 큰 존재였는지를 조촐하게 보여준다.

함부르크의 음악 역사를 더 볼 수 있는 곳은 페터거리의 작곡가들 구역으로 텔레만의 삶과 작업물들이 화려하게 기념되어 있고, 그 옆에는 그의 제자이자 후계자인 카를 필리프 에마누엘 바흐의 성과물들이 있다. 생전에는 아버지 요한 세바스찬 바흐보다 더 유명했지만 후대의 음악 애호가들에게는 점점 더 흐릿해져갔다. 그와 비슷하게 요한 아돌프 하세는 현대에 와선 거의 무명처럼 잊혀졌다. 당시엔 독립된 마을이었고 현재는 함부르크 동쪽의 구역인 Bergedorf에서 태어난 오페라 작곡가는 드레스덴과 비엔나에서 경력을 쌓고 베니스에서 사망했다. 카를 필리프 에마누엘 바흐는 함부르크의 성 미카엘 성당(聖堂)의 지하에 묻혔다.

다음 위대한 함부르크인으로 다소 평가절하(平價切下)된 누이가 있다. 펠릭스 멘델스존과 그의 누이 Fanny는 둘 다 함부르크에서 태어나 예술가 기질이 충만했던 금융가 집안에서 어린 시절을 보냈다. 펠릭스의 재능은 주위 사람들에게 어릴 때부터 칭찬받았으며 그의 대표작 '한여름밤의 꿈'의 선풍적(旋風的)인 성공으로 작곡가와 지휘자로 명성을 드높였다. 그러나 Fanny의 재능은 그녀의 남자 형제로 인해 영원히 가려졌다. 성 미카엘 성당 맞은편에 있던 그들의 어릴 적 생가(生家)는 남아있지 않지만 근처에 기념비가 그 남매를 기념한다. 그들의 음악 스타일은 떨어져 있을지 모르지만, 지도상(地圖上) 멘델스존과 요하네스 브람스는 인접해있다. 브람스는 멘델스존의 생가에서 불과 몇개 거리 떨어진 위치에서 태어났지만 사회적 계급은 다른 프롤레타리아 계급이 살던 Gangeviertel 구역에서 살았다. 역시 음악가였던 그의 아버지는 재능 있는 자녀의 열성적인 후원자였다. 그러나 브람스가 그의 생애 중 반을 함부르크에서 살았음에도 불구하고 그의 최대 업적(業績)은 다른 지역에서 이루어졌다. 그는 Singkademie의 성가대 감독과 같은 함부르크의 흥미로운 직업들을 만들어내는 데 실패하고 그의 몇몇 작품들은 함부르크 청중들로부터 좋지 않게 평가되었다.

엘브필하모니 리사이틀홀에서는 Resonanz 팀이 상주 관현악단이 될 예정이다. 2017년 1월 리사이틀홀에서 첫 연주가 있다. 도시의 음악적 다양성(多樣性) 행진이 위대한 새 공연장이 개관하게 되면서 삶의 풍경을 강조시켜줄 것이다. 그리고 이 모든 것은, 함부르크에서만 볼 수 있다.

DISK – NDR Elbphilharmonie Orchester

브람스 교향곡 제3번 & 4번
토머스 헹엘브로크 지휘
NDR Elbphilharmonie Orchester
2017년 3월 1일

드미트리 쇼스타코비치 : 바이올린협주곡 제 1번, 제 2번
앨런 길버트 지휘
NDR Elbphilharmonie Orchester
2017년 7월 12일

쇼스타코비치 교향곡 제 5번
크쥐시토프 울반스키 지휘
NDR Elbphilharmonie Orchester
2018년 9월 7일

NDR

Elbphilharmonie Orchester

18

—

19

| 앨런 길버트(Alan Gilbert)

DIE DEUTSCHE
KAMMER-
PHILHARMONIE
BREMEN

4. NOVEMBER 2018
ELBPHILHARMONIE GROSSER SAAL

2018. 11. 04. 공연

□ 요하네스 브람스(Johannes Brahms, 1833~1897년)

브람스는 바흐, 베토벤과 더불어 "독일의 3대 B"로 불리고 있다. 처음 그렇게 칭한 것은 베를린 필하모니를 키워낸 19세기 최고의 지휘자 한스 폰 뷜로(Hans Guido Freiherr von Bülow)이다. 뷜로는 작곡가 리스트의 딸 코지마와 결혼하여 두 명의 자식(子息)을 두었는데, 아내 코지마는 작곡가 바그너와 불륜관계(不倫關係)에 빠졌다. 코지마는 불륜 중에 바그너의 아이를 낳게 되고 뷜로와 이혼한 후에 바그너와 재혼했다.

19세기 후반 독일 음악계는 브람스파와 바그너파로 양분(兩分)되었는데 열렬한 바그너파였던 뷜로는 차차 브람스파로 돌아섰다. 바그너는 "악극(樂劇)"이라는 새로운 종합예술을 모색했는데 베토벤을 경애한 브람스는 고전적인 스타일을 관철(貫徹)했다. 브람스가 20년에 걸쳐 작곡한 교향곡 제1번은 베토벤 최후의 교향곡 제9번을 잇는 "베토벤 교향곡 제10번"이라고 불리고 있는데, 최초로 이렇게 평한 것도 뷜로였다.

브람스가 활동한 함부르크는 제2차 세계대전에서 거의 대부분 파괴되었는데 브람스 박물관이 있는 주변은 역사적인 경관을 남기고 있다. 이들 건물의 대부분은 고풍스러운 스타일로 전후에 재건된 것인데, 1751년 건축된 브람스 박물관 건물은 전쟁에서 살아남았다. 전쟁으로 인해 파괴된 브람스의 생가에서 가깝기 때문에, 1971년부터 브람스 박물관으로서 이용되고 있다.

| 브람스 조각상

브람스 박물관에 전시되어 있는 Ilse Conrat가 1903년에 제작한 브람스 조각상. 함부르크 미술관에서 장기(長期) 임대받고 있다. Ilse Conrat은 빈 중앙묘지에 있는 브람스의 묘비도 제작하였다. 브람스 박물관의 관내에는 사진, 자료, 콘서트 프로그램, 편지, 주변 소품 등 브람스와 관계 있는 기념품이 전시되어 있는데, 거기에는 브람스가 레슨에 사용한 1859년제 피아노도 포함되어 있다. 신구(新舊)의 브람스 전집과 전곡을 망라한 CD 라이브러리도 제공된다.

브람스의 아버지는 호른과 콘트라베이스 등의 악기를 연주하는 음악가로 24세에 17세 연상인 41세의 브람스 어머니와 결혼하였다. 결혼 3년 후인 1833년 5월 7일 둘째 아이 요하네스 브람스가 태어났다. 7살부터 음악을 배우기 시작한 브람스는 10대에 피아니스트로서 세상에 알려지게 되었다. 20대에 리스트와 슈만과 같은 독일 음악계의 중심인물(中心人物)을 만나 지휘 및 작곡활동에 주력하게 되었다.

14세 연상인 슈만의 아내 클라라와 만난 것은 브람스가 20살 때로 두 사람의 관계는 음악사에서 가장 유명한 연애로 발전했다. 29세였던 1826년, 후임으로 뽑히기를 기대했던 함부르크 필하모니의 지휘자가 되지 못하고, 그 무렵부터 브람스는 활동의 중심을 음악의 도시 빈으로 옮기게 되었다.

빈에서 작곡자로서 대성한 브람스는 1889년 현지 함부르크에서 "명예시민(名譽市民)"이 되었다. 함부르크 출신자(出身子)가 선택된 것은 최초였다.

| 라이스할레 앞의 브람스 기념비

함부르크를 대표하는 콘서트홀인 라이스할레 앞의 광장(廣場)은 "브람스광장"이라 불리고 있다. 이 광장에는 브람스의 인생에 있어 4개의 스테이지를 표현한 브람스 기념비와 브람스의 음악과 정신을 표현한 브람스에 대한 오마주상이 있다. 라이스할레의 관내에는 막스 클링거(Max Klinger)가 제작한 브람스 조각상이 있다. 브람스뿐만 아니라 함부르크와 관계가 있는 작곡가 멘델스존, 말러, 텔레만, C.P.E. 바흐 등의 발자취도 함부르크의 여러 장소(場所)에 남아 있다.

○ 브람스『제 1 교향곡』/ Symphony No. 1 in c minor Op.68

ㅁ 베토벤적인 음악을 지향(指向)하다

요하네스 브람스(Johannes Brahms, 1833~1897년)가 태어난 19세기 후반의 클래식 음악은 모차르트, 하이든, 베토벤 등의「고전파(古典派)」시대에서「낭만파(浪漫派)」시대로 완전히 넘어가고 있었다. 슈만이나 쇼팽의 초기 낭만파를 거치면서 음악은 더욱 모던하고 스토리성을 띠었고, 후기 낭만파라 불리는 새로운 세계로 나아가고 있었다. 엄격한 형식을 벗어나 작곡 스타일은 점점 자유롭고 환상적으로 바뀌어 갔다. 그 선봉(先鋒)이 바로 바그너였다.

그런데 바그너보다도 20살이나 어린 브람스의 음악은「의고전(擬古典)」이라고도 말할 수 있는데, 모종의 고전풍을 가지고 있다. 의고전(擬古典)이란, 고전예술을 규범으로 해서 전통적 형식을 고수한 예술 스타일을 말하는데, 브람스는 동시대의 새로운 음악이 아닌 베토벤을 지향하고 있었다.

19세기의 작곡가들에게 있어서 베토벤은 목표로 삼는 최대 음악가였는데, 브람스만큼 깊은 존경심을 가진 사람도 없었다. 그것은 마치 신앙(信仰)에 가까운 것이었다.

마찬가지로 베토벤을 신과 같이 숭배해왔던 바그너는 새로운 독자의 세계를 지향하였지만 브람스는 베토벤적인 음악을 추구했다.

브람스를 논할 때 애매한 것은 그의 음악적 본질이 밖을 향하여 방사(放射)하는 것인지 아니면 내측으로 향하여 침잠(沈潛)하는 것인지 파악하기 힘들다는 점이다. 또 그는 본래 매우 아름다운 멜로디를 쓰는 작곡가이지만 그 아름다운 멜로디를 억지로 봉인(封印)시켜 작곡하고 있다는 느낌이 들지 않을 수 없다. 무엇 때문인가 — 고전 형식으로 맞춰 기 위해서이다.

모차르트나 하이든 시대의 고전형식에서 주제에 사용하는 선율은 짧은 패시지(경과구)를 조합시켜 만든 것이 많았다. 그러나 낭만파 작곡가들은 호흡이 긴 악구, 매력적인 아름다운 멜로디를 주제로 곡을 쓰게 되었다. 브람스와 동시대(同時代)의 브루크너의 교향곡 주제는 베토벤 시대의 교향곡과는 전혀 다른 상당히 긴 프레이즈(악구)이다.

그런데, 브람스의 교향곡 주제는 18세기적인 것이다. 즉 매우 짧고, 멜로디라기보다는「음계(音階)」에 가깝다. 흥미로운 건 그가 가곡이나 피아노곡을 만드는 경우에는 종종 매우 아름다운 멜로디를 쓴다.

그렇다면 왜 그는 교향곡에 한해 그러한 옛 스타일로 작곡한 것일까. 이는 앞에서도 말했듯이 베토벤에 대한 존경의 마음이 너무나 강하기 때문이다. 그의 마음속에는 베토벤의 교향곡이야말로「이상적인 교향곡」이어서 그 이외의 것은 생각할 수 없었는지도 모른다. 따라서 그의 교향곡이 고전형식이 되는 것은 당연한 결과였다.

그러나 이러한 자세는 그 자신에게 엄청난 압박(壓迫)으로 다가왔다. 베토벤 9개의 교향곡은 훗날 작곡가들에게 있어 큰 장벽(障壁)이 되어 쉽게 작곡할 수 없는 장르가 되었는데, 브람스만큼 그 벽을 두려워했던 작곡가는 없지 않았을까?

어린 시절부터 작곡에 재능이 있었던 브람스는 잇달아 명곡을 작곡해 왔지만 교향곡만큼은 좀처럼 쓰지 못했다. 최초로 교향곡의 착상(着想)을 얻은 것은 22살 때였는데, 그 후 퇴고(推敲)에 퇴고를 거듭하여 완성한 것이 무려 21년 후인 43세 때였다. 이것만 봐도 그가 얼마나 베토벤에 대한 압박감을 느끼고 있었는지 알 수 있다.

게다가 이 곡은 베토벤의 교향곡과 매우 유사하다. 「운명과 격렬히 격투를 벌여, 승리에 이른다」는 베토벤의 전형적인 스타일이 모방되었고, 심지어 조성은 「운명」과 동일한 다단조이다.

이 곡을 초연한 유명한 지휘자 한스 폰 뷜로(Hans Guido Freiherr von Bülow)는 「브람스의 『제 1 교향곡』은 베토벤의 『제 10 교향곡』이다」 라고 말했다.

ㅁ 브람스의 갈등에 가슴이 미어질 듯하다

제 1악장은 돌연 격렬한 팀파니의 연타(連打)로 서주가 시작된다. 이는 참으로 어두운 운명이 엄습(掩襲)해 오는 것처럼 들린다. 주제는 반음계의 으스스한 진행으로, 듣는 이에게 불안감을 준다. 많은 평론가들에게 이 제 1악장은 「운명과의 격렬한 투쟁」이라 불리고 있는데, 또 다른 무언가가 보인다. 그것은 브람스 자신의 갈등이다.

브람스는 목표로 삼은 베토벤적인 음악을 그리기 위해 본래의 자신을 억제하면서 필사적으로 허우적거리는 느낌이 들지 않을 수 없다. 그러하기에 21년이나 되는 오랜 세월에 걸쳐 산고(産苦)의 고통을 맛본 것이다.

본래 브람스의 음악은 더 소박하고 미혹(迷惑)에 가득 찬 내성적인 음악이라고 생각한다. 그러나 이 「제 1 교향곡」에서는 그런 자신의 「연약함」을 내팽개치고 필사적으로 싸우고 있다.

제2악장의 완서악장(緩徐楽章)은 위무(慰撫)하는 듯한 아름다운 멜로디이지만 어딘가 고독의 그림자가 있다. 동경심(憧憬心)을 품으면서 그것을 가질 수 없는 체념(諦念) 같은 슬픔이 전곡을 뒤덮는다. 음악은 장조이지만 밝아질 수 없다. 이 뭐라 표현할 수 없는 애절한 음악이야말로 브람스의 음악인 것이다.

여기서는 제1악장과 달리 그 자신이 자주 자신에 대해 말하고 있는 것 같다. 도중에 바이올린이 연주되는 센티멘털한 멜로디가 듣는 이의 가슴에 와닿는다.

제3악장은 마지막 악장으로 향하는 경과구적인 음악이다. 장조이지만 어딘가 불안감(不安感)을 조성하는 섬뜩함이 있다. 인상적으로는 베토벤의 〈운명〉의 제3악장을 연상시킨다. 흥미로운 건 이 악장의 도중에 제4악장의 주제가 한순간 얼굴을 내민다는 점이다.

제4악장은 다시 어두운 다단조로 돌아온다. 제1악장의 서주와 유사한 격렬한 첫머리의 서주 속에 가끔 밝은 주제가 단편적으로 얼굴을 내미는데, 이 부근의 구조는 베토벤의 〈제9교향곡〉과 매우 흡사(恰似)하다.

이윽고 팀파니의 롤 연주 후 호른이 새벽을 고(告)하듯 밝은 멜로디를 연주한다. 그것을 목관이 이어받아 또 한번 호른이 높이 울려 퍼진다. 이 부근은 참으로 어두운 밤에 태양이 비치는 듯한 감동적인 부분이다.

그리고 마침내 다장조의 주제가 등장한다. 이것은 〈베토벤 제9교향곡〉 「환희의 노래」의 영향을 명백하게 받았다. 음악은 "어둠에서 밝음"으로 극적인 변화를 이끌어내는데, 브람스의 경우는 베토벤의 투쟁(鬪爭)과는 그 성격이 다르다.

베토벤의 경우 운명을 굴복(屈伏)시키는 듯한 힘을 보여주지만 브람스의 경우는 더 대범하게 기쁨을 노래한다.

이상한 비유지만 이 양자(兩者)의 차이는 「나그네의 외투를 벗기는 북풍과 태양의 우화」를 연상시킨다. 물론 브람스가 태양이다. 베토벤의 경우는 「우화」의 스토리와는 달리 나그네의 코트를 날려버릴 정도의 강렬함을 가지고 있지만 말이다.

코다(Coda ; 악곡의 마지막)는 브람스의 곡 안에서도 매우 격렬한 음악이다. 이 부분을 듣는 것만으로 그가 진정 전력을 기울여 작곡했음을 알 수 있다.

이것이 브람스의 대표적인 작품이라고는 생각지 않는다. 왜냐하면 이 곡에는 베토벤적인 성향과 브람스적인 성향이 기묘한 형태로 혼재되어 있기 때문이다. 그러나 그것이 이 곡의 매력일지도 모른다. 물론 걸작임은 틀림없는 사실이다.

그 증거로 제2번은 어깨에 힘을 뺀듯한 면이 있다. 극적이고 투쟁적인 제1번과는 달리 서정성이 가득한 온화한 곡이다. 여기서는 더 이상 베토벤적인 성향(性向)은 찾아볼 수 없다. 이후에 작곡한 제3, 제4 교향곡도 포함하여 브람스의 개성이 충분히 들어가 있다. 모두 걸작(傑作)이다.

브람스가 「제 1 교향곡」을 만드는 데 필요했던 21년이라는 세월은 그 안에 있었던 베토벤적인 성향을 지워가는 시간이었는지도 모른다.

11 The Westin Hamburg Hotel

만약 The Westin Hamburg Hotel의 숙박객(宿泊客)이 욕조(浴槽)에서 콘서트홀 공연의 시작과 그날 저녁 프로그램을 들을 수 있다면 엘브필하모니는 매우 곤란한 문제를 겪을 것이다. 왜냐하면 모든 244개의 객실이 5성급 이상 호텔인 Westin Hamburg이며, 호텔의 화장실은 공연장 바로 위에 위치하기 때문이다.

19층은 또 다른 이유에서 특별하다. 160㎡ 크기에 남동쪽의 유리 길가가 보이는 Eigner 스위트가 있으며, 업무뿐만 아니라 항구(港口)와 도시(都市)의 풍경으로 실제 삶의 와이드스크린 영화관과 같은 놀라운 풍경이 보이는 복층의 스위트실도 있다. 두 개의 방은 동쪽의 Hafencitiy가 보이고 각각은 북쪽과 남쪽을 접하고 있다.

호텔의 시설은 플라자 위의 글라스 타워 너머에까지 연장(延長)되어 있다. 밑으로는 이전 kaispeicher A의 벽 안쪽으로 1,300㎡의 스파와 웰니스 센터, 20m 길이의 수영장, 컨퍼런스룸, 170개 좌석의 식당 등이 있다. 오래된 적재구역(積載區域) 중 일부는 식당과 웰니스 공간의 발코니로 바뀌었다. 종합적으로 Arabella Hospitality Group에 속한 이 호텔은 39개의 스위트룸을 가지고 있어 함부르크의 어떤 호텔보다도 많은 수의 스위트룸을 보유한다.

실내 장식에 대해서는 인테리어 디자이너 Tassilo Bost가 건물의 외벽과 강가의 위치에서 영감(靈感)을 얻었다. 전면의 포이어는 접수처로 열은 색 오크 나무 외장의 유리로 된 회전문(回轉門)을 통해 플라자에서 도달할 수 있다. 객실의 가구들은 절제(節制)되어 있다.

실내의 디자인은 투숙객들이 도시의 풍경을 보는 것을 방해하지 않도록 설계되어 있어 벽에는 그림이 걸려있지 않다. 스위트룸과 바에서는 부드럽게 잔물결 모양이 난 엘베 강 표면이 새겨진 패널이 아래에 벽돌과 함께 위치해 있다. 그리고 플라자층의 호텔 바는 전면이 전체 유리로 되어 있으며 콘서트홀 공연이 끝난 뒤 휴식을 취하기 최적의 장소이다. 실내장식의 색상은 모래, 가지, 이끼 그리고 구리의 색상들이 조합되고, 카펫과 벽면은 염색(染色)하지 않은 흰색과 푸른색이 강과 하늘 사이에 위치한 호텔의 위치를 잘 나타낸다.

그러나 새로 방문한 투숙객이 이러한 장식들에 바로 눈길이 갈 것 같지는 않다. 그들은 객실이나 스위트룸의 전면 유리를 보기 바쁠 것이다.

특히 호텔이 지상층에 기반(基盤)을 두지 않고, 거대한 Kaispeicher A의 위층에 있기 때문에 호텔에 필요한 운송기능 등은 매우 중요하다. 다른 호텔의 경우 언제나 공급자들에게서 필요한 물품을 공급받을 수 있다.

호텔에서 도보 약 6분 거리에 지하철역(Baumwall)과 미니어처 원더랜드 테마파크가 있다. 성 미카엘 교회와 시청사(Hamburg Rathaus)는 호텔에서 반경 약 1~1.5km 거리에 있어 도보 이동 시 15~20분 정도면 닿을 수 있다.

▷ 공항 Hamburg Airpoirt (HAM) – 12km –중앙역 Hamburg Hauptbahnhof (HBF) – 2.2km –전철(S–Bahn) Hamburg Landungsbrucke Station – 1.1km, 도보 약 15분 거리 –지하철(U–Bahn) Baumwall Station – 450m, 도보 약 6분 거리

▷ 슈파이헤르슈타트무조임(전문 박물관) – 0.3km –함부르크 지하감옥 – 0.5km –도크란트 – 0.8km –성 니콜라이 교회 – 1km

| 호텔 로비

| 호텔 주출입통로

| 호텔 - 프라자 연결통로

| 호텔 객실

| 호텔 객실 (침실)

12 Elbphilharmonie Hamburg 사진자료

| 함부르크 필하모니 홀_ELBPHILHARMONIE HAMBURG

ELBPHILHARMONIE

ㅣ 함부르크 필하모니 홀_ELBPHILHARMONIE HAMBURG

CATARINA

함부르크 필하모니 홀_ELBPHILHARMONIE HAMBURG

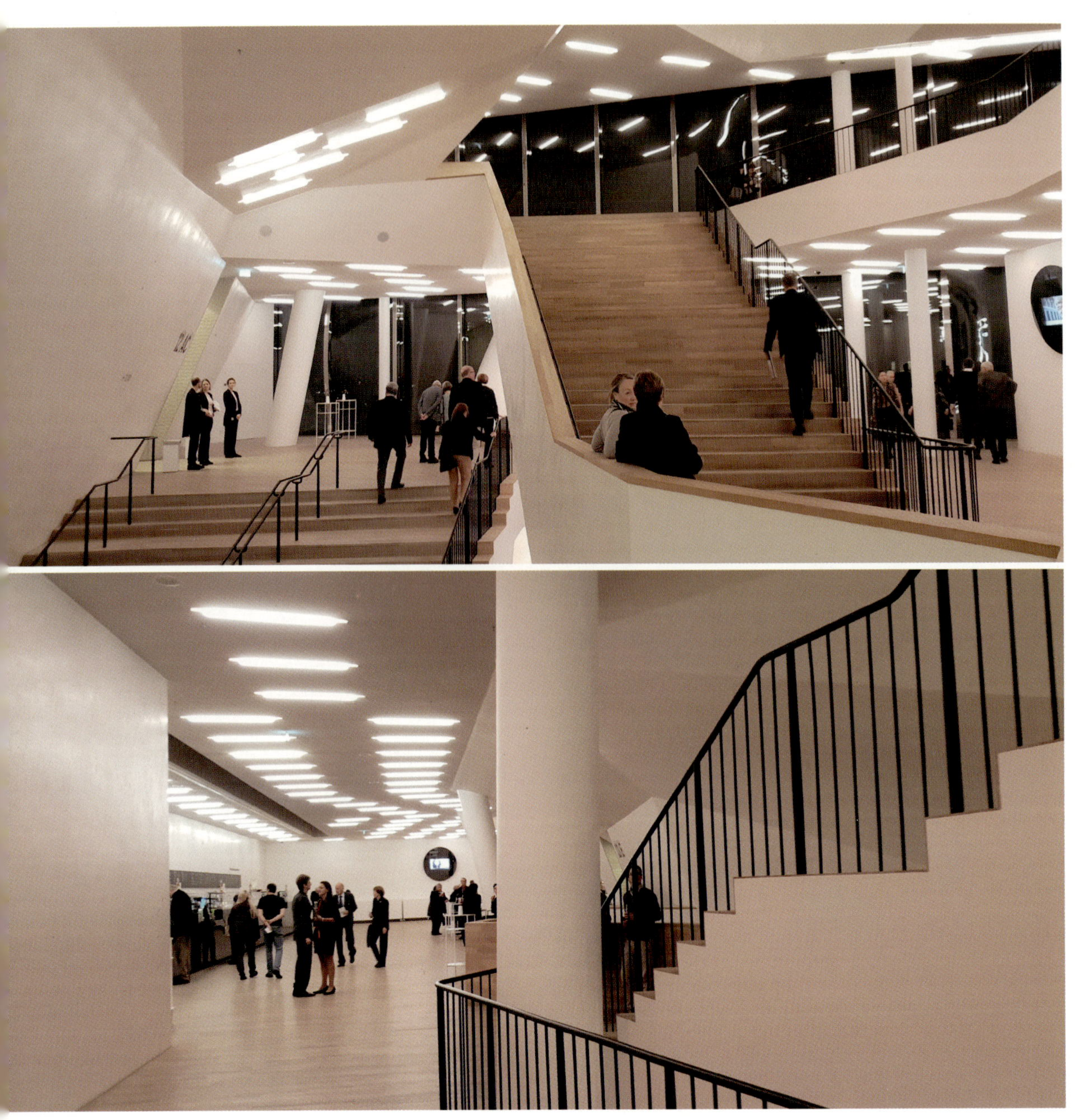

Ausgang

| 엘브필하모니 연결 수상버스

Elbphilharmonie
11.01.2017
Architekten
Herzog & de Meuron
Initiatoren
Alexander Gérard und Jana Marko

BESUCHER
ZENTRUM
ELBPHILHARMONIE
VISITOR CENTER
PLAZA-TICKETS
PLAZA-TICKETS

| 방문자 센터

ELBPHILHARMONIE
MAGAZIN
SCHWERPUNKT
POLEN
Die Musik unseres
östlichen Nachbarn
PIERRE-LAURENT
AIMARD
Der Pianist über Kunst
und Emotion
HEIMAT HAFEN
Drei Menschen und
ihre Geschichten aus der
Nachbarschaft
nachbarn

13 함부르크의 기타 공연장

○ 함부르크 콘서트홀 – Laeiszahall

함부르크 시내 중심 요하네스 브람스 광장(Johannes-Brahms-Platz)에 있는 무지크할레(Musikhalle)는 직역(直譯)하자면 음악당, 공연장 정도로 해석된다. 함부르크 무지크할레의 정식 명칭은 라이스할레(Laeiszhalle; 철자와 발음이 일치하지 않아서인지 일반적으로 무지크할레라고 부른다). 세계적 수준의 교향악단인 함부르크 심포니 오케스트라의 공연장이다.

건설 당시 독일에서 가장 규모가 크고 현대적인 공연장이였던 laeiszhalle은 1908년 6월 4일 공식적으로 개관했다. 그로부터 명성(名聲) 높은 국내외 예술가들이 무대에서 상연하였다.

초기(初期)부터 리하르트 슈트라우스, 세르게이 프로코피에프, 이고르 스트라빈스키, 그리고 파울 힌데미트 등의 위대(偉大)한 작곡가와 지휘자들이 Laeiszhalle에서 그들의 작품을 공연하고 감독하였으며, 오늘날에도 국제 음악계 스타들이 공연이 뒤를 잇고 있다. 결과적으로 Laeiszhalle의 그랜드홀은 유럽 최고의 공연장 중 하나로 손꼽히게 되었다. Laeiszhalle에 상주하는 오케스트라는 Symphoniker Hamburg인데 다른 많은 함부르크의 오케스트라, 성가대, 공연기획자들 공연을 개최하며, 엘브필하모니와 Laeiszhalle은 같은 운영사(運營社)에서 운영을 맡고 있다.

함부르크의 유명한 운송회사(運送會社)의 오너 Carl Heinrich Laeisz의 이름을 따서 Laeiszhalle의 이름으로 지었는데, 그는 F. Laeisz사에 1.2백만 독일 마르크를 기부(寄附)하여 양질의 음악을 연습하고 즐길 수 있는 공간을 만들 수 있게 했다. Laeiszhalle은 함부르크의 시청(市廳) 설계로 명성을 떨친 건축가 Martin Haller와 Emil Meerwein이 설계했다.

개관 직후부터 Laeiszhalle은 음악계 역사를 써내려갔다. 12살의 바이올린 영재 예후디 메뉴인이 기념 찬조공연(贊助公演)을 1930년에 진행하였으며 마리아 칼라스의 공연들 또한 호평을 받았다. 2차세계대전 이후 피해가 없던 Laeiszhalle은 색다른 역할을 맡았는데, 영국 주둔군(駐屯軍)이 실내공간들을 군 무선국인 BFN(British Forces Network)로 사용한 것이다. Chris Howland가 라디오 진행자로서의 커리어를 이곳에서부터 시작했다.

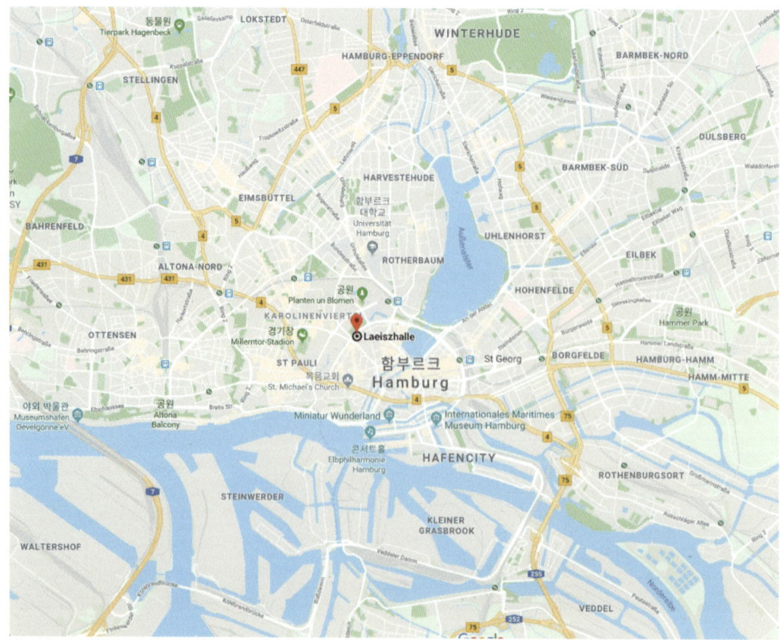
동물원
Tierpark Hagenbeck
LOKSTEDT
WINTERHUDE
HAMBURG-EPPENDORF
BARMBEK-NORD
STELLINGEN
DULSBERG
HARVESTEHUDE
BARMBEK-SÜD
EIMSBÜTTEL
함부르크
대학교
Universität
Hamburg
BAHRENFELD
UHLENHORST
ROTHERBAUM
EILBEK
ALTONA-NORD
HOHENFELDE
공원
Planten un Blomen
KAROLINENVIERTEL
공원
Hammer Park
OTTENSEN
경기장
Millerntor-Stadion
Laeiszhalle
ST PAULI
함부르크
Hamburg
St Georg
BORGFELDE
HAMBURG-HAMM
HAMM-MITTE
복음교회
St. Michael's Church
야외 박물관
Museumshafen
Oevelgönne eV
공원
Altona
Balcony
Miniatur Wunderland
Internationales Maritimes
Museum Hamburg
콘서트홀
Elbphilharmonie
Hamburg
HAFENCITY
ROTHENBURGSORT
STEINWERDER
KLEINER
GRASBROOK
WALTERSHOF
VEDDEL

| 위치 / 지도

□ **그랜드홀**

대규모의 클래식 공연에 최적화(最適化)한 공간으로 네오 바로크 디자인과 독특한 유리 천장의 그랜드홀은 2,000명이 넘는 관객이 입장할 수 있으며, 무대 뒤편의 후면벽(後面壁)은 1951년 Beckerath사가 건립한 오르간으로 장식하였다.

| Laeizhalle의 메인 포이어

| Symphoniker Hamburg

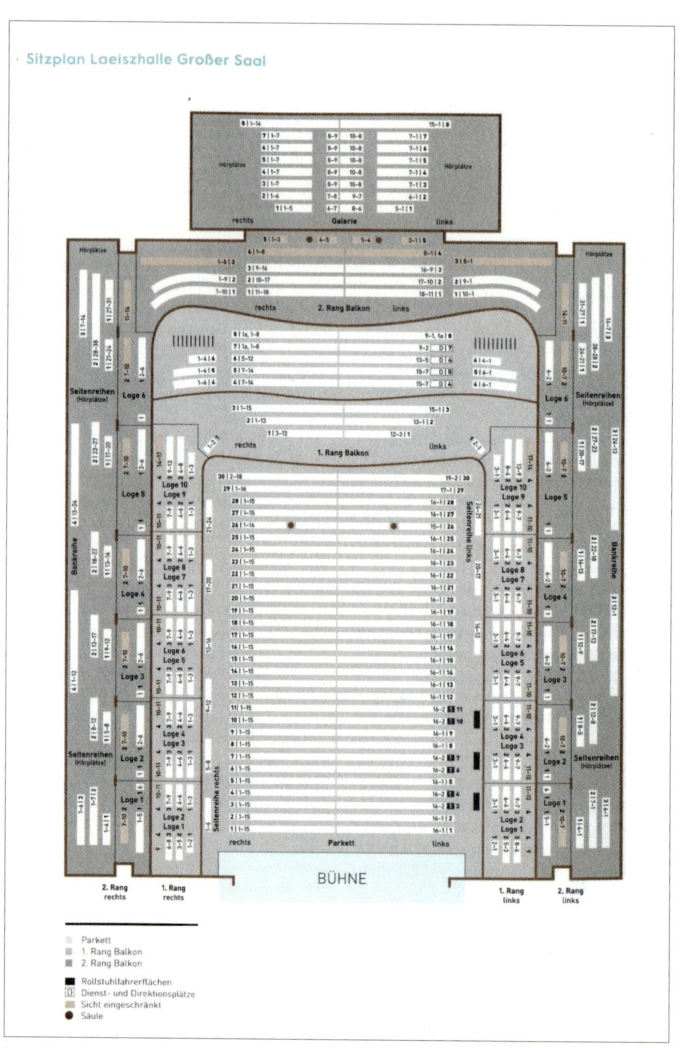

| 그랜드홀 좌석배치도 Hamburg

▫ 리사이틀홀

실내악, 가곡 연주회, 어린이 공연, 재즈 이벤트 등의 공연이 가능한 리사이틀홀은 2차세계대전 이후 개보수(改補修)하여 유럽 어디에도 거의 남지 않은 1950년대의 스타일을 온전히 보존(保存)한 공연장으로 640명의 입장객을 수용할 수 있다.

▫ 스튜디오 E

스튜디오 E는 햇볕이 직접 들어오는 작고 매력적인 공연장이다. 점차적(漸次的)으로 위로 올라가는 관객석 부분과 둘러싸는 난간(欄干)은 150명의 관객석을 제공한다.

SYMPHONIKER HAMBURG
LAEISZHALLE ORCHESTER
18 | 19
Sylvain Cambreling Chefdirigent
Daniel Kühnel Intendant

○ 함부르크 오페라하우스 – Staatsoper

함부르크 주립 오페라하우스이다. 함부르크는 독일 최초로 상설(常設) 오페라하우스를 건립하였으며 1703년부터 작곡가 헨델이 바이올리니스트 겸 하프시코드 연주자로 활동하였고, 1705년에는 자신의 오페라 "네로"를 초연(初演)하였다.

바그너의 "니벨룽의 반지"를 초연한 곳으로 말러가 오랫동안 상임지휘자로 재직하였다. 이런 역사성을 지닌 슈타츠오퍼는 2차대전 때 대부분 파괴(破壞)되었다가 여러 과정(過程)을 치루면서 2005년 현대식으로 건립하여 재개관하였다.

1678년 함부르크 시민들은 상원에서 Gansemarkt와 Colonnaden의 코너에 공공 오페라하우스를 짓기로 투표했다. 오페라하우스는 논란의 여지가 있었다. 루터파 사람들은 오페라하우스에 대한 생각에 찬성했지만, 경건파들은 세속적인 쾌락(快樂)을 위한 장소로 극장은 너무 과하다고 주장했다. 그럼에도 불구하고 "Operntheatrum"이란 개념은 유럽 음악의 중심지 중 하나에서 퍼져나갔다. Telemann은 함부르크 시의 음악감독직을 1721년부터 맡았다. 재무상(財務上)의 관리 소홀와 관객들의 관심 저하는 1738년 폐업(閉業)으로 이어졌지만 1763년 건물이 허물어지기 전까지 유랑 극단(流浪 劇團)들이 공연하는 장소로 활용되었다.

1765년 "Ackermann sche Comodiantenhaus"가 공연과 오페라 등을 포함(包含)한 프로그램과 함께 개관했다. 1767년부터는 레싱(Lessing)의 영향(影響)으로 "Deutsches Nationaltheater"로 불렸다. 그의 '함부르크의 드라마투르기(극작법)'은 현대 무대의 프로그램을 설립했다. "우리가 왕들에게 연민을 느낄 때, 우리는 그들을 왕이 아닌 사람으로 대해야 한다." 레싱, 실러, 괴테, 셰익스피어의 공연들이 펼쳐졌으며, 곧 레싱의 기준에 도달한 오페라들도 무대에 올라갔다. '후궁으로부터의 탈출', '돈 조반니', '피가로의 결혼', '마술피리'와 베토벤의 '피델리오', 웨버의 '마탄의 사수' 등도 올려졌다. 1827년에 Gansemarkt의 오래된 목재 건물은 그 용도(用度)를 다했으며, 새로운 2,800석의 'Stadt-Theater'가 개관 공연으로 괴테의 '에그몬트'를 올리면서 Dammtorstrabe에 개관하였다. 극장은 1873년에 베른하트 폴리니가 오페라 관리인으로 취임하여 공공단체들에게서 금융 지원을 받으면서 마침내 안정되었다. 구스타프 말러가 1891년부터 6년 동안

음악감독을 맡았다.

1차세계대전 동안 공연의 숫자는 줄어들지 않았다. 1925년에는 무대공간이 재건되었으며 현재까지 해당 형태가 쓰이고 있다. 국가 사회주의자들이 권력을 잡은 1933년 이후, 1934년에 'Stadt-Theater'는 'Hamburgisch Staatsoper'로 개명했다. 'Stiftung Weideraufbau der Hamburgischen Staatsoper'는 1,690석의 새 공연장을 짓기 위해 스폰서들로부터 1.5백만 마르크를 모았으며, 오페라하우스는 1955년 10월 15일 모차르트의 마술피리를 재개관작(再開館作)으로 문을 열었다.

실험적(實驗的)인 무대인 "Opera Stabile"는 1975년에 만들어졌다. 그 이후 Hamburgische Staatsoper에는 롤프 리버만, 군터 레널트, 플라시도 도밍고, 아우구스트 에버딩, 하리 쿠퍼, Albin Hänseroth, 인고 메즈마쳐, 페터 콘비츠니, Louwrens Langevoort, 시몬 영, 클라우스 구트, 데이빗 앨든 등이 거쳐 갔다.

공연장에서는 새로운 작품들이 주기적으로 올려졌고 그 중에는 크리슈토프펜데레츠키의 "루덩의 악마", 볼프랑 림의 "멕시코 정복", 헬무트 라헨만의 "Das Mädchen Mit Den Schwefelhölzern" 등의 작품들이 두드러진다. 2015년부터 새로운 작품을 권장하고 초연을 하는 전통이 Georges Delnon과 켄트 나가노의 리더쉽 아래 더욱 더 공고해져 마이클 베르트뮬러의 "Weine Nicht, Singe", 토시오 호소카와의 "Stilles Meer", 로메오 카스텔루치의 "La Passione", 페터 외르보스의 "Senza Sangue" 등을 연주하였다.

현 시즌에서는 Jan Dvorak의 "프랑켄슈타인", 피터 루치카의 "Benjamin", Samuel Penderbayne의 "I.th. Ak.A" 등을 상연하고 있다. 지휘자들과 음악감독들로는 오타비오 단토네, 미하헬 보데, 가브리엘레 페로, 장 크리스토프 스피노지, 파올로 카리야니, 크리스토퍼 마탈러, 미하엘 탈하이머, Jette Stecketl, 스테판 헤르헤임, 칼릭스토 비에이토, 베라 네미로바, 안드레아스 크리겐부르크, 로저 본토벨, 크리스포트 로이 등이 있다.

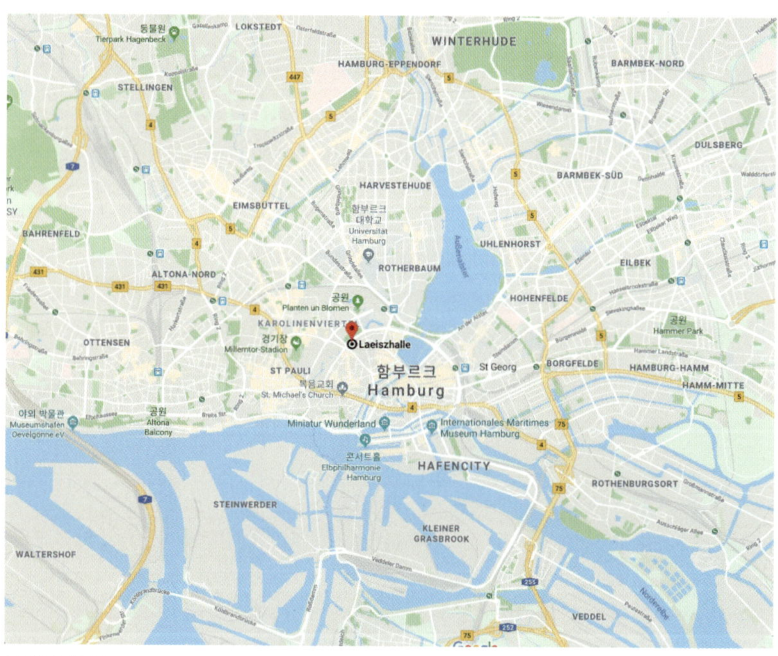

| 위치 / 지도

HAMBURGISCH STAATSOPER

November 2018

Staatsoper Hamburg

Hamburg Ballett John Neumeier

Philharmonisches Staatsorchester Hamburg

1	Do	**OpernReport: „Faust-Szenen"** „Von Fäusten und des Pudels Kern" Vortrag von Dr. Alexander Meier-Dörzenbach | 19:30 Uhr | € 7,– | opera stabile
		Ballett – John Neumeier: Beethoven-Projekt Ludwig van Beethoven | 19:30-22:15 Uhr | € 6,– bis 97,– | D | Ball 3
2	Fr	**Opern-Werkstatt: „Das Rheingold" und „Die Walküre"** Einführungsveranstaltung mit Volker Wacker | 18:00-21:00 Uhr | € 48,– | Fortsetzung 3. November, 11:00-17:00 Uhr | Orchesterprobensaal
		Ballett – John Neumeier: Beethoven-Projekt Ludwig van Beethoven | 19:30-22:15 Uhr | € 6,– bis 109,– | E | VTg1
3	Sa	**Robert Schumann: Szenen aus Goethes Faust** 19:30 Uhr | € 7,– bis 129,– | G | Einführung 18:50 Uhr (Foyer II. Rang) | Sa3, Serie 28
4	So	**3. Philharmonisches Konzert** 11:00 Uhr | ausverkauft | Einführung 10:00 Uhr | Elbphilharmonie, Großer Saal | Kinderprogramm ab 11:00 Uhr in den Kaistudios | Kombi 3B, Familien-Abo
		Richard Wagner: Das Rheingold 19:00-21:30 Uhr | € 6,– bis 109,– | E | Einführung 18:20 Uhr (Foyer II. Rang) | Zum letzten Mal in dieser Spielzeit
5	Mo	**3. Philharmonisches Konzert** 20:00 Uhr | ausverkauft | Einführung 19:00 Uhr | Elbphilharmonie, Großer Saal | Kombi 3A
6	Di	**Robert Schumann: Szenen aus Goethes Faust** 19:30 Uhr | € 6,– bis 109,– | E | Einführung 18:50 Uhr (Foyer II. Rang) | VTg4, Oper gr.1
7	Mi	**Ballett – John Neumeier: Beethoven-Projekt** Ludwig van Beethoven | 19:30-22:15 Uhr | € 6,– bis 97,– | D | Einführung 18:50 Uhr (Foyer II. Rang) | Mi2
8	Do	**Ballett – John Neumeier: Beethoven-Projekt** Ludwig van Beethoven | 19:30-22:15 Uhr | € 6,– bis 97,– | D | Ball 2
9	Fr	**Opern-Werkstatt: „Siegfried" und „Götterdämmerung"** Einführungsveranstaltung mit Volker Wacker | 18:00-21:00 Uhr | € 48,– | Fortsetzung 10. November, 11:00-17:00 Uhr | Probebühne 2
		Robert Schumann: Szenen aus Goethes Faust 19:30 Uhr | € 7,– bis 119,– | F | Einführung 18:50 Uhr (Foyer II. Rang) | Oper gr.2

| 지휘자를 역임한 Gustav Mahler

코펜하겐오페라하우스
The Copenhagen Opera House

1 유럽의 극장건축 역사(歷史)

극장건물들을 분석할 때, 그 건물들의 모순적(矛盾的)인 목표로 인해 관측되는 이분법적(二分法的)인 상황이 있다. 공간은 공연의 지속을 위한 변화와 편곡(偏曲)의 대상이라면, 극장의 건축이란 내구성을 보여준다. 이 말은 극장의 공연 능력(能力)은 공간을 규정할 때 반드시 필요한 항목은 아니며, 그것은 오늘날에도 마찬가지이다. 오랜 시간에 걸쳐, 연극과 다른 공연들은 원형극장, 노천공간(露天空間), 임시로 건설된 야외무대, 정원, 그리고 심지어 물에 떠있는 무대 등에서 공연되어 왔다. 공연 그 자체가 관객들을 감정적인 부분을 함께 할 때, 건축적인 요소는 외부의 틀만 제공(提供)하는 것으로 볼 수 있다.

□ The Development of Theatre Architecture

서유럽 극장건축의 역사는 제한된 숫자의 건축 유형학의 재평가, 변화, 그리고 실종(失踪)으로 규정될 수 있다. 고대 그리스 극장의 출현 이후 이탈리아식 극장이 나타나는데 2,000년이 걸렸고, 몇백 년 동안 많은 기본적인 규범(規範)들이 질문을 불러냈다. 현시대의 연구에서는 경직된 해결 방법들은 적용되고 있지 않다. 대신 현존하는 극장의 설계가 새로운 유형학(類型學) 영역의 시선에서 재해석되고 있다. 이러한 변화는 명확하게 눈에 띄는 현상이며, 단독의 건물 유형학과 고정된 방식의 전통적인 방식에서 대조적(對照的)인 표현법을 포함한 새로운 영역의 유형학으로 넘어가고 있다.

고대에 극장을 건설하는데 가장 필수적으로 여겨진 것이 무대의 설계에 초점을 맞추어 관객들에게 시각(視覺) 및 청각적(聽覺的)으로 가능한 최상의 경험을 제공하는 것이었다. 문학, 극장, 사회, 그리고 건축적인 표현들 사이에 완벽한 공존이 존재했다. 고대 문화의 사멸(死滅)을 의미하는 것은 그런 관계들이 르네상스 때까지 잊혀졌다는 것이다. 대신 사회 상호 작용의 모습 등의 다른 외부적인 요소가 그 사이에 전면(全面)으로 나왔다. 극장건물들은 도심의 기념물, 축하의 장소, 만남의 장소가 되었고 건축의 격렬한 발전을 이끌어냈다. 그러나 19세기에 이르러 극장건물의 연구는 답보(踏步) 상태에 머무르게 된 것을 깨닫게 된다. 그 결과로 과거의 방식(方式)과 관용(寬容)을 다시 연결하려는 다양한 개혁들이 발생하였다.

□ Greek Origins

BC 6세기경에 그리스식 극장이 어떻게 등장하게 되었는지는 불분명하다. 종교시설에서 기념되던 디오니소스 축제(Dionysian Mysteries)가 연극의 시초(始初)로 보편적(普遍的)으로 알려져 있다. 고대 그리스의 극장은 보통 도시의 외곽(外廓) 경사진 공간에 위치하였으며, 관객들이 줄을 서서 모여 있었다. 이 공간은 데오니소스에게 바쳐진 신성한 공간으로 제단(祭壇)은 모래가 흩뿌려진 댄스 플로어 위에 위치하여 관객들이 모여서 원무(圓舞)를 추면서 신(神)을 찬양하던 곳이다. 관객들은 '카베아(Cavea)'라고 불린 관객석에 모여 앉아 오케스트라를 180도가 넘는 각도에서 둘러 쌓았다.

기원전 6세기 말에 이르러 두 가지의 상이한 장르인 드라마와 연극이 발전되기 시작했다. 일 년에 세 차례 Dionysian Mysteries 기념일 동안 연극 경연(競演)이 이러한 초기 극장건물들에서 일어났다. 사용 가능한 극장건물들이 크게 늘어남에 따라 판토마임 공연은 가면(假面)과 높은 굽의 신발, 그리고 의상을 입은 배우들에 의해 대체되어 갔다. 기원전 5세기의 첫 전반부에서는 목재 발판이 관객들에게 관람의 편의를 제공하기 위해 처음으로 사용되었다. 그 세기의 말(末)에 이르러 그리스 극장들은 그러한 자연의 지형학과 불안정한 목조 구조가 생김에 따라 경사가 있는 지형에 자리잡게 되었다. 솟구친 제단, 즉 베마(Bema/

연단)라고 불린 장치는 무대의 초기 형태로 고안되었다. 이것은 오케스트라의 중심에서 성가대 옆에 위치하였고, 전체 극장의 1/5에서 1/8정도의 면적을 차지하였다. 이러한 무대는 15~20줄 정도의 원형의 좌석에 둘러싸여 있었다. '토노이(Tornoi)'라고 이름 지어진 앞줄의 경우 엘리트들을 위한 자리였다. 이러한 자리들은 규모에서 기념비적인 자리였으며 등받이와 팔걸이가 있었다. 5세기의 첫 반세기 동안 '스케네(Skene)'라고 불리던 특별한 종류의 텐트가 세워졌는데, 배우와 성가대의 인원들이 옷을 입던 장소였다. 당초에는 Skene과 Bema를 연결하는 지하 통로가 있었다. 나중에 와서는 더 직접적인 연결이 선호되었다. 무대를 마주한 면의 Skene 벽은 무대의 미적인 배경막(背景幕)으로 쓰여 지도록 치장되었다. 관객들과 성가대의 인원들은 파라도이(Paradoi)라고 불리던 2.0~5.0m의 긴 통로를 따라 극장에 입장(入場)했다. 이 통로는 Skene과 가장 외곽의 좌석 줄 사이에 위치하였다. 경사(傾斜)의 비율은 1:2에서 26도로 비트루비우스에 의해서 정해졌다. 공연공간이 너무 작은 것으로 평가받음에 따라 목재 무대가 Skene의 전면부에 추가되었고, 오케스트라로부터 Skene까지 통행이 가능해질 정도의 높이로 상승(上昇)했다. Puchstein에 의하면 아테나와 에레트리아의 가장 오래된 무대는 그 무대를 3면에서 감싸는 측면의 Skene으로 알아볼 수 있었다고 하며, 약 기원전(紀元前) 400년으로 연도가 추정된다. 그는 배우의 공연공간(公演空間)은 세 가지 종류로 구분했는데, 측면 공간으로 향하는 세 개의 문이 있는 오래된 Attic-Western 무대와 램프가 세로로 정렬된 램프 무대, 그리고 무대에 접근하는 것이 무대의 축에 수직인 주로 소아시아 지대에서 널리 퍼진 Eastern 방식이 있다. 기원전 5세기말까지는 고대 그리스식 극장의 네 가지 독특한 요소인 오케스트라, theatron, Skene, 목재 무대가 여전히 쓰였지만, 기원전 4세기 들어서 기념비적인 것을 표현하는 경향(傾向)이 나타났다. 극장건물들의 무대는 여전히 목재였지만, 석재로 된 좌석과 Skene을 나타나게 하였다. 음향과 무대기술의 이유로 인해 무대는 항상 목재로 만들어졌었다. 문과 다른 이동 가능한 목재 패널은 전면부 벽의 중앙(中央)에 위치하였다. 이러한 장치들은 훌륭한 목공 제품에 솜씨 좋게 장식되었으며 필요하다면 무대에서 제거(除去)될 수 있었다. 그러나 지붕이 있는 무대의 경우 후반기가 되어서야 그 존재가 확인되었다.

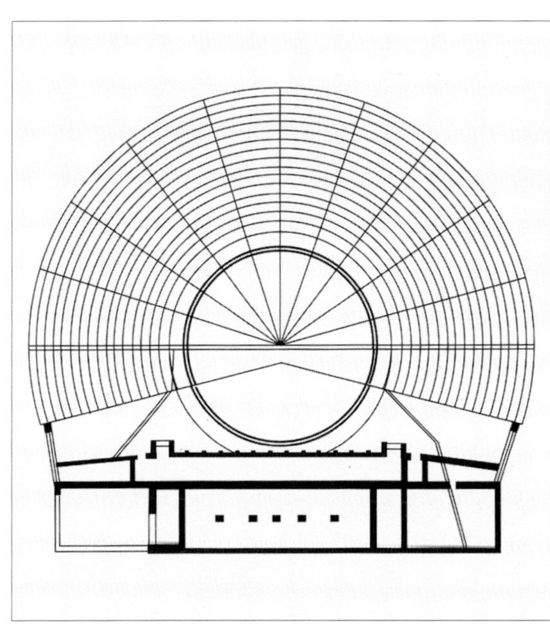

그 뒤로 이어지는 헬레니스틱 기간의 기념비적인 건물들은 좌석과 무대가 모두 석재로 만들어졌다. 그리스 시대의 극장들은 거대했다. 예를 들어 에피다우로스에 있던 극장은 직경 118.0m에 13,000~16,000명의 관객을 수용했으며 아테네에 있던 극장의 경우 14,000~17,000명을 수용했다. 그 이유는 현재와는 달리 극장의 공연들이 매일마다 벌어지는 것이 아니라 연간(年間) 며칠간만 이뤄지기 때문에 해당 지역의 많은 사람들을 유인(誘引)하였다. 논란의 여지는 있지만 아마도 가장 아름다운 고대 그리스 극장은 에피다우로스에 있는 극장일 것이다 (기원전 4세기/3세기). 볼록한 무대가 있는 이 건물은 독특(獨特)하고 균형이 잘 맞는 구성이며 주변의 자연과 지형에 잘 융합(融合)되었다. 이 극장의 14,000명의 관객들은 아름다운 자연경관의 후방과 신성한 구역을 만끽할 수 있었다. 이 극장은 아스클레피오스의 성역 밖인 키노르티온 산(山)의 줄기에 위치하여 있으며 이러한 특이한 장소가 극장의 훌륭한 음향의 이유이다.

□ Theatre in Roman times

기원전 2세기 말엽(末葉)에 들어 그리스의 연극과 드라마의 형태는 로마의 극장과 무대 설계에 영향을 주기 시작했다. 로마인들은 극장을 도시 안의 빈 공간에 지었다. 관객들을 위한 강당이 아직 존재하지 않았기 때문에 초점(焦點)은 무대 설계에 맞춰졌다. 적어도 기원전 154년에 원로원은 극장의 무대에 직접적으로 정면에 좌석을 배치하는 것을 금지(禁止)했다. 최초의 기념비적인 공연장인 폼페이의 극장은 기원전 55년에 세워졌다. 로마의 극장건물들은 그리스의 그것과 닮아 있었다. 그로 인해, 폼페이 극장의 관객 공간은 직경이 160.0m에 달하며, 약 17,500명의 인원을 수용할 수 있었다. 로마인들은 크게 늘어난 가족들과 함께 공연공간에 갔으며 그로 인해 그러한 공연공간들은 사실상 대중극장(大衆劇場)이라고 불리었다. 그리스의 극장에서 로마의 극장으로 약간의 발전이 있었다. 좋은 시야와 음향을 제공하는 것에 집중하면서 공간의 대표적인 기능에 초점을 맞추게 되었다. 성가대가 인터미션 중에만 공연하게 되면서 오케스트라 공간은 반원(半圓)으로 줄어들었다. 남는 공간은 공들여서 치장된 좌석으로 채워져서, 중요한 사회 계급을 대표하는 원로원 의원들을 위해 제공되었다. 좌석 줄은 무대 벽을 향하며 점진적으로 좁아졌다. 그 결과 paradoi 통로는 아치형 터널 연결통로처럼 바뀌었으며, 오케스트라로 향하게 되었다. 미적인 이유로 인하여 무대와 좌석 사이에는 아주 작은 공간만이 유지되었다. 트리뷴(tribune)이라고 불리운 연단이 기념비적인 출입구 위에 위치하여 오케스트라 공간의 진입로 역할을 하였다. 이곳을 통하여 황제나 다른 고관(高官)들이 청중들에게 위엄 있는 모습으로 자신들을 보일 수 있었다. 로마의 극장들이 그리스와 차별되었던 다른 점은 좌석에 목재 보강 구조 대신 탄탄한 벽돌 구조가 관객들에게 모든 방향에서 극장을 향할 수 있도록 제공되었다는 점이다. 청중들은 낮거나 높은 층에 단일, 혹은 2중 계단을 통해 이동(移動)할 수 있었다. 전면부의 설계는 계단과 통로의 배치를 반영하였으며, 수직으로 배열된 아케이드는 세 단계로 나뉜 로마의 사회 계급을 반영(反映)했다.

□ The design of the roman stage

비트루비우스, 플리니우스, 파우사니아스, 키케로는 당시의 무대 설계에 대한 막대한 자료를 현대(現代)에 남겼다. 강당과 무대가 공간적으로 통합되는데 성공함에 따라 로마시대의 무대는 상당히 넓어지게 되었다. 그로 인해 더 많은 무대 설계 구성이 요구됨에 따라 예술적인 면에서 어려움이 생겨났다. 그러나 무대의 높이는 그리스시대에 비해서 더 낮아졌다.

관객들을 마주하는 거대한 마름돌이나 잡석(雜石)으로 된 무대 벽이 공들여 장식되었으며, 아테네에 있는 디오니소스 극장의 경우 디오니소스신의 탄생과 숭배(崇拜)를 묘사하는 프리즈(frieze)가 있다. 무대의 전면 벽과 그와 평행인 작은 후면 벽은 커튼이 있는 작은 틈새 공간을 둘러쌓다. 무대의 깊이는 약 8.0m 였는데 어느 정도는 음향적인 이유 때문이었다.

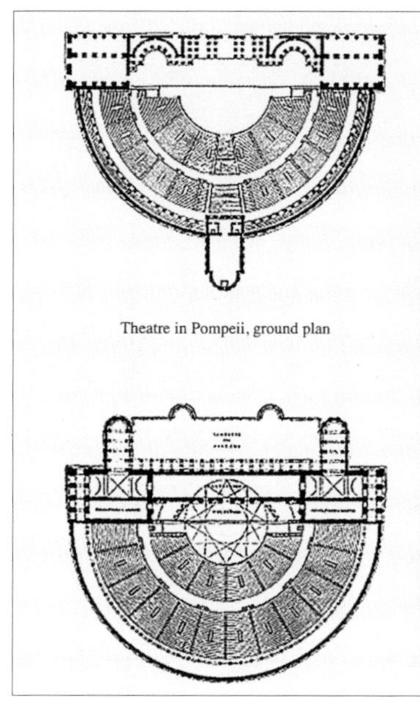

Theatre in Pompeii, ground plan

대부분의 경우 무대 후방 부분은 웅장(雄壯)하고 삼단 계단 높이의 건축물로 구성되어 있다. 이러한 구조는 관객들에게 축제의 열기를 전하고 국가의 국력과 재정을 뽐내려는 의도였다. 로마시대와 그리스시대 무대의 차이점은 로마시대 극장에서는 세로로 크게 튀어나오거나 움푹 들어간 곳이 있는 스케네 전면부(Skene front)라고 불리는 부분이 있었고, 폼페이의 극장이 그 중요한 예이다. 이 부분에는 10.0m에 달하는 돌출되거나 오목한 부분이 있었다.

무대는 관객석에서 30도의 각도로 외짝 지붕으로 가려졌으며 교묘(巧妙)하게 설계된 Skene 벽을 모든 요소로부터 보호했다. 이러한 열린 종류의 극장에서는 더 작고 완전히 감싸진 극장 또한 존재해서 더 친밀한 공간감을 제공할 수 있었다. 극장 위를 막기 위해 기초 안에서 객석 공간과 짧아진 객석 위층, 무대, 그리고 탈의실이 하나의 사각형으로 합쳐졌다. 27.0 x 32.0m의 Theatre of Pompeii에서는 호민관의 좌석이 작은 경사진 벽으로 주변이 둘러짐에 따라 다른 좌석과 분리된 그곳만의 특성이 있다. 기록된 최초의 커튼은 BC 1세기경에 등장한다. 오늘날과 다르게 커튼은 가로로 펼쳐지지 않았으며 극(劇)의 시작 때마다 천장에서 아래로 무대 담당자에 의해 내려졌다. 이 커튼은 공연이 끝날 때마다 다시 위로 접혀졌다. 무대에는 필수적으로 페리악토이(Periaktoi)가 있었는데 캔버스 천에 쌓인 그림이 그려진 커다란 목재 패널이었다. 배경(背景) 패널 일부도 사용되었는데, 장면이 바뀌는 동안 옆으로 밀어낼 수 있었다.

□ Vision and Acoustics in Ancient Theatres

고대의 극장들은 오늘날보다 훨씬 더 많은 숫자의 관객들이 있었고 그로 인해 더 넓은 시야가 요구되었다. 밀라노의 La Scala의 시각이 35.0m인 것에 비교하여 Theatre of Pompeii는 75.0m로 측정되었다. 고대

극장들은 조명을 자연광(自然光)에 의지해야 했던 것에 비해서 현대의 극장들은 인조적, 자연적인 조명의 지속적인 변화로 눈의 피로를 가속화(加速化)한다. 또한 염두에 두어야 할 것은 고대의 배우들은 마스크를 썼고 쉽게 눈에 띄는 제스쳐를 취했으며 패드를 입었다. 공간 사용이 더 자유롭기 때문에 과거 극장들의 시각은 현대에 비교해서 더 바람직했다.

배우가 중앙 무대에서 공연할 때 앉아있는 모든 관객들은 무대로부터 비슷한 거리에 자리하고 있기 때문에 같은 시야를 가지며 이상적(理想的)인 시작 경험을 제공받을 수 있었다. 그럼에도 불구하고 고대 그리스의 극장들은 무대 세팅과 무대 끝자락이 겹치는 문제점에 직면(直面)했으며 이러한 문제점들은 특별한 후원자(後援者)들을 위해 마련된 앞줄의 좌석에서 더 두드러지게 보였다. 더 후기의 로마 극장들에서는 더 커진 무대로 인해 이러한 문제가 발생되지 않았다. 고대의 거대한 극장들에서는 마지막 줄에 앉은 관객들은 무대에서 말하는 것을 제대로 듣는 것이 불가능했다. 중간 크기의 5,000~6,000석 사이의 극장에서는 음향이 훌륭했다.

무대에서 낸 음향은 무대 바닥의 목재의 반향(反響) 표면에 반사되어 무대 전면의 목재 벽과 페리악토이(Periaktoi- 삼면판)를 보강(補强)한다. 음향을 향상시키는 데 요구되는 두번째로 중요한 수치는 스케네 벽에서의 음향 반사이다.

이러한 수치(數値)는 무대 깊이가 작은 경우 더 효과적이며 배우가 반사면과 가깝게 공연할수록 적용된다. 고대 극장의 훌륭한 음향의 또 다른 중요한 이유는 무대에서 발산되는 음이 관객까지 그 사이에 아무런 방해 요소(妨害 要素)가 없기 때문에 어떤 막힘없이 도달한다는 점이다. 또한 가파르게 경사진 층은 다른 각도로 이동하는 음파(音波)를 서로 교차하지 않으며 음향 간섭(音響 干涉)을 일으키지 않는다. 고대 극장의 건축가들은 관중석의 층(層)을 우묵한 원뿔 형태로 만들어 방해되는 음향 반사를 감소시켰다. 공연마다 사람들이 많이 들어왔다. 가득 차 있는 관객들은 무대에서 나오는 대부분의 음파(音波)를 흡수했으며 그로 인해 음향 반사를 일으키지 않아 추가적인 음향 간섭을 막을 수 있었다. 과거의 극장과 현대의 극장을 비교하면 좋은 음향을 보장(保障)하는 가장 중요한 세 가지 필요 사항은 더 이상 적절하게 제공되지 않는다고 할 수 있다. 이러한 요구 사항들은 음향의 증폭(增幅), 빈 공간의 보유, 그리고 방해되는 음향

반사의 방지이다.

□ Theatres in the Middle Age

비록 기독교 연호(年號)와 예수의 고난 재현이 중세의 중요한 공동체의 행사가 되었지만, 교회에서는 로마제국의 몰락 이후 그를 제외한 모든 다른 형태의 극(劇)을 금지했다. 그럼에도 불구하고 성직자들은 수많은 극을 작성하며 후에 다양한 연극 장르로 발전했다. 그와 같은 시기에 거리에는 예술가들과 광대, 코미디언들이 다양한 공연을 하고 있었다. 11세기에 극은 교회 내에서나 교회 광장에서 행해졌고 가끔 정교(精巧)한 장치들도 설치되었다. 놀라운 점은 다양한 장르의 작품들이 항상 나란히 무대 위에서 공연되고 항상 일정하지 않은 공연이 일어난다는 점이다. 관객들은 바닥에 앉거나 나무 의자에 앉았고, 특권층에게는 나무 박스가 제공되었다. 16세기에는 전문적인 연기자 일행들이 여관(旅館)의 마당에서 연극을 했으며, 관객들이 그런 특별한 공간을 사용할 수 있었다. Globe Theatre를 포함한 후대의 모든 공연 장소들에 중대한 영향을 끼친 첫 공연 장소는 1576년의 엘리자베스 시대의 James Burbage의 노력의 결과였다. 공연장에는 세 가지의 수직으로 층을 이룬 갤러리가 포함되었다. "Beaked Stage"나 에이프런은 원형 링 모양의 관객석으로 튀어나와 있었다. 이 시기에는 커튼이나 배경막은 사용되지 않았다. 이때의 장식(裝飾)은 소수의 무대 장식과 배우의 의상 정도였다. 이탈리아의 인도주의자들은 직선적인 시각의 사용을 발견했고 새로운 건물의 유형학을 개발하여 건물 설계에서 시야(視野)와 음향의 질에 초점을 맞춘 고대 그리스와 로마의 가치를 결합했다. 무대 세트 설계에 중요한 서적인 "The Second Book on Perspective"를 저술한 것은 Serlio였다. 1580년에는 Vicenza의 Olympic협회가 Palladio에게 영원(永遠)의 극장인 Teatro Olimpico를 설계해 달라고 임명했다. 이 건물을 설계하는 동안 Palladio는 Vitruvius가 그의 건축에 대한 10개의 책에서 저술한 극장 설계의 원리에 대해 얻어갈 수 있었다.

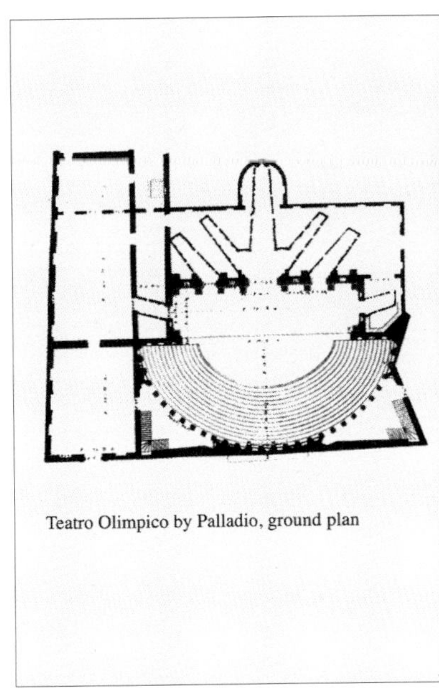

Teatro Olimpico by Palladio, ground plan

Palladio는 3층 높이의 목재 무대 벽을 완벽한 구조와 함께 설계했다. 이러한 "scene front"의 중앙에는 두 개의 웅장한 아치길이 서 있었다. 반원형(半圓形)의 좌석 층은 고대의 미니멀리스트의 노천극장에서 영감(靈感)을 받았다. 1914년에는 평평한 판의 천장이 Teatro Olimpico에서 하늘과 유사하게 구름을 묘사

(描寫)한 그림이 그려지도록 재건축되었다. 놀라운 점은, 기존의 무대는 장식이 결여(缺如)되어 있었다는 점이다. 나중에 보완(補完)될 때에는 후방의 무대에서 거리의 장면을 보여주도록 했는데, 이것은 배경막이 장착된 무대의 발전의 중대한 첫 걸음을 보여준다.

□ The Globe Theatre

잉글랜드에서는 고대의 영향이 더 오랫동안 지속되었다. 런던의 Globe Theatre에서 셰익스피어의 성공적인 연극들이 근원적(根源的)으로 오목한 무대에서 공연되었다. 셰익스피어의 시대 동안 극장들은 대중공연을 오랫동안 금지해 온 도시의 지도자들 시야 밖에 해당되는 도시의 바깥에 위치해 있었다. 3,000명의 관객들이 다양한 사회 계층으로부터 자연광이 들어오도록 지붕이 없는 건물에 공연을 보기 위해 방문했다. 부유한 관객들은 발코니나 박스석 등에 앉았으며 그렇지 않은 사람들은 극장의 중앙에서 서 있었다. 양쪽의 그룹 모두 배우와 근접하게 접촉했는데, 무대가 지상층(地上層)으로부터 멀리 나와 있었기 때문이었다. 이러한 둘러 쌓인 원형 극장의 초기 예시는 영국 여관에서부터 발전했다. 17세기 중반에 들어 간소화된 무대에서 연기하는 것이 줄어들면서 이탈리아의 화려하게 디자인된 무대가 도입되기 시작했고, 관객들은 진기한 장치와 예술 장식들을 즐겼다. 고대와는 다르게, 초점은 호화롭게 설계된 무대에 맞춰졌다. 그러나 관객석은 그에 대비(對比)해서 여전히 단순하게 남겨졌다. 이러한 점 또한 고대의 무대와 관객석이 통합성(統合性)을 형성한 것에 대해 변화를 나타냈다. 17세기에 들어서면서 평평하고 넓은 무대에서 더 깊고 좁은 배경막이 있는 무대로 넘어가는 경향이 보였다. 음향과 시각의 질(質)보다는 사회 관습과 계급의 비애(悲哀)를 보여주는데 더 열중하면서 극장의 공연은 사회의 상상에서 새로운 영역을 구축했다. 17세기에 바로크시대가 시작되면서 몇몇 후원자들은 관객 좌석이 너무 민주적으로 배치되어 있다는 의견

을 냈고, 특정 사회계층을 위한 특별한 박스석이 추가(追加)되었다. 공연은 특히 이탈리아에서 단순한 오락이 되어갔으며, 관객들은 허영(虛榮)에 가득한 축제를 즐기며 무대에서 무슨 일이 일어나는지에는 관심이 없고 즐기는 데에만 관심을 두었다. 축제 분위기로 입은 관객들과 직물 장식(織物 裝飾)들은 정숙한 공간들에는 너무 화려했으며, 적어진 관객 숫자는 고대의 노천극장(露天劇場)에 비해 음향으로 비교되도록 만들었다.

이로 인해 이탈리아 오페라의 독특한 음향이 만들어졌다. 부수적인 공연은 주 공연들 사이에 이뤄졌다. 공손한 분위기와 화려한 디자인 등은 오늘날의 오페라 공연의 선례(先例)가 되었다. 이 시기의 중요한 예시는 Aleotti가 1628년에 설계한 Teatro Farnese이다. 무대 전체의 설치는 최초로 무대 포털 뒤에 위치해 있다. 그 위치는 무대 장비들을 보관하는 데 쓰였던 공간으로 상층 및 하층의 플라이 공간으로도 쓰여 무대 커튼도 설치할 수 있는 공간이었으며, 오늘날에도 유효한 무대 설계의 변혁(變革)을 나타낸다. 그러나 배경막이 설치된 무대는 더 깊숙하여, 모든 관객들이 좋은 시야나 최상의 음향을 즐기는 것은 불가능했다. 또한 관객석은 길어서, 관객들의 자기 현시에 대한 열망을 충족시키는 충분한 공간보다도 미비한 공간이 남았다. 깊은 무대는 일광이나 인공적인 조명이 요구되는 층으로 된 극장의 발전에 필수적이었다. 그러나 깊은 무대의 시야 조건에 대한 부정적인 효과 덕분에 관객들은 수직 층이나 박스석에 앉게 되었다. 그래서 새로운 종류의 관객석이 나타났다. 이러한 형태는 빠른 호응을 얻었으며, 더욱 작은 유형으로 발전하여 6층의 세로 층까지 등장하였다.

□ The Beginnings of Opera and its Zenit in Italy

1600년에 출현한 오페라는 이탈리아를 사로잡았다. 1637년에 들어 베니스 공화국에서는 최초의 공공 오페라하우스가 건립되었으며, 새로운 형태의 객석이 포함되어 원통형의 형태와 벌집 모양의 박스석은 계층 중심(階層 中心)의 극장의 시작점(始作點)이었다. 입석 공간은 지상층에 위치하여 모두에게 열려 있었지만, 박스석 등은 이탈리아의 명망(名望)있는 집안들에게만 개방되었다. 독일에서는 세기의 말엽에 이르러서야 콘서트홀을 짓는 것에 흥미를 나타냈다. 그와 동시에, 이탈리아에서 콘서트홀이 발전하였으며 그 뒤를 프랑스가 이었다. 개인적인 음악 공간은 유럽에서 오랫동안 존재해 왔고, 그러한 장소들은 무도장, 홀, 혹은 거처(居處)들로, 음악공연을 주로 개최하기 위한 장소는 아니었다. 18세기 말에 들어 유럽 전체에 오페라하우스 건설이 퍼져갔다. 이탈리아의 공연장 설계는 시선과 음향 커브의 이상적인 결합의 예시(例示)가 되었으며, 1778년에 밀라노에 지어진 La Scala는 신성시되었다. 극장 건설의 최전성기도 이탈리아에서 찾아왔다. 극장은 사회의 새로운 만남의 장소가 되었으며 독특한 특성을 얻게 되었다. 이전에는 극장이 기존의 건물에 통합되었다면, 뒤에는 특별하게 지어진 큰 객석과 다양한 박스석, 스위트석, 복도, 넓은 포이어, 웅장한 계단, 홀, 포르티코 등이 있는 기념비적인 건물에 자리하게 되었다. 공연은 정교한 건축으로 이루어진 큰 공간에 자리하게 되었다. 프랑스에서 사회적인 혼란이 시작되었을 때 Claude-Nicolas Ledoux는 1778년 Besancon에 극장을 설계했는데, 발코니가 층으로 돌출되어 이탈리아 박스석의 배치 구별을 깨뜨리려는 시도였다. 전통적인 계급의 좌석 배치는 뒤집혔고 사회 하위 계층이 이 위치에 앉게 되었다. 그러나 공연에 따른 가격은 바뀌지 않았다. 무대에서 상연하는 극(劇)은 덜 중요한 요소가 되었다. 후원자들은 박스석을 사회화(社會化) 하기를 바랬나. 가스등은 1830년부터 쓰이게 되어 객석을 어둡게 만들고 무대를 돋보이게 만들었다.

□ The Festival Theatre in Bayreuth

뮌헨에서 Gottfried Semper의 축제 극장 설계를 실현화하는데 실패하면서, 1872년에 Richard Wagner가 건축가 Bruckwald와 함께 Bayreuth에 축제 극장을 설계하기 시작했다. 극장은 1876년에 개장 준비를 하여, 니벨룽겐 공연으로 개장을 하였다. Wagner는 19세기 건축가들은 요란스러운 선전(宣傳)을 싫어했으며, 의도적으로 고대의 법칙들을 복귀시켰다. 건물의 지방에 위치한 선택 또한 의도적이였다. 비록 Semper는 더 이상 건축가로써 이 프로젝트에 관여하지는 않았지만, 그의 뮌헨 설계는 영향을 끼쳤다. 건물의 외관은 벽돌로 내장되고, 목재로 겉을 씌운 외부 벽으로 단순하고 기능적으로 보인다. 공연장의 경사진 지붕과 무대의 용적은 명확하게 분간할 수 있었다. Wagner는 36.0m의 깊숙한 무대를 요구했지만, 그런 깊이는 객석의 중앙 위치에서만 시야가 완벽했다. 의도는 모든 관객들에게 훌륭한 시야와 "사회적으로 공평(公平)한" 방식으로 좌석을 배열하는 것이었다. 이러한 "예의를 갖춘 시대"의 특성은 배우들과 관객들이 램프를 통해 엄격하게 분리되는 것이었다. 가장 큰 박스는 군주나 지도자에게 배정되었고, 스톨은 좌석들로 채워졌다. Festival Theatre의 무대 설계는 나무로만 구성되어 모든 관객들에게 동일한 시야적 거리를 제공한다. 무대에는 두 개의 동일하게 큰 프로시넘 아치가 내부 테이퍼와 함께 구성되어 있다. 이러한 구성은 시각적인 착각(錯覺)을 일으켜 비율에 대한 감각이 사라지게 되는 고의적인 효과가 일어난다. 훌륭한 음향 특성인 측면의 얇은 벽은 Bayreuth의 Festival Theatre에서는 일반적이다. 이런 점은 관객들을 작은 그룹으로 앉게 한다. 오케스트라가 큰 범위에 덮어지게 되면서 Wagner는 원형 객석의 후면 벽에 갤러리층을 추가할 수 있었다. 총 1,645명의 관객이 객석에 앉을 수 있었다. 오케스트라 피트는 무대 아래에 크게 내려앉아 130명의 연주자들이 자리할 수 있었다. Wagner는 관객들에게 불필요하다고 생각했기 때문에 오케스트라를 "감추는" 것에 큰 중점(重點)을 두었다. 그는 오케스트라 피트를 배우와 관객 사이의"신비로운 미궁"으로 불렸다. 음향적으로 이러한 구조는 음악이 배경과 무대의 목소리와 합쳐지도록 한다. Wagner의 극장에서는 음향이 비교적 긴 잔향 시간으로 확산되고, 그로 인해 오페라의 인상적인 음색이 쉽게 섞일 수 있다. Festival Theatre의 건설은 정확하게 Wagner의 오페라에 알맞도록 맞춰져 있다. 그와 대비해서 알려진 많은 작곡가들은 사용 가능한 공연장소에 맞춰서 작업을 했다.

□ Design Principles at the Turn of the 19thCentury

19세기에 들어서 전통적인 극장건물과 Richard Wagner의 극장이 양쪽 모두 존재하고 있었다. 뮌헨의 Prinzregententheater(1988~1901년에 건축가 Littmann과 Heilmann이 준공)이 Bayreuth Festival Theatre에서 영감을 받아, 객석 내 좌석 줄의 높이의 관계와 원형 좌석에 대한 기초안(期礎案) 등이 영향을 받았다. 깊은 무대는 측면의 좌석에는 무대에 제한된 시야만을 가진다는 것을 의미했다. 완전하게 묻힌 오케스트라 피트는 Bayreuth와는 달리 건설되지 않았는데, 합쳐지는 음향은 Wagnerian 오페라에만 맞는다고 생각했기 때문이다.

Bayreuth의 Festival Theatre와는 다르게 Munich의 Prinzregenten 극장은 크기는 동일함에도 불구하고 1,106석의 좌석(원형극장 1,028석, 일반 박스 54석, 시의 지도자와 그의 수행원들을 위한 박스에 24석)으로 구성되어 있다. 그 이유는 더 큰 좌석의 크기에 있다(이전의 52x70cm보다 큰 60x80cm). 상위층이 없기 때문에 음향이 후방 벽에서 앞의 좌석으로 에코처럼 반사된다. 또 다른 음향적 이점은 쐐기형의 갈라지는 벽은 Bayreuth처럼 음을 분산시키지 않고 집중시킨다는 점이다. 한편, Salzburg 인근의 Hellabrunn에 1920~21년 사이에 건축가 HJans Poelzig의 원조(援助)를 받고 지어진 Festival Theatre는 프로시니엄 무대 혹은 오목한 무대를 설치하는 것에 대해 고려했다. 낙하(落下)하는 듯한 출입구의 외관을 지닌 건물은 방문객들에게 인터미션 동안 야외를 구경할 수 있게 한다. 박스석과 층으로 구성된 극장은 2,000석의 객석이 있으며 당시의 극작가들이 요구하던 객석수에 비하면 놀랍도록 적다. 건축가들에게 중요한 설계 사안은 프로시니엄 무대가 설치된 무대는 객석에 깊숙하게 돌출되어 있기 때문에, 배우들을 무대와 그로 인한 착시(錯視)를 배우로부터 떨어뜨리는 것에 대해 어떻게 합의하냐는 것이다. 그것에 대해, 1898년처럼 이

른 시기에 Adolf Loos는 4,000석의 좌석에 달하는 큰 공간에 이러한 배치를 어떻게 맞출 수 있는 가에 대해 시도했다. 1919년 Hans Poelzig의 베를린의 Grobes Schauspielhaus 설계에서 근본적인 개념을 찾아볼 수 있다. 19세기에 들어서기 전까지 건축가들은 일반적으로 과학적인 접근보다는 자신의 건설과 소재의 선택에 대한 경험으로 이러한 문제들을 해결하려 시도했다. 극장과 오페라하우스들은 목재 플레이트로 입혀져 풍부하고 낮은, 그리고 중간대 주파수음이 잘 흡수될 수 있었다. 그러나 콘서트홀의 경우 풍부한 소리를 내는 것이 요구되었고, 그로 인해 강력한 음향 반사 플라스터로 입혀졌다.

□ New Forms of Auditorium

"테라스 극장"의 재발견은 다양한 원형극장이 하나의 그룹인 추가적인 좌석 층을 아래에 설치하여 사용 가능한 공간을 두 배로 늘리는 그룹으로 구분하게 하였고, 이러한 예시는 베를린의 Alexanderplatz의 Panorama Theatre의 변화에서 찾아볼 수 있다. 또 다른 흥미로운 설계는 Carl Moritz가 설계한 카토비체의 City Theatre(1905/1906)인데, 고급 주택가와 노동자 지역을 통합(統合)하는 시도를 했다. 마지막에는 박스석이 위에 배치된 원형극장을 고안하여 박스석에는 상위계층이, 높은 돔의 다른 원형석에는 하위계층이 앉는 구성이다. 축제와 같은 분위기를 만들려는 열망(熱望)은 이곳에서도 분명했으며, 반원형의 좌석 배치는 사람들이 다른 사람들과 또 다시 소통할 수 있게 만들었다. 이러한 발전의 매우 좋은 예시는 Davioud & Bourdais가 설계한 파리의 People's Opera House로 9,000석의 좌석이 있다. 이 많은 수의 사람들은 세로로 쌓여진 배치로, 여물통과 닮은 스톨, 박스석이 있는 층, 그리고 두개의 상승하는 원형 관람석으로 이루어져 있다. 그러나 음향의 질이라는 면에서 의문점이 남는데, 음향을 보강하기 위해 오케스트라에 인접해서 72개의 음향 배리지(Sound Barrage)가 설치되어야 하기 때문이다.

바스티유오페라하우스 구성 |

Georg Fuchs가 조사한 바로, 대부분의 관객들이 기존의 정착된 실험에 완벽하게 만족을 하면서 대형 시설을 개선하는 시도는 중지되어야 한다는 결론을 세웠다. 그는 작은 극장들의 개선에 대한 분석을 하면서 무대를 3개의 구역으로 나눠야 한다고 주장했다. 전면 무대, 중간 무대, 그리고 백스테이지이다. 이러함으로 배우들의 입장과 퇴장이 더 유연(柔軟)하게 된다. 또한 그는 평평(平平)하고 'Relief-like'한 전면부 무대를 통해 시각적인 방해는 막아야 한다고 주장했다. 단순하고 곡면인 무대 후반부의 벽은 이동 가능한 배경막(背景幕)과 함께 걸릴 수 있어 무대의 기계장치를 간단하게 하며, 높은 플라이 타워가 필요 없도록 한다. 비록 Georg Fuch의 개선 방침은 큰 범위(範圍)로 1908년에 뮌헨의 Kunstlertheater에서 Heilmann과 Littmann에 의해서 실체화되었지만, 돌출된 프로시넘만이 최종적(最終的)으로 지어졌다. 진정한 무대와 관객석 사이의 공간적인 통합은 아직 이뤄지지 않았다.

□ Modern Diversity

20세기의 기술적, 사회적, 예술적인 변화로 인해 극장의 설계는 또 다른 중대한 변환(變換)이 진행되었다. 전통적인 무대의 묘사와 관점을 나타내던 채색된 무대는 폐기되고, 입체파와 추상적인 미술에 근원을 둔 삼차원적인 무대가 나타났다. 영화관의 등장 또한 이러한 새로운 시각적 변화에 기여했다. 영화관으로부터 극장을 차별화하기 위해서 배우들이 연출법에 더 신경을 쓰게 되었다. 또한 무대 설계 또한 극의 내용에 초점을 맞추고 현실적인 주변의 묘사를 줄였다. 감독들이 설계 에이전트의 중요한 역할을 깨달은 것도 이러한 변환의 시기였다.

다음의 감독들은 이러한 중요한 시기에 감독으로써 중요한 역할을 하였다. 독일의 Max Reinhardt, 영국의 James Craig, 프랑스의 Jacques Copeau, 스위스의 Adolphe Appia, 그리고 러시아의 Vsevolod Emilevich Meyerhold가 그런 감독들이다. 무대 디자인에 극의 연출법이 전적으로 택해지기 시작되면서 다양한 미적(美的)인 형태가 디자이너들에 의해 등장했다. 배경막은 그 당시 방해물로 여겨졌었다. 그것을 대신해서 발언의 전달과 명확한 발음에 대해서 초점이 맞춰지기 시작했다. 이러한 의도로 무대에서 배우들이 빨리 빠져나갈 수 있도록 했다. 이러한 발전들은 1924년에 절정에 이르렀는데, Andreas Weininger의 "Spherical Theatre"같은 관객석의 모든 면이 무대를 감싸며, 부분적으로 일련의 토대와 나선형의 계단으로 천천히 전환되었다. 유연한 프로시넘 공간 사용의 또 다른 변화점(變化點)은 일부 관객들을 바퀴달린 좌석에 앉히는 것으로 구성하여 가변무대(可變舞臺)라고 불리 우는 무대를 만드는 것이다. 이러한 다양한 무대의 종류는 Mannheim Theatre의 중심에 위치한 무대 주위에 배치되어 있다. 새로운 유형(類型)의 무대는 1914년에 쾰른의 Werkbund Theatre에서 Henry van de Velde에 의해 등장했다. 이 극장은 다양한 공연공간이 서로 통합된 큰 무대가 있었다. 프로시넘 아치는 더 이상 거대한 틀로 간주되지 않고, 가장 중요하진 않은 돋보이지 않는 빔 구조로 여겨졌다. 무대는 하나의 메인 스테이지와 두 개의 사이드 스테이지의 세 구간으로 나뉘어졌다. 이러한 특별한 구성에서 각각의 무대는 동시(同時)에 사용될 수 있었다. 1918년에 특별한 극장 설계를 고안한 것은 오스트리아인 Oskar Strnad였다. 관객들은 크게 기울어진 공간과 같은 스툴에 앉아, 다양한 무대공간이 위치한 곳을 둘러섰다. 스툴들은 회전(回轉)하면서 하나의 공연에서 다양한 무대를 사용하는 것을 가능하게 했다.

1953년에 Mannheim의 National Theatre의 설계 경합에서 Hans Scharoun의 설계는 무대 설계 개발의 새로운 방향을 제시했다. 무대는 평평하고 더 넓어졌으며, 다양한 부분에 더 넓은 무대 세트와 구분을 요구로 했다. 프로시니엄 무대에서 노래와 연기를 하던 배우들은 이제 무대 전체를 활용할 수 있었다. 1927년대의 가장 중요한 디자인 중 하나인 "Total Theatre"를 위한 설계였다. 이러한 결과는 감독인 Erwin Piscator와 건축가 Walter Gropius의 협력의 결과물이었다. 이 극장에서 감독들은 다양한 종류의 공연의 범위를 큰 기계적인 장치 없이도 제공(提供)받았다. 목표는 관객석과 무대의 동반적인 유연성(柔軟性)을 유지하는 것이었다. 다른 설계들은 유연한 사용이란 문제에 대해 다른 접근을 시도하여, 1944년의 Malmo의 새로운 공연공간을 위한 건축가 Lallerstadt와 Lewerentz의 설계가 그 사례이다. 이 건물에서는 분할(分割)벽을 삽입함으로 인해 객석의 수를 1,100석에서 400석으로 줄임으로써 더 다양한 공연 옵션을 위한 공간을 제공하게 된다. 중요한 목표들 중 한 가지는 기존의 공연 환경과 상응(相應)하는 무대로 극을 보여주는 것이다. 예를 들어 고대(古代)의 연극을 아레나 무대에서 공연하거나, 19세기의 자연주의(自然主義) 연극을 프로시니엄에서 공연하려 노력했다.

▫ Post-War Reconstruction in Germany

2차 세계대전으로 인한 파괴는 독일 대형극장들의 새로운 국제 설계 경합(競合)으로 이어지진 않았다. 새로운 건축적인 발전은 Mannheim과 같은 작은 도시들에서 일어났는데, 해결 방법이 절충되어 오페라, 극, 오페레타 등의 모든 장르의 공연이 공연될 수 있는 지방 도시들의 전형적인 다용도 극장(多用度 劇場)이 지어졌다. Mannheim에서는 필요성이 가장 중요한 항목으로, 대형(大型)의 쉘터가 제거되거나 건물과 통합될 수 없기 때문에, 무대는 2층에 위치하여 연속(連續)해서 위치해 있다. 무대들은 중앙의 큰 포이어에 의해 연결되어 있다. 이 넓은 건물에는 경사진 원형 객석과 같은 스톨이 측면에 윗층과 발코니와 함께 있다. 무대는 대형의 회전(回轉)하는 무대와 조정 가능한 경사진 포디움, 이중 포디움, 그리고 회전하는 실린더 무대 등이 있다. 반면에, 작은 무대에서는 스톨만이 있는 극장으로, 공간의 구성에 따라 변환될 수 있다.

▫ Theatre Architecture Today

현대적인 극장들은 다른 공연들을 위한 다양한 무대의 종류를 제공한다. 이에따라, 가능한 무대의 종류와 상관없이 공연의 종류에 맞게 무대의 디자인과 배경(背景)을 조정할 수 있다. 또 다른 옵션은 특정한 공연을 위해 무대를 근본적으로 바꾸는 것이다. 최근의 경향(傾向)으로 정의하기로는 무대와 객석을 하나의 통합된 개체(個體)로 본다. 미리 정해진 요소가 없는 커다란 공연장의 평면도가 만들어진다. 이러한 구성에서는 모든 기술적인 장비들이 텔레비전 스튜디오처럼 천장에 통합된다. 이러한 내용에서도 목표는 무대와 관객들 사이의 수많은 병치(竝置) 상황을 만들어 극장건물의 좁은 제한을 뛰어넘고, 건축가와 감독의 생각을 통합시키는 것을 가능하게 한다. 극장에 대한 실험에서 이러한 점들이 일반적인 출발점(出發點)이다.

2 계획(計劃)과 구성(構成)

세계에서 가장 현대적인 오페라하우스의 프로젝트 발주자인 머스크 맥키니 몰러(Mærsk Mc-Kinney Møller)가 언급(言及)한 대로 코펜하겐오페라하우스는 세계 최고("Second to None")를 목표로 하여 설계되었고, 확실히 세계 일류급의 음향조건 및 뛰어난 임장감(臨場感), 매우 양호한 객석의 시야 조건(視野條件)을 갖추었을 뿐 아니라, 현대적이고 종합적인 장비와 광대(廣大)한 무대 배후시설 및 포이어를 갖추고 있다. 또한 건물은 디자인과 품질, 기능면에서 훌륭하게 균형(均衡)을 이루고 있다.

코펜하겐오페라하우스는 덴마크 국민들에게 헌정(獻呈)되는 선물로 건설되었다. 덴마크 왕립 극단(Danish Royal Theatre)이 오페라하우스의 운영을 맡아 메인 무대에서 상연되는 오페라·발레 공연을 담당하고, 또한 스튜디오 무대(Studio Stage)에서는 마스터클래스(Master Class ; 일류 음악가가 지도하는 상급 음악교실)와 실내 오페라(Chamber Opera)를 제공한다. 이러한 완벽한 구성 조건은 세계 각지의 많은 극장들과 기구(機構)들이 덴마크 왕립 극단을 매우 부러워 할 것이다.

좋은 오페라하우스의 기준(基準)은 무엇일까? 이 질문에 대해 모든 사람들이 같은 의견들을 내놓지는 않지만, 분명히 여러 가지의 중요한 특징들이 존재한다. 코펜하겐오페라하우스는 형태와 기능적인 측면(側面)을 동시에 갖추었으며 디자인, 시공, 장비 어느 하나도 소홀히 하지 않았다.

모든 사람이 만족할 수 있는 건축양식(建築様式)과 인테리어 디자인, 무대 배후공간(背後空間)을 계획하는 것은 거의 불가능하며, 극장 기술자들은 최대한 완성도를 높이기 위해 무대기계 및 조명의 형태와 기능, 그리고 음향기기 설치에 대해 심사숙고(深思熟考)할 것이다. 이러한 과정에서 종종 설치와 마감작업이 늦어지게 되고, 건물을 인계받아 사용하는 사용자들이 이러한 문제 때문에 불편을 겪게 되는데, 코펜하겐오페라하우스에서는 이러한 일이 발생하지 않았다. 건물이 완전히 인계(引繼)되는 날, 건설업체는 건

물로부터 철수하였으며 한 달 내에 부시로부터도 완전히 철수하였다. 무대기술과 관련된 기술업체는 무대 왜건 구동장치의 설치는 물론이고 운영자가 교육기간에 배우거나 경험하지 못한 고장이나 오류(誤謬)가 발생할 것을 대비해, 첫 공연의 상연 때까지 남아서 지도(指導)해야 했다. 덴마크 왕립 극단은 건물을 인계받은 후 개관 공연까지 3개월 이상의 준비기간을 가질 수 있었는데, 3주 정도의 준비기간을 가진 런던 로열오페라하우스의 개관 공연과 비교하면 매우 만족스러운 조건이었다. 개관 공연을 위한 준비기간 동안 운영자와 건설 기술팀간의 많은 문제들이 발생하게 된다. 이 기간 동안에는 모든 것이 새롭고 흥미진진하게 보이나 그 앞에는 문제점들이 놓여있기 마련이다. 기술 책임자 Nikolaj Jensen은 장비 및 기계반입과 무대사용이 순조롭게 이뤄졌으며, 모든 것이 너무 순조로워서 그는 사실 시간적 여유가 많이 있다고 생각했다. 그 후 몇 가지 예상치 못한 문제들이 발생하였으나, 그들은 전문적으로 문제를 해결해 왔고 이러한 경험(經驗)들은 운영자들이 장기적인 미래를 준비하는 데 도움을 줄 것이다.

프로젝트 책임자(責任者)인 Richard Brett과 공연장 계획팀(Theatre Plan), 그리고 몇몇 컨설턴트들은 몇 장에 걸쳐 설계와 오페라의 기술적인 관점(觀點)에 있어서 자신들이 실시한 것들을 설명하였다. 그러나 사용자들의 의견 또한 매우 중요하므로 Nikolaj와 왕립 극단의 다른 관계자들의 관점을 요약하여 정리하였다. 두 개의 공연장에서 상연되는 모든 장르의 공연에 대응할 수 있는 뛰어난 음향성능이 요구되었고, Rob Harris가 이끄는 음향컨설턴트인 Arup Acoustics에게 최고 수준의 음향성능(音響性能)을 달성하고 건물 내외에서 발생하는 모든 소음을 제거해 달라는 요청사항이 전해졌다. Rob은 모터 소음, 조명기구 소음, 공조 속도(速度)를 비롯해 심지어는 갤러리(Gallery)에 세워진 얇은 스틸 패널에 이르기까지 라이브 시어터의 많은 국면(局面)에 걸친 문제들과 맞닥뜨려야 했다. 일반적으로 음향 컨설턴트들은 설계팀의 다른 구성원들에게 조언(助言)을 하는 정도로, 그들의 작업을 위한 예산을 확보하지는 않는다. 이러한 일반적인 방식과 관련하여 Arup社는 그들의 목표를 달성하기 위해 변화와 함께 추가적인 예산을 요구하였고, 이 때문에 프로젝트 매니저는 많은 어려움을 겪었다. 아마도 그것은 프로젝트의 총 책임자인 Richard Brett이 보유한 2천만 파운드의 예산에 상당하는 금액이었고, 발주자인 Møller는 몇 차례나 Arup社가 이 프로젝트에 있어서 가장 비싼 컨설턴트일 것이라고 비난(非難)하였다. 그러나 후에 Møller는 그 발언(發言)은 극장 설계에 대한 보수(報酬)가 아니라 기대했던 것보다 훨씬 많은 장비 예산에 대한 언급이었다고 시인(是認)하였다.

경험 및 기술을 통해 코펜하겐오페라하우스 프로젝트를 단기간 내에 성공적으로 완성시킨 사람들과 건물을 인계받아 실질적으로 사용하는 사람들이 쓴 이야기를 여러 장(章)으로 나누어 구성하였다.

| 개요

건축가	Henning Larsen Architects, Copenhagen
의뢰인	A.P. M ø ller and Chastine McKinney M ø ller Foundation
수상	IABSE Outstanding Structure Award 2008
설계기간	2000~2001 / 시공기간 : 2001~2004
연면적(GFA)	41,000 m2
좌석수	1,703석
비용	25억 덴마크 크론(336백만 유로)

2000년에 코펜하겐 시(市)는 Henning Larsen's Tegnestue (HLT)를 포함한 세 곳의 건설사에 도시의 항구지역 발전 가능성에 대한 연구를 의뢰(依賴)했다. HLT에서는 항구 내부 공간을 주거 및 상업적 부동산으로 개발하고, 그러한 새로운 지역에 큰 문화 시설을 지음으로써 역동적인 문화 물결을 가져오는 컨셉을 제안했다. 이러한 컨셉은 항구지역에 새롭고 큰 문화시설을 구비(具備)하는 것을 원했던 코펜하겐의 해운업 회사인 A.P. Mærsk Mc Kinney Møller에서도 공유(共有)했다. 새로운 오페라하우스는 도시의 항구지역에서 가장 훌륭한 위치인 Frederikskirken과 Amalienborg 사이에 자리하였다. 방문자들은 이 지역을 배를 타고 오거나 거대한 산책로(散策路)를 따라 올 수 있다. 저녁에는 지는 해에서 비춰진 빛을 받은 대형 전면 광장이 사람들을 맞이한다.

이러한 다용도 공간의 카페에서 방문자들은 도시의 훌륭한 경치를 즐길 수 있다. 오른쪽 맞은편의 Royal Theatre 또한 화려한 물가의 스테이지를 포함해서 이 광장을 공연공간으로 사용한다. 오페라하우스의 거대한 유리로 된 전면부(前面部)는 방문자들에게 주변 경치에 대한 180도의 전망을 제공하고, 도시와 항구 사이의 교류를 증진(增進)시킨다. 새로운 문화시설의 의미를 강조하기 위해서, 건축가들은 휴양공간을 건물의 두 면에서 감싸는 새롭게 조성된 운하(運河)와 함께 설계했다. 한쪽만 고정되어 있는 방식의 놀라운 지붕은 멀리서도 인식할 수 있게 만들며 스타일리시한 형태를 보여준다. 항구 주변의 생동감(生動感)있는 분위기와 조각되고 내향적인 셸의 오디토리움의 상호작용은 놀라움와 흥분을 자아낸다. 개방된 객석의 금색(金色) 천장은 멀리서 반짝거리는 것처럼 보이며 무대 타워는 그 아래의 무대의 위치를 보여준다. 새로 지어진 건물은 공개된 공간과 백스테이지 공간 양쪽 모두에 여러 가지 시설들을 담고 있다. 주출입구과 객석은 건물의 앞면에 위치하고 있으며, 후면의 경우 스테이지와 극장 샵, 휴대품 보관소, 의상제작실, 관리실, 그리고 공연자들을 위한 공간이 자리한다. 환하게 밝혀진 주출입구에서부터 방문자들은 거대한 계단을 통해 발코니로 향할 수 있다. 발코니들은 서로 작은 통로를 통해 연결되어 있다. 객석의 형태는 멋지고 신비로운 세계를 둥글게 연결된 외형(外形)을 통해 외부와 단절시키는 달팽이를 연상시킨다. 목재 등을 포함한 내장재들은 실내에서 연주(演奏)되고 있는 것처럼 소중한 악기들을 연상시킨다. 객석은 고전적인 배치를 하고 있어 스툴과 가파른 객석층이 있고, 청중들의 "보고, 보여지는"에 대한 바람을 충족시킨다.

| 오페라하우스 직선상 위치한 왕궁

3 코펜하겐오페라하우스(Copenhagen Opera House)

불과 15년 전까지만 하더라도 배를 타고 코펜하겐에 가다 보면 항구 양쪽에 '일반인 출입금지(一般人 出入禁止)'라는 푯말이 눈에 띄었다. 이곳은 운하(運河) 사이에 들어선 인공섬인 Holmen으로 1960년부터 덴마크 왕립 해군 조선소가 위치했던 곳이다.

1996년 덴마크 해군 본부가 코르쇠로로 옮겨간 뒤 건축, 영화, 연극, 음악으로 전문화된 학교가 들어서면서 코펜하겐 시민들이 즐겨 찾는 문화센터로 탈바꿈하고 있으며, 도시의 공해(公害)와 소음으로부터 벗어나 있어 쾌적한 주택가로도 인기다. 2005년 1월에 개관한 Copenhagen Opera House는 수변(水邊) 문화공간으로 떠오른 "홀멘의 꽃"이라 할 수 있다.

2000년에 헤이닝 라젠스 텍네스츄(Henning Larsens Tegnestue (HLT))는 코펜하겐에 축조되는 항구구역 재개발 가능성을 조사해 달라는 의뢰를 받았다. 건축가는 가능한 극장, 공연장 및 미술관으로 세 개의 주요 문화적 시설을 포함하는 다목적 이용의 계획을 기본안(基本案)으로 제안하였다.

그들이 계획한 기본안의 기초는 도시의 중심을 수변(水邊)으로 돌리는 것이었다. 따라서 그들은 페리가 역사적으로 강에 의해 분리된 도시의 부분을 연결시키도록 하는 부두(埠頭)를 포함시켰다. 이러한 계획안은 곧 현실로 나타나게 되는데, 코펜하겐 도시를 위한 공공건물에 자금이 사용되기를 희망하였던 세계에서 가장 큰 회사 중 하나의 소유주(所有主)인 머스크 맥키니 묄러(Maersk Mc-Kinney Moller)는 약 3억5천만 유로에 달하는 건립비용을 기증했고 세계적 수준의 오페라하우스를 만들기 위해 Henning Larsen Tegnestue

콘서트홀 외관_야경 |

A/S, Rambøll A/S, Theatre Planning & Technology Ltd., Ove Arup & Partners and E. Pihl &Søn A/S와 같은 유능한 무대기술 및 음향 기술자를 초빙(招聘)하여 세계적인 오페라하우스를 건립하였다.

2001년 10월 16일에 이 오페라하우스 프로젝트가 일반 시민들에게 공개되고 건설공사는 곧 코펜하겐 만(灣)의 Holmen 섬에서 시작되었다. 4년 만에 건립된 오페라하우스는 아마 세계에서 가장 빠른 시간에 건립된 오페라하우스일 것이다.

건축가는 공연장을 건립하는데 일반적으로 너무 오랜 시간 동안 준비 작업단계가 필요하다는 것을 사전에 파악(把握)하여, 끊임없는 검토와 추진력(推進力)으로 이를 극복하고 단기간에 세계적인 오페라하우스를 건립하였다.

헤이닝 라젠스 텍네스츄(Henning Larsens Tegnestue (HLT))는 전 세계의 공연장을 답사하면서 코펜하겐오페라하우스의 각각의 특징적인 것을 찾아내었다. 그들이 방문했던 프로젝트 중에 하나는 코펜하겐오페라하우스 건축의 지붕 형상(形狀)을 위한 영감(靈感)을 명확히 제공했던 스위스 루체른에 있는 장 누벨(Jean Nouvel)의 문화 및 컨퍼런스 센터(Cultural and Conference Centre)였다.

코펜하겐오페라하우스의 거대한 지붕은 북부 항구 입구와 해협(海峽)에 타워와 첨탑이 있는 도시 중앙을 위에, 크니펠스 브리지(Knippels Bridge)에서부터 서쪽까지 항구를 따라 180° 전망을 제공하는 플라자로 확대된다.

프라자의 거대한 유리 정면은 얼룩무늬로 도장 마감된 단풍나무 목재 패널로 둘러싸인 바이올린 모양의 오디토리움 쉘의 포이어를 통해 바라보게 하고 있다. 오디토리움은 전형적인 배치를 아래층 좌석과 편자 모양의 갤러리를 만들어 내고 있다. 그러나 전형적(典型的)인 박스는 더 좋은 시설과 음향시설을 위한 오픈된 발코니로 가는 공간을 제공하고 있다.

| 코펜하겐오페라하우스 위치

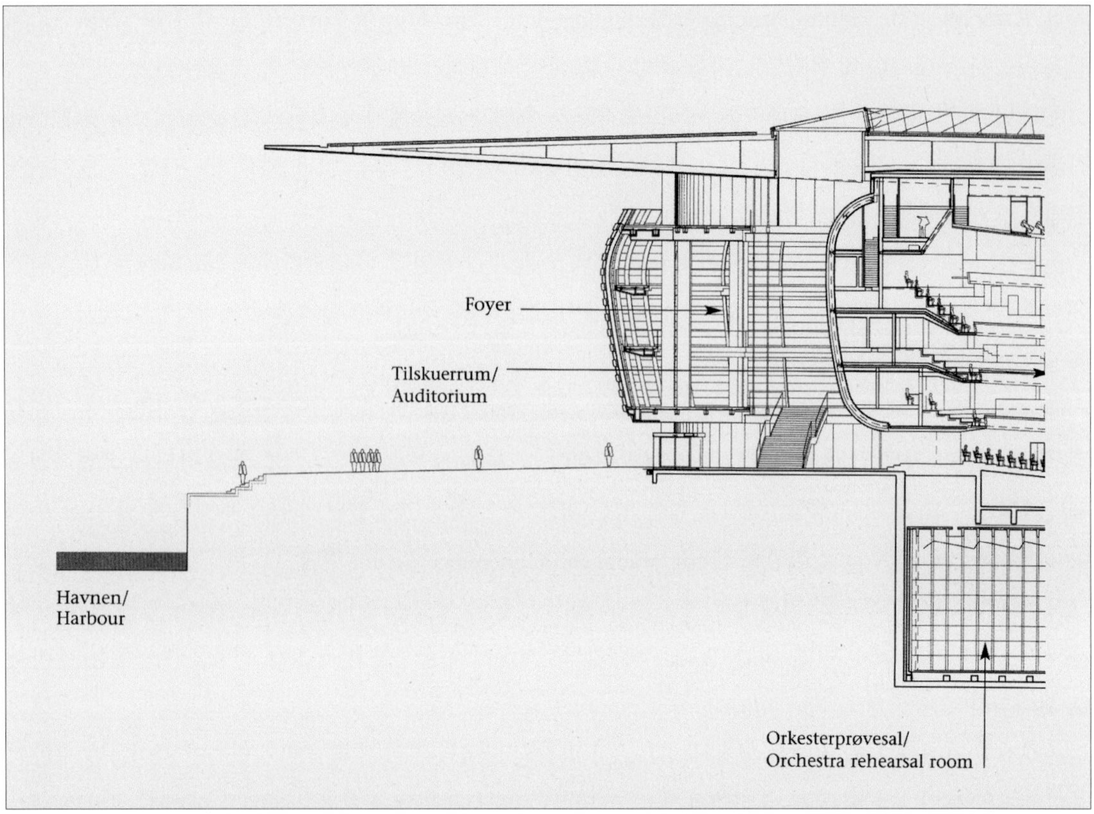

Foyer

Tilskuerrum/
Auditorium

Havnen/
Harbour

Orkesterprøvesal/
Orchestra rehearsal room

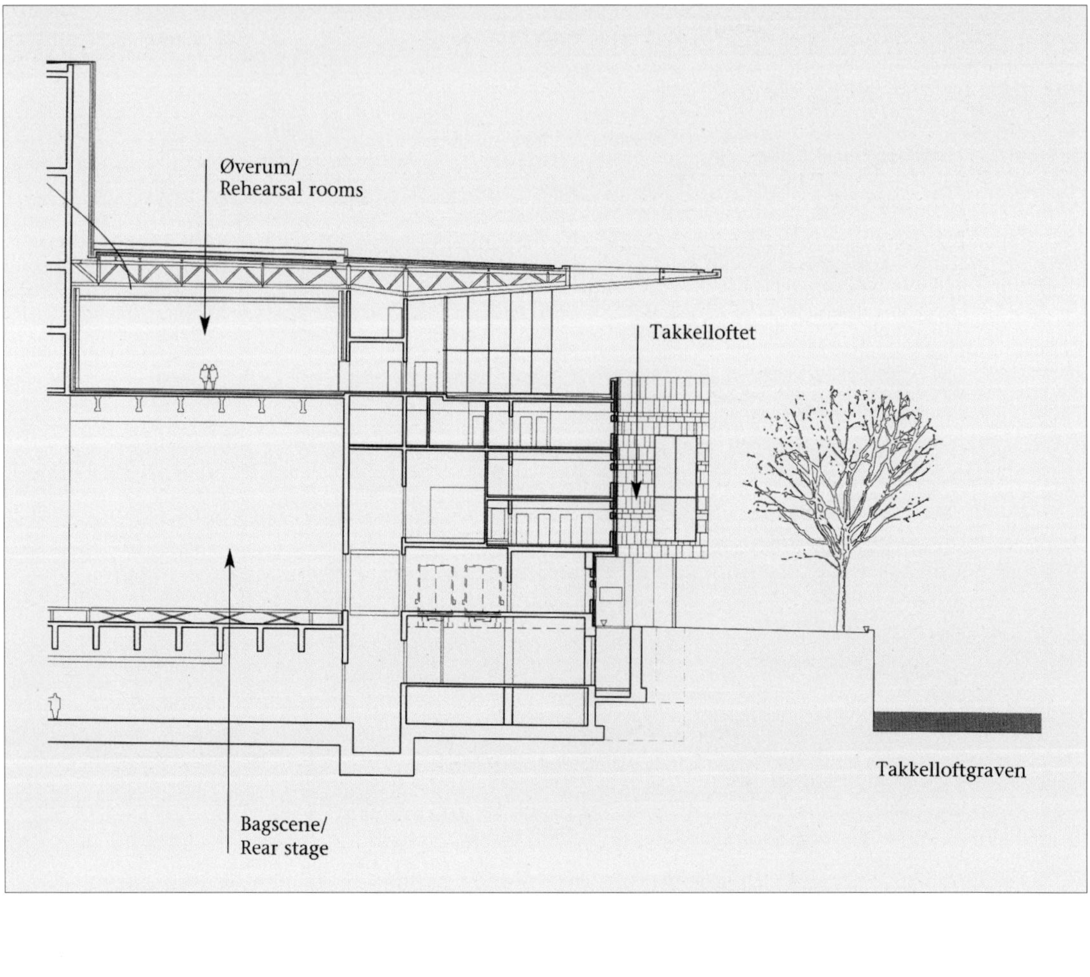

Øverum/
Rehearsal rooms

Takkelloftet

Takkelloftgraven

Bagscene/
Rear stage

2004년 10월 1일 완공과 함께 오페라하우스는 덴마크 정부로 양도(讓渡)되었고 그 이후로 덴마크 왕립 극장에 의해 운영되고 있다. 코펜하겐오페라하우스는 2005년 1월 15일 왕실의 개관식으로 오픈되었는데, 개관 기념공연에서는 덴마크 작곡가 칼 닐센의 오페라'사울과 다윗'중 2막 전주곡, 뉴욕 시티 발레단 예술감독 피터 마틴스가 안무한'파드되'(초연)에 이어 베르디의 '아이다'중 개선 행진곡이 공연되었다. 1748년에 개관한 왕립 극장과 더불어 이곳에 제2의 보금자리를 마련한 덴마크 왕립 오페라 발레단이 마련한 축하무대였다.

| 콘서트홀 외관_전면 지붕 형상

| 콘서트홀 외관_측면

| 시설 개요

구분	내용
소재지	Ekvipagemestervej 10, 1438 København, 덴마크
설계	건축설계 : 헤닝 라르센(Henning Larsen) 음향설계 : Ove Arup 극장기술 : Theater Planning &Technology Ltd
완공	2004년 10월
개관	2005년 1월 15일
소속	덴마크 왕립 극장(Royal Danish Theatre)
규모	– 연면적 : 약 41,000 m^2 – 총면적 : 7,000㎡ / 14층(지하 5층, 지상 9층) – 빌딩의 길이 : 125m / – 폭 : 90m / – 지붕의 길이 : 158m – 돌출 : 32m / – 지붕까지의 높이 : 24m / – 플라이 타워까지의 높이 : 38m
객석수	1492석~1703석까지 조정(오페라 공연 규모에 따라 객석수 조정)
특징	– 객석 : 말굽형 – 객석천장 : 약 10만 5천 장의 24 캐럿 금박으로 매우 화려하게 장식 – 대극장에 여왕을 위한 발코니석이 따로 마련 – 대극장 옆에는 블랙박스라는 별칭으로 불리는 소극장이 있음(약 200석) – 건물의 외벽 : 대부분 남부 독일에서 가져온 석회암으로 되어 있음 – 정문이 있는 전면은 볼록한 형태의 유리로 구성 – 로비 : 시칠리아산 대리석을 사용한 바닥재 덴마크 출신의 유명한 설치 미술가인 올라퍼 엘리아슨(Olafur Eliasson)이 제작한 독특한 유리 조명이 설치 – 오페라하우스의 초점 : 4개 층의 곡면 휴게실을 덮는 32m 길이의 컨틸레버(외팔보)를 가진 거대한 부유 지붕 – 발코니 : 연한색 단풍나무 판재 마감 – 벽체 : 진한색 단풍나무 판재 – 바닥 : 오크목재 마감

○ 건축설계(建築設計)

코펜하겐의 새 오페라하우스는 코펜하겐 만(灣)에 접한 뛰어난 경관 속에 세계에서 가장 현대적인 오페라하우스이면서 미래지향적(未來指向的)으로 지어졌다. 웁살라 콘서트홀과 덴마크 왕립 극장 리노베이션 설계를 해서 국제적인 명성을 얻고 있는 덴마크 설계자 Henning Larsen가 건축설계를, 런던 로열오페라하우스 리노베이션을 맡은 영국 Arup社가 음향설계를 각각 맡아서 세계 최고 순위에 드는 오페라하우스를 만들게 되었다. 재단은 설계자인 Henning Larsen에게 그의 광범위한 국제적 경험을 반영할 뿐만 아니라 완전히 새로운 오페라하우스를 건립하도록 아래와 같은 막중한 임무를 맡겼다.

▷ 여러 나라에서 경험(經驗)의 추출(抽出)과 최신의 실용적이고 과학적인 발전을 통합(統合)시킨 음향기술로 세계적 규모의 오페라와 발레를 위한 공연공간을 건립한다.

▷ 이제까지 생각할 수 없었던 기술적(技術的)인 방법을 사용한다.

▷ 일하는 예술가와 극장 스태프에게 가능한 한 최고의 시설을 마련한다.
결국 그것이 극장을 찾는 관객에게 새로운 체험(體驗)을 만드는 것임을 잊지 말아라.

▷ 마지막으로 오페라하우스를 방문하는 그 자체가 체험(體驗)이 되는 그런 건물을 창조(創造)하라.

이런 임무를 전제(前提)로 하고 건축설계는 코펜하겐 만, Freja 부동산 회사, 에너지 환경부의 협력 하에 이뤄졌다. 오페라하우스의 정면은 코펜하겐 항구와 시가지가 한 눈에 보이는 수변공간(水邊空間)으로서 시각적으로 통합되었고, 건물 주변은 주변지역과 오페라하우스의 북측과 남측에 계획된 아파트 단지에 맞춰서 낮은 건물 단지로 설계되었다. 오페라하우스 주변에는 17세기의 적벽돌 주택과 목조주택, 유리공장, 그리고 드라마, 영화, 디자인, 건축, 뮤직에 전문화된 왕립 아카데미 스쿨이 위치한다. 앞으로 건물 주위에 미술관, 레스토랑과 새 주택이 들어서고 또한 2008년에는 운하(運河) 건너편에 7억 4000만 크로네의 예산(豫算)을 들인 연극 전용극장이 들어서면서 광대한 수변(水邊)문화 예술지역을 형성(形成)하게 되었다. 또한 Arup社의 음향 스케일 모델링과 최신 컴퓨터 시뮬레이션 기술사용에 있어서 전문지식을 포함한 최신의 음향설계가 이 프로젝트의 장점(長點)이고, 이로 인해 오페라하우스는 세계적으로 광범위한 음향분석(音響分析)을 받고 있다. 오페라하우스의 초점은 4개 층의 곡면 휴게실을 덮는 32m 길이의 컨틸레버(외팔보)를 가진 거대한 부유(浮游) 지붕이다. 35m 폭의 오페라하우스 전면 광장은 오페라하우스를 부두쪽으로 연결시키고 바다에 무대를 띄우면 야외공연의 객석으로 활용할 수 있다. 메인 입구는 회전문으로 되어 있는데, 매우 독특한 구성이기도 하다. 또한 오페라하우스 양측에는 오페라하우스 그 자체를 섬으로 만들기 위해 두 개의 17m 폭 운하(運河)가 만들어졌다. 3,500명의 진취적인 근로자, 컨설턴트와 전문가가 총 2천 4백만 시간을 들여 오페라 프로젝트를 수행했다. 61,600톤의 콘크리트와 4,700톤의 강화 스틸이 사용되었고, 4개 층의 휴게실 곡면은 유리와 수평의 스틸 밴드로 만들어졌다. 이 1,450개의 창은 뛰어난 조명을 제공한다. 공중(空中)에 떠 있는 지붕은 90m 폭에 158m 길이로 5층 높이의 유리 정면 위로 강가를 면해 뻗어 있다. 코펜하겐오페라하우스는 41,000㎡의 면적과 1,100개 이상의 방을 갖춘 초대형 복합공연장(複合公演場)으로, 덴마크의 가장 크고 혁신적인 빌딩 중 하나이다. 오페라하우스의 전체 14층 중에서 5층은 지하에 위치하고, 공연장과 휴게실의 총 면적은 7,000㎡으로 34,000㎡은 예술가와 다른 스태프를 위한 공간이다. 건물은 오페라와 발레를 위한 여러 개의 리허설룸과 하나의 커다란 오케스트라 리허설룸을 포함해서 1000개 이상의 실(室)을 보유하고 있다. 덴마크 왕립 오케스트라의 리허설룸은 공연장의 5개 층 아래(수면으로부터 13m

아래)에 위치한다. 오페라 극단과 발레 극단은 2개씩의 리허설룸을 보유하고, 더 작은 리허설룸은 음악가와 합창단이 사용하며 드레싱룸, 사무실, 공방들은 지하에 위치한다. 휴게실의 15층은 발코니가 딸린 연회장(宴會場)과 레스토랑 섹션, 휴게실의 낮은 층은 카페와 Bar가 있고, 맨 위층의 레스토랑과 발코니로부터는 항만과 도시를 180°각도로 조망(眺望)할 수 있다.

덴마크 각 분야의 예술가들은 오페라하우스의 실내 장식 예술품을 기증(寄贈)하였다. 세계적인 조각가 Per Kirkeby는 휴게실을 위한 4개의 청동 부조(靑銅 浮彫)를, 아이스란드 예술가 Olafur Eliasson는 휴게실에 걸린 3개의 조명 장식품(照明 裝飾品)을 기증했는데 이것은 2000여 조각의 유리와 300개의 램프로 만들어 졌다. 그 외에도 Tal R은 Takkelloftet의 휴게실을 위한 예술작업을 했고, Erik A. Frandsen, Sonny Tronborg, Lars Nørgaard, Pia Andersen, Jesper Christiansen, Niels Erik Gjørdevik는 페인트 작업을, Kasper Bonnen은 백스테이지 벽을 장식하였다. 디자이너 Per Arnoldi는 the Copenhagen Opera House의 로고인 거문고 별자리 무늬와 그것을 그린 오페라하우스의 대(大) 무대의 커튼을 디자인하였다. 오페라하우스의 4,900㎡ 면적의 외벽은 독일 산(産)의 석회암인 Jura Gelb 11,207장으로 마감되었으며, 로비 바닥은 시칠리아산 페를라티노 대리석이 깔렸다. 휴게실과 홀은 364㎥의 단풍나무와 25,683㎡의 도장 마감한 단풍 화장판으로 마감했고, 메인 공연장의 천장은 24k 금박의 105,000장으로 장식(裝飾)되었다.

콘서트홀 주출입구

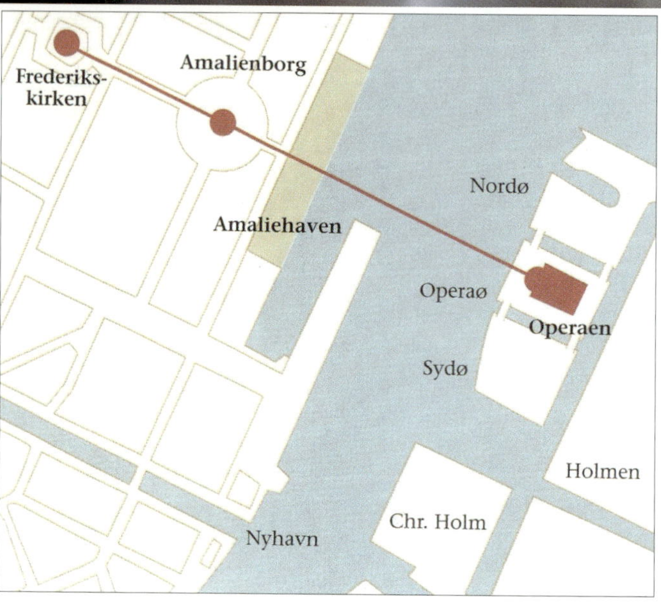
Frederiks-
kirken
Amalienborg
Nordø
Amaliehaven
Operaø
Operaen
Sydø
Holmen
Chr. Holm
Nyhavn

○ 공연장(公演場)

"the Conch(소라)"라는 닉네임을 가진 조각적인 공연장은 공간 안에 떠 있는 듯한 형상을 하고 있으며, Copenhagen Opera House의 중심이라 할 수 있다. 1,492석의 객석을 가진 공연장으로 오케스트라 피트의 이용에 따라 1,703명까지 수용 가능하다. 따뜻한 느낌의 단풍나무로 덮인 외부의 벽은 로비의 곡면 유리와 스틸로 된 외관과 뚜렷한 대조(對照)를 이루며 서 있다. 공연장은 최선의 시야각과 음향을 확보하고 관객에게 편안함을 주는 좌석으로 설계되었다. 좌석 배열은 전통적인 마제형(馬蹄形) 모양의 객석으로 3개의 발코니로 구성되어 있다. 발코니는 연한색 단풍나무, 벽은 진한색 단풍나무, 바닥은 오크(떡갈나무)로 마감되었고 419㎡의 천장은 24k 금박으로 마감되었다. 발코니 조명의 장식 밴드는 음향적인 이유와 공연장 내의 적당한 조도(照度)를 위해 설계되었으며, 대형 공연장임에도 불구하고 공연장의 형태는 예술가와 청중 사이에 친밀감을 형성하고 있으며 세계적 수준의 음향을 제공한다. 공연장의 천장은 금박(金箔)으로 마감되어 있으며 보다 넓은 객석으로 반사음(反射音)을 확산할 수 있도록 천장면보다 아래로 볼록 내려와 있다. 매달기 천장은 섬유혼입 강화석고보드로 만들어졌으며 표면은 저주파음(低周波音)의 흡수를 최소화하기 위해 50kg/㎡의 단위질량(單位質量)의 사양으로 마감하였다.

천장면에 장식되어 있는 사각형의 작은 홈들은 음이 난반사(亂反射)되는 것을 줄이기 위해 표면을 조정하는 데 이용된다. 가능한 한 많이 객석으로 음을 반사시키는 동시에 연출용 조명을 적재적소(適材適所)에 위치할 수 있도록 하기 위한 통합적인 해결책은 천장에 다수의 조명용 구멍들을 내어 조명배치의 자유도(自由度)를 확보한 후 음이 소실될 수 있는 오픈구를 최소화하는 것이었다. 매달기 천장 위의 빈 공간으로 음이 소실(消失)되는 것을 최소화하기 위하여 각 조명용 구멍의 윗부분을 반사성 재료로 둘러싸는 방법을 채택하였다. 매달기 천장 상부의 공간은 매달기 천장 가장자리를 따라 세워진 300mm 높이의 수직 업스탠드(Upstand)를 통해 공연장과 분리되어 있는데, 천장 위의 덕트를 통해 공연장 상부의 공기를 흡입하여 배출할 수 있도록 천장면까지 완전히 닿아 있지는 않다.

이것은 매달기 천장 위로 음이 소실되는 것보다는 음향적으로 매달기 천장 위의 공간을 격리시키는 것이 더 중요하기 때문에 고안해낸 절충안(折衷案)이다. 매달기 천장의 가장자리 주변에는 팔로우스포트(Follow Spot) 실이 있는 조명 갤러리가 위치한다. 매달기 천장 주변의 공간은 공연장 내에서 잔향감의 확장을 돕는 상당한 용적을 제공하도록 하였다.

오케스트라 피트는 110명을 수용할 수 있고, 기존의 덴마크 왕립극장의 무대보다 30명 정도 더 수용 가능하다. 사이즈와 깊이 모두 개별 공연의 요구에 맞춰서 대응할 수 있도록 구성하였다. 오페라하우스는 오페라뿐만 아니라 발레도 공연하고 또한 실험적(實驗的)인 연극을 위한 200석 규모의 별도의 작은 극장을 가지고 있다. 오케스트라 리허설룸이 공연장 아래에 위치하고 있으며 공연장의 5개 층 아래에 위치한 덴마크 왕립 오케스트라의 리허설룸은 인공적(人工的)으로 밝혀진 불빛이 우주(宇宙) 속으로 빨려 들어가는 햇빛의 모습을 연상시키는 모습을 하고 있으며 벽과 천장은 나무로 마감되었다.

○ 공연장 건축음향설계(建築音響設計)

코펜하겐오페라하우스의 건축음향설계에 적용된 공연장의 총용적(總容積)은 기술 갤러리를 포함하여 약 10,500m3이고, 1인당 용적은 약 7.1m3로서 이는 오페라 공연공간의 적정(適正) 용적이라 할 수 있다.

건축음향설계의 주요 검토사항은 초기 이탈리아 오페라 작품을 위한 뛰어난 음성명료도를 확보하는 동시에, 스트라우스나 바그너 작품과 같은 대규모 오페라 공연을 위한 적절한 잔향을 제공하는 것을 주요 목표로 하였다. 설계목표는 만석시(時)의 중주파수대 잔향시간 1.50초를 달성하고, 무대 위 음원의 경우 잔향시간 기준 80~90%의 초기감쇠시간(EDT), 오케스트라 피트 내 음원은 90~100%의 초기감쇠시간을 달성하는 것이었다. 이러한 공간의 음향 제조건(制條件)을 확보하기 위하여 공연장의 벽체는 섬유혼입 강화석고보드(50kg/㎡)로 세워진 뒤, 최대 75mm 두께의 스테인 가공된 단풍나무 목재로 마감되었다. 목재 마감벽에는 "L"자 형태의 우묵한 벽감이 설계되었고, 이것은 HLT와 Arup Acoustics社가 고주파수대 음을 분산시키기 위해 고안한 독창적인 디자인이다.

공연공간의 벽체에서 음을 분산(分散)시키는 목적은 음향적인 "Glare(집중반사)"를 줄이는 데 있다. 이와 같은 음향적 효과를 위하여 벽체의 전체적인 형태는 공연장의 중앙과 후방으로 음을 반사시키도록 설계되었다. 공연장의 벽 형상은 곡면으로 된 발코니 전면부가 이루는 원(圓)의 중심으로부터 방사상(放射狀)으로 점들을 찍어 만들어졌다. 발코니 전면부의 수직 단면 형상은 공연장 후방에서 가장 큰 곡면을 이루며 프로시니엄 근처에서는 보다 평면에 가까운 형태이다. 평면에 가까운 경사진 발코니 면은 유용한 반사음을 최대화할 뿐만 아니라, 볼록한 면은 원 형태의 공연장에서 발생할 수 있는 초점 현상(Focusing Effect)을 방지하는 동시에 무대나 1층석으로 돌아오는 강한 고주파 반사음을 최소화(最小化)시켜 준다.

발코니 전면부와 공연장 벽체 사이에는 "Box Front(박스석 전면부)"라는 또 다른 표면이 존재하는데, 이러한 서로 다른 표면들은 측면 발코니에서 객석의 높이에 변화를 주고 적정한 난간을 제공하기 위한 수단으로 도입되었다.

또한 프로시니엄 근처에서는 공연장의 음향상의 폭을 줄이기 위한 요소로서 위층 발코니까지 달하는 높이의 벽들이 세워졌다. 프로시니엄과 가장 가까운 곳에 배치된 표면은 발코니 폭을 좁히는 역할을 함으로써 중요한 초기 반사음을 제공하는 동시에 음을 공간의 중앙 쪽으로 확산되게 함으로서 발코니 공간에서 음이 소실(消失)되는 것을 막는 역할을 담당(擔當)하게 된다. 평면의 경사진 발코니 전면부는 무대로부터 발생한 고주파음을 여러 방향의 객석 공간으로 직접 반사시킨다. 2층 발코니의 전면부는 바닥석으로 반사음을 제공하며, 3층 발코니 전면부는 3층과 4층에 반사음을 제공한다.

발코니 전면부의 수직단면이 살짝 볼록한 곡면 형상임에도 불구하고 이 전면부에 조명을 설치함으로써, 회반죽을 거칠게 바른 전통적인 발코니 전면부처럼 고주파수대의 음을 분산시키는 역할을 제공하고 있다. 발코니 전면부의 곡율(曲率)은 모두 다른 각도를 이루고 있으며, 발코니 전면부는 25㎜~75㎜ 두께의 목재

적층재를 깎아서 제작하였다. 1·2·3층 발코니 하부 천장은 단위중량이 25kg/㎡인 15㎜ 두께의 "Nesporex" 패널로 이루어져 있고, 이것은 일정하지 않은 간격을 두고 목재 프레임 위에 걸쳐져서 저주파음(低周波音)이 과도(過度)하게 흡음되는 것을 피하고 음향구조(音響構造)의 공명 주파수(Resonant Frequency)를 형성하는 역할을 한다. 공간의 마감을 위한 설계방침(設計方針)은 수직면과 벽의 필요한 부분에 확산기능(擴散機能)을 부여하고 수평(水平)의 표면은 부드럽게 마감하는 것이었다. 발코니 하부면의 몇몇 작은 홈은 적은 양이긴 하지만 고주파수음(高周波數音)을 확산시킨다.

3층과 4층 발코니 처마 앞부분은 발코니 후방석에 유용한 초기 반사음을 제공하고, 프로시니엄 근처의 양 측면에서 Cue-Ball Reflections(직각을 이루는 두 면 사이에서 일어나는 음 반사)을 촉진(促進)하기 위해 거의 수평을 이루고 있다. 4층 발코니 상부 천장면(기술 갤러리의 안쪽 상부)은 단위중량이 35kg/㎡인 재료로 마감되었고, 시각적으로 아름다우면서도 중·고주파음을 확산시킬 수 있는 디자인으로 설계하였다.

| 콘서트홀 내부_발코니층

| 콘서트홀 내부_측벽 구성

□ 가변음향(可變音響)

전기음향장치(電氣音響裝置)들을 사용하는 공연을 위해 공간 내의 잔향을 줄이고 전기적으로 증폭(增幅)된 음원에 보다 적합한 조건을 만들기 위해 공연장의 광범위한 공간에 수납(受納)이 가능한 흡음배너를 설치하였다.

이러한 흡음배너를 이용한 가변음향구성은 국내 공연장(고양아람누리 음악당, 계명아트센터, 경주예술의전당, 예술의전당 CJ토월극장, 롯데콘서트홀) 등에서도 볼 수 있는데, 흡음 배너는 3층 발코니의 객석 뒤 벽면에 드리워지며 또한 4층 발코니석의 상부로부터 내려온다.

또한 2층 발코니 객석 뒤의 벽 표면에 장식되어 있는 홈에 수동(手動)으로 움직일 수 있는 흡음 패널을 설치하는 것도 가능하다. 스피커로부터 발생한 음이 무대로 반사되는 것을 방지하기 위해, 필요시 이 패널들을 설치함으로써 객석 후방의 제어실(制御室)의 큰 유리창을 흡음 표면으로 전환할 수 있다.

이러한 장치들을 이용하여 중주파수대 잔향시간을 최대 0.17초 줄일 수 있고, 스피커에서 발생한 음에 악영향을 줄 수 있는 후기 반사음(Late Sound Energy)을 제어할 수 있다. 비록 이것이 정량적(定量的)인 면에서 봤을 때 착석시에 달성되는 잔향시간 감소(減少)와 비슷하나, 본질적으로 흡음 배너를 추가함으로써 특히 공연장의 높은 위치에서 발생하는 공간 내의 후기 잔향감(Late Reverberance)을 제어할 수 있고, 이를 통해 공간 내에서 감지되는 음향 이미지를 바꿀 수 있는 효과가 있다.

ㅁ 측정분석(測定分析)

관객이 착석하지 않은 상태의 공연장에서 공간의 상세한 음향측정(音響測定)이 실시되었는데, 무대 위에는 오페라 『투란도트(Turandot)』의 초기 작품을 위한 무대세트가 설치되었고 무대용 커텐을 설치하였다. 플라이 타워에서 공석시 중주파수대 잔향시간은 공연장의 잔향시간과 비슷했으나, 저주파수대에서는 다소 긴 수치(數値)를 보였다.

또한, 음향 테스트용 공연이 상연되는 동안 관중들이 착석한 상태에서 실음향(Room Acoustic)의 측정(임펄스응답)이 이루어졌다. 중주파수대 잔향시간(T30, mf)의 평균은 공석시 1.55초, 만석시 1.40초이고, 125Hz 옥타브 밴드에서의 T30 평균은 공석시 1.95초, 만석시 1.65초로 측정되었다.

공연장은 균형(均衡)있고 따뜻하며 선명(鮮明)한 음을 제공하고 있으며, 무대로부터 발생하는 음의 임장감은 매우 좋았고 특히 1층 후방과 발코니에서의 현장감(現場感)이 뛰어나다.

오케스트라 피트에서 발생하는 연주음은 1층석의 앞쪽 몇 열을 제외한 모든 곳에서 조화롭게 들리며, 모든 오페라 유형에 적절한 잔향감과 함께 뛰어난 음악 명료도(Musical Clarity)가 균형을 이루고 있다. 귀에 거슬리는 소리 없이 음색이 매우 아름다우며 풍부한 베이스음이 잘 받쳐주고 있다.

| 통로에서 바라본 측벽

| 1층 발코니 천장 구성

ㅁ 객석의자(客席椅子)

객석의자는 건축음향설계자가 주문(注文) 설계한 디자인을 토대(土臺)로 하였고, 영국의 Race Seating Ltd.에 의해 제작되었다. 객석의자는 등받이를 비롯해 쿠션의 아랫면까지 완전히 천으로 씌워졌다.

경사가 가파른 발코니 객석부분의 의자는 안전상의 이유로 공연장에 설치된 다른 의자들보다 등받이가 더 높은 사양이 채택되었다.

공연장의 총 객석수에 비례(比例)하여 높은 등받이 사양의 의자를 포함한 24석의 의자를 배열한 후 음향 실험실에서 흡음성능(착석시와 공석시)이 측정되었다. 실험 결과, 착석시와 공석시의 흡음특성 사이에는 매우 근소한 차이만 확인되었고, 이것은 공연장 내의 잔향시간을 측정함으로써 확증되었다.

공석시(空席時)와 만석시(滿席時), 중주파수대에서 0.18초의 근소한 차이만을 보였으며 이것은 상당히 바람직한 수치라고 할 수 있다. 공석시와 만석시의 잔향시간 차이를 0.2초로 제한(制限)하고자 했던 설계목표는 달성되었고, 그 결과 공연자들은 실제 공연시와 유사한 음향조건 하에서 리허설을 할 수 있게 되었다.

| 콘서트홀 객석의자 1

| 콘서트홀 객석의자 2

SEATING OF DISTINCTION MANUFACTURED IN BRITAIN SINCE 1945

객석의자 제작 |
Race Seating Ltd.

□ 오케스트라 피트

오케스트라 피트는 3개의 승강기구(昇降機構)를 이용하여 수직방향 뿐만 아니라 수평방향으로도 움직일 수 있다. 무대와 가장 가까운 승강기구(昇降器具)는 3.7m, 중앙의 승강기구는 2.7m가지 하강 가능하고, 무대로부터 가장 멀리 위치한 승강기구의 경우에는 0.9m까지 하강하며 객석 한 열이 설치되어 있다.

폭은 평균 19.0m이다. 이용 가능한 최대 연주공간은 187㎡이고, 이 중 51㎡는 오케스트라 피트 좌우 측면과 무대 전면부의 돌출된 곳 아래로 움푹 들어간 공간이다. 무대 전면부의 아랫부분 안쪽으로 들어가 있는 공간의 앞뒤간격은 1.40m이며, 이 공간은 측면을 따라 앞뒤로 움직이는 가변(可變) 음향 패널로 가려진다. 이 음향 패널들은 메탈 프레임에 흡음표면과 반사표면의 판을 필요에 따라 교체하여 부착(附着)할 수 있다.

흡음표면의 경우, 예를 들어 호른으로부터 발생하는 국소 반사(Local Reflection)를 제어하기 위해서는 흡음표면을 사용하고, 저음악기들 뒤에 위치는 경우에는 오케스트라 피트 밖으로 좀 더 큰 소리를 낼 수 있도록 반사표면을 사용한다.

| 오케스트라 피트 구성

○ 메인 포이어

메인 포이어는 "반원형 지붕(Conch)"으로 오디토리움 부피를 표현한 곡선(曲線)의 외부형태에 의해 구성되었다. 이것은 단풍나무 패널의 색조(色調)와 품질을 나타내고 내부로 집중된 시선을 확보하기 위해 빛을 비치게 하였다. 곡선의 목재 패널은 조명에 의한 반사로 더욱 더 빛을 발하고 있다. "반원형 지붕"의 꼭대기에 있는 대형 루프라이트(Roof-light)는 자연광이 포이어의 내부로 들어오도록 설계되었다. 밤에는 이러한 조리개가 공간을 장식하기 위해 파란색으로 빛나고 목재 패널의 오렌지빛 외관과 대조(對照)를 이룬다. 포이어에 있는 전체조명은 매우 천천히 그리고 외부의 자연광이 약해짐에 따라 미묘하게 바뀐다. 세 개의 이색 유리 샹들리에는 덴마크/아이슬란드 국적(國籍)의 예술가 올라퍼 엘리아슨(Olafur Eliasson)에 의해 설계되었다.

메인로비_전면 갤러리

PARKET
1-3 BALKON

○ 무대(舞臺)

무대감독의 필요에 따라 개구부의 폭(幅)을 조정할 수 있는 프로시니엄이 적용되었는데 일반적인 공연시의 프로시니엄 폭은 통상(通常) 13.5~15m이고 최대 폭은 17.4m이다. 프로시니엄의 높이 또한 무대 바닥 높이로부터 11.0~13.2m 범위에서 조정할 수 있다.

이렇게 프로시니엄의 개구폭을 넓게 설정함으로 인해 1층 객석에 초기 반사음을 제공하는 데 유용한 역할을 하는 양쪽 프로시니엄 벽의 거리가 18.5m나 되었고, 이 간격은 약 1,470명을 수용하는 공간에 비해 상대적으로 넓은 간격이다.

1층 객석의 최대 폭은 24.0m이고, 발코니석의 양쪽 벽체간의 폭은 가장 넓은 곳이 28.0m이다. 프로시니엄 앞부분에 추가적(追加的)으로 음을 반사하는 표면마감을 함으로써 이 폭은 무대 쪽으로 갈수록 점점 줄어든다. 1층 최후방석과 무대와의 거리는 23.5m이며 4층 발코니의 최후방석의 경우 33.0m이다. The Copenhagen Opera House에는 Main Stage와 Takkelloftet의 2개의 무대가 있다.

○ 오페라하우스 주 무대(Main Stage)

무대 자체는 6면의 무대로 이루어져 있는데, 관객이 공연을 볼 수 있는 메인 무대는 2개의 측 무대, 1개의 후 무대, 1개의 회의용 무대, 1개의 리허설 무대로 둘러싸여 있다. 6개 무대의 모든 바닥은 바퀴가 장착된 특수 대차 위에 탑재된 모듈 설계에 의해 만들어졌다. 개개(箇箇)의 모듈은 컴퓨터로 제어되고, 5분 이내에 밀리미터 단위로 정확하고 조용하게 움직이며 다른 무대로 교체 가능함으로써 다른 오페라나 발레의 세트 디자인 사이의 용이하고 역동적인 무대 전환을 가능케 한다. 발레 상연시에는 무대 하부로부터 기계적으로 승강되는 특수 제작된 발레 플로어가 설치된다.

주 무대와 그 외 무대들 사이에 위치하는 대형 분리 도어의 차음 특성은 Arup社에 의해 결정되었다. 주 무대로부터 공연장을 분리시키는 방화 커튼은 투과손실(透過損失) 45dB을 달성해야 했으며, 이를 통해 오케스트라 피트에서 리허설이 진행되는 동안에도 무대에서 작업을 계속할 수 있다.

주 무대를 후 무대와 양쪽 측 무대로부터 음향적으로 분리시키는 3개의 거대한 차음용 방화 셔터 또한 투과손실 45dB을 달성하여, 주 무대에서 리허설이나 공연이 이루어지는 동안 측 무대와 후 무대에서 작업을 계속하는 것이 가능하도록 시설하였다. 리허설 무대와 후 무대 사이에는 11.2m 높이의 패널 도어 2개가 1.5m 공간을 두고 설치되어 있고 수동으로 개폐가 가능하다. 각 패널 도어의 폐쇄시(閉鎖時) 차음성능은 RW=51dB이다.

측 무대와 후 무대는 모두 소음 제어를 위해 천장의 콘크리트 면에 흡음재를 부착하였다. 리허설 무대 또한 인접한 두 개의 벽에 흡음재를 마감하였는데, 이 벽 하부 2.0m는 반사표면으로 되어 있으며 플래터 에코(Flatter Echo)를 방지하기 위해 경사(傾斜)를 유지하고 있다.

무대 승강기구, 매달기 플라잉 시스템(Flying System), 무대 왜건, 무대 주위의 평형 및 보정(補正)을 위한 승강기구, 칸막이 도어 호이스트(Door Hoist), 무대 커튼 장치, 무대 조명 모두 엄격한 소음기준에 대응하는 사양으로 되어 있다. 6개의 무대 사이에서 무대 전환이나 세트 구성을 바꾸는 데 사용되는 무대 왜건 시스템 또한 놀라울 정도로 조용하게 가동(可動)된다.

왜건은 특수한 3중 회전 고리(Triple-Swivel) 캐스터로 움직이고, 무대 바닥에 나 있는 틈은 톱니바퀴로 넘는다. 설계와 제작에 있어서 소음절감(騷音節減)을 위한 기본적인 단계를 거치는 동안 선택 가능한 방법이 많지는 않았으나, 정밀한 제작과 꼼꼼한 시공을 통해 성과를 거두었다. 평형(平衡) 및 보정(補正)을 위한 승강기구(Equalizer·Compensator)는 지정된 조건만큼 소음도가 낮지는 않은데, 그 주된 원인은 소음을 많이 발생하는 스크류잭(Screw-jack) 방식이기 때문이다. 다행히 이 승강기구들은 대부분 주 무대 바깥부분에 위치하며 공연시에는 거의 작동하지 않는다. 이와 같은 지정된 소음기준을 충분히 달성함으로써, 극장 기계설비는 소음 없는 조용한 극장공간을 보장할 수 있도록 되어 있다.

○ 오페라하우스의 소 무대(小 舞臺) – Takkelloftet

The Copenhagen Opera House의 소(小) 무대는 Takkelloftet("the Tackle Loft")라고 불리고 『Box-in-Box』 차음구조(遮音構造)로 지어졌으며 빌딩 뒤쪽에 분리(分離)된 입구를 가진다.

극장계에서 블랙박스로 알려진 이 무대는 복합(複合)기능의 공간이고 실험공연과 혼합 예술형식에 대응해서 다양한 방식으로 공간을 구성할 수 있다.

스튜디오 근처에 위치하는 화물 적하장(積荷場)을 오가는 무대장치용 승강기와 부지 아래에 위치한 쓰레기 분쇄(粉碎) 압축기로부터 발생하는 소음을 차단하기 위해 이러한 구조는 필수적이었다.

이 스튜디오 스테이지 내부의 평면 크기는 22.7×16.6m이며 실내악을 비롯해 리사이틀, 소규모 오페라, 댄스, 재즈에 이르는 다양한 공연을 상연할 수 있도록 가변적인 공간으로 설계했다.

이 무대의 융통성에 기여(寄與)하는 것은 13개의 이동 가능한 타워로 이것은 원근법적인 요소로 이용될 수 있고 또한 천장의 청중 관람석으로 이용할 수 있다. 홀은 200명까지의 청중을 수용할 수 있다.

공간의 융통성(融通性)을 보완하기 위하여 스튜디오 스테이지에도 가변적인 음향장치가 마련되어 있다. 천장 그리드 위에는 공간 전체를 충분히 덮을 수 있는 크기의 검은색 극장용 울서지 커튼이 양 측면에 설치되어 있고, 천장 근처는 벽을 따라 하강(下降)할 수 있는 광물섬유 보드가 수납되어 있다. 실내악 공연을 위한 무대 형식의 경우 공석시 중주파수대 잔향시간은 1.70초에서 1.30초까지 조정(調整) 가능하다.

스튜디오 공간의 측면과 그리드 상부에는 송출용(送出用) 및 흡입용(吸入用)덕트가 배치되어 있다. 제트 노즐(Jet Nozzle)은 공간 전체에 걸쳐 공기를 조용하게 공급한다. 음향적으로, 외벽의 낮은 부분에는 반대쪽 벽이 노출(露出)되었을 때 플래터 에코(Flatter Echo)가 발생하지 않도록 경사를 부여하여 패널을 부착했다.

이동(移動) 가능한 발코니 유닛(Tower)은 관객이 앉을 수 있는 객석을 제공하거나 실내악 리사이틀과 이와 유사(類似)한 음악 이벤트 공연시에는 무대 주변에 음을 반사하는 반사표면을 제공한다. 발코니 유닛의 이 반사 패널은 음의 분산(分散)을 위해 경사져 있고, 유닛 안으로 들어갈 수 있도록 여닫이 구조로 되어있다.

○ 오케스트라 리허설룸

오케스트라 리허설룸은 공연장 바로 아래의 수면(水面)보다 12.0m 낮은 높이에 위치하며, 21.5×19.8m의 크기에 10.1m 높이의 공간이다. 선박(船舶)들이 지나가는 소리를 차단(遮斷)하고 공연장과 리허설룸 사이의 차음성능을 최대화하기 위해, 리허설룸은 음향적으로 완전히 분리(分離)된 『Box-in-Box』공법을 이용해 지어졌다. PC 콘크리트 벽과 바닥을 시공(施工)하기 전에 고무재 방진패드인 "Sylomer"를 깔아 고유 주파수(Natural Frequency)를 약 12Hz가 되도록 설계하였다. 벽과 천장에는 저주파를 흡음하는 흡음체, 볼록한 형상의 음향 확산체, 광대역 흡음체, 수직으로 이동 가능한 흡음 패널 등 음향조건을 위해 신중하게 설계된 장치들이 설치되어 있어서 다양한 규모의 연주단에 대응할 수 있다. 수직으로 이동 가능한 흡음 패널들은 단순한 선회형(旋回形) 스핀들 시스템(Rotating Spindle System)을 이용하여 움직인다. 공석시 잔향시간은 전 주파수 대역에 걸쳐서 일정하며 만석시에는 저주파 대역의 잔향시간이 상대적으로 10% 늘어난다. 가동 음향 패널들을 통해 중 주파수대의 잔향시간을 1.40초에서 1.10초까지 조정할 수 있으며 메인 입구의 벽에 고정된 1개의 패널과 조합하여 4가지의 형태를 연출(演出)할 수 있다. 벽과 천장에 설치된 여러 가지 음향장치 시스템은 벽에 중간 정도의 밀도를 가진 슬릿형 타공 섬유판 보드로 마감하여 시각적(視覺的)으로 드러나지 않도록 했고, 천장 부분은 목재 널판으로 물결 모양을 만들어 오케스트라와 합창단을 위한 멋들어진 공간을 제공한다.

"Jet" 노즐을 이용하여 PNC12의 매우 낮은 공조 소음레벨을 달성하고, 소음이 적은 조명기구(照明器具)을 사용하며 인접 공간과의 높은 수준의 차음성능을 확보함으로써 이 공간은 리허설뿐만 아니라 녹음(錄音)에도 완벽하게 대응할 수 있게 되었다. 조정실은 큰 간격의 공기층을 사이에 둔 이중 판유리로 리허설룸과 분리되어 있고, 이곳에서는 리허설룸이나 주변의 연주자용 라운지로부터 발생하는 소음의 방해 없이 녹음과 모니터링 작업이 가능하다.

○ 차음(遮音)

낮은 소음레벨(Noise Level)을 달성하기 위해서는 주위의 소음을 발생시키는 공간으로부터 소음을 차단할 수 있는 높은 성능의 차음계획이 요구된다. 이러한 차음계획으로써 공연장 전체에 걸쳐 공연장과 대휴게실 사이에 흡음 챔버 역할을 하는 복도(複道)와 이동공간을 배치함으로써 낮은 소음레벨을 달성할 수 있었고, 또한 1층석 후방의 대형 개구부에는 방음용 여닫이문 3조와 한 쌍의 슬라이딩 도어를 설치하였다. 여닫이문의 표면은 음이 집중되는 것을 피하기 위해 목재로 볼록한 곡면형상을 만든 후, 고주파음을 확산시키기 위해 그 위에 공연장의 내부 벽과 같은 디테일로 마감하였다. 공연장과 공연장 바로 아래에 위치하는 오케스트라 리허설룸 사이에는 매우 높은 성능의 차음계획이 실시되었으며 저주파대역에서 투과손실 60dB을 초과(超過)하는 차음효과를 달성하였다.

○ 코펜하겐오페라하우스의 도시중심선(都市中心線)

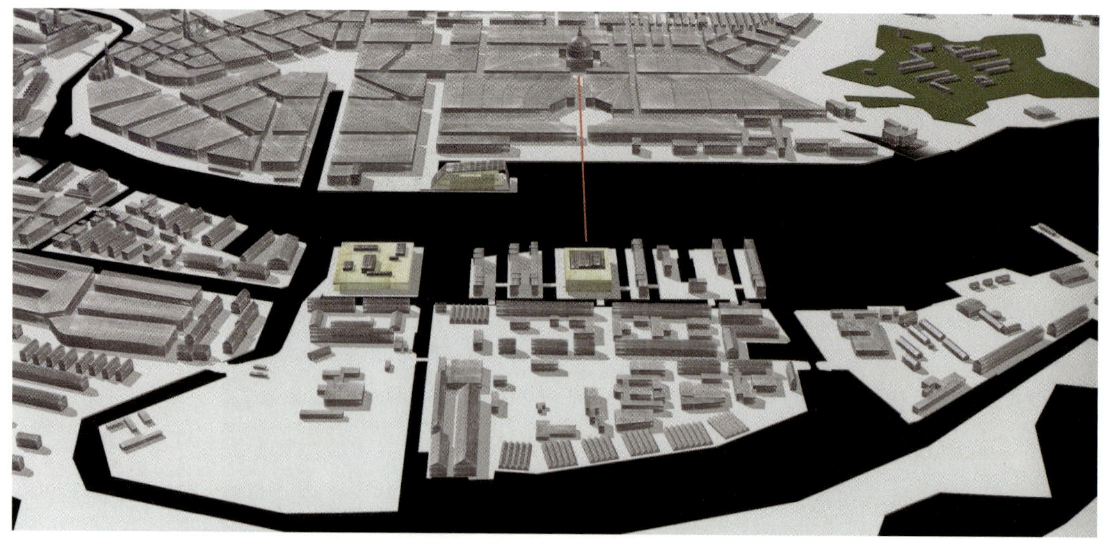

○ 음향적으로 좋은 오페라하우스

우리는 코펜하겐오페라하우스를 보면서 음향적으로 좋은 오페라하우스는 어떤 음향적 제조건을 갖추어야 하는가를 질문(質問)하게 된다.

오페라하우스는 오케스트라와 가수(歌手)가 각각 다른 위치에서 있기 때문에 건축음향설계는 매우 복잡하며, 이러한 조건 때문에 콘서트홀에서 필요한 음향제조건과 요구사항이 매우 다르다. 음향적으로 볼 때 오페라하우스에서 요구되는 것은 초기시간지연(ITDG)이 짧으며, 무대 위의 음원으로부터 양호한 반사음 패턴이 얻어질 수 있는 조건을 갖춘 공간이다.

즉 가수가 무대 위의 어디에 가도 그 목소리가 균일(均一)하게 전달되고 오케스트라와 가성(가수의 발성음)의 명료성과 풍부함이 있는 공연장이 음향적으로 좋은 오페라하우스라 할 것이다.

○ The Copenhagen Opera House의 평면/단면 구성

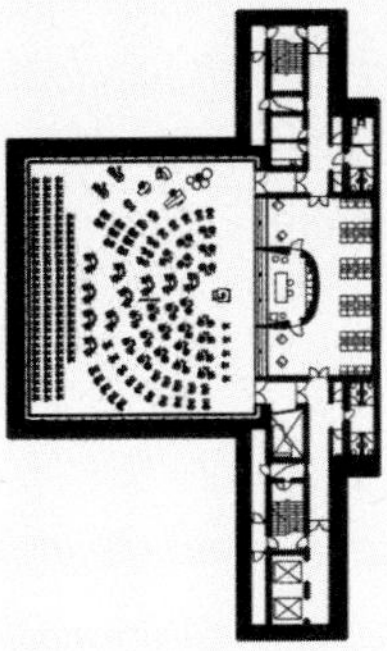

Floor plan basement

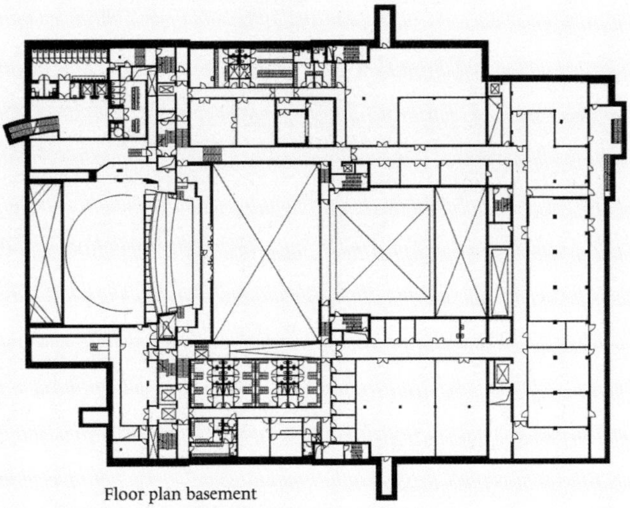

Floor plan basement

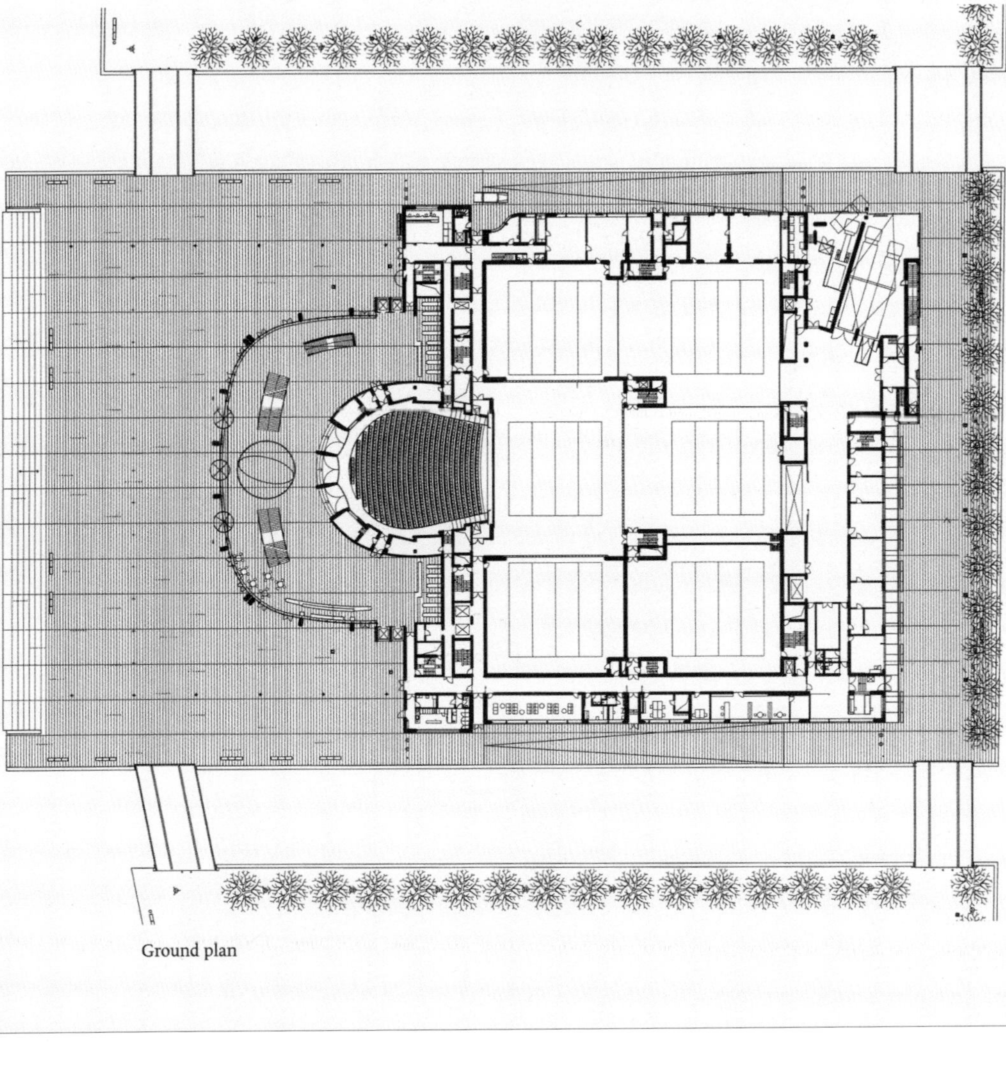

Ground plan

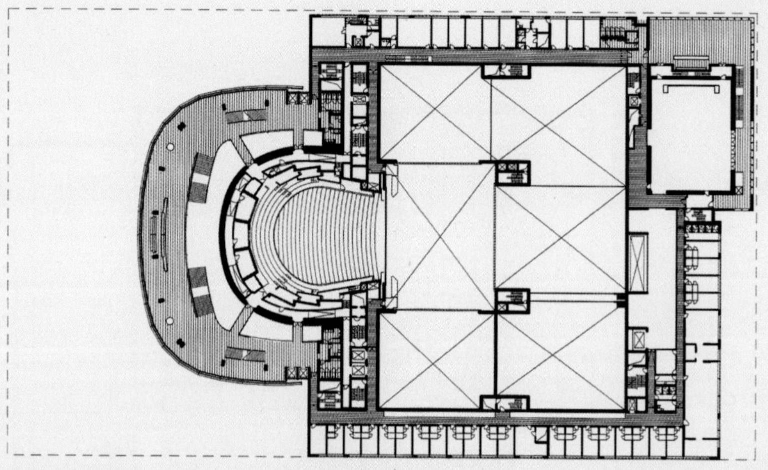
Floor plan 1st floor

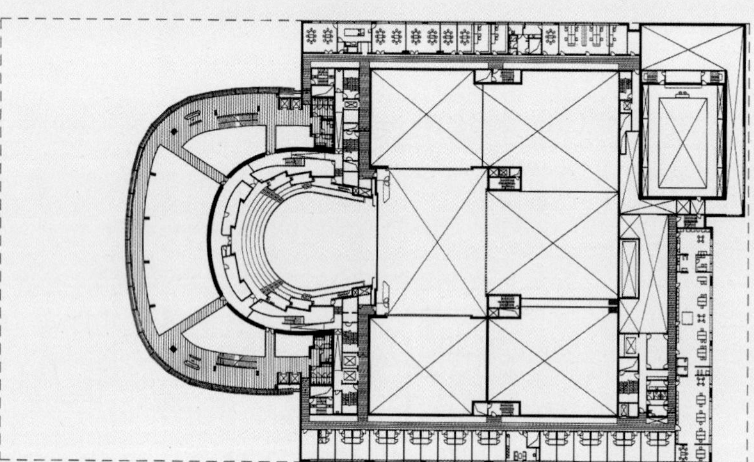
Floor plan 2nd floor

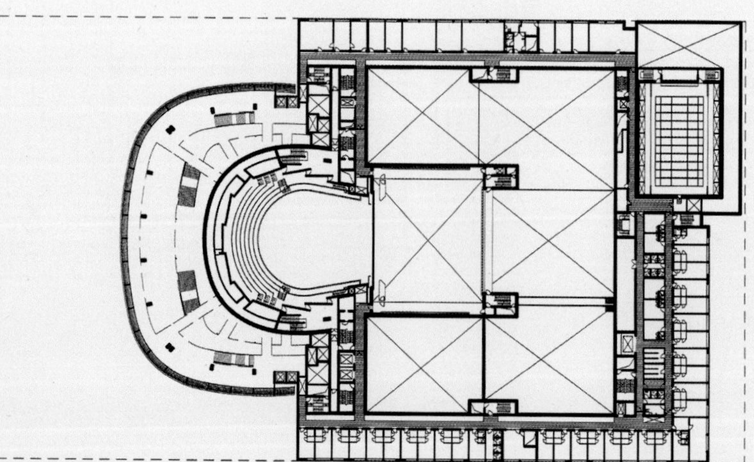
Floor plan 3rd floor

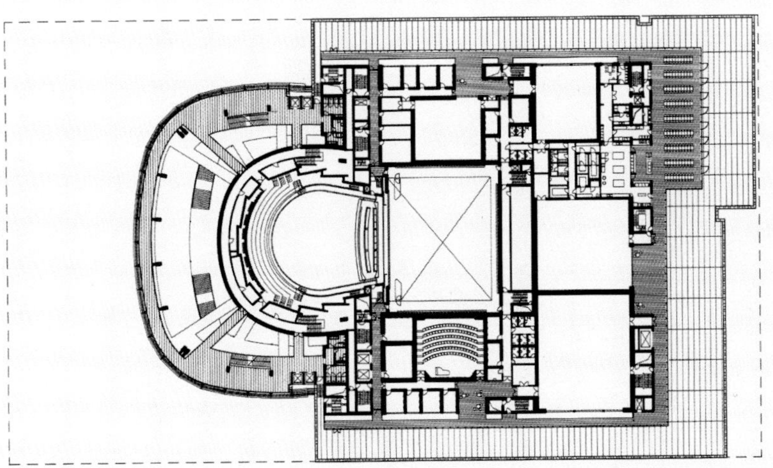

Floor plan 1st floor

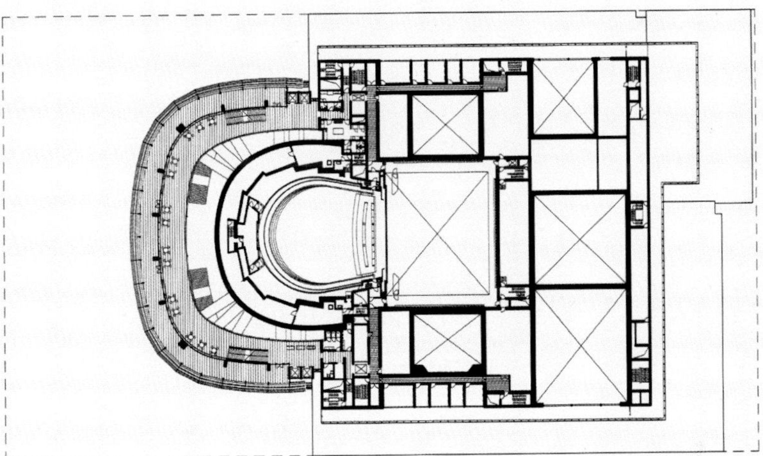

Floor plan 2nd floor

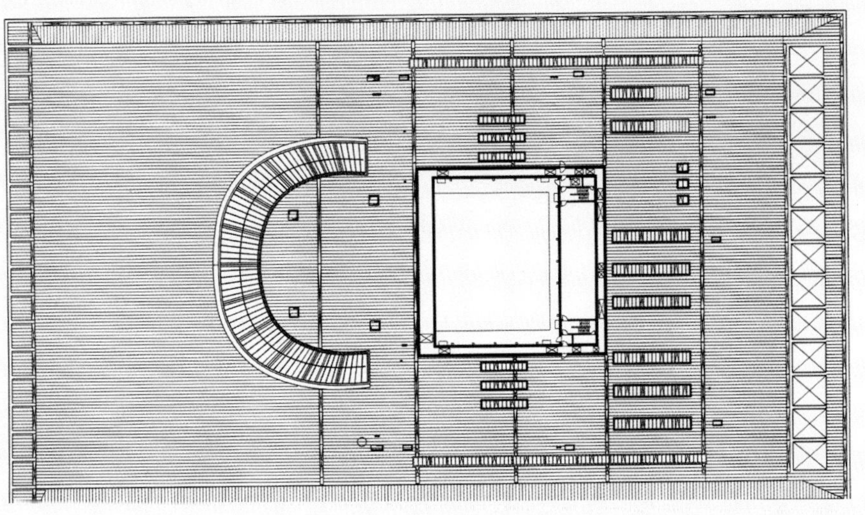

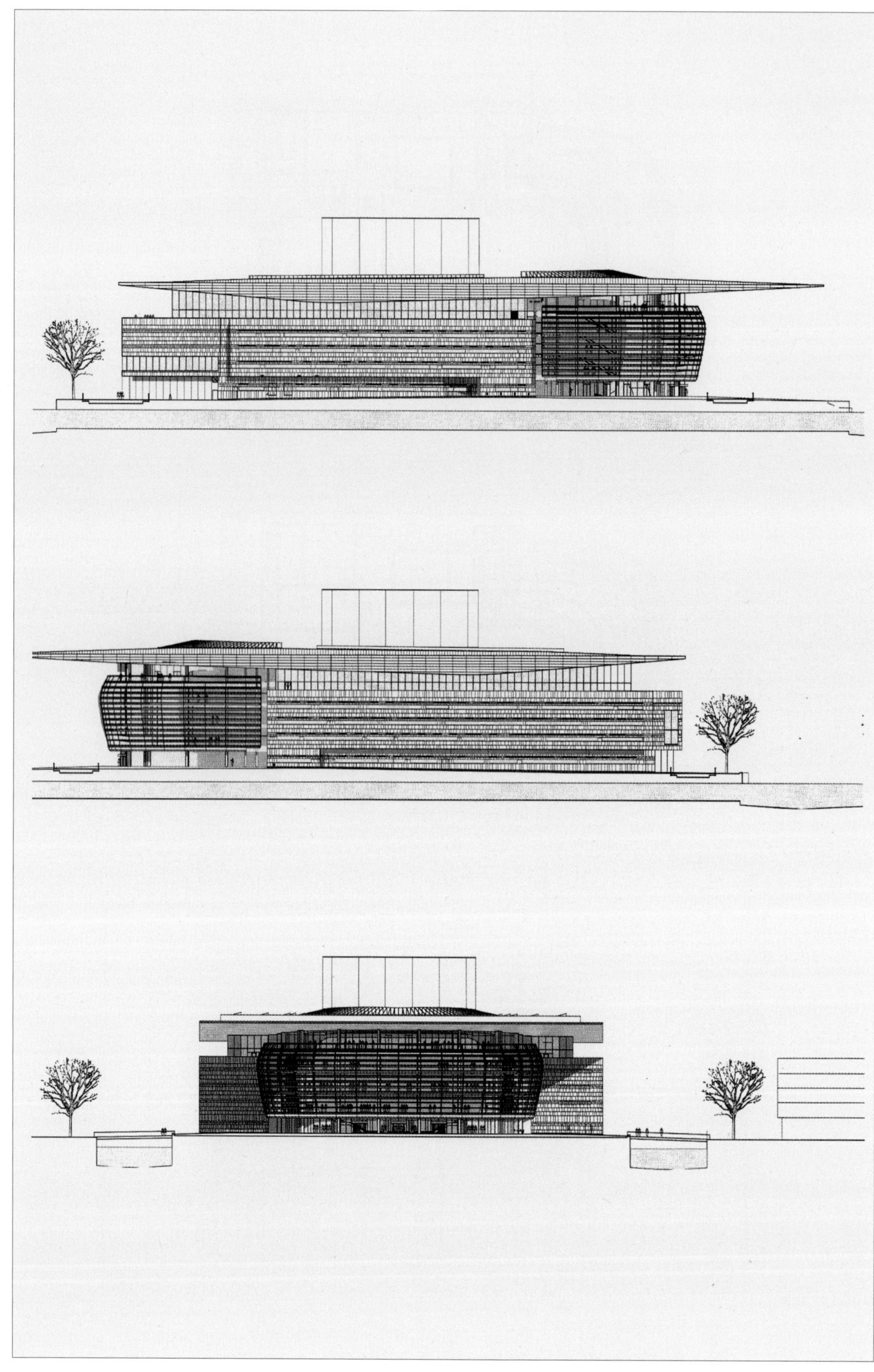

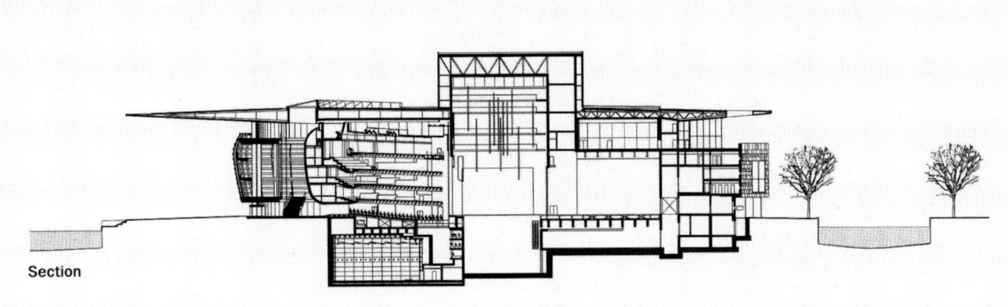
Section

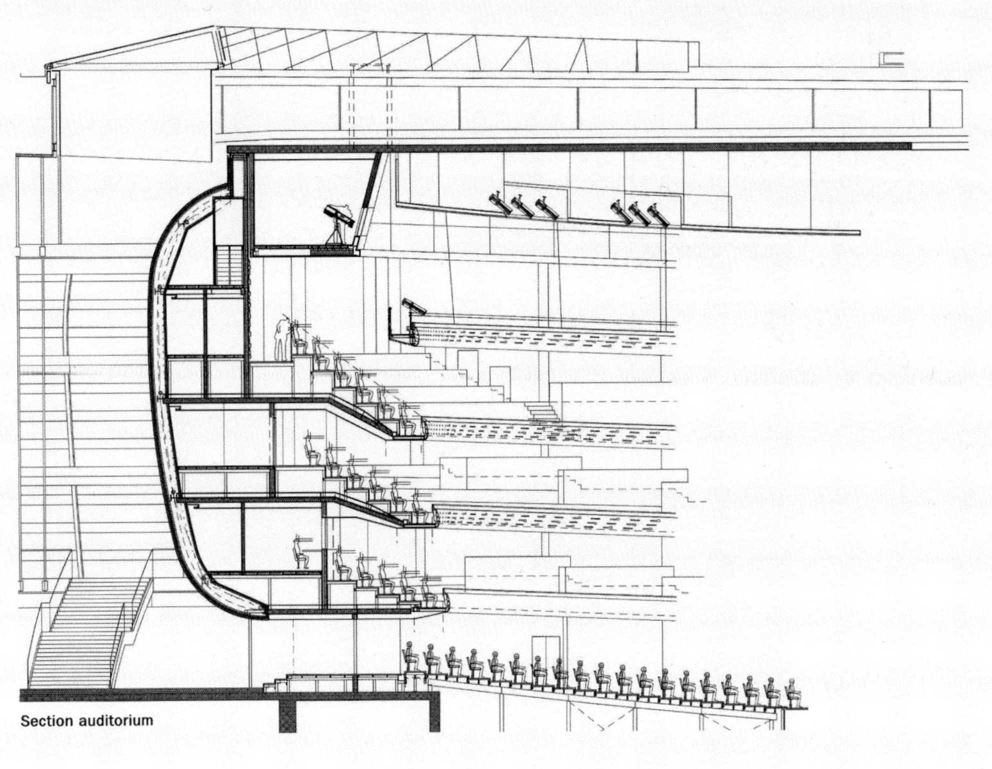
Section auditorium

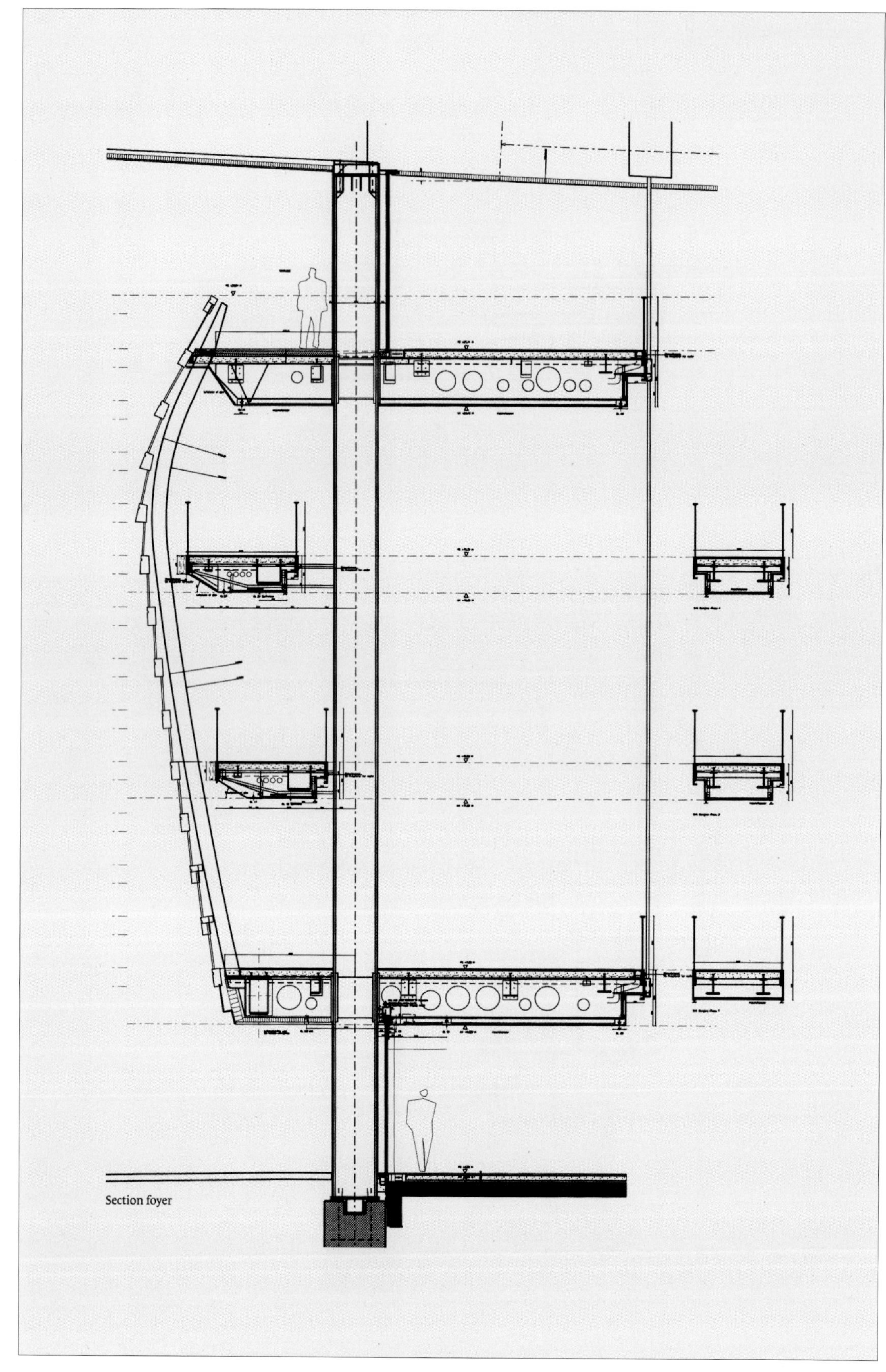

Section foyer

4 오페라하우스의 탄생

2000년 코펜하겐 시(市)는 부동산회사 FREJA, 에너지 환경부(環境部)의 협력 하에 「West 8」, 「Sjoerd Soeters」, 「Henning Larsens Tegnestue(HLT)」 3社에게 코펜하겐 항구(Copenhagen Harbour)의 장래 도시 개발을 제어(制御)하고 계획하기 위한 조사를 의뢰하였다. HLT社는 항구의 내부지역을 담당하였고 나머지 두 회사는 각각 항구의 북쪽과 남쪽 지역을 담당하였다.

HLT社는 코펜하겐 항구 내부지역을 역동적인 도시생활을 창출(創出)하기 위한 대규모의 공공 문화시설이 들어서 있는 혼합 상업 거주지역(居住地域)으로 개발하는 내용의 계획을 세웠다.

코펜하겐 시는 이 계획을 통해 도시환경에 다양성(多樣性)을 가져올 수 있고, 여기에 특색과 긴밀성을 추가함으로서 코펜하겐 항구가 전 세계에서 이곳을 찾는 사람들뿐만 아니라 코펜하겐 시민들을 위한 매혹적인 장소로 발돋움할 수 있다고 판단하였다.

코펜하겐 항구 및 그 수변(水邊)공간과 일체를 이루는 새로운 문화 중심지를 만들기 위해 「Dokøen」, 「Christiansholm」, 「Kvæsthusbroen」에 3개의 대규모 건물이 계획되었다.

이 3개의 공공 문화시설과는 별개로, 코펜하겐 항구에 작은 공공장소를 비롯해 운하를 따라 이어지는 넓은 공공 산책로를 조성하는 것이 기본 컨셉이며, 양쪽으로 문화시설들이 들어선 운하를 가로지르는 선박들은 북유럽 국가들만의 독특하고 역동적인 도시구역(都市區域)을 형성하게 될 것이다.

Dokøen에 위치한 오페라하우스는 아말리엔보그(Amalienborg) 궁전(宮殿)을 중심으로 프레데릭스 교회와 일직선(一直線)을 이루며 이 축선(軸線)의 꼭짓점을 형성한다.

3개의 설계회사가 작성한 조사보고서 및 계획서는 코펜하겐 시에 제출되었고, 2000년에 열린 전시회에서 일반 공개되었다. 그런데 이와 같은 시기에 A P Møller 재단(財團)이 덴마크에 대규모 문화시설을 기증(寄贈)하겠다는 의사를 표명(表明)하였고, 그 아이디어는 코펜하겐 항구 내부를 위한 개발계획과 정확히 일치하였다. 결국, 「The A P Møller & Chastine Mc-Kinney Møller 재단」이 덴마크 최초의 현대적인 전용 오페라하우스를 기증하기로 결정하였고, 이 기념비적인 건물의 설계에 Henning Larsens Tegnestue 社가 임명되었다.

건너편 왕궁에서 본 오페라하우스

□ Dok ø en에 위치한 오페라하우스

오페라하우스가 위치한 41,000㎡의 부지는 코펜하겐 항구 내에서 가장 좋은 지점 중 하나이다. 아말리엔보그(Amalienborg) 궁전과 프레데릭스 교회를 잇는 도시중심축 상에 위치하며 또한 크니펠 다리에서 카스텔렛 요새(要塞)까지 펼쳐지는 항구 전체에서 오페라하우스를 조망(眺望)할 수 있다.

오페라하우스는 계절에 관계없이 일 년 내내 아침부터 밤까지 공연 및 이벤트 활동의 장으로 이용하는 목적으로 계획되었으며 홀멘(Holmen) 섬에 위치한 다른 문화시설들과 함께 활동적이고 고무적(鼓舞的)인 도시공간을 형성하는 데 기여할 것이다. 오페라하우스에서는 관객들과 방문객들이 포이어와 운하에 면한 전면 광장에서 운하 건너편의 프레데릭스 교회와 아말리엔보그 궁전을 조망(眺望)할 수 있다.

석양(夕陽)이 지는 서쪽 하늘을 향해 펼쳐진 전면 광장은 보트나 넓은 산책로를 통하여 접근하는 관객들을 맞이한다. 기둥이 없이 넓게 펼쳐진 전면 광장은 코펜하겐 시에 복합적인 기능을 가진 새로운 공간을 제공한다. 또한 왕립 극단은 이 광장에 모인 관객들을 대상으로 물 위에 뜬 무대에서 공연할 수 있는 새로운 옵션을 가지게 되었다. 게다가 관객들은 휴식시간 동안 이 광장에서 휴식을 취할 수 있으며, 남서쪽에 위치한 카페에서는 코펜하겐 항구와 도시 전경을 즐길 수 있어서 관객들에게 오페라 관람 이외의 체험을 제공해 준다.

화강암으로 덮인 광장과 돌출형 천장 사이의 거대한 유리 벽면은 곡면을 이루며 바다 쪽으로 크게 돌출(突出)되어 있고, 그 내부 공간에서는 크니펠 다리(Knippelsbro)를 시작으로 항구를 180° 각도로 조망할 수 있다. 또한 시내 중심지와 함께 해협(海峽) 쪽으로 난 북쪽 항구 입구까지 늘어서 있는 첨탑(尖塔)들을 내려다 볼 수 있다.

오페라하우스는 건물의 양 측면에 새로운 운하를 만듦으로서 건물이 서 있는 부지 자체를 하나의 섬으로 조성(造成)하여 그 중요성을 부각(浮刻)시키고 있다. 그러나 오페라하우스 건물 하나만 Dokøen 부지에 세워져 있는 것이 아니라, 새로운 지구가 형성됨에 따라 원래 계획대로 북쪽과 남쪽에 주거지역이 들어서게 되며, 이 주거용 건물들은 오페라하우스의 정숙(靜肅)한 주위 환경을 조성하기 위한 목적으로 계획되었다.

운하를 건너면 오래 되긴 했지만 잘 보존된 웅장한 두 개의 대형 상점이 운하 근처에 자리하고 있는데, 이 건물들은 Christianshavns 운하의 건물들과 마찬가지로 주위의 잘 손질된 나무들로 인해 더욱 돋보인다.

오페라하우스의 전면은 항구에 면하여 밝은 포이어 안에 떠있는 듯한 공연장을 중심으로 통합되어 있는 반면, 그 배후지역(背後地域)은 앞으로 들어설 층이 낮은 대단위의 주거지역으로 계획되어 있으며, 주거용 건물의 1층에는 카페와 상점들이 위치하고 있다.

□ **오페라하우스의 구조**

오페라하우스는 서쪽으로 항구와 프레데릭스 교회를 바라보고 있고 동쪽으로는 홀멘을 향한다. 오페라하우스는 동서의 경관 차이를 반영하여 서쪽 면은 항구와 시내 중심가를 향하여 큰 스케일의 돌출된 지붕 구조를 가지는 반면, 동쪽은 홀멘의 아담한 특징을 살려 보다 낮고 기본적인 형태의 구성으로 되어 있다. Henning Larsens Tegnestue(HLT)社는 Dokøen 지구를 도시항만(都市港灣)에 위치하는 하나의 섬으로 보고, 이 섬은 인접한 작은 집들과 오래된 밤나무들이 늘어선 푸른 정원과 같은 Frederiks Holm 지역에 독특한 경관을 제공한다.

오페라하우스는 다양한 기능과 이용자실로 구성되며 건물의 전면과 무대 배후공간의 두 개 구역으로 나뉜다. 건물의 전면은 포이어와 공연장으로 구성되며 무대 배후공간에는 작업장, 탈의실, 분장실, 관리사무소, 리허설실 등을 포함한다.

대담한 돌출형 지붕은 오페라하우스의 정체성을 규정하는 요소이며, 건축적인 기능은 다양한 요소들을 통합(統合) 제어하는 것이다. 설계에 있어서 공연장과 외부 항구공간과의 상호작용을 핵심요소(核心要素)로 고려하였다. 포이어의 곡면 유리벽을 통해 황갈색 단풍나무 패널로 이루어진 공연장 벽면을 볼 수 있으며 포이어와 공연장은 밝은 조명과 함께 전면 광장과 거대한 지붕 사이에 떠 있다.

□ **오페라하우스의 전면**

낮 시간 동안 광장은 오페라하우스를 방문하는 사람들의 활기찬 보행 중심지로 기능한다. 방문객들은 레스토랑과 카페를 이용하고 포이어와 홀에서는 이벤트가 개최된다. 저녁이 되면 광장의 역할은 바뀌는데, 포이어에서 나오는 불빛을 반사하여 오페라 공연을 보기 위해 방문한 관객들이 차에서 내리는 곳을 비춰준다. 포이어는 소라에서 영감을 얻은 공연장의 독특한 형상을 둘러싸며 배치되어 있다. 이 휴게실에서 공연장의 1층 관객석으로 이어지고, 휴게실과 공연장 사이의 개구부를 통한 시각적 연계는 관객을 공연장의 중심부로 이끈다.

건물 안으로 들어 온 관객들은 두 개의 넓은 계단을 통해 2층의 메인 발코니로 향하게 되고, 이곳에서는 다시 두 개의 계단이 상부 발코니와 200명을 수용할 수 있는 4층의 연회장(宴會場)으로 이어진다. 1층과 2층에는 가죽으로 장식된 두 개의 기다란 Bar가 관객들에게 음료를 제공하고 그 위층에는 더 작은 규모의 Bar 2개가 배치되어 있다.

방사 형상(放射 形狀)의 브리지가 포이어의 발코니와 공연장을 연결하고 있는데, 여기서 관객들은 포이어에 꽉 들어찬 사람들을 내려다보면서 구경하는 동시에 자신들 또한 풍경의 일부가 된다. 포이어의 바깥쪽을 바라보면 저녁 무렵의 하늘을 배경으로 펼쳐진 코펜하겐 시가지의 스카이라인과 함께 항구의 풍경을 감상할 수 있다.

엘리베이터와 클로크룸(Cloakroom)은 각 층마다 공연장의 양 사이드에 배치되어 있고, 1층 포이어의 북쪽에 있는 계단을 통해 지하에 있는 클로크룸으로 접근(接近)할 수 있다.

| 전면은 휴게실 앞면(Foyer Facade)을 보여준다.

□ The Conch(소라)

공연장의 외부 형태는 소라에서 영감(靈感)을 받았다. 둥글고 매끄러운 형태는 상상(想像)과 신비의 세계를 그 속에 내포하고 있고, 소라에 귀를 기울이면 들리는 파도소리와 같은 신비로운 소리는 소라를 하나의 악기(樂器)의 이미지로 그려낸다. 이러한 소라의 이미지를 통해 공연장을 하나의 악기로 표현하고자 했으며, 바이올린에서 힌트를 얻어 착색 도장 단풍나무로 마감하여 이러한 이미지를 확실히 실현하였다.

말굽형 발코니(세 층의 관객용 발코니와 하나의 기술 갤러리)를 가지는 고전적(古典的)인 형태의 공연장은 관객들로 둘러싸인 강렬한 수직공간을 형성하며, 관객들은 이 공간 내에서 풍경의 일부가 되어 서로가 만들어 내는 풍경을 즐기게 된다. 계단들과 큰 곡선을 그리는 연속된 좌석 열로 채워진 이 친밀한 공간은 예술과 관객의 만남을 강조한다. 공연장은 가동 오케스트라 피트의 크기를 조정하여 1,470명에서 최대 1,650명의 관객을 수용할 수 있다. 홀의 외장에 사용된 골든 메이플(Golden Maple : 황금빛의 단풍나무) 패널이 공연장 내벽과 발코니까지 연장되어 사용되었는데, 내벽은 어둡게 착색(着色)된 단풍나무 패널로 마감되었고 바닥은 Smoked Oak(불에 그을린 느낌의 가공한 오크)로 마감하였다.

벽과 발코니 전면부 표면의 다양한 길이와 깊이를 가진 요철(凹凸)은 단순히 장식을 위한 것이 아니라, 완벽한 음향 효과를 내기 위한 기능적인 요소이다. 좌석은 왕립 극장의 전통에 따라 벨루어(Velours) 천으로 마감되었다. 천장을 덮은 골드 패널에는 별처럼 반짝이는 수많은 스포트 조명이 매립되어 공연장을 비춘다. 발코니 전면부에는 장식효과를 위해 수평의 요철부분에 조명이 설치되었고, 또한 발코니석을 조명하기 위해 발코니 천장 아랫면에 스포트 조명을 설치하였다.

발코니석은 최적의 음향성능과 시야를 확보하기 위해 전통적인 박스석을 대신해 개방형(開放形) 발코니로 계획하였으며 3층 발코니는 무대로의 훌륭한 시야를 확보할 수 있는 이점(利點)이 있다.

□ Studio Stage(스튜디오 무대)

「Takkelloftet」라 불리는 스튜디오 무대는 오페라하우스의 후면에 배치된 별도의 입구를 가지며, Holmen 쪽을 향하는 포이어는 스튜디오 무대를 하나의 독립체로 존재할 수 있게 해 주는 동시에 다른 무대시설들의 요소가 된다. 스튜디오 무대의 포이어는 북쪽으로는 항구를 향하고 있고 동쪽으로는 Philip de Langes Allé, 그리고 남쪽으로는 Christianshavn 구역(區域)에 있는 구세주 교회(Vor Frelsers Kirke)의 첨탑이 보인다. 스튜디오 무대는 매우 가변적(可變的)인 블랙박스 형태의 공연장으로 200석 정도의 규모이다. 이 객석의 일부는 수납(受納) 가능한 스탠드 위에 설치되어 있고, 나머지는 에어쿠션을 이용한 13개의 이동식 객석 타워에 설치되어 다양한 구성이 가능하다.

□ 오케스트라 리허설룸

오케스트라 리허설룸은 오페라하우스의 가장 큰 리허설룸으로, 솔리스트와 합창단을 포함하여 120명의 공연자들이 공연을 할 수 있다. Box-in-Box 구조의 공간은 공연장 아래의 수심(水深) 14.0m 깊이에 위치하며 악기의 이동을 편리하게 하기 위해 오케스트라 피트에 근접한 곳에 배치하였다. 리허설룸의 조명설계는 벽의 경계부분을 따라 설치된 백색의 태양등과 천장에 설치된 실내용 작업등으로 구성되어 있다.

□ 무대 지원시설

스태프와 출연자들은 동쪽에 위치한 관계자용 출입구를 통해 건물로 들어간다. 안내 데스크를 지나면 분장실, 의상실, 관리사무실로 이어지는데, 이 시설들은 모두 무대 주변공간에 위치하며 5개 층에 걸친 오픈 스페이스 복도로 연결되어 있다. 이 복도의 천장에는 채광창(採光窓)이 설치되어 있어서 흰색 콘크리트 벽과 바닥까지 부드러운 자연광을 비추며 출연자들(특히 게스트 출연자)이 쉽고 빠르게 환경에 적응할 수 있도록 한다. 성가대, 솔리스트, 성악가, 발레 댄서들을 위한 리허설룸은 거대한 지붕 구조 아래의 5층에 배치되어 있으며 코펜하겐 항구와 시가지의 멋진 풍경을 조망할 수 있다. 스태프들의 휴게소 또한 4층에 배치되어 있으며 넓은 외부 테라스가 딸려 있어 외레순 다리(Øresundsbroen)의 환상적인 풍경을 제공한다.

□ 로열 박스석(귀빈석)

로열 박스석은 전통에 따라 공연장의 왼쪽 측면에 배치되어 있다. 로열 박스석은 여왕이 자신과 동반(同伴)한 손님들과 함께 공연 전과 휴식시간 동안 사용하는 로열 라운지와 직접 연결되어 있다.

□ 자재(資材)

재료는 주변 환경과 어울리고 수수한 북유럽 전통에 충실하기 위해 주로 연한 색상으로 선정(選定)하였고, 외부 표면에는 오페라하우스의 다양한 건물 요소들을 강조하기 위해 사암과 화강암, 메탈, 유리를 사용했다. Holmen 섬의 기반은 다양한 표면의 자연석(自然石)들로 이루어졌는데 전면 광장은 중국産 화강암으로 포장하였고, 포이어의 바닥에는 시칠리아産 페를라티노(Perlatino) 대리석을 깔았다. 돌출된 금속 지붕은 넓은 표면에 특징을 주기 위해 리브구조를 채용하였고, 이를 통해 하늘에서도 오페라하우스를 쉽게 확인할 수 있다.

곡면 유리벽을 제외한 건물의 외벽은 섬세하고 부드러운 표면의 유라겔브(Jura Gelb ; 독일산 석회암)로 마감되었고 벽면 사이사이에 창문과 기다란 조명용 홈이 설치되어 있다. 이 건물의 외벽은 유리벽면으로 된 포이어와 좋은 대조를 이루며 바닥의 자연석과 메탈 천장은 도착광장과 지붕에 상응(相應)한다.

외벽의 가장 높은 2개 층은 투명한 유리로 마감되어 부유(浮遊) 지붕을 강조하고 있다. 공연장 내부에는 밝고 어두운 색상의 착색 단풍나무와 스모크 가공한 오크목, 금박이 사용되었다.

| 2층 평면도

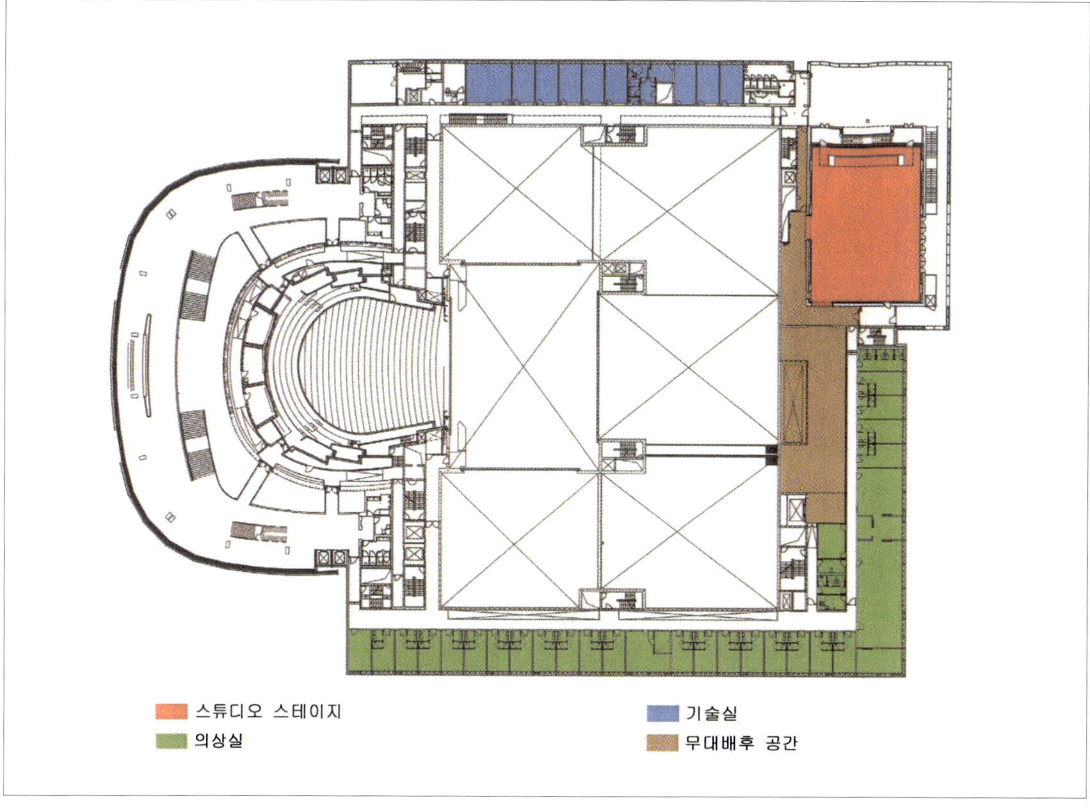

| 5층 평면도

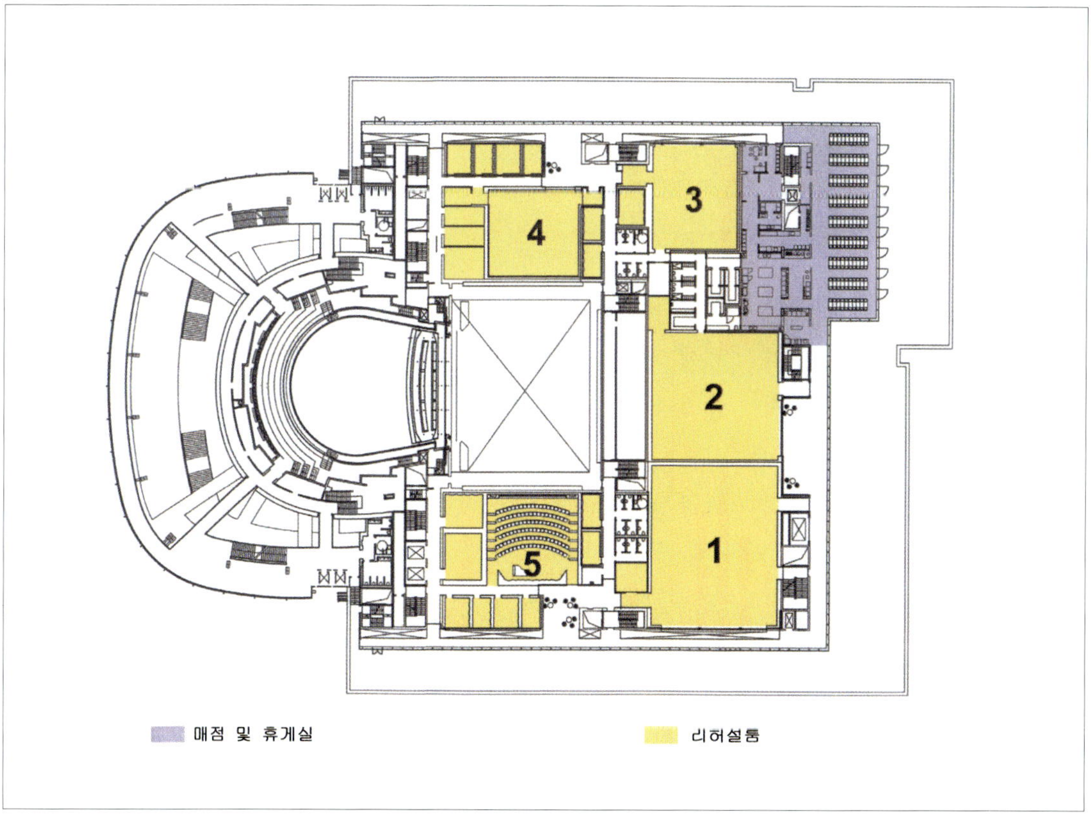

4
3
2
1
5

매점 및 휴게실
리허설룸

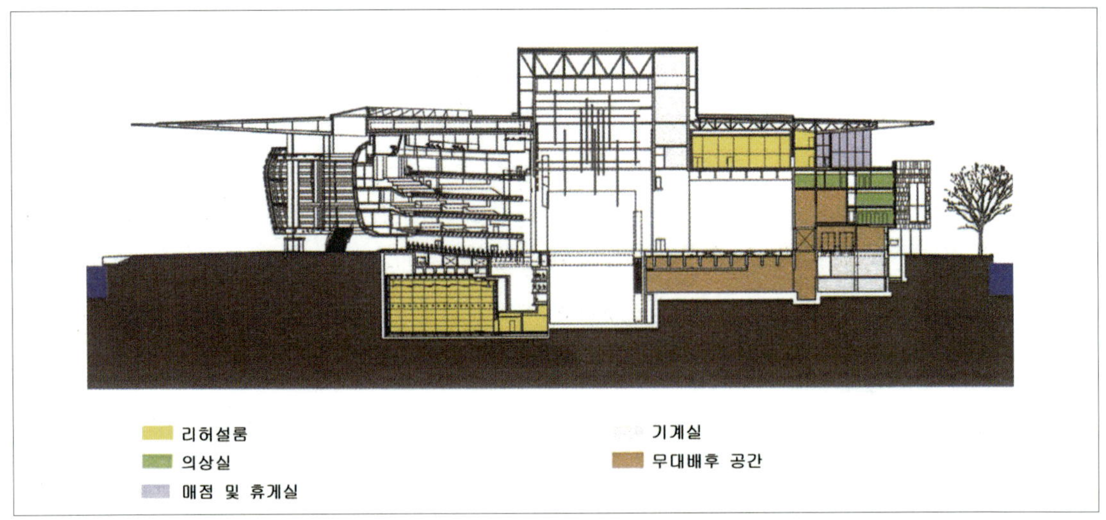

씨어터플랜(TheatrePlan)社는 공연장을 설계하는 데 있어서 Henning Larsens Tegnestue(HLT)社와 Arup Acoustics社와 공동(共同)으로 작업하였다. 발주자가 정한 짧은 일정(日程) 내에 전체 프로젝트를 완성해야 했고, 이는 곧 아무 것도 없는 상태에서 공연장을 설계하는 작업이 매우 빨리 진행되어야 함을 의미했다. 간결한 보고를 받은 후 공연장 컨셉을 전개하는 데 주어진 시간은 몇 주에 지나지 않았다.

헨링 라션 팀은 Richard Brett과 그 외 다른 건축가들과 함께 공동 작업하여 영국의 Compton Verney 오페라하우스 현상 설계에서 당선(當選)된 적이 있는데, 코펜하겐오페라하우스의 공연장을 전통적인 말굽형으로 설계하는 것에 대한 가능성을 의심받았다. 이 형태에 대한 모던한 해석(解釋)을 추구하던지 다른 접근방식을 조사 하던지 간에 전략적인 신속한 결정이 필요했다.

글라인드본(Glyndebourne) 오페라하우스의 좋은 성공사례를 가지고 있는 Arup Acoustics社와 디자인팀의 다른 주요 멤버들은 말굽형을 진화시키고 싶어 했다.

따라서 팀이 해야 할 말굽형(馬蹄形)의 대안(代案) 조사를 신속히 결정해, 시간이 더 걸릴지라도 씨어터플랜(TheatrePlan)社은 더 근본적인 접근방법(接近方法)을 조사하는 기회에 박차를 가했어야 한다.

발주처의 대표자와 설계팀의 선임 멤버들은 사례연구를 위하여 유럽의 역사적인 오페라하우스와 현대 오페라하우스를 견학하였다. 이러한 견학은 전문가팀과 발주자 간에 극장건축 및 설계적인 사안에 관해 토론할 때 공통된 의견에 도달하기 위해 꼭 필요하다. 견학을 통해 함께 공유한 경험 및 정보는 설계를 전개(展開)해 가는 동안 이루어져야 할 결정들을 용이(容易)하게 한다. 견학대상(見學對象) 공연장으로는 리옹 오페라하우스, 파르마의 파르네세 극장(Teatro Farnese), 이탈리아 밀라노의 스칼라극장(La Scala)과 레지오에밀리아의 오페라 극장(Teatro Municipale Valli), 비엔나의 국립 오페라극장(the Staatsoper)과 빈 국립 오페라극장(Teater an der Wien)을 방문하였다.

리옹 오페라하우스를 견학한 목적은 다층(多層)의 발코니를 가진 오페라하우스의 현대적인 해석을 고찰(考察)하고, 공연장의 높이와 관련한 시야 장애와 비율적인 특성을 검토하기 위해서였다. 자주색의 조명 설치부와 금색 휘장을 제외하고는 모두 검은색으로 마감된 공간을 경험하는 것 또한 흥미로웠다. 건축가들은 스칼라극장(La Scala)의 순도(純度) 높은 형태에 흥분하였으나, 상부 발코니부의 먼 거리와 박스석에 의한 시야 장애를 확인하였다. 비엔나 견학에서는 원조(元朝) 공연장을 1950년대에 개조한 예를 볼 수 있었다. 개조(改造)되었을 때, 층층의 발코니와 객석은 20세기 관중들의 사회구조 변화를 반영하여 조정되었으며, 따라서 당시의 공연장에 요구가 보다 잘 반영되었다.

또한 헬싱키의 핀란드 국립 오페라하우스와 함께 영국의 로열오페라하우스와 글라인드본 오페라하우스를 방문하였다. 이 견학을 통해 우리는 현대적인 편안함과 현대 관중들의 시야에 대한 기대를 만족시킬 수 있는 형태의 극장 건설 도전(挑戰)에 대한 공통적인 인식을 얻을 수 있었다. 핀란드 국립 오페라하우스 또한 측면 좌석에서의 시야와 쾌적성(快適性) 조화에 대한 문제를 보여주었다. 견학 당시에 검토된 한 국면은 공연장의 중앙 축(軸) 위에 놓인 입구의 우월성이었다. 견학한 오페라하우스들은 관객석 후방의 중앙입구와 중앙 통로에 의한 관객의 분리에 대한 몇 가지 접근방식을 보여주었다.

좌석수는 공식적으로 1,400석으로 이는 오페라하우스 치고는 상당히 작은 규모이다. 오페라를 무대에 올리는 데 드는 비용과 넉넉한 부지를 고려했을 때, 씨어터플랜(TheatrePlan)은 1,800석을 갖춘 좀 더 큰 규모의 극장이 바람직하다고 제안하였다. 코펜하겐의 기존 왕립 극장의 감레극장(Gamle Scene, 옛 무대)은 약 1,300석 정도의 규모이다. Arup Acoustics社와 씨어터플랜(TheatrePlan)社는 모두 만족스러운 음향 성능뿐 아니라 관객들과의 친밀감을 달성할 수 있는 최대 객석 규모는 1,800석이라고 판단했다. 그러나 발주처는 좀 더 작은 규모의 객석이 적절(適切)하다고 생각해 1,400석 정도로 계획하고자 하였다. 이 좌석수를 실현하기 위해, 씨어터플랜(TheatrePlan)이 진행한 설계는 1,400석보다 약간 많은 객석수를 목표로 하였으며, 양호한 시야를 확보하기 위한 난관들이 모두 해결되었을 때, 설계팀은 이 정도 규모로 만족스러운 객석을 달성할 수 있다는 확신을 가졌다.

아주 중대한 초반의 문제는 (계단식 관람석 등의) 층수를 고려하는 것이었다. 글라인드본 오페라하우스는 스톨스(Stalls)와 서클(Circle)로 이루어진 2층 구조로 되어 있기 때문에, 스톨스와 서클로 이루어진 5층 구조의 전통적인 스칼라극장 및 마찬가지로 스톨스와 서클로 이루어진 3층의 코벤트가든보다 강렬함이 부족하게 느껴졌다. 친밀함과 더불어 3층 구조가 더 적절히 구성될 필요가 있다. 더 많은 층을 만드는 것이 고려되었지만 위층의 관객들이 너무 높은 곳에 위치하여 문제시되었던 리옹의 사례를 떠올려 반대하였다. 3층은 관객을 위한 필수적 높이와 위치의 밸런스가 제공되었고 그 형태는 최종적으로 발전하였다. 기술적으로 4층은 전체 공간의 형태와 전통적인 극장에 비해 손색이 없는 극장의 비율로 알려져 있다. 표준 오페라 사이즈에 맞는 관객석의 총 수용량은 1,468석이다. 오케스트라 피트석을 제외한 좌석의 수용량은 1,647석으로 늘어난다. 관객석의 스톨스 구역의 좌석은 775석, 다른 핏 사이즈로 594석~562석으로 감소(減少)된다.

첫 번째 층의 좌석은 266석, 두 번째 층은 315석이며 가장 높은 층은 56석의 거리가 더 먼 스탠딩석(Standing Place)과 함께 291석을 수용한다. 건축가는 신선(新鮮)하고 빌딩의 경계를 넘어 도시와의 연결을 제공한 그 관객석에 대한 표현을 찾고자 노력하였다. 그 아이디어는 외부의 광장이 직접적으로 포이어 안으로 이어지고 그것을 위한 강한 매력을 가지는 스톨스의 구조 위에 있다.

많은 면에서 이것은 시드니오페라하우스 외부구조의 Stalls 경사가 확장되는 건축가 웃손(Utzon)의 접근방식과 비슷하다. 이는 주요 로비와 외부광장 그 Stalls에서 수평(水平)으로 공중에 떠 있는 호박과 같은 형태로 관객석을 표현하고자 시도(試圖)이다. 로비와 광장이 자연스럽게 관객석으로 통하는 컨셉을 충분이 살리기 위해 HLT는 스톨스 뒷부분의 큰 문이 개방되기를 원했다. 외부형태는 극장의 인테리어를 위한 철학적(哲學的)인 표현이다. 전방의 앞좌석의 수가 최대한으로 활용되고 원형의 스톨스가 분리되지 않는 계

| 영국_로열오페라하우스

획이 결정적으로 영향을 끼쳐, 건축적인 표현으로 이 명쾌함이 계속되길 원했다. 극장의 인테리어는 관객석의 내부공간이 호박이 잘려진 형태의 아이디어로 실현되었다.

광장을 공연장의 1층 객석공간과 연결시키기 위해서는 각각 다른 층에 위치하는 이 두 공간을 어떻게 공간적으로 연계(連繫)시킬지 검토해야 할 뿐 아니라, 대형 방음문의 필요성을 가늠해 보고 또 어떻게 하면 적절한 시야조건을 갖춘 제어실을 확보할 수 있는지에 대해 검토해야 한다. HLT는 공연장 바닥의 단차를 아예 없애기보다는 가급적 계단상의 단차수를 최소화하고자 하였다. 현대적·역사적 극장을 통틀어 많은 극장들은 건물의 모든 장소로 쉽게 접근할 수 있도록 하기 위하여 Stalls Foyer(Stalls석과 같은 층에 배치된 포이어)를 갖고 있다. 전통적인 오페라하우스보다 경사가 진 Stalls 공간을 연출하기 위해서는 1층 객석 후방부 바닥높이까지 이어지는 계단상의 단차가 필요했다. 코펜하겐오페라하우스의 무대 및 무대 배후 공간의 바닥높이는 부지(敷地)의 원래 높이에 맞춰서 설정되었다. 광장을 공연장의 1층 객석 후방부 바닥높이까지 높이는 것은 사실상 불가능하였다. 대안으로서 HLT는 수면에서 1층 객석 후방부 높이까지 부드럽게 경사진 포이어와 광장을 고려하였다. 경사진 바닥의 부분 실물모형(實物模型)이 HLT 사무실에서 제작되었고, 여러 실험이 이루어진 끝에 발주자 측은 포이어의 바닥을 평평하게 유지하자는 결론을 내렸다.

이 결정(決定)으로 1층 객석 후방부의 메인 입구로 이어지는 계단이 필요하게 되었고, 휠체어 사용자들은 포이어로부터 공연장의 양 측면을 통해 접근할 수 있게 되었다. 공연장 내부의 양 측면 통로는 경사로로 이루어져 있어, 휠체어 사용자들이 공연장의 여러 위치에서 접근할 수 있도록 해 준다. 1층 앞부분의 Stalls석은 이 경사면 위에 놓인 계단상의 낮은 단상(壇上) 위에 열을 지어 설치되어 있다.

포이어에서 1층 객석 후방부에 이르는 계단의 수에 대해 논쟁(論爭)이 벌어졌다. 포이어에 있는 관객들이 객석과 무대를 볼 수 있게 설계하고자 하는 건축가들에게는 최소한의 개수는 중요하였다. 이 결정으로 인해 바닥석의 경사를 약간 완만하게 하는 효과를 검토하기 위한 광범위(廣範圍)한 조사가 이루어졌다. 초기에 씨어터플랜(TheatrePlan)이 추천했던 계단의 영향력을 최소화하고 포이어와 연결되는 컨셉을 유지하기 위해서이다.

음향적인 주요 고려 사안(事案)은 무대 위의 가수로부터 발생하는 소리에너지가 객석의 관객들에 의해

프랑스_파리오페라하우스 |

즉시 흡수되지 않도록 하는 것이다.

바닥경사를 완만하게 형성하면, 대부분의 역사적인 극장 내에서 일어나는 방식과 비슷한 양상(樣相)으로 소리에너지가 형성되므로, 바닥경사를 완만하게 설정하는 것이 음향적으로 유리하다고 할 수 있다.

이 소리에너지 유지에 대한 중요성(重要性)은 1930~1950년대에 건설된 몇몇 근대식 극장의 실패를 교훈삼아 다시 인식해야 한다. 1층 Stalls석의 경사를 완만하게 하자는 결정은 발주자와 왕립극단(王立劇團)과 함께 논의되어 댄스를 위한 시야 장애에 대한 의견은 충분히 이해시킬 수 있게 되었다.

낮은 높이의 객석 수를 늘릴 수 있었던 것은 스톨스 서클(Stalls Circle)이나 파테르(Parterre)를 설치하지 않았기 때문이다. 그 결과 보다 넓은 유효 객석공간을 확보할 수 있었고 긴 가로 열을 가지게 되었다. 중앙 입구의 폭을 최대화하는 것은 바닥석 후방에 제어실을 배치하기 어렵다는 것을 의미한다. 많은 의견들을 고려한 결과 2층 발코니의 후방에 제어실을 집중적으로 배치하는 것이 최선의 방법이라고 판단하였다. 이 방법이 1층 객석 후방의 양 측면에 제어실을 분산적(分散的)으로 배치하는 것보다 나은 방법이라고 생각한 것이다. 1층 객석 후방의 양 측면에 있는 여유 공간은 오디오 기술자, 감독, 무대감독 등의 기능을 위해 사용될 수 있도록 작업 부스로 전개되었다.

기존의 왕립극장은 매우 아늑한 공간이며, 설계팀은 늘어난 객석 규모로는 기존의 왕립극장과 같은 친밀함(親密感)을 가지기 어려우며, 새 오페라하우스를 계획할 때 가장 중요시되었던 "보다 훌륭하고 자연(自然)스러운 음향" 또한 달성하기 어렵다고 판단하였다.

왕립극장은 공간 내에서의 음의 명료성(明瞭性)과 잔향시간을 보완하기 위한 전기음향시스템을 갖추고 있다. 새 오페라하우스의 공연장을 설계하는 데 있어서 친밀감을 유지하기 위해 전방 객석과 무대로 향하는 음량(音量)을 줄이는 반면 후방 객석과 높은 위치의 객석에서는 음량을 크게 확보해야 했다.

현대의 오페라하우스를 설계시에 겪게 되는 어려움 중 하나가 발코니 하부 객석의 음향효과 개선(改善)이다. 이러한 음향효과 개선을 위해 발코니의 층간(層間) 높이를 증가시켰다. 이러한 수직적인 공간 증가는 공연장 내부의 규모를 변화시키고 이탈리아의 오페라하우스와 같이 측면 발코니의 근접성(近接性)에 의해 환상적인 희열(喜悅)을 느끼게 한다.

공연장의 양 측면에서 이루어지는 청중과 공연자간의 친밀한 교감(交感)은 계속 유지되어야 한다.

덴마크왕족과 현존(現存)하는 로열 극장처럼 왕이 있는 곳과 극장 내부에서의 로열 박스가 비슷한 위치(位置)이어야 한다는 뜻에 따라 관객석은 디자인 초기에 이미 결정되어 있었다.

씨어터플랜(TheatrePlan)은 옆 층을 낮은 로열 박스와 최대한 스테이지와 가깝게 통합되도록 하였다. 결과적으로 여왕과 왕족(王族) 게스트들은 공연자의 시야 바로 위에 자리하게 되었다. 이 모든 고려 사안들은 극장 내부의 옆 층을 경사지게 만들었다. 첫 번째 원형의 앞쪽은 코벤트 가든의 동일 좌석에 비해 낮았다. 그 경사진 발코니는 메인 층의 시야확보에 유리함이 있었고, 측면의 경사가 커질 수 있게 만들었으며, 뒤쪽의 줄이 수평이 되거나 혹은 조금 위로 경사지는 것을 허락했다. 20세기 초 영국의 프랭크 매첨(Frank Matcham)에 의해 완만하게 경사진 발코니 측면의 시야확보가 가능해졌다. 측면 경사의 높은 레벨의 도입은 규모의 감소(減少)에도 도움이 되었다. 3층 위에 남겨진 넓은 공간의 천장은 대음향(大音響)의 볼륨이 필수가 된 오페라하우스의 결과이다.

4층은 전체적으로 발코니를 가지고 있으나 기술적인 설비와 조명으로 둘러 싸여있다. 창조된 극장의 컨셉 설계치를 통해 좌석수의 배치를 집계(集計)했다. 이는 매우 어려운 과정이며 종종 초과된 좌석수의 제한을 초래할 수 있다. 씨어터플랜(TheatrePlan)은 좌석수를 확인하기 위해 더욱 명확한 좌석배치를 제작하기 시작했다. 비록 프로젝트가 진행되면서 갑자기 교체된다 할지라도 극장의 디자인은 오랜 시간을 소비하는 반복의 과정이다. 만약 그것이 건축적인 결과로 나타나더라도 층들의 시야를 확인하고 또 재확인하는 것이 필요하다.

공연장을 설계하는 것은 엄청난 시간이 소요되는 과정이다. 건축적으로 결론에 도달했을 때에도 여전히 시야와 높이에 대해 검토를 거듭할 필요가 있다. 50㎜나 100㎜ 이내의 작은 높이 변화일지라도 공연장 내에서는 아주 큰 영향을 미칠 것이다. 이러한 작은 변화가 시야, 음향, 통로 경사, 계단 등에 미치는 영향을 확인하고 면밀하게 검토해야 한다.

공연장의 설계시에는 많은 기술이 사용된다. 이러한 점은 잘 이해되어야 하며, 이러한 기술을 적용하는데 있어서 건축가와 현지 건축규제당국(建築規制當局)의 허가를 받아야 한다.

공연장에 적용되는 덴마크 건축법은 몇 가지 제한을 두고 있다. 발코니의 난간 높이와 관련된 법규에 따르면 상층 발코니의 경우 시야를 방해하는 높이의 발코니를 가지게 되어 비실용적(非實用的)이라고 할 수 있다. 다행히 당국과의 논의를 통해 씨어터플랜(TheatrePlan)은 그들과 함께 기존의 왕립극장에서 발코니 난간이 가져오는 영향과 시야에 미치는 영향에 대해 검토할 수 있었다. 여러 나라에서 극장 발코니 난간이 발전되어 온 사례에 대해 토론이 벌어졌다.

이러한 조사를 거친 후 그들은 문제점을 공유하였고, 복층(複層) 발코니를 가진 극장에 있어서 발코니의 난간 높이를 낮추는 것이 적절한 시야확보에 얼마나 중요한지 이해했기 때문에 결과적으로 영국의 규정인 790㎜(다른 나라들에 비해 낮은 높이)를 수용(受容)하였다.

시야에 대한 상세연구는 공연장 디자인 설계가 3D 모델링이 가능할 정도의 단계에 이르자마자 시작되었다. 경험상(經驗上) 시야조건이 중요하다고 예상되는 모든 객석위치에 대하여 컴퓨터 시뮬레이션을 실시하였다. 여기에는 객석 후방과 발코니 하부에 위치하는 객석뿐 아니라 지휘자와 수어타이틀(Surtitle ; 공연내용을 스크린에 띄우는 자막), 무대바닥에 대한 시야조건을 확인하기 위해 1층 및 발코니 전방석의 주요부분도 포함되었다. 이 시뮬레이션을 통해 발코니 측면 좌석에 대한 많은 옵션을 검토해 볼 수 있었는데, 발코니 측면에 전통적인 방식으로 객석 열을 배치한다면 뒷 열의 경우 시야조건을 확보하기 위해 좌석을 상당히 높여야 하며, 이렇게 되면 관객에게 불안감(不安感)을 주는 불만족스러운 형태가 된다.

검토결과, 가장 최선의 해결책으로는 개방적인 박스석을 도입하는 것이었다. 이 박스석들을 배치할 때 머리 위 공간을 확보하고 상층 발코니 선단부(先端部)와 관련하여 적절한 시야확보를 위해 상층 발코니 구조를 고려하여 조정해야 했다. (극장 등에서 관객이 무대를 보는) 시선의 연구 역시 높이를 컨트롤하듯 극장 바닥은 앞 열과 수어타이틀 스크린이 보이지 않는 위치의 뒷부분 위에 있어야 하는 결과가 확인되었다.

이러한 계획이 진행됨에 따라 2층 발코니 후방에 위치한 제어실로부터 양호한 시야를 확보할 수 있었다. 모든 객석에서 수어타이틀에 대한 시야를 확보할 필요가 없다는 의견이 있었지만 관객들이 과연 그러한 좌석을 선택할지 확신할 수 없었기 때문에 메인 수어타이틀 스크린이 잘 보이지 않는 좌석들을 위해 리피터 스크린(Repeater Screen)을 제공(提供)하자는 의견이 있었다.

수어타이틀 시스템 제작회사는 앞 열의 좌석 뒷면에 일체형으로 설치할 수 있는 소형 리피터 스크린과 함께 적절한 각도로 조절할 수 있는 박스석용 폴더식 스크린을 개발하였다. 의자 제작회사는 이러한 개별 스크린이 필요한 의자에 배관작업(配管作業)을 실시하고 좌석 등받이 뒷면에 스크린을 설치하였다. 최대 1,468석 중 180석(12%)만 리피터 스크린을 필요로 하였다.

많은 오페라하우스와 기타 근대식(近代式) 극장에 있어서 측면에 위치한 좌석은 종종 만족스럽지 못한 경우가 있다. 앞줄이 확장된 측면에 위치한 좌석의 경우 잘 보이지 않고 불편하다. 왜냐하면, 맨 앞줄은 출입을 위한 이동공간이 필요하기 때문이다.

측면 객석의 시야조건을 최대한 양호하게 만들라는 결정이 내려졌고 이를 위해서는 측면에 배치된 객석수를 줄이는 것을 감수(甘受)해야 했다. 애초에 발주처는 코펜하겐오페라하우스의 관객 수용력을 상대적으로 작은 규모로 하기를 원했으며, 이러한 작은 규모의 객석수는 위와 같은 결정을 내리는 데 도움을 주

코펜하겐 왕립극장

었다. 측면 객석에서의 양호한 시야와 쾌적성을 달성하기 위해 좌석은 무대를 향하도록 배치되었으며 이를 통해 관객이 양호한 시야조건 하에서 편안하게 공연을 즐길 수 있게 된다. 글라인드본 오페라하우스를 견학했을 때 측면 발코니의 좌석배열이 바뀌었다는 설명을 들었다. 이전에는 발코니 난간을 따라 정면으로 설치되어 있어서 공연장의 중앙을 향하고 있었으나, 개막 시즌 이후 코펜하겐 프로젝트와 같이 좌석의 정면이 무대를 향하도록 배치하였다.

발코니 난간을 따라 배열된 첫 번째 열 뒷부분의 높은 단 위에 위치하는 두 번째 열은 박스석이다. 이 박스석을 가장 효율적으로 기능시키기 위해서는 앞줄로 향하는 통로의 폭을 최소화할 필요가 있었다. 많은 실물크기의 모형을 검토한 후 앞쪽 통로를 위한 공간을 최소화하였고 이 측면 객석들은 팔걸이 없이 설치되었다. 좌석은 팔걸이 없이도 충분히 편안하고 접근하기 용이하다.

객석 열 앞뒤 공간과 발 뻗는 공간에 대해서는 초기단계에 발주처와 함께 실물 모형을 통해 검토하였다. 이 실물모형들은 공간을 극대화(極大化)하기 위해 얇은 쿠션과 단단한 등받이를 가진 초슬림형 의자를 사용하여 제작되었다. 사용된 의자는 영국 제조사가 만든 표준형 의자를 기초(基礎)로 하였다. 객석 열간의 간격은 쾌적성과 전체적인 공간규모간의 조화를 고려하여 정해졌다. 일반적인 간격은 900㎜이나 위치에 따라 약간 다르기도 하다. 공간디자인 작업이 착수(着手)되기 전에 발주처와 전체 설계팀의 의자 상세 사양(仕樣) 수용을 돕기 위해 의자의 폭과 등받이 각도가 다른 의자를 사용한 객석 열 실물모형을 발코니 난간과 함께 제작하였다.

이 실험을 통해 원래 계획보다 약간 폭이 넓은 의자로 결정되었는데, 이는 아마도 실험이 겨울철에 난방(煖房)이 안 된 창고에서 이루어졌고 실험에 참가한 관객들이 코트를 입고 있었기 때문일지도 모른다.

대부분의 극장에서는 일반적으로 3가지 사이즈의 의자를 사용하지만, 코펜하겐오페라하우스에서는 두 사이즈(540㎜, 560㎜)의 의자 폭을 가진 의자만 사용되었다. 발코니 프런트의 형태는 통로 폭을 따로 늘리지 않으면서도 관객이 다리를 편하게 뻗을 수 있는 형태로 제작되었고, 이를 통해 발코니 난간이 시야를 방해하는 것도 방지할 수 있었다.

HLT는 코펜하겐 프로젝트를 위한 특별(特別)한 객석을 설계하기 위해 많은 노력을 기울였다. 모두들 설치가 간편한 페데스탈 형식(Pedestal Seat ; 말뚝형 지지 다리 구조의 의자)이 최선이라는 것에 동의하였으며, 이는 또한 경사진 바닥에 설치하는 데 있어서 매우 효과적이었다.

HLT와 긴밀한 관계를 맺고 있는 덴마크의 가구 디자이너가 최초의 의자 디자인을 스케치하였다. 실제 제품생산용 디자인은 나중에 건축가와 산업디자이너가 활동하는 영국의 의자 제조사인 Race Seating이 담당하였다.

의자 디자인을 전개(展開)할 때 나왔던 한 가지 흥미로운 아이디어는 1층 바닥석의 의자를 페데스탈 형으로 해서 쉽게 제거 가능하도록 함으로서 휠체어석으로 이용하거나 제작용 테이블과 TV 카메라를 설치하여 이용할 수 있도록 하는 것이었다.

이 아이디어를 위한 디자인이 완성되자 의자(椅子) 제작업체는 Stalls(1층 전방 객석) 전체에 이 디자인의 의자를 설치하더라도 비용적인 부담이 늘지는 않을 것이라고 했고, 설치가 간편하고 손상(損傷)된 의자의 교체가 매우 용이하다는 장점 때문에 이 디자인이 채용되었다.

또 이 디자인은 객석을 철거하여 하계(夏季)에 열리는 특별 이벤트에서 스탠딩 공연을 연출할 수도 있다. 이러한 형식의 공연은 광장과 포이어 사이의 공간적인 연계성을 강화시켜 줄 것이다.

또 이 의자에는 간단한 작동(作動)으로 등받이와 팔걸이의 위치를 조정할 수 있는 독특한 장치가 장착되어 있다. 3개 층의 발코니를 가진 오페라하우스에 있어서 각 발코니 객석에 앉은 관객들이 양호한 시야를 확보할 수 있도록 올바른 등받이 각도(角度)를 유지하는 것은 매우 중요하다.

의자의 마감 천을 선정(選定)하는 것은 어떤 프로젝트에서든 매우 어려운 결정인데 코펜하겐오페라하우스 프로젝트의 경우 재료와 품질, 천을 씌우는 비율, 색상, 음향성능, 조명효과간의 조화를 고려하여 결정하는 어려움 때문에 예상했던 것보다 훨씬 많은 시간이 소요되었다. 많은 시도(試圖)와 연구, 실물모형을 통한 실험 끝에 발주처는 마감천의 사양을 결정하였다.

모든 오페라 공연장에 있어서 발코니 전면부는 공간 내에서 반사음이 생성될 수 있는 표면을 제공할 뿐만 아니라 공간의 스케일을 명백히 하는 매우 중요한 역할을 수행(隨行)한다. 곡면의 공연장에서 주안점(主眼點)으로 삼아야 할 과제는 발코니 전면부에 반사된 소리가 무대로 집중(集中)되지 않도록 전면부의 곡면 형태를 적절하게 설계하는 것이다.

전면부의 형태는 집중된 소리에너지를 공간으로 분산시키는 동시에 공연장의 측면으로 확산된 소리의 일부를 중앙으로 보내는 데 적절한 형태여야 한다. 글라인드본 오페라하우스의 발코니 전면부는 성공적으로 이러한 기능을 수행하였으며, 코펜하겐오페라하우스에서는 이와 비슷한 접근방식이 채택되었다.

설계목표는 발코니 전체에 걸쳐 밸런스 있고 유연한 형태의 발코니 전면부를 설계하는 것이었다. 10°마다 구획된 부분의 설계도를 그리는 데 많은 시간이 걸렸으며 시뮬레이션을 거쳐 최종적으로 부분적인 실물모형이 제작되어 검토가 이루어졌다.

발코니 전면부에 무거운 조명용 레일과 다른 기술설비들을 배제(排除)하기 위해 전선은 모두 내부에 배선하고 배후면의 패널을 제거하여 이용할 수 있도록 하였다. 커넥터는 미적인 디자인을 위해 설계한 요철면의 개구부를 관통하며, 이러한 요철면의 움푹 들어간 면에는 조명등과 함께 조명기구 및 기타 장비를 설치하기 위한 접이식 메탈 지지대가 설치되어 있다.

음향적인 측면에서 봤을 때 천장은 소리를 반사시키기 위해 살짝 곡면을 이루는 평면이 되어야 하며 큰 개구부는 바람직하지 않다. 공연장의 천장을 설계할 때 이러한 음향성능적인 측면과 무대조명을 모두 고려한 디자인을 만들어내고자 했으며, 이는 자칫 공연장 전체의 미적(美的) 형태를 망칠 수도 있다.

건축가들은 와이어 그리드에 음향반사판을 설치하는 등 다양한 아이디어를 전개하였는데, 이 아이디어들 중 발주처는 보다 견고한 천장 옵션을 선택하였다.

선택된 옵션은 무대조명을 위한 작은 개구부를 가진 천장인데 이것은 천장이 개구부로 인해 몇 부분으로 분리(分離)되는 것을 막기 위해서였다.

많은 전통적인 오페라하우스에는 프로시니엄 주변에 정교하게 장식된 박스석들이 있는데 이 박스석들로 인해 금빛 장식의 큰 액자틀을 통해 공연을 보는 듯한 느낌과 함께 관객과 무대가 분리된 느낌을 받게 된다. 반면에, 좀 더 현대적인 극장의 경우 특히 독일(獨逸)에서는 무대와 관중 사이의 경계가 되는 이 공간을 무인지대(無人地帶)로 해서 어둡게 구성하였다.

가장 흥미로운 디자인 중 하나는 코벤트가든 로열오페라하우스로 관중과 공연자 간의 유기적인 관계를 이끌어내는 매우 작은 크기의 전통적인 프로시니엄을 가진다. 코펜하겐오페라하우스의 디자인을 설계하면서 우리는 프로시니엄을 보다 개방적이고 최대한 작은 크기로 만들어 관객과 공연자 사이의 장애물(障碍物)을 최소화하고자 하였다.

빛이 새나가거나 반사되는 것을 최소화하기 위해 프로시니엄 주변(周邊)을 어둡게 마감했지만 측면 발코니는 무대까지 계속 이어진다. 또한 관객들이 프로시니엄을 가급적 인식하지 못하게 해야 하는 미니멀리즘 연출을 위해 개구부를 좀 더 넓고 크게 함으로서 프로시니엄의 존재감을 약화시킬 수 있는 기능이 필요하였고, 이러한 이유로 가동(可動) 프로시니엄이 제안되었다.

프로시니엄에는 보다 작은 개구부를 연출할 때 개구부 주위의 어두운 배경을 최소화하기 위한 설비가 갖추어져 있고 박스석이나 측벽을 이동시키지 않고도 가능하다. 프로시니엄은 무대 전면 개구부를 형성하는 동시에 공연장의 일부이며 무대 주변을 어둡게 연출하는 데 일조(一助)한다. 발코니가 무대 바로 근처까지 이어지는 느낌을 살리면서도 음향적인 측면을 고려하여 측벽을 프로시니엄 근처까지 연장(延長)해야 했다. 프로젝트의 설계 작업이 진행되면서 무대 근처의 발코니 공간은 객석을 배치하기에 부적절하다고 여겨졌으나, 후에 다시 검토한 결과 몇 개의 좌석은 설치 가능하였다. 또한 설계 작업이 이루어지는 동안 측면 객석은 고정되지 않은 의자를 설치하기로 계획하였지만, 건물 형태를 결정하는 작업이 진행됨에 따라 고정의자(固定椅子)가 더 실용적이고 편안하며 정연한 느낌을 준다는 것이 확인되었다. 이 결정을 내릴 때 이동식 의자를 채택한 타 프로젝트에서의 경험이 영향을 주었는데, 이러한 극장에서는 사람들이 그들의 의자를 시야가 좋고 편안한 위치에 두지 않는 경우가 종종 있었다.

공연장을 설계하는 데 있어서 Henning Larsens Tegnestue社, Arup Acoustics社, Ramboll AS와의 공동작업은 우리 모두에게 값진 경험이었다. 코펜하겐오페라하우스는 쾌적함과 우수한 시야조건, 뛰어난 음향성능을 제공하는 현대 오페라하우스의 성공적인 사례이며 설계팀의 모든 구성원(構成員)들을 비롯해 설계도면을 해석하고 공사를 진행한 모든 관계자들은 이 프로젝트에 참여한 것을 자랑스럽게 생각한다.

5 오페라하우스의 음향설계(音響設計)

ㅁ 음향설계 원리(原理)와 공간기하학(幾何學)

음향설계 및 소음제어(騷音制御) 분야의 전문 컨설턴트인 Arup Acoustics는 건축가 헨링 라션이 이끄는 HLT와 극장설계 회사인 씨어터플랜社, 그리고 건물 설비 및 구조 엔지니어인 Rambøll과 함께 전통적인 말굽형 형식의 최신 공연장을 창조하는 작업에 동참했다. 1층석과 3층의 발코니 관중석의 좌석수는 초기 단계에 설정되었다. 공연장의 건축형태는 약간 경사진 1층석의 후부(後部)가 왕궁이 자리한 아말리엔보르 성(Amalienborg) 광장을 지나 프레데릭 교회의 인상적인 돔 지붕까지 이어지는 동서 축을 향해 펼쳐지는 듯한 느낌을 주도록 디자인되었다. 그 결과 드레스덴의 젬퍼오퍼(Semperoper)와 더 최근에 건설된 고센버그의 예센보리 오페라(Göteborg Opera)와 같은 오페라하우스에서처럼 스톨스 서클(Stalls Circle ; 바닥석과 발코니 사이의 한 단 높은 곳에 위치하는 객석)이 없으며, 발코니 위치를 높여 바닥석을 둘러싼 벽 높이는 3.0m가 되었다. 기술 갤러리를 포함한 공연장의 총 용적(천장 패널 위 공간은 제외)은 약 10,500㎥이고 1인당 용적은 약 7.10㎥이다.

공간의 음향설계는 초기 이탈리아 오페라 작품을 위한 뛰어난 음성명료도를 확보하는 동시에 슈트라우스나 바그너 작품과 같은 대규모 오페라 공연을 위한 적절한 잔향을 제공하는 것을 주목표로 하였다.

설계 목표는 만석시(時) 중음역의 잔향시간 1.50초를 달성하고 무대 위 음원의 경우 잔향시간의 80~90%의 초기 감쇠시간(EDT), 오케스트라 피트 내의 음원은 90~100%의 초기 감쇠시간을 달성하는 것이었다. 무대감독이 필요에 따라 개구부의 폭을 조정할 수 있는 프로시니엄의 도입은 몇 가지 문제점을 야기하였다. 일반적인 공연시의 프로시니엄 폭은 13.5m~15m이고 최대폭은 17.4m이며, 프로시니엄의 높이 또한 무대 바닥높이로부터 11m~13.2m 범위에서 조정할 수 있다. 이와 같이 프로시니엄의 개구폭을 넓게 설정함으로서 1층 객석에 초기반사음을 제공하는 데 유용한 역할을 하는 양쪽 프로시니엄 벽의 거리가 18.5m나 되었고, 이 간격은 약 1,470명을 수용하는 공간에 비해 상대적(相對的)으로 넓은 편이다. 1층 객석의 최대폭은 24.0m이고, 발코니석 양쪽 벽체간의 폭은 가장 넓은 곳이 28.0m이다. 프로시니엄 앞부분에 추가적으로 음을 반사하는 표면마감을 함으로써 이 폭은 무대로 향할수록 점점 줄어든다. 1층 최후방석에서 무대까지의 거리는 23.5m이며, 4층 발코니의 최후방석에서의 거리는 33.0m이다.

ㅁ 벽체와 발코니 전면부(前面部)

공연장 벽체는 섬유혼입 고밀도 석고보드(FG-Board. 30kg/㎡)로 세워진 뒤 최대 75㎜ 두께의 스테인 가공된 단풍나무로 마감되었다. 이 목재 마감벽에는 "L"자 형태의 우묵한 벽감이 설계되었고, 이는 HLT와 Arup Acoustics社가 고주파수대 음을 분산시키기 위해 고안한 심미적 디자인이다.

벽체에서 음을 분산시키는 목적은 음향적인 "Glare(집중반사)"를 줄이는 데 있다. 벽체의 전체적인 형태는 공연장의 중앙과 후방으로 음을 반사시키도록 설계되었다. 공연장 벽의 형상은 곡면으로 이루어진 발코니 전면부가 이루는 원의 중심에서 방사상(放射狀)으로 점들을 찍어 만들어졌다. 발코니 전면부의 수직단면 형상은 공연장 후방에서 가장 큰 곡면을 이루며 프로시니엄 근처에서는 보다 평면에 가까운 형태이다. 평면(平面)에 가까운 경사진 발코니면은 유용한 반사음을 최대화할 뿐만 아니라, 볼록한 면은 원 형태의 공연장에서 발생할 수 있는 초점 현상(Focusing Effect)을 방지하는 동시에 무대나 1층석으로 돌아오는 강한 고주파 반사음을 최소화시켜 준다.

평면의 경사(傾斜)진 발코니 전면부는 무대에서 발생한 고주파음을 여러 방향의 객석 공간으로 직접 반사시킨다.

2층 발코니의 전면부는 바닥석으로 반사음을 제공하고, 3층 발코니 전면부는 3층과 4층에 반사음을 제공한다. 4층 발코니와 기술 갤러리의 발코니 전면부는 유용한 1차 반사음을 제공하기 위해 경사를 주지 못했고, 소리를 부드럽게 분산시키는 역할을 한다. 발코니 전면부의 수직 단면이 약간 볼록한 곡면 형상임에도 불구하고 이 전면부에 조명을 설치함으로서 회반죽을 거칠게 바른 전통적인 발코니 전면부처럼 고주파수대의 음을 분산시키는 역할을 한다.

모두 다른 각도와 곡률(曲率)을 이루는 발코니 전면부는 25㎜~75㎜ 두께의 목재 적층재(積層材)를 깎아서 제작하였다.

발코니 전면부와 공연장 벽체 사이에는 "Box front(박스석 전면부)"라는 또 다른 표면이 존재한다. 이 표면들은 측면 발코니에서 객석의 높이에 변화를 주고 난간을 제공하기 위한 수단(手段)으로 도입되었다. 또한 프로시니엄 근처에서는 공연장의 음향상의 폭을 줄이기 위한 요소로서 위층 발코니까지 달하는 높이의 벽들이 세워졌다. 프로시니엄과 가장 가까운 곳에 배치된 표면은 발코니 폭을 좁히는 역할을 함으로써 중요한 초기 반사음을 제공하는 동시에 소리를 공간의 중앙으로 확산시킴으로서 발코니 공간에서 소리가 소실(消失)되는 것을 막는다. 이 표면은 철제 프레임 위에 38㎜ 두께의 목재를 설치하여 제작되었고 벽체 마감과 마찬가지로 고주파대 음을 확산시키는 무늬를 축소하여 표면처리하였다.

발코니 정면 |

1·2·3층 발코니 하부 천장은 단위중량(單位重量)이 18kg/㎡인 15㎜ 두께의 "Nesporex" 패널로 이루어져 있고, 이것은 랜덤으로 목재 프레임 위에 걸쳐져서 저주파음이 과도하게 흡음되는 것을 방지하여 구조의 공명주파수(共鳴周波數-Resonant Frequency)가 가능하다.

공간의 마감을 위한 설계방침은 수직면과 벽의 필요한 부분에 확산기능을 부여하고 수평의 표면은 부드럽게 마감하는 것이었다. 발코니 하부면의 몇몇 작은 홈은 적은 양이긴 하지만 고주파수대역 음을 확산시킨다. 3층과 4층 발코니 처마 앞부분은 발코니 후방석에 유용한 초기 반사음을 제공하고, 프로시니엄 근처의 양 측면에서 Cue-Ball Reflections(직각을 이루는 두 면 사이에서 일어나는 음 반사)을 촉진하기 위해 거의 수평을 이루고 있다. 4층 발코니 상부 천장면(기술 갤러리의 안쪽 상부)은 단위중량이 30㎏/㎡인 고밀도 석고보드(FG-Board)로 마감되었고, 시각적으로 아름다우면서도 중·고주파음을 확산시킬 수 있는 디자인으로 설계되었다. 이 천장면에는 환기용 그릴도 설치되어 있어서 상부에 축적된 열기를 빨아들여 밖으로 배출(排出)시킨다. 맨 꼭대기에 있는 기술 갤러리는 공연장의 상부로 향하는 소리의 진행을 방해하지 않아야 했다. 따라서 바닥과 배후 난간은 가능한 한 음향적으로 투과성(透過性)이 있도록 만들어졌다. 바닥과 배후 난간 모두 철제 그릴로 구성되었고, 배후 난간에는 4층 발코니 객석에서 기술 갤러리에 설치된 기계들이 보이는 것을 최소화하기 위해 매우 얇은 검은색 천이 둘러져 있다.

□ 객석의자와 바닥

객석의자는 건축가들이 주문 설계한 디자인을 토대로 영국(英國)의 Race Seating Ltd.에 의해 제작되었다. 객석의자는 등받이를 비롯해 쿠션의 아랫면까지 완전히 천으로 씌워졌다. 경사가 가파른 발코니 객석 부분의 의자는 안전상의 이유로 공연장에 설치된 다른 의자들보다 등받이가 더 높은 사양(仕様)이 채택되었다. 공연장의 총 객석수에 비례하여 높은 등받이 사양의 의자를 포함한 24석의 의자를 배열한 후 음향 실험실에서 흡음성능(착석-着席時와 공석-空席時)이 측정되었다. 음향실험이 끝난 후 슬림한 의자 디자인으로 인해 흡음성능이 떨어질 것으로 예상되었던 초기의 우려는 해소되었고, 흡음성능은 지정된 범위 내의 수치(數值)를 나타냈다.

| Stalls의 좌석

실험 결과, 착석시와 공석시의 흡음특성 사이에는 매우 근소한 차이만 확인되었고 이는 공연장 내의 잔향시간 측정을 통해 검증된다. 공석시와 만석시 중음역에서 0.18초의 근소한 차이만을 보였고, 이는 상당히 바람직한 수치라고 할 수 있다. 공석시와 만석시의 잔향시간 차이를 0.2초로 제한하고자 했던 설계목표는 달성되었고, 그 결과 공연자들은 실제 공연시와 유사한 음향조건 하에서 리허설을 할 수 있게 되었다.

1층 바닥은 환기 공간 위에 목재 플로어링을 깔았고 이 목재는 약 65㎜ (15㎜ 하드우드 + 50㎜ 합판) 두께의 사양이다.

□ 가변적인 음향(可變的 音響)

전기음향장치들을 사용하는 공연을 위해 공간 내의 잔향을 줄이고 전기적으로 증폭(增幅)된 음원에 더 적합한

| 어쿠스틱 배너 가동시(可動時) 모습

조건을 만들기 위해 공연장의 광범위한 공간에 수납이 가능한 흡음 배너를 설치하였다.

이 흡음 배너는 3층 발코니의 객석 뒤 벽면에 설치되며 4층 발코니석의 상부로부터 내려온다. 여기에, 2층 발코니 객석 뒤의 벽 표면에 구성된 홈에 수동으로 움직일 수 있는 흡음 패널을 설치하는 것도 가능하다. 스피커에서 발생한 소리가 무대로 반사되는 것을 방지하기 위해 필요시 이 패널들을 설치하여 객석 후방 제어실의 큰 유리창을 흡음 표면으로 전환할 수 있다.

이러한 장치들을 이용하여 중음역의 잔향시간을 최대 0.17초 줄일 수 있고 스피커에서 발생한 음에 악영향(惡影響)을 줄 수 있는 후기 반사음을 제어할 수 있다. 비록 이것이 정량적인 면에서 봤을 때 착석시에 달성되는 잔향시간 감소와 비슷하나, 본질적으로 흡음 배너를 추가함으로서 특히 공연장의 높은 위치에서 발생하는 공간 내의 후기 잔향감을 제어할 수 있고, 결과적으로 공간 내에서 감지되는 음향 이미지를 바꿀 수 있다.

▫ 오케스트라 피트

오케스트라 피트는 3개의 승강기구(昇降機構)를 이용하여 수직방향 뿐 아니라 수평방향으로도 움직일 수 있다. 무대와 가장 가까운 승강기구는 3.7m, 중앙의 승강기구는 2.7m까지 하강 가능하고 무대에서 가장 멀리 위치한 승강기구의 경우에는 0.9m까지 하강하며 객석 한 열이 설치되어 있다. 폭은 평균 19.0m이다. 오케스트라 피트는 무대 하부로 움푹 들어간 공간을 사용하지 않는 상태에서 오페라 엘렉트라(『Electra』) 작품 연주시 요구되는 104명의 연주자를 표준 간격(標準 間隔)으로 수용할 수 있도록 설계되었다.

이용 가능한 최대 연주 공간은 187.0㎡이고, 이 중 51.0㎡는 오케스트라 피트 좌우 측면과 무대 전면부의 돌출된 곳 아래로 움푹 들어간 장소이다. 무대 전면부의 아래로 내려간 공간의 앞뒤 간격은 1.4m이며, 이 공간은 측면을 따라 앞뒤로 움직이는 가변 음향 패널로 가려진다.

오케스트라 피트 리허설 중 |

이 음향 패널들은 메탈 프레임에 흡음표면(吸音表面)과 반사표면(反射表面)의 판을 필요에 따라 교체하여 부착할 수 있다. 흡음표면의 경우 예를 들어 호른으로부터 발생하는 국소반사(Local Reflection)를 제어하기 위해서는 흡음표면을 사용하고, 저음악기들 뒤에 위치하는 경우에는 오케스트라 피트 밖으로 더 큰 소리를 낼 수 있도록 반사표면을 사용한다. 이외에도 양 측면의 슬라이딩 패널을 통해 움푹 들어간 공간의 개구부 크기를 줄일 수 있다.

오케스트라 피트의 바닥은 450㎜~650㎜의 간격을 두고 장선을 깐 후 그 위에 음향상의 필요조건에 따라 45㎜ 두께의 목재바닥을 만들기 위해 두 장의 합판을 겹쳐 시공(施工)하였다. 피트는 바닥 아래에 설치된 환기용 그릴을 통해 환기(換氣)가 이루어진다. 이 그릴을 딱

딱한 표면으로 교체하여 피트를 앞무대로 사용할 수 있으며, 또 공기 부양장치(Air Caster / 空氣 浮揚裝置))가 장착된 객석 왜건을 이동시킬 수 있다.

신선한 공기는 오케스트라 피트 아래의 송출용 플레넘(Plenum : 챔버와 같이 특정목적을 위해 설계된 빈 공간) 공간으로 공급되어 바닥의 그릴과 작은 홈들을 통해 피트 위로 유입(流入)된다.

오케스트라 피트의 측면에는 이동 가능한 단단한 패널이 설치되어 있어서 소리 반사 특성을 다양하게 변화시킬 수 있다. 따라서 이 부분은 반사면이 될 수도 있고 음향적으로 투과성을 가지는 면이 될 수도 있다. 이러한 가변성은 오케스트라의 각 파트별 음을 미세 조정하여 균형을 맞추고자 할 때 유용하다. 예를 들어 1층석에서 좀 더 선명한 현악기(絃樂器)의 소리를 들을 수 있도록 하기 위해서는 음향적으로 투과적인 면이 이용될 것이다.

공연장 바로 아래의 지하(地下)에 위치한 오케스트라 리허설룸과 오케스트라 피트 사이에 대형 악기의 이동을 용이하게 하기 위하여 오케스트라 피트의 왼쪽 측면에 악기를 위한 특별한 승강기가 설치되어 있다. 이 승강기를 통해 오케스트라 리허설룸과 오케스트라 피트 사이에서 일어나는 빈번한 악기 이동이 순조롭게 이루어진다.

▫ 천장(天障)

오케스트라 피트 바로 위의 천장은 조명이 설치되어 있는 음향반사면이다. 이 반사면의 목적은 두 가지인데 오케스트라가 연주하는 소리를 부분적으로 오케스트라 피트로 반사시켜 전체적으로 조화를 이루며 연주할 수 있도록 하고, 무대에서 발생한 소리를 객석으로 반사시켜 초기반사음을 제공함으로서 직접음을 보조하고 명료도를 높이는 것이다. 이 반사면은 오케스트라의 소리가 1층 객석으로 너무 많이 집중되는 것을 피하기 위하여 수평(水平)에 가까운 각도를 이루고 있다.

공연장의 천장은 금박(金薄)으로 멋지게 마감되어 있으며 보다 넓은 객석으로 반사음을 확산할 수 있도록 천장면보다 아래로 볼록하게 내려와 있다. 이 매달기 천장은 석고보드와 합판으로 제작되었으며 표면은 저수파음의 흡수를 최소화하기 위해 40kg/㎡ 단위질량의 사양으로 마감되있다. 천장면에 설치된 사각형의 작은 홈들은 소리가 난반사(亂反射)되는 것을 억제하기 위해 표면을 조정하는 데 이용된다.

최대한 많은 소리를 객석으로 반사시키는 동시에 연출용 조명을 적재적소(適材適所)에 배치할 수 있도록 하기 위한 통합적인 해결책은 천장에 다수의 조명용 구멍들을 내어 조명 배치의 자유도를 확보한 후 소리가 소실(消失)될 수 있는 개구(開口)를 최소화하는 것이었다.

매달기 천장 위의 빈 공간으로 소리가 소실되는 것을 최소화하기 위해 각 조명용 구멍의 윗부분을 반사성 재료로 둘러쌌다.

매달기 천장 상부 공간은 매달기 천장 가장자리를 따라 세워진 300㎜ 높이의 수직 업스탠드(Upstand)를 통해 공연장과 분리되어 있는데, 천장 위의 덕트를 통해 공연장 상부의 공기를 흡입하여 배출할 수 있도록 천장면까지 완전히 닿아 있지는 않다. 이것은 매달기 천장 위로 소리가 소실되는 것보다는 음향적으로 매달기 천장 위의 공간을 격리(隔離)시키는 것이 더 중요하기 때문에 고안해 낸 절충안(折衷案)이다. 매달기 천장의 가장자리 주변에는 팔로우 스포트(Follow Spot)실이 딸린 조명 갤러리가 위치한다.

매달기 천장 주변의 공간은 공연장 내에서 잔향감의 확장을 돕는 상당한 용적(容積)을 제공한다.

□ 지붕 구조

팔로우 스포트(Follow Spot)실과 기술 갤러리는 외팔보(Cantilever) 지붕구체로부터 매달려 있다. 이 지붕구체와 공연장의 나머지 부분 사이에서 발생하는 차동적 이동량 (Differential Movement)을 고려하여 포이어와 공연장 사이의 높은 차음성능을 제공하기 위해 고안된 Movement Joint를 시공하였다. 외팔보 지붕 위에서 부는 바람 때문에 발생하는 차동적 이동량(Differential Movement)으로 인한 소음이 공연장 내부로 들어오지 않도록, 이 기능줄눈과 관련된 상세시공에 세심한 주의가 기울여졌는데, 특히 벽이나 바닥의 시공과 마감에 있어서 줄눈의 틈을 연결하는 교량역할을 하는 것이 생기지 않도록 노력하였다.

□ 기술분석(Achievement)

○ 측정분석

관객이 착석하지 않은 상태의 공연장에서 공간의 상세한 음향측정이 실시되었는데, 무대 위에는 오페라 『투란도트(Turandot)』의 초기 작품을 위한 무대세트가 설치되어 있었고 상당한 양의 천을 매달아 놓았다. 플라이타워에서 공석 時 중음역 잔향시간은 공연장의 잔향시간과 비슷했으나 저음역대에서는 다소 긴 수치를 보였다. 또한 음향 테스트용 공연이 상연되는 동안 관중들이 착석한 상태에서 음향측정(임펄스 응답)이 이루어졌다. 중음역 잔향시간(T30, mf)의 평균은 공석시(空席時) 1.55초, 만석시(滿席時) 1.40초이고, 125Hz 옥타브 밴드에서의 T30 평균은 공석시 1.95초, 만석시 1.65초이다.

음향측정 관련 |

○ **청취분석(聽取分析)**

공연장은 균형 있고 따뜻하며 선명한 소리를 제공한다. 무대에서 발생하는 소리의 현장감은 매우 좋은데, 특히 1층 후방과 발코니에서의 현장감이 뛰어나다. 오케스트라 피트에서 발생하는 연주음은 1층석의 앞쪽 몇 열을 제외한 모든 곳에서 조화롭게 들리며, 모든 오페라 유형에 적절한 잔향감과 함께 뛰어난 음악 명료도(Musical Clarity)가 균형(均衡)을 이루고 있다. 귀에 거슬리는 소리 없이 음색이 매우 아름답고 풍부한 베이스음이 잘 받쳐주고 있다. 플라이타워 내에 설치된 투사장비나 소음을 유발하는 조명기구에 의한 소음을 잘 제어함으로써 지휘자는 광범위하게 활용할 수 있는 기반(基盤)을 확보할 수 있다.

| 청취평가 관련

○ 건물 유지 서비스

오페라하우스의 공연장 내에서 건물 유지에 필요한 기기(器機)가 발생하는 소음은 거의 들리지 않으며 감각 소음기준(Perceived Noise Criterion=PNL) 측정값은 6이다. 환기시스템은 객석 플로어링 아래의 환기용 플레넘 공간으로부터 객석 발판 부분의 송출용 그릴을 통해 저속(低速)으로 공기를 공급한다. 이 시스템은 Arup Acoustics社가 음향을 고려하여 설계하였고, Rambøll이 디자인하였다. 흡입은 매달기 천장 윗부분과 각 발코니의 후방 벽면에 나 있는 구멍을 통해 이루어진다.

환기시스템은 치환(Displacement)의 원리를 이용해 설계하였다. 공기는 바닥 하부(下部)의 송출용 플레넘 공간으로 공급된 후, 1층과 발코니 좌석 아래의 송출용 그릴 또는 발코니의 일부 경사가 심한 위치에 있는 좌석의 등받이 뒷면을 통해 공연장으로 유입된다. 이렇게 유입된 공기는 다시 1층석 후방과 발코니 천장, 그리고 매달기 천장 윗 부분의 흡입용 개구(開口)를 통해 공연장 밖으로 배출된다.

메인 공연장의 공조 유닛은 플라이타워 뒤에 위치하며 덕트는 그리드 위에 위치한 동력실을 관통한 후 외팔보(Cantilever) 지붕 구체와 공연장 상부의 콘크리트 슬래브 사이의 경계부분에 배관되었다. 그리고 이곳으로부터 각 층의 송출용 플레넘으로 공기를 공급하기 위해 수직배관(垂直配管)이 연결된다.

공기는 1인당 11~12ℓ/sec의 속도로 공급된다. 좌석 아래에 위치한 송출용 유닛은 코펜하겐 오페라하우스 프로젝트를 위해 Lindab이 개발하였고 제한된 소음 발생 기준에 적합한지 확인하기 위해 실험실에서 시험이 이루어졌다.

건물 유지에 필요한 기기가 발생시키는 소음을 거의 완벽하게 제어함으로서 광범위한 음역에 걸쳐 아무런 장애 없이 음악을 표현할 수 있게 되었다. 이렇게 배경소음이 낮은 경우의 부정적인 측면은 무대나 플라이타워에서 아주 미세한 소음이 발생하더라도 더 부각(浮刻)되어 들려서 귀에 거슬릴 수 있다는 점이다.

○ 차음(遮音)

낮은 소음레벨을 달성하기 위해서는 소음이 발생하는 주위 공간으로부터 소음을 차단할 수 있는 높은 성능의 차음계획이 요구된다.

이러한 차음계획을 통해 공연장 전체에 걸쳐 공연장과 포이어 사이에 흡음 챔버 역할을 하는 복도와 이동공간(移動空間)을 배치함으로써 낮은 소음레벨을 달성할 수 있었고 1층석 후방의 대형 개구부에는 방음용 여닫이문 3조와 한 쌍의 슬라이딩 도어를 설치하였다.

여닫이문의 표면은 소리가 집중되는 것을 피하기 위해 목재로 볼록한 곡면 형상을 만든 후 고주파음을 확산시키기 위해 그 위에 공연장의 내부벽과 같은 디테일로 마감하였다.

공연장과 공연장 바로 아래에 위치하는 오케스트라 리허설룸 사이에는 매우 높은 성능의 차음계획을 실시하였으며 저주파대역에서 투과손실 60㏈을 초과하는 차음효과(遮音效果)를 얻었다.

○ 객석 조명(House Lighting)

객석 조명은 Speirs & Major Associates가 디자인하였으며 Rambøll이 설계하였다. Arup社와의 논의 끝에 발코니 프런트의 조명에는 저소음 LED 조명원(照明原)을, 발코니석 조명기구에는 광섬유(fibre-optics) 조명원을 사용하기로 하였다. 광섬유 조명원은 광섬유 조명 내의 냉각 팬이 야기(惹起)하는 소음을 배제하기 위해 주로 공연장 외부에 배치했다.

장치 외부에 엔진 배치가 불가능한 기술 발코니와 매달기 천장 상부에는 팬이 장착(裝着)되지 않은 특별 사양의 조명(광유리 케이블 – Glass Optical Cable이 달린)이 배치되었다. 1층석의 중앙 부분은 매달기 천장의 개구부에 배치된 ETC社의 Source 4로 조명하며 기술 발코니에 설치한 조명들은 다른 조명효과를 부여(附與)한다.

○ 음향시스템

객석 음향시스템은 프로시니엄 개구부 위에 배치된 중앙 스피커와 프로시니엄 양 측면의 라우드 스피커(Loudspeaker)군(群), 그리고 무대 전면에 배치된 필 라우드 스피커(Fill Loudspeaker)로 구성하였고 오케스트라 상부 음향반사체의 양 측면에 위치한 2개의 서브우퍼(Sub–Woofer)가 이를 보조(補助)한다. 그리고 음향효과를 위한 구조 일체형의 라우드 스피커를 설치하였다.

○ 부속실(附屬室)

1층 입구 후방의 양 측면에 2개의 부속실을 배치하였는데 이 부속실들은 제작자실로 이용할 수 있다.

공연장과 이 실을 분리(分離)하는 2겹의 차음용 창문 중 공연장 측의 유리는 소리의 역반사(Adverse Sound Reflection)를 피하기 위해 일정한 각도로 경사져 있다. 이 공간들과 더불어 2층 발코니 후방에는 조명, 장면 투사, 음향을 위한 3개의 기술제어실이 위치한다. 이 기술제어실들 역시 공연장의 소음으로부터 높은 수준으로 차음하고 있다.

이와 같은 차음용 창에서 음향제어실에만 개방 가능한 창문이 설치되어 있는데 이것은 씨어터플랜社가 직접 디자인한 것을 바탕으로 제작했다. 한 장의 유리가 작은 윈치를 통해 위아래로 열리고 닫히는데, 이 창이 닫힌 상태에서는 요구된 차음수준을 만족시키기 위해 유리 주변의 공기압축 실링을 통해 밀폐된다. 이 실들의 벽과 천장은 흡음재로 마감하고 바닥에는 정전기(靜電氣) 방지 카펫을 깔아 적절한 음향 환경을 보장하였다.

○ 극장장치(劇場裝置)

주무대와 그 외 무대들 사이에 위치하는 대형 분리 노어의 차음 특성은 Arup社에 의해 결정되었다. 주무대로부터 공연장을 분리시키는 방화(防火) 커튼은 투과손실 45㏈을 목표로 했고 이를 통해 오케스트라 피트에서 리허설이 진행되는 동안에도 무대에서 작업을 계속할 수 있다.

주무대를 후무대와 양쪽 측무대로부터 음향적으로 분리시키는 3개의 거대한 차음용 방화셔터 또한 투과손실 45㏈을 확보하여 주무대에서 리허설이나 공연이 이루어지는 동안 측무대와 후무대에서 작업을 계속하는 것이 가능하다. 리허설 무대와 후 무대 사이에는 11.2m 높이의 패널 도어 2개가 1.50m 공간을 두고 설치되어 있고 수동으로 개폐가 가능하다. 각 패널 도어의 폐쇄시 차음성능은 RW=51㏈이다.

특히 이 문 하부의 단차 보정용 승강기구 아래에 설치된 차음 패널과 같은 세심한 고려와 정확도를 기한 높은 수준의 시공을 통해 후무대와 리허설 무대 사이에 RW=63㏈의 차음성능을 확보할 수 있었다.

이러한 높은 수준의 차음성능을 확보함으로서 리허설 무대에서 리허설이 진행되는 동안 이를 방해하지 않고 후무대에 세트를 설치하는 시끄러운 작업을 할 수 있게 되었다. 측무대와 후무대는 모두 소음 제어를 위해 천장의 콘크리트면에 흡음재를 설치했다.

리허설 무대 또한 인접한 두 개의 벽을 흡음재로 마감하였는데 이 벽 하부 2.0m는 반사표면으로 되어

| 메인 스테이지부터 리허설 스테이지

있고 플러터에코(Flutter Echoe)를 방지하기 위해 경사(傾斜)를 유지하고 있다.

무대 승강기구, 매달기 플라잉 시스템(Flying System), 무대 왜건, 무대 주위의 평형 및 보정을 위한 승강기구, 칸막이 도어 호이스트(Door Hoist), 무대 커튼 장치, 무대 조명 모두 엄격한 소음기준(消音基準)에 대응하는 사양으로 이루어져 있다. 극장 장비에서 발생하는 소음이 공연을 방해하지 않도록 모든 관계자가 상당한 노력을 기울였다. 무대 승강기구의 모터는 무대 아래의 지하 3층에 위치하는 부속실 안에 제어 캐비닛과 함께 방진 콘크리트 방진가대(Inertia Base) 위에 설치하였다. 이러한 계획을 통해 컨덕터의 상부에서 측정한 소음레벨은 승·하강시 25dBLAeq(등가 소음레벨)로 세계에서 가장 조용히 움직이는 무대 승강기구를 확보할 수 있었다.

6개의 무대 사이에서 무대 전환이나 세트 구성을 바꾸는 데 사용하는 무대 왜건 시스템 또한 놀라울 정도로 조용하게 가동(可動)된다. 왜건은 특수한 3중 회전 고리(Triple-Swivel) 캐스터로 움직이고, 무대 바닥에 나 있는 틈은 톱니바퀴로 넘는다.

설계와 제작에 있어서 소음절감(騷音節減)을 위한 기본적인 단계를 거치는 동안 선택 가능한 방법이 많지는 않았으나, 정밀한 제작과 꼼꼼한 시공을 통해 성과를 거두었다.

평형(平衡) 및 보정(補正)을 위한 승강기구(Equalizer·compensator)는 지정된 조건만큼 소음도가 낮지는 않은데 그 주된 원인(原因)은 가동시 소음을 많이 발생시키는 스크류잭(Screw-Jack) 방식 때문이다. 다행히 이 승강기구들은 대부분 주무대 바깥부분에 위치하여 공연시에는 거의 작동하지 않는다.

매달기 플라잉 시스템(Flying System) 역시 소음이 매우 적어서, 4개의 바(Bar)가 동시에 작동할 때 컨덕트 상부에서 측정한 소음레벨은 26dBLAeq의 값을 나타내었다. 플라잉 시스템 중 유일한 소음원은 무대 상부 그리드에 위치한 도르래를 로프가 통과(通過)하는 소리뿐이다. 다른 아이템들 역시 지정된 소음기준을 충분히 만족시켜 극장 기계설비는 소음 없는 조용한 극장공간을 보장(保障)한다.

| 아이다(Aida) 공연을 위해 웨건무대(Stage Wagon) 위로 옮겨진 세트

○ **오케스트라 리허설룸**

오케스트라 리허설룸은 공연장 바로 아래의 지면(地面)보다 12.0m 낮은 높이에 위치하며 21.5m×19.8m의 크기에 10.1m 높이의 공간이다. 선박들이 지나가는 소리를 차단하고 공연장과 리허설룸 사이의 차음성능을 최대화하기 위해 리허설룸은 음향적으로 완전히 분리된『Box-in-Box』공법을 이용해 지어졌다. PC 콘크리트벽과 바닥을 시공하기 전에 고무재 방진패드인 "Sylomer"를 깔아 고유주파수(固有周波數)가 약 12㎐가 되도록 설계하였다.

벽과 천장에는 저음역을 흡음하는 흡음체, 볼록한 형상의 음향 확산체, 광대역 흡음체, 수직으로 이동 가능한 흡음 패널 등 음향조건을 위해 신중하게 설계된 장치들이 설치되어 있어 다양한 규모의 오케스트라에 대응할 수 있다. 수직으로 이동 가능한 흡음 패널들은 단순한 선회형 스핀들 시스템(Rotating Spindle System)을 이용하여 움직인다. 공석시 잔향시간은 전 주파수 대역에 걸쳐서 일정하며 만석시에는 저음역의 잔향시간이 상대적으로 10% 늘어난다. 가동 음향 패널들을 통해 중 주파수대의 잔향시간을 1.40초에서 1.10초까지 조정할 수 있고, 메인 입구의 벽에 고정된 1개의 패널과 조합하여 4가지 형태를 연출할 수 있다. 벽과 천장에 설치된 다양한 음향장치시스템은 벽을 중간 정도의 밀도(密度)를 가진 슬릿형 타공 섬유판 보드로 마감하여 시각적으로 드러나지 않도록 하였고, 천장 부분은 목재 패널로 물결 형상(形狀)을 만들어 오케스트라와 합창단을 위한 멋진 공간을 제공한다.

"Jet" 노즐을 이용하여 PNC12의 매우 낮은 공조 소음레벨을 확보하였고, 소음이 적은 조명원을 사용하며 인접 공간과의 높은 수준의 차음성능을 확보, 리허설뿐 아니라 녹음에도 완벽하게 대응할 수 있게 되었다. 조정실은 큰 간격의 공기층을 사이에 둔 이중 판유리로 리허설룸과 분리되어 있고, 이곳에서는 리허설룸이나 주변의 연주자용 라운지로부터 발생하는 소음의 방해 없이 녹음과 모니터링 작업이 가능하다.

| 리허설룸

○ Takelloftet

Takelloftet(스튜디오 스테이지) 또한『Box–in–Box』차음구조로 이루어져 있고 건물의 2층 북동쪽에 위치한다. 스튜디오 근처에 위치하는 화물 적하장(積荷場)을 오가는 무대장치용 승강기와 부지 아래에 위치한 쓰레기 분쇄 압축기로부터 발생하는 소음을 차단하기 위해 이러한 구조는 필수적(必須的)이었다.

이 스튜디오 스테이지의 내부의 평면 크기는 22.7m×16.6m이며 실내악을 비롯해 리사이틀, 소규모 오페라, 댄스, 재즈에 이르는 다양한 공연을 상연할 수 있도록 가변적인 공간으로 설계했다. 스튜디오의 전체 높이는 9.70m로 기술적인 공간은 제한을 받는 대신 음악 용도로 봤을 때 적절한 용적을 제공한다. 그리드는 바닥면으로부터 6.90m의 높이에 위치한다. 이 스튜디오는 수납 가능한 객석과 다수(多數)의 이동 발코니("Tower") 유닛을 이용하여 여러 극장 기능에 맞춰 다양하게 형태를 설정할 수 있다.

| 스튜디오무대 배관의 모습

스튜디오 공간의 측면과 그리드 상부에는 송출용 및 흡입용 덕트가 배치되어 있다. 제트노즐은 다시 한 번 해결책으로 채용(採用)되어 공간 전체에 공기를 조용하게 공급한다. 음향적으로 외벽의 낮은 부분에는 반대측 벽이 노출(예를 들어, 이동 발코니 유닛을 전혀 사용하지 않는 무대 방식의 경우)되었을 때 플러터에코가 발생하지 않도록 경사를 주어 패널을 설치하였다.

이동(移動) 가능한 발코니 유닛(Tower)은 관객이 앉을 수 있는 객석을 제공하거나, 실내악 리사이틀과 이와 유사한 음악 이벤트 공연시에는 무대 주변에 소리를 반사시키는 반사표면을 제공한다. 발코니 유닛의 이 반사 패널은 소리의 분산(分散)을 위해 경사를 이루고 있고 유닛 안으로 들어갈 수 있도록 여닫이 구조로 되어 있다. 공간의 융통성을 보완하기 위하여 스튜디오 스테이지에도 가변적인 음향장치가 마련되어 있다. 천장 그리드 위에는 공간 전체를 충분히 덮을 수 있는 크기의 검은색 극장용 울서지 커튼이 양 측면에 설치되어 있고, 천장 부근을 벽을 따라 하강할 수 있는 광물섬유(鑛物纖維) 보드가 수납되어 있다. 실내악 공연을 위한 무대 형식의 경우 공석시 중음역의 잔향시간은 1.70초에서 1.30초까지 조정 가능하다.

○ **포이어**

포이어는 공연장 구조체(構造體)를 중심으로 둘러싸듯 펼쳐져 있으며 5층에 달하는 오픈 공간을 제공한다. 각 층 천장면에는 타공 메탈 흡음재로 마감하여 소음을 제어(制御)하고자 하였고, 그 결과 활기차면서도 조용한 공간은 사교활동(社交活動)의 공간으로 적합하다. 포이어에서의 중음역대 잔향시간은 1.30초이다.

○ **녹음 스튜디오**

측무대 바로 아래에는 녹음 스튜디오와 녹음 제어실을 포함하는 녹음 전용실이 위치한다. 녹음 스튜디오는 건물 구체와 분리된 콘크리트 슬래브 위에 플라스터보드를 이용하여『Box-in Box』구조로 지어졌다. 녹음 스튜디오와 제어실 간에는 65㏈의 차음성능을 확보하였다. 두 공간을 분리하는 창문의 제어실 측 유리는 강한 수평 반사를 피하기 위하여 경사각(傾斜角)을 유지하고 있다. 공간에서 발생되는 소리는 타공 석고보드 마감재와 바닥의 카펫, 타공 메탈제 흡음 천장재에 의해 제어되며, Room Response은 100㎐~5㎑에 이르기까지 모든 대역에서 고른 분포를 보인다. 녹음실의 배경 소음레벨은 PNC13으로 매우 낮음에도 불구하고 무대 위에서 충격(衝擊)이 가해지더라도 녹음실에서는 들리지 않는다.

| 리허설룸

| 부속공간

○ **오페라, 발레, 음악 연습과 합창단 리허설룸**

측무대 위의 플라이타워 주위에는 리허설룸이 2개층에 걸쳐 배치되어 있다. 많은 수의 리허설룸들은 인접 공간으로부터의 소음을 최소화하기 위해 분리된 콘크리트 슬래브 위에 플라스터 보드를 이용하여『Box-in Box』구조로 만들어졌다.

1개의 합창단 전용 리허설룸, 2개의 발레 연습 스튜디오, 1개의 오페라 리허설룸 이외에 다양한 크기의 악기 연습실과 발성(發聲) 연습실이 다수 위치한다.

벽과 천장의 건축 마감은 흡음재와 건물 유지 설비들을 가려주고 플러터 에코를 줄이기 위한 확산벽(擴散壁)은 지그재그 형태를 취하고 있다.

구조적으로 분리된 이중유리는 건물 내부의 작업소음을 차단하는 역할을 한다.

덴마크의 고품질 공예(工藝) 전통은 일반적으로 높은 차음수준을 오페라 전반에 걸쳐 가능하게 하였고, 이것은 상호간의 교란(攪亂) 없이 비슷한 활동을 할 수 있게 한다.

소형룸에서의 천장 냉방과 대형룸에서의 제트노즐을 이용한 건축설비에서 나오는 소음은 각각의 공간에서 약 NR20으로 잘 제어(制御)하고 있다.

건물 전반에 걸친 복잡한 음향 요구사항은 설계에 합리적으로 적용되었다. 어떤 의미에서는 그것이 음향 요소를 건축에 있어서 본질(本質)처럼 보이게 만들었다. 결과적으로 기술적인 요구이지만 아름다운 건물은 세계 최고의 음향수준을 갖춘 시설을 제공하기 위해 제작되었다.

6 오페라하우스의 무대(舞臺) 엔지니어링

일반적인 극장에서 무대 엔지니어링의 설치비용(設置費用)은 종종 건설업체들도 놀라게 되며 그런 장비를 사람(장비에 대한 전문지식이 있는)이 처리하고 작동한다는 사실 또한 매우 놀랍다. 오페라하우스의 경우, 컨설턴트는 가끔 이런 점을 믿지 않는다. 그리고 현실 상황을 입증(立證)하기 위해 많은 어려운 작업을 필요로 한다.

극장계획에 있어서의 도전(挑戰)은 필수적인 하부 무대와 측면 및 후방 무대 지원 존을 가진 무대와 플라이타워를 설계하는 것이었다. 그것은 극장 이용자가 발레공연과 더불어 3~4개의 주요 오페라 레퍼토리를 상연할 수 있게 하였다. 무대는 공연이 시작되는 동안 전체 무대 리허설에 사용 가능해야 하고 무대배경을 수납할 수 있는 최소 하나의 메인 오페라 리허설 공간이 필요하다.

▫ 무대·평면계획(舞臺 平面計劃)

사실상 도시 축(軸) 때문에 대칭형 건물이 필요하였다. 매스 구성(Massing)과 초기 배치는 십자형의 무대형식을 반영했는데 그 당시 여섯 개 무대(Six-Stage) 공간이 없어서 그것이 결국 형식이 되었다. 무대배경 핸들링과 적재 구획은 단 하나의 무대 구역 부분만을 차지하고 리허설 공간은 높은 층에 위치한 결과 무대배경의 운반(運搬) 등 상당한 문제가 있었다. 무대와 오디토리움은 더 위에 위치하여 무대배경, 장비, 의상, 악기, 사람들을 한꺼번에 들어 올리거나 내린다.

오페라하우스가 유지 보수를 필요한 장소 이외에 공간 내의 작업장을 가지고 있지 않다는 것을 상기(想起)시켜 주는 두 개의 대형 엘리베이터가 있다. 결국 이런 유형의 건물을 운영하는 데 필요한 서비스 범위의 이해는 컨설턴트가 무대와 배경실을 후미판(Tailboard) 높이에 설치하는 것을 성공적으로 이끌었다. 무대배경과 장비 운반이 효과적으로 무대 위에서 직접(直接) 가능하기 때문에 이것은 거의 완벽한 상황이다. 건축가가 리허설 무대로 향하는 무대배경의 용이한 어프로치 방법에 대한 필요성을 인정하자 간절했던 주무대 주변의 5개의 서포터 공간이 포함된 배치는 받아들여졌다. 후방 측의 두 무대는 가설무대(假設舞臺)와 리허설 무대가 되었다. 이것은 무대배경의 이동(전체 무대 왜건 시스템에 대한 필요성은 계획 초기단계에 수립)을 허용하고, 제작 과정 초기에 새로운 세팅을 리허설 무대에 이동하여 만들게 되었다. 이 세팅을 주무대에서 이용하고자 할 때에는 리허설 무대로 되돌려 놓는다. 또 더 많은 리허설이나 레퍼토리에서 상연을 위해 필요한 경우는 측면 무대에 둔다.

초기 결정은 '한계(限界) 무대배경 높이'를 설정하고 그것을 완전히 무대배경 구역에 유지하는 것이었다. 최근의 다수 오페라하우스의 설계자는 무대에 적절한 무대배경 높이의 필요성을 인정하지 않아 양측무대나 다른 무대배경 공간의 적절한 높이를 설정하는 데 실패했다. 핀란드 국립 오페라하우스(Finnish National Opera)에서 설계자, 공동연구회(Workshops), 팀원은 놀라운 수준의 세팅을 만들어냈지만 그것들을 무대 뒤로 가져오기 위해 많은 무대배경 조각들의 윗면에 경첩을 달아야 한다.

코번트 가든(Covent Garden)과 바르셀로나에서의 경험을 고려한 후에 코펜하겐에서 무대배경 높이를 11.0m로 고정(固定)하기로 결정했다. 그래서 11.2m가 '한계높이(Clear Height)'가 되었고 모든 구조물, 서비스, 다른 가공장치는 이 높이보다 위에 설치했다. 다행히도 무대 위로 15.4m에 있는 바닥높이는 건축가에 의해 상세히 검토되었고, 이는 그 시설에 대해 적당한 오버헤드 공간을 만들어냈다. 트럭과 컨테이너에서 반출된 모든 무대배경이 본질적으로 '수평'이라는 점을 근거로 적재구획과 인접한 배경실은 4.5m의 높이로 만들었다. 두 개의 풀사이즈 트럭구획(하나는 경사조절기 'Dock Leveller'를 가진)과 세 번째의 작은 구획의 도움을 받는 이 구역은 오페라 및 발레와 순회(巡廻)하는 연극 극단들이 필요로 하는 무대배경, 소도구, 의상, 악기, 장비 및 기타 준비물들을 모두 수용한다.

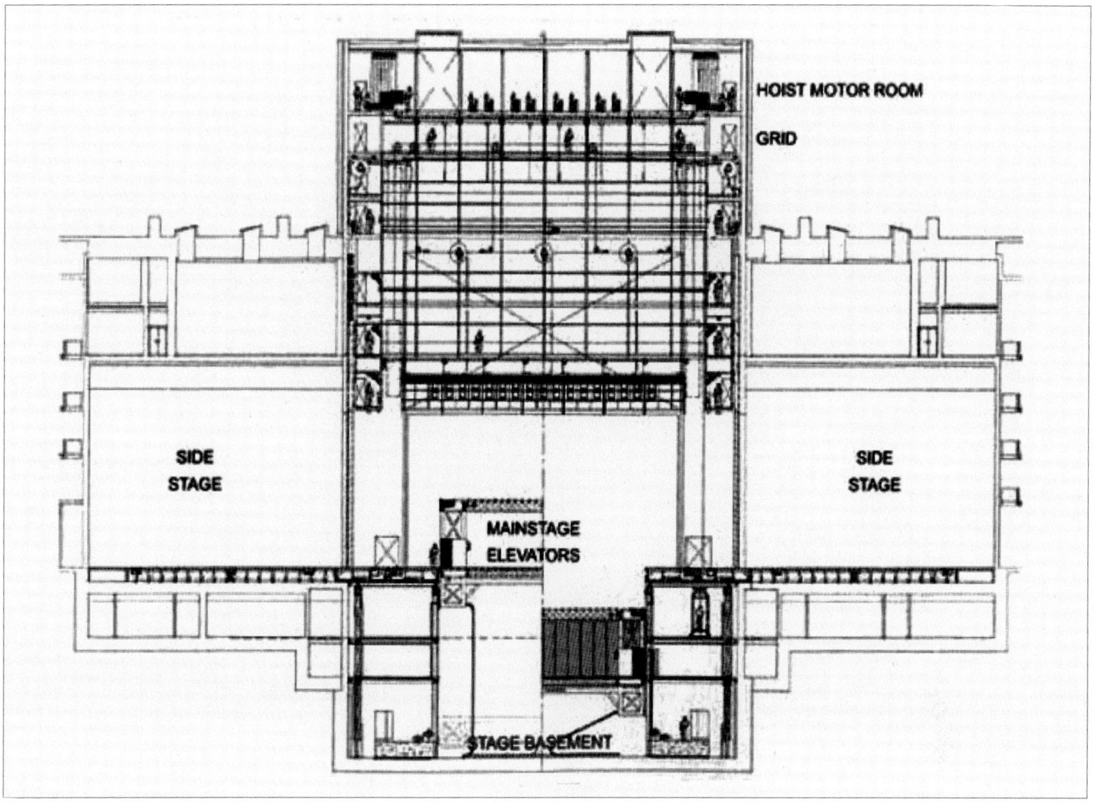

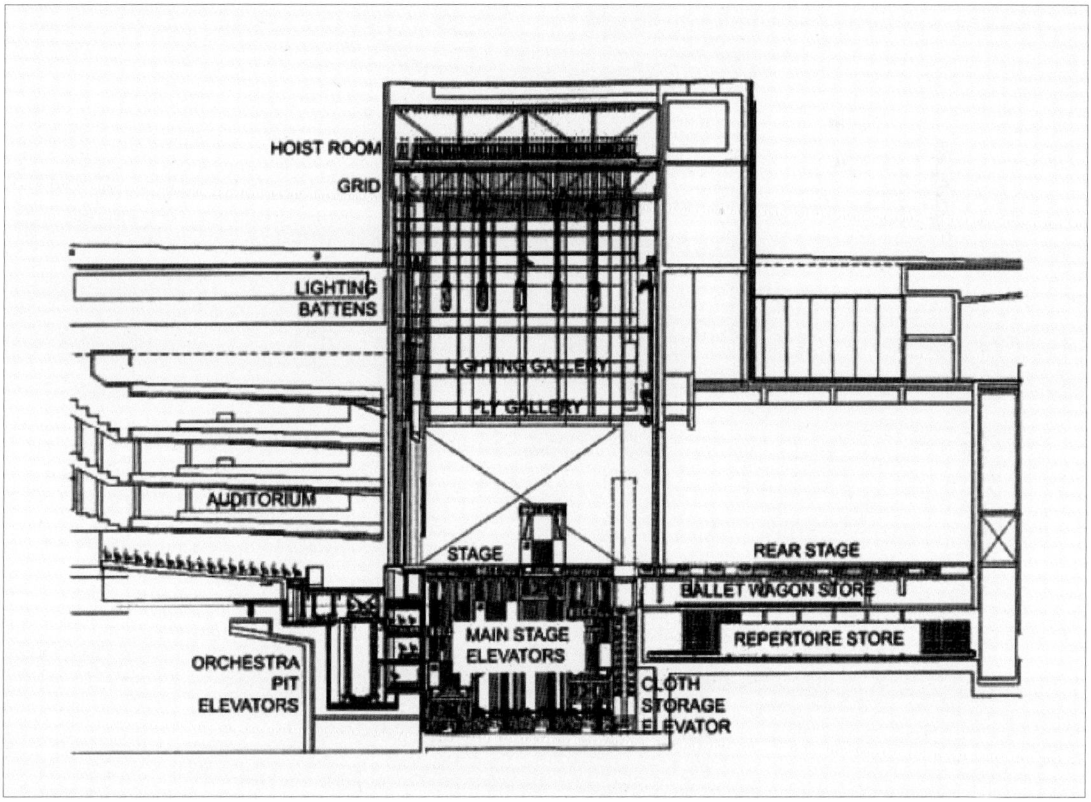

| 십자가 모양으로 나누어진 무대와 양쪽의 측면무대

| 무대와 플라이타워가 통하는 긴 구간

| 무대 평면계획

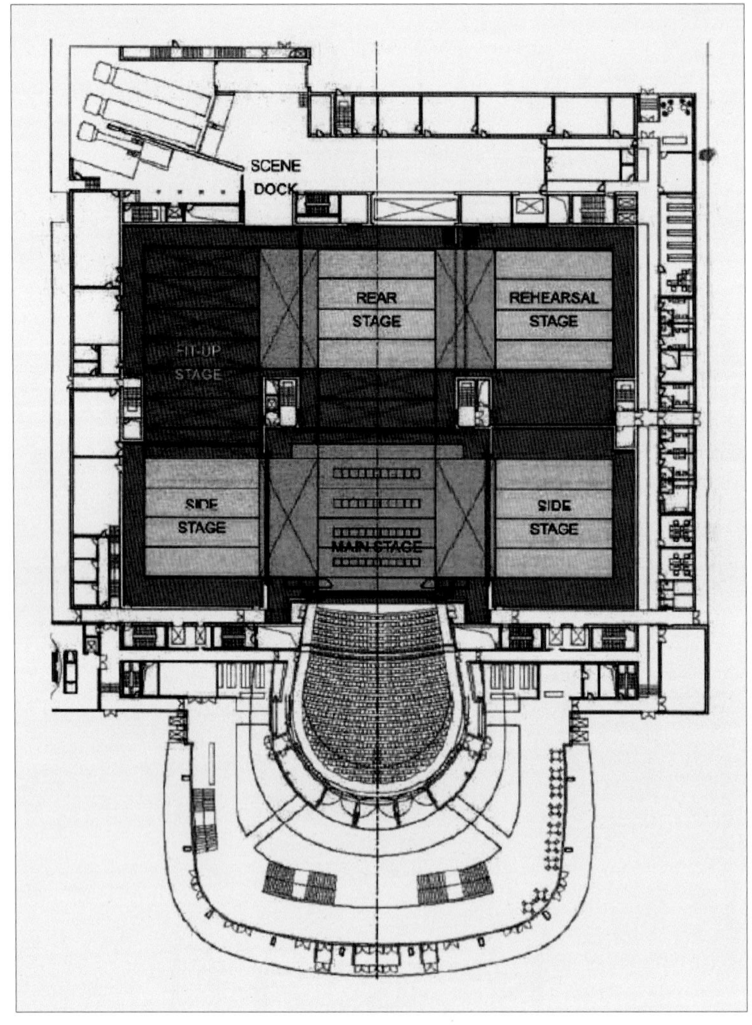

ㅁ 프로시니엄 영역

광범위한 프로시니엄 개구부를 수용하기 위해 오페라는 '건축 프로시니엄(Architectural Proscenium)'과 포탈(Portal) 또는 '가변 프로시니엄'이라고 불리는 것을 모두 가진다. 건축 프로시니엄은 오디토리움에서 효과적이고 프로시니엄 주변에 공간의 연속성(連續性)역할을 의도한다. 이 개구부와 세트 범위 안에서 무대막의 무대 안쪽은 무대배경으로 향하는 개구를 설치한 입구(Portal)이다. 건축 프로시니엄과 포탈은 모두 건축 개구부를 소형 포탈이 사용중일 때 부분적으로 축소(縮小)시킬 수 있어, 눈에 보이는 검은 입구의 수량을 줄임으로서 높이 및 너비를 조정할 수 있다. 건축 프로시니엄의 너비는 비록 헤더(Header)가 전동식(電動式)이라 할지라도 위치를 설정하기 위해 수동으로 조정하였다. 측면(側面) 부분은 측면 조명과 다수의 스피커를 운반한다. 건축 프로시니엄은 로열 오페라하우스, 코번트 가든에 있는 'Barley Sugar'의 더 큰 버전이다. 코펜하겐 프로시니엄은 양쪽에 약 2.0m에 의해 무대 위아래로 이동할 수 있다.

입구는 2층으로 된 조명브리지와 두 개의 매달기 타워로 구성된다. 타워는 양편의 측면 갤러리로 연결된 브리지의 양쪽을 건다. 브리지는 많은 2중 도르래 서스펜션을 운전(運轉)하는 호이스트 유닛에 의해 올려지고 내려진다. 호이스트는 브리지의 가장 높은 위치의 고정 구조물에 설치했다. 포탈은 매우 유용한 무대 앞쪽의 공간을 차지하고, 세팅 라인을 무대 안쪽으로 미는 경향(傾向)이 있지만 그들은 중요한 조명 및 차폐기능을 가지고 있다. 여기서 우리는 잃어버리는 공간을 최소화하기 위해 통행할 수 있을 만큼의 좁은 포탈 브리지를 만들었고 이것은 좋은 밸런스로 나타났다. 조명브리지 바운스 바(Bounce Bar) 바깥쪽으로 너무 멀리 설치한 장비는 유동 현수막(懸垂幕)에 의해 타격을 받게 되거나, 만약 이것이 무대앞쪽 가장자리에 세워진다면, 타워 바깥쪽이 이동식 왜건 위 무대배경에 부딪치게 될 우려가 있다. 그러나 이것들은 생산 설계 문제로 컨설턴트에 의해 배제될 수 없다. 공연자, 오케스트라, 관객 간에 더 좋은 관계를 형성하고 특수한 조명 요구사항이나 영구히 제한되는 세팅이 필요할 때 이를 타협한다. 또 우수한 음향은 게리츠(Gerriets)社의 Echovelour에서 포탈의 전체를 덮음으로써 확보하기도 한다. 벨루어 소재는 빛을 흡수하지만 일반적인 무대배경 벨루어보다 가청(可聽) 주파수범위에 있어서 더 높은 반사성을 가지고 있다. 포탈의 순환 외장은 특히 중요한 음향 반사 표면이 된다.

프로시니엄 영역은 다른 비밀을 가지고 있다. 이 중 하나는 특이한 배치의 롤링 파노라마식 배경막(背景幕) 창고이다. 롤링 파노라마식 배경막은 항상 가치 있는 무대공간을 차지하도록 무대 안쪽이나 무대 앞쪽에 배치할지 여부에 대한 문제를 가지고 있었다. 이 문제를 재검토하여 우리는 플라이타워에서 전체 높이의 유일한 자유공간이 포탈의 무대 앞쪽, 배경막의 양쪽이라고 결정했다. 신중하게 무대구역을 계획함으로서 우리는 무대 뒤의 전체 포탈 타워 움직임을 수용하기에 충분한 전체 폭을 확보하게 되었다. 그리고 이 여분의 너비는 롤링 파노라마식 배경막을 위한 장소로 사용되었다.

그러나 이 장소에 파노라마식 배경막 롤을 설치하는 것은 배경막을 지나쳐서 출입을 방해하였다. 따라서 격납했을 때 파노라마식 배경막의 아래쪽에 통행을 허용하는 짧은 거리는 파노라마식 배경막을 들어 올려야 한다고 판단하였다. 그러나 최고의 롤링 파노라마식 배경막도 또 하나의 특징을 가진다.

그것은 창고에 배치하고 감는데 시간이 걸린다. 저장 원뿔 및 파노라마식 배경막 트랙 모두의 원인이 되는 이 문제를 극복하기 위해 우리는 4개의 전용윈치로 약 5.2m를 올리고 내릴 수 있도록 컨셉을 개발하였다. 이것은 단지 무대 앞 영역에서 무대 위로의 통행을 허용할 뿐 아니라 배치한 파노라마식 배경막을 배역, 기술자, 소품들이 무대 위와 뒤로 신속하게 이동할 수 있도록 들어 올릴 수 있게 하였다. 파노라마식 배경막은 올려질 때 원뿔을 감기 때문에 현수막의 하단 가장자리는 무대바닥 위에 긁히지 않고, 그것이 내려지기 전에 더 많은 준비 작업을 계속할 수 있도록 머리 위 5.2m로 했다. 전체 무대를 깨끗하게 치우지 않는 것은 시운전(試運轉) 동안에 확실히 유용하다. 그리고 파노라마식 배경막이 그리드 아래쪽까지 직행(直行)해야 한다고 믿는 사람들에게 우리는 실용적인 측면에서 1층 정면의 특별석에 대한 시야조차도 타협하지 않았다는 것을 반드시 지적해야 한다.

원형 파노라마 현수막은 프랑스의 게리츠(Gerriets)社가 제작했고 코펜하겐까지 운하를 끼고 해로(海路)를 통해 수송했다. 목재 컨테이너는 길이가 25.0m이지만 배경실에 있는 공간과 무대로 향하는 직접 통로 덕분에 파노라마식 배경막의 하역 및 설치는 매우 수월하다. 교체는 획득하고 교환하는데 시간이 걸리는 반면 홀링 로프는 일부의 초기 시운전 이동 중에 손상을 입었지만 더 이상의 문제는 발생하지 않았다. 원뿔은 알루미늄으로 제작되었고 그것을 홈에 있는 루프의 정열을 유지하기 위해 회전시킴으로서 중앙의 나사못을 위아래로 움직인다. 홀링 로프는 무게에 의해 팽팽해지고 그리드에 있는 포탈 위에 설치한 특수 윈치로 잡아당긴다.

중량물로 장비한 무대 양 옆의 가림막(Tormentor Tower)

| 로얄 오페라하우스 무대 관련

파리 오페라하우스 무대

다음으로 원형 파노라마 현수막(懸垂幕)은 격납 위치에서 트랙의 바로 밑, 무대 안쪽에 설치해야 하는 장소까지 통과할 수 있다. 포탈과 갤러리 사이에 틈(Gap)이 있고, 이를 통해 현수막이 지나간다.

그러므로 배우 왼쪽의 포탈로 가는 입구는 파노라마식 배경막이 움직이는 동안에는 이용이 불가능하다.

원형 파노라마 현수막은 UMHWPE 플라스틱의 제거로 인해 틈을 통과할 때 보호된다. 향후 설치작업에 있어서의 유일한 수정은 파노라마식 배경막을 안이나 바깥으로 감기 전에 트랙을 평평하게 하는 것이다. 트랙은 코너를 정확하게 매달기 위해 2½° 무대 안쪽으로 내리막이 되고, 이것은 원뿔 위에서 움직이는 것과 같은 현수막의 일부 묶음이 필요하다. 현재 설계에 포함된 호이스팅 시스템과 함께 이 경사는 무대 안쪽과 앞쪽 호이스트의 차등 상승(差等 上昇)에 의해 제거할 수 있다. 오페라에서 연출되는 레퍼토리의 특징과 공연에 대한 적절한 대응을 위해 수평으로 당기고, 이탈리아식(式)으로 늘어뜨릴 수 있는 무대막을 포함시켰다. 이것은 드로잉 기구, 빠른 비행 호이스트, 늘어뜨리는 움직임을 위해 그리드 위쪽의 전동실에 설치된 분리(分離)되어 있는 호이스트를 위한 비례적(比例的)으로 주름이 형성된 보빈(Proportional-Fold Bobbin)과 함께 Triple-E 체인트랙을 사용한다.

| 브릿지 입구에서 끌어당기는 장비

| 왕립극장의 회전하는 파노라마식 배경막(Cyclorama)이 아래층의 구성물과 문제점을 유발하는 사례

| 상부 무대 구성

세트 제작

커튼 고리를 통과하는 늘어뜨린 로프는 케블라 섬유(Kevlar)이고 이것은 몸통에 감기 위해 와이어로프에 연결한다.

해결해야 할 문제 중 하나는 도르래와 부딪히지 않고 연결용 섀클(Joining Shackle)에 대해 충분한 왕복운동(往復運動)을 확보하는 것이었다.

무대막을 이동(移動)할 때 제어시스템은 늘어뜨린 선이 축 늘어지지 않도록 하기 위해 같은 속도로 늘어뜨린 호이스트를 감는다.

무대막은 비록 무대제어시스템을 이용한 동력 가동이나 무대 엘리베이터 큐(Cue)의 일부로서 운영될 수도 있지만 자체적인 로컬 제어를 가지고 있다.

공연장의 박스에 넣어진 커튼의 모습

▫ 오케스트라 피트

오케스트라 피트는 모든 오페라하우스에서 매우 중요한 구역이다. 그리고 많은 건축가, 음향학자, 기계 엔지니어, 극장컨설턴트가 서로의 필요성과 문제점을 해결하기 위하여 많은 검토를 필요로 하는 구역이다.

코펜하겐에서 오케스트라 피트는 엘렉트라(Electra)와 같은 대규모 오페라를 위해 104명에 이르는 연주자(演奏者)를 수용할 수 있도록 할 필요가 있다. 그러나 동시에 다른 많은 오페라나 발레를 위해 작게 만들 수 있도록 해야 한다. 또한 오페라하우스에서의 모든 작품이 오케스트라를 필요로 하지 않도록 피트의 제거를 요구하기도 한다. 이를 위해 오케스트라 피트는 3개의 분리된 승강장치와 13개의 이동식 좌석 왜건을 가지고 있다. 그것은 소규모 피트나 피트의 제거가 필요할 때 무대 쪽으로 특별석을 확장(擴張)하기 위해 배치할 수 있다.

여분(餘分)의 특별석을 운반(運搬)하는 좌석 왜건은 사용하지 않을 때 격납시킬 필요가 있으므로 일반적인 방식으로는 특별석 바닥의 바로 밑에 격납 구역을 만들어서 확보할 수 있다. 코펜하겐에서 특별석 아래 영역이 이미 오케스트라 리허설룸으로 설계되었기 때문에 특별석 아래 영역에 격납 구역을 수용할 수가 없었다.

이런 구성은 단지 오케스트라 피트와 주무대 엘리베이터 사이에 좁은 공간만을 남길 뿐이었다. 그래서 이 구역에서 3단의 좌석 왜건 창고를 만들었다. 3대의 엘리베이터 중 하나에 있는 하부의 플랫폼에 의해 더 많은 창고를 제공하였다.

이러한 격납 구역에 접근(接近)하기 위해 무대 근처에 오케스트라 피트 승강장치를 두 개의 플랫폼과 함께 세워야 한다. 이 승강장치의 상단 플랫폼은 무대 높이까지 올릴 수 있어 앞무대로도 사용할 수 있다.

이 조건에서 각 측면 벽에 있는 숨겨진 문은 앞무대로의 접근을 위해 개방(開放)하거나 사용할 수 있다. 승강장치는 상단 높이가 상단(上端) 격납 높이에 닿을 때까지 아래쪽으로 이동할 수 있다.

승강장치 위의 하부 플랫폼은 두 개의 하부 격납 높이 중 하나에 배치할 수 있다. 승강장치의 총 왕복거리는 7,220㎜이다. 두 대의 추가 승강장치가 있고 양쪽 다 단일 플랫폼이다. 2단 승강장치에 근접한 하나는 두 줄의 좌석을 운반하고 1,250㎜의 왕복거리로 제한(制限)하였다.

무대에서 거리가 먼 두 번째는 단일 줄의 좌석을 위한 것이고 유사한 왕복거리를 가지고 있다. 무대 엘리베이터 근처에 있는 좌석 왜건을 창고로 이동시킨 후에 승강장치를 정렬할 수 있고, 다른 왜건들을 창고 안으로 이동하기 위해 근처의 무대 승강장치 위에 이동할 수 있다.

사실 근처의 무대 승강장치 위의 좌석은 거의 드물게 사용되고, 이것은 중간 높이로 넣은 후에 승강장치의 하부판을 최하부의 창고로 이동시킨다. 이것은 일반 및 대형 오케스트라 피트 형식의 더 많은 변경을 단순화(單純化)하였다.

오케스트라 피트 레일은 고정된 특별석의 정면이나 곡선의 난간을 형성하도록 좌석 왜건에 맞는 20개의 짧은 섹션으로 구성하였다. 레일은 원하는 위치로 조종(操縱)하고 이동시킬 수 있도록 섹션으로 나누어져 있다.

레일 섹션을 위한 프레임은 오케스트라 피트 승강장치(昇降裝置)를 설치하기도 했던 Waagner-Biro(영국)에 의해 제작되었다. 그 후 음향학자와 건축가에 의해 개발된 세부 사항을 토대로 오디토리움 인테리어 설치팀에 의해 완성되었다. 설치는 난간섹션을 새로운 장소로 내리고 이동하기 위해 들어 올리는 데 사용하는 한 쌍의 트롤리를 포함한다. 완성된 난간섹션은 무거워 계획했던 것처럼 회전(回轉)시키는 것이 쉽지는 않았다.

13개의 분리된 좌석 왜건이 있다. 이들은 매우 큰 피트를 형성하기 위해 제거되었던 단일 줄을 구성하는 3개의 왜건들을 포함한다. 그 자리에서 이들과 함께 일반적인 오케스트라 피트가 만들어졌다. 네 개의 추가된 왜건은 각각 3줄의 좌석을 운반하고, 적소(適所)에 있을 때 발레공연의 오케스트라에 더 적당한 크기로 피트를 감소시킨다. 남아있는 6개의 왜건은 또 다른 3줄의 좌석을 함께 만들고 적소에 있을 때 모든 피트나 앞무대를 제거한다.

모든 왜건은 에어캐스터(Air Castor)가 설치되어 있다. 그것은 호버크라프트(Hovercraft : 공기 부양정)와 유사한 방법으로 작동(作動)하지만 바닥에 높이의 작은 갭이나 변화를 극복하기 위해 개발된 공기베어링을 사용한다. 이들은 개별 송풍기를 가지고 있다. 송풍기는 왜건을 바닥 위로 대략 15㎜~20㎜를 들어올리기 위해 고무 멤브레인에서 작은 구멍을 통해 바람을 내뿜는다. 이것은 무거운 왜건을 승강장치나 격납 구역으로 이동시킬 때 2~3명에 의해 원하는 위치로 밀어 넣을 수 있게 한다. 좌석 왜건은 오디토리움의 나머지 부분으로서 같은 하드우드 플로어링과 좌석으로 마무리하였다. 그리고 일단 적소에 있으면 매우 잘 융합되

| 좌석 왜건의 베어링(air bearings)의 공사모습

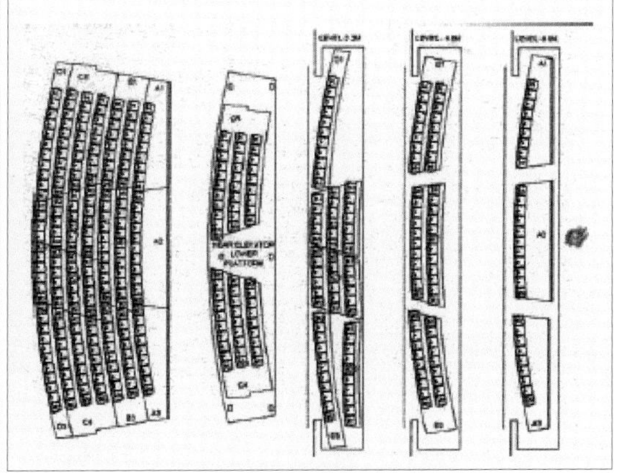

| 좌석 왜건의 배치도와 저장 공간의 도표

어 그것이 특별석 구역의 영구적(永久的)인 부분이 아니라는 것을 식별할 수가 없다. 오케스트라 피트에서의 어려움 중 하나는 연주가를 위해 적당한 온도에서 적절하고 외기(外氣)가 없는 환기를 제공하는 것이다. 세계적으로 통용되는 다양한 해결 방법이 있다.

각 해결 방법은 그에 동의하는 사람들이 있었고 상당한 논의 끝에 바닥에 다수의 대형 에어그릴을 사용하는 방안이 엔지니어에 의해 제안되었다.

피트의 바닥에는 이미 수많은 조명, 전력 및 오디오 콘센트 트랩이 있었다. 또 그것은 앞무대로서 기능을 할 수 있게 하고 공기베어링이 매우 무거운 좌석왜건을 움직일 수 있도록 위에 일정한 표면을 제공(提供)해야 했다.

극장 컨설턴트는 다시 해결책을 찾아야 했다. 우리는 그릴을 가진 삼각형의 '토블레론(Toblerone)' 유닛을 개발하였다. 유닛을 약간 내려서 대략 120°를 회전(回轉)하고, 그릴의 장소에 단단한 목재 플로어링 섹션을 들어 올렸으며, 세 번째 표면은 그릴로 가는 공기통로를 허용하기 위해 개방하였다.

Waagner–Biro는 그 원리(原理)를 각 측면에 2면의 유닛으로 개발하였는데 그것은 180°를 회전하고 기능적인 기어 랙과 피니언과 같은 결과를 얻었다.

이들은 바닥에 설치되었고 좌석 왜건이 무대를 가로질러 이동하거나 승강장치가 앞무대를 만들기 위해 들어올리기 전에 자동적으로 그릴이 제거되도록 하였다.

승강장치의 바닥이 앞무대로 사용될 때 그릴이 없다는 것은 특히 중요하다. 이 기능에 대해 그 중앙에 3개의 대형 수동 이동식 트랩뿐 아니라 조명 및 사운드 콘센트를 감추는 수많은 경첩이 달린 개구(開口)를 가지고 있다.

2단 승강장치는 승강장치의 바로 밑에 수직기둥을 형성한 Serapid社의 리지드 체인(Rigid Chain) 방식에 의해 오르내려지는데, 기본원리는 단순(單純)하다.

체인은 오케스트라 피트의 바닥 위에 설치한 덮개를 씌운 수로에 수평으로 격납시켰다. 피니언은 체인을 단단한 푸싱 바를 잠궈서 형성되는 연결에 초점을 맞춘 특수 구역에서 수직 통과를 좌우하는 모터로 회전한다. 체인이 수직을 유지하며 구부러지지 않도록 승강장치는 그 운행 거리를 가능하게 한다.

여기에 사용된 기계장치는 일반적인 스크류잭(Screw Jack)이고, 두 개의 싱글 덱(Single Deck) 승강장치 또한 전동식이다. 이들은 운행거리를 줄이는 것에 있어 더 경제적이고 리지드 체인 승강장치와 일치(一致)시킬 수 있다. 그 결과 오케스트라 피트의 높이는 총체적으로 조정 가능하다.

ㅁ 플라이타워

무대구역 기획을 결정함에 있어 초기에 결정된 사항 중 하나는 있을 수 있는 최악의 상황도 고려한 사이트 라인을 수립하기 위해 도면을 준비하는 것이었다. 그리고 그것은 무대가 종래의 받침부분과 가장자리 장식을 통해 감출 수 있고 원래의 측면 분할도어에 적당한 오프 스테이지 윙과 최대 포탈 개구를 위한 충분한 상연 공간(上演 空間)을 확보해준다.

| 무대 위의 조명 갤러리

다양한 설계변경 끝에 우리는 폭이 30.0m인 내부 플라이타워의 제작을 결정했다. 그것은 8.0m의 오프 스테이지 보정기에 대해 기하학적(幾何學的)인 크기를 부여했다.

이는 4.0m의 왜건 '기준 치수'의 2배이다. 이 기하학적 관계를 유지하는 것은 왜건 설치의 성공에 있어 중요하다. 비록 각 측면무대의 전체 치수에서 벗어나 예상 밖의 공간이 필요로 할지라도, 우리는 여기에 왜건 드라이브 캐비넷과 왜건에서 무대배경을 철거해 적재(積載)하기 위한 충분한 주변 공간을 유지하였다. 이 공간의 일부는 퀵 체인지룸으로 사용되었고, 이곳은 더 많은 영구 저장을 위한 것이었다.

플라이타워의 높이는 그리드 아래로 30.0m 위치에 기초를 둔다. 반면에 플라이타워가 프로시니엄 높이의 2½배가 되어야 한다는 것을 항상 어림짐작에 따라 적용(또는 적절하게 이해)하는 것은 아니다. 사실 구조적으로 개구는 12.0m 이지만, 작업장 포탈 높이는 최대한도부터 좀 더 일반적인 8.0m~10.0m 아래까지 다양한 만큼, 적용하기 쉽지 않다.

30.0m 높이는 경험에 기초를 두었지만, 오르내리는 롤링 파노라마식 배경막과 오버스테이지 조명을 깨끗하게 치운 일반 높이 현수막의 설치를 고려한다.

갤러리의 보완 순서는 최저에서 최고 높이 순인데 플라이 갤러리, 조명 갤러리, 리깅 갤러리, 유지보수 갤러리, 윈치(Windlass) 갤러리 순이다. 플라잉 시스템 제어를 위한 소켓은 하부 2개와 상부 2개의 갤러리에 그들 모두에 적당한 숫자로 조명콘센트와 함께 제공한다.

하부 갤러리는 모두 강철(鋼鐵)이고 분할 도어와 그것들의 평형추(平衡錘)를 위한 무대 뒤의 개구와 함께 기존의 방식을 이용해 설치했다. 우리는 콘크리트로 된 유지보수 갤러리를 요청했다. 그 결과 그 위에 분할 도어 호이스트, 헤드풀리(Head Pulley)와 다른 장비를 설치할 수 있었다. 이러한 결정은 나중에 입증(立證)되었다. 사실 우리는 후에 그들이 음향학자들을 만족시키는 것이 어렵다는 것을 증명한 것처럼 분할(分割)도어 호이스트를 위해 이 갤러리 위에 세운 콘크리트 인클로저를 가지게 될 것이다.

조명 갤러리는 그 안에 30.0m 중앙에 설치한 덴마크식 표준 조명기구 장착 소켓을 지닌 DIN 연속 채널을 가지고 있다. 비록 당초에 필요하지 않았을지라도 우리는 DIN 레일 하부와 모든 갤러리를 따라 높은 위치에 모두 48㎜ 조명 파이프를 포함시켰다. 하부의 파이프는 적당한 위치에 조명기구가 없을 때 철망 안전 패널로 구성되었는데, 그것은 낮은 쪽의 조명 위치가 어느 정도 사용되는지 알 수 있게 하였다.

최하부 갤러리는 무대 왜건 위에 무대배경을 제거하는 높이에서 플라이타워의 각 측면이나 혹은 무대 위나 뒤로 움직이도록 설치했다.

이 공간이 호이스트 위에 전용 백라이트 프레임을 수용하기 때문에 이 높이에는 횡단로의 윗 무대가 없다. 호이스트는 후무대로부터 그것을 통과하는 무대배경을 허용하기 위해 이 높이까지 띄운다. 조명 또한 자주 이 높이에서 사용한다.

최하단 갤러리 높이에서 측면에서 측면으로 통과하기 위해 우리는 후무대의 하부 무대 부분 안에 하나의 갤러리를 도입하였다. 만약 무대가 세팅의 일부에 사용되고 방해 없이 백 스테이지 활동을 볼 수 있는 장소에 방문객을 위한 훌륭한 경로를 제공한다면 조명을 고려한다. 리깅갤러리는 조명갤러리의 축소(縮小) 버전이고, 이것은 플라이타워 안에 횡단로 윗무대를 가진다.

유지 보수 갤러리 위쪽은 윈치 갤러리이다. 그곳은 무대에 걸쳐진 조명으로 가는 전력 및 제어 공급을 하는 장소이다. 이 갤러리는 원격가동장치로 더 많은 기계실이 있어서 일반 방문자 투어는 불가능하다. 그것은 이러한 전기 공급량을 수용하는 탁월한 해결책이 된다는 것을 증명하였다.

드롭케이블, 커넥터, 전환 도르래는 윈치가 또 다른 장소로 갤러리를 따라 움직일 때 갤러리 행거 안쪽으로 뺄 수 있다. 설계는 각각의 전체 조명 프레임을 공급하는 두 개의 윈치를 고려하였는데, 이것은 3단계에 걸쳐 200A에 근접한 두 개의 시스템을 제공한다.

필요하다면 윈치는 특수조명 서스펜션을 직통(直通)이 되게 할 수 있으며 리깅 갤러리에서 수동(手動)으로 사용할 수도 있다.

많은 시간과 노력을 투자(投資)하는 영역(領域)은 그 중에서도 그리드의 설치이다. 여러 나라에서 다양한 극장 그리드를 보았듯이 수많은 종류의 그리드 설치가 있다는 것은 분명하지만, 그것은 만족스럽지도 않고 확실한 작업 영역을 제공하지도 않는다.

이전의 주요 극장이 결코 만들지 못했던 우리의 계획안 중의 하나는 우리가 모방(模倣)하고 개발한 컨셉이었다. 이 계획안은 통로, 수동 리깅, 조명 공급장치 및 이와 유사한 것을 위해 정돈된 그리드를 남겨놓고, 포인트 호이스트와 관련 있는 많은 리깅과 와이어링을 제거하는 데 성공하였다.

| 일반적인 그리드(grid)의 모습

또 하나의 변화는 전통적인 영국식 강철 채널 격자(格子)에서 체인 호이스트 하중 후크나 포인트 호이스트 평형추(平衡錘)를 수용하기에 적당한 개구를 가진 양방향(兩方向) 그릴로 변경한 것이다.

이는 전통적인 강철 채널 그리드보다 가볍고 더 큰 개방영역을 가졌음에도 불구하고 예민한 특성을 가진 무대시스템에 적정하게 대응하고 있다. 그것은 또한 그리드의 하부로부터 또는 최근의 한 시공에서 볼 수

| 그리드 구성

있듯이 실제 그리드바닥에 장착된 스프링클러 파이프와 헤드를 제거할 수 있게 만들었다.

ㅁ 오버스테이지 플라잉 시스템

플라잉 시스템은 각 측면에 약간의 업다운 무대 바와 다수의 포인트 호이스트를 가진 플로팅 교차무대 바(Bar)를 기초로 한다. 이들은 모두 분배하는 무대 제어시스템에 의해 제어된다. 그리고 주무대 승강장치 무대막, 무대 왜건이 있는 회전무대를 제어한다. 무대막은 각각의 하부무대 코너에 자체적인 제어장치도 갖추고 있다.

왜건은 안전과 우발적(偶發的)인 손상 방지를 위한 무대 제어장치와 결합한 자체 제어시스템의 대상이 된다.

코펜하겐 오페라하우스는 호이스트와 그들의 드라이브 장비가 그리드 높이보다 위에 있는 공간에 설치되어 있으므로, 스페인의 리세우극장의 파워플라잉 시공 배치를 반복한다.

많은 시공사례에서는 갤러리를 방해하거나 타워를 상당히 넓힌 그리드의 측면에 호이스트를 둔다. 이것은 항상 가능하지는 않다. 바르셀로나의 새 플라이타워와 코펜하겐의 완성된 건물과 같은 새로운 건축에 있어서 그리드 위의 전동실은 계획과 잘 조화될 수 있다.

그리드 위쪽에 거대한 전동실이 있었지만 각 측면에 파워 플라잉 호이스트만 보이는 코펜하겐 계획을 처음 보았을 때 우리는 약간 우려했다. 하지만 이 지역은 오디토리움으로 공급되는 공기를 위한 중요한 덕트 경로가 되었고 포인트 호이스트와 3개의 고정된 조광실 중 하나를 수용하는데 도움이 되었다.

포인트 호이스트와 결합한 리깅은 머리 위를 제한했다. 상부 무대와 하부 무대 영역에 위치하는 와이어로프는 그리드 위쪽에 전동실에 있는 호이스트에서 내려가 수직으로 통과한다. 그리고 수평으로 상부 무대와 하부 무대를 이동할 수 있도록 회전 고리 전환 도르래 위를 통과한다. 그 후 롤링 빔(Rolling Beam) 위에 설치한 이동식 전환 도르래 위를 지나간다.

롤링 빔은 다중회선(多重回線) 플라잉 세트로 가는 와이어로프 드롭 사이에 각 그리드 베이에서 이동한다. 이동식 도르래와 롤링 빔은 번호를 매기고, 각 그릴 개구의 중앙에 포인트 호이스트 와이어로프 드롭을 두는 장소에 고정할 수 있다.

평형추는 로컬 제어장치를 사용해서 그리드를 통해 들어 올릴 수 있고 도르래 아래에 걸 수 있다. 동시에 이것과 빔은 새로운 위치로 이동해서 포인트 서스펜션을 재조립하는데 필요한 노력을 최소화하였다.

특별한 리거(Rigger)의 제어장치는 인코더가 해제되는 것을 허용한다. 반면에 평형추를 그리드 바로 아래의 두드러진 높이에 다시 걸 때 포인트는 옮겨지고 다시 맞물리게 한다. 이것은 전체 이동거리가 어느 한쪽의 방향으로 한도를 넘지 않는다는 것을 보증한다.

롤링 빔은 추가(追加)의 체인 호이스트 하중을 수용하는 동시에 500kg 포인트 호이스트 하중으로 지지(支持) 하고 있다.

그리드는 머리 위쪽의 모든 동력이 있는 리깅과 많이 이격되어 있다. 다중 회선 교차무대 바로 가는 와이어로프 또한 머리 위로 지나가고 기존의 그리드를 통해 잘 드리운다. 각 베이에 있는 표준 그릴 데킹은 사방에 좋은 접근성(接近性)을 제공하고 있다.

갤러리 위쪽 그리드의 측면 구역은 그리드 자체에 절대 느슨해져서는 안 되는 소형 항목을 수리(修理) 및 작업을 위한 안전구역을 제공하기 위해 콘크리트로 만든다.

로열극장은 계획도를 검토하고 파노라마식 배경막이 무대를 횡단하는 위치를 제안하였다. 이것은 사용 중인 파노라마식 배경막을 가진 전체 무대 깊이를 주지는 않았지만, 더 나은 조명을 제공하고 무대 위 배경의 중요한 저장 장소를 허용한다. 그 바로 하부의 무대에 있는 바(Bar)는 곡선의 영향을 받고 길이를 축소해야 하지만 윗무대의 바는 폭이 넓다.

바 섹션은 "Unibeam"으로 알려진 Triple E Ltd에서 만든 알루미늄 압출성형제품(壓出成形製品)이다. 이 압출성형제품은 트랙 피팅과 무대배경 행거의 범위를 가지고 있다. 그것은 무대배경 및 현수막을 세우는 단순하고 안전한 리깅을 허용하기 위해 쉽게 장착할 수 있다. 중앙에서의 규격은 바의 윗무대와 무대 밖 표면 노란 테이프 위에 나타난다.

□ 무대 제어시스템

Dave Ludlam은 전력 엔지니어링과 제어시스템 개발을 돕기 위해 프로젝트 초기에 팀에 합류했다. 이 무대 제어시스템의 특별한 기능은 듀얼 리던던트 상호작용 네트워크를 가진 완전 분산된 제어구조(制御構造)이다.

각각의 축선은 호이스트 위쪽에 작은 캐비넷에 자체 '임베디드(Embedded)' 드라이브와 모션 컨트롤러를 가지고 있다.

호이스트와 드라이브 캐비넷 사이의 모든 연결은 플러그와 소켓을 거치고 확장 리드(Extension Lead)는 드라이브 캐비넷의 오류 발생시 교차 삽입되도록 제공한다. 교차삽입(交叉挿入) 했을 때 호이스트 수량과 세팅은 유지되고, 그것은 원래의 드라이브로 조정되었던 것처럼 작동한다.

전력은 산업용 '플러그인' 모선을 거쳐 머리 위쪽에서 드라이브 캐비넷으로 공급된다. 설치업체는 처음에 비용을 근거(根據)로 컨설턴트의 이 제안을 반대했지만, 후에 그들은 이 접근법을 사용하여 시공비용을 절약할 수 있었다는 점을 인정하였다.

8개의 메인 제어 패널과 그 중 하나가 무선인 4개의 작은 휴대용 비계장치(Rigger)의 제어 패널이 있다. 두 가지 유형의 제어 패널의 유일한 차이점이 조작용 손잡이 '재생장치'의 수(數)이기 때문에 사용자 교육을 최소화하기 위해 동일한 그래픽 사용자 인터페이스(GUI)를 운영한다.

시스템은 주로 지정된 라인을 따라 개발하였고 다수의 유용한 운영기능을 가지고 있다. 무선 제어 패널은 특히 그리드에 있는 리깅 포인트 호이스트에 대한 유용함을 증명했다.

400㎜ 중심에서 감아올리는 Drums

배관망의 플라스틱 가이드를 통과하는 포인트 호이스트 와이어

롤링 빔에 쓰어 있는 숫자 모습

로열 오페라하우스 무대

| 로얄 오페라하우스 무대

| 로얄 오페라하우스 무대

| 표시되어 올려져 있는 플라잉 바의 위치

모든 시스템, 데이터 표시를 담고 있는 복합 제어 패널과 이중 중앙 서버와 함께 이 시스템에 대한 매우 높은 수준의 유용성(有用性)을 기대한다.

모든 사용자 동작의 시스템 이벤트 로그를 사용하여 신속하게 원인을 밝혀낼 수 있는 모든 결함은 활성 호이스트에 대한 모터 속도, 드라이브 전류, 브레이크 상태와 같은 신호를 기록하는 내장(內藏)된 원격시스템으로부터 실시간 데이터와 관계가 있다. 따라서 이 데이터는 제조업체가 멀리 떨어져 모니터링하거나 ISDN 연결을 통한 판단분석에 유용하다.

비록 로열극장에서 사용된 오버스테이지 조명이 예상될지라도, 적당한 위치에서 지속(持續)되어야 하는 그들의 레퍼토리 때문에 모든 위치에 조명프레임을 설치할 수 있는 시설을 제공하고 있다. 이것은 자체 조명이나 특별한 위치가 필요한 객원 극단에 의해 만들어지고 신속히 설비해야 하는 적당한 위치에 변화(變化)를 허용한다. 보통 6개의 표준 조명프레임 세트는 약 18.0m 길이와 3,200kg의 총 수용량을 가진 조명장비를 만드는 4개의 플라잉 바로 운반하였다.

조명 프레임의 전력은 4개의 플라잉 바를 가진 조종장치로 만들어진 대형 동력 윈치를 통해 제공한다.

그 결과, 전체 조직이 한 품목처럼 움직인다. 독점 항목인 윈치(Windlass)는 위쪽으로 운전하지만, 스프링식 장력장치(張力裝置)에 대항한 조명프레임의 무게에 의해 아래쪽으로 당겨졌다.

전반적으로 설치는 매우 만족스럽지만 컨설턴트에 의한 많은 신중한 생각과 압박(壓迫), Waagner-Biro Stage Systems, Delstar Engineering, Priebe AS, 기타 소규모 회사들과의 긴밀한 협력 없이는 이루지 못했을 것이다.

기타 소규모 회사들은 무대 엔지니어링 설치에 다른 방법으로 기여하였다. 장비가 프로젝트를 위해 올바르게 작동하고 적합한 장비인지 모든 환경을 이해하는 것은 어려운 과제이다. 기술 문제에 있어서 특히 좋은 협력관계를 가졌던 영역은 그들이 실제 전혀 경험 해보지 못했던 영역이라는 것을 수용했던 건축가와 람볼(Ramboll)에 있는 구조 엔지니어링 팀이다. 플라이타워의 건설은 전동실에서 상하 무대를 운행하는 강

| 컨트롤 데스크

철트러스로 결속(結束)시켰다.

전환 도르래의 위치에 영향을 주지 않도록 정확히 배치한 슬림한 행거에 지탱하기 위해 그리드를 확실하게 남겨두었다.

람볼에 있는 팀은 또한 작은 세부사항의 배열 도중에 발생하는 일부 다루기 힘든 부하 반응(負荷 反應)을 수용하는 데 있어 큰 도움이 되었다. 일부 다루기 힘든 부하 반응은 전동실에 있는 호이스트로 가는 백라이트 프레임에 대한 와이어로프의 전환으로 인해 초래되는 것과 유사하다. 가장 큰 오해 중 하나가 측면 및 후무대의 색상에서 나타난다는 것은 이상한 일이다.

건축가는 일관된 색상 계획을 접합한 백스테이지를 가졌고, 이것이 무대 및 측면 무대구역으로 이어져야 한다고 생각했나. 민약 한 벽이 검은색이었다면 모두 검은색이 되어야 한다고 주장했다. 그러나 우리는 이와 달리 특정(特定) 벽이 검은색, 방화막의 뒤쪽 흰색과 분할 도어 각각의 무대 뒤 표면은 다른 색상으로 이루어진 밝은 컬러의 작업구역을 원하는 이유에 대해 설명했다.

'밝은 색상'의 광범위한 실험을 통해 우리는 마침내 모든 작업공간은 무난한 색상으로 구성하고 방화막은 흰색으로 하였다. 그러나 검은색으로 구성한 무대배경 변화 혹은 도어에 우리가 고안한 색상의 벽을 확보(確保)하는 데에 완전히 실패했다.

"만약 당신이 연극을 위해 필요한 것이 아니라면, 사용자는 그것을 바꿀 것이다"이라는 것에 대한 우리의 의견은 과하게 어둡게 설정해야 하는 측면무대의 상부 무대 벽을 필요로 하는 오페라 아이다(Aida)의 오프닝 상연에서 무대 왜건 위에 주요 무대배경의 변화로서 사실을 증명했다.

그것은 비록 컨설턴트의 조언에 반(反)할지라도 무대 왜건과 승강장치의 최대 잠재능력(潛在能力)을 최초 상연에서 성공적으로 증명할 수 있게 하였다.

측면 무대 왜건은 또 다른 무대 뒤로 밀어 내고, 이 추가부분(追加部分)이 분리되었을 때 세팅을 가진 풀사이드 무대 왜건은 종막을 위해 무대의 바로 아래를 드러내기 위해서 주무대 승강장치 위에 약 3.0m 가량

들어올렸다.

최초 6개월간의 작동은 생각지 못한 기술적 문제가 없지는 않았지만 공연에는 최소한의 영향만을 주었다. 극장 직원들은 그들의 첫 번째 시즌 공연에서 단 11분만 지연(遲延)되었으면 한다고 선언했다. 컴퓨터가 정확히 부팅되지 않기 때문이라든지, 아니면 직원이 진행에 대한 경험이 부족하기 때문이든지, 광범위한 기술적 설치를 가진 모든 극장들은 뜻밖의 결함(缺陷)을 경험한다. 무대기술자는 항공 조종사와 같아야 한다.

대부분의 임무는 자동 조종장치가 할 수 있지만, 예상치 못한 일이 발생했을 때 극복할 수 있는 충분한 기술이 필요하다. 이 기술이 곧 완벽하게 개발되기를 바라는 것이다.

바스티유 오페라하우스 무대 |

| 바스티유 오페라하우스 무대

| 로열 오페라하우스 오케스트라 피트

나폴리 오페라하우스

나폴리 오페라하우스 오케스트라 피트

7 코펜하겐 오페라하우스 사진자료

8 코펜하겐의 새로운 공연장

○ 뉴 덴마크 왕립극장 The Royal Danish Playhouse ; Skuespilhuset

덴마크 코펜하겐에는 DR 콘서트홀(Danish Radio Concert Hall) 외에도 2010년 개관한 뉴 덴마크 왕립극장(New Royal Danish Playhouse)이 있다. 그 해 2월 16일 대중에게 공개된 뉴 덴마크 왕립극장은 도시의 광장 중 하나에 위치한다. 바다와 도시 사이에 설치된 닺 때문에 새로운 극장은 현장의 공간적 우수성을 아름답게 드러내고 증폭(增幅)시킨다. 건축가 Lundgaard & Tranberg는 새로운 건물을 구성할 세 가지 건축 수준을 정의하였는데, 안락해 보이는 산책로, 극장 그 자체 및 시설. 오크 나무로 덮이고 관객이 배로 도착하게 하는 수변 위에 떠는 것처럼 보이는 극장의 산책로가 관객을 맞이하고 있다. 극장 전면의 대형 유리가 있는 빛이 가득한 포이어는 밤에 물 위에 불빛처럼 빛나는 산책로(散策路)를 향해 열려있다.

극장은 구(舊) 항구를 상기시키는 거대한 벽돌 구조로 되어 있는데, 두드러진 어두운 벽돌은 또한 동굴과 같은 특징과 극적인 조명효과를 공간에 주는 실내에 적용되었다. 가공(加工)되지 않은 노출된 벽돌 벽은 무대와 포이어에서 일어나는 이벤트를 위한 독특한 건축양식을 제공한다. 환하고 부드러운 조명은 벽돌 구조의 특징을 잘 표현하고 있으며 벽의 질감(質感), 발코니 그리고 계단은 보정(補正)된 그림자를 나타내고 있다. 앙상블의 중심은 무대 부분의 벽돌 구조로부터 잘려져 나간 것처럼 보이는 둥글고 동굴과 같은 오디토리움으로 구성된다. 노출된 철 기둥에 달려 있고 다양한 초록 빛깔로 유리를 덮은 캔틸레버 위쪽 서비스 플랫폼은 공연자실, 작업장 그리고 업무지원실을 위한 적절한 공간을 제공하고 있다.

객석 모습

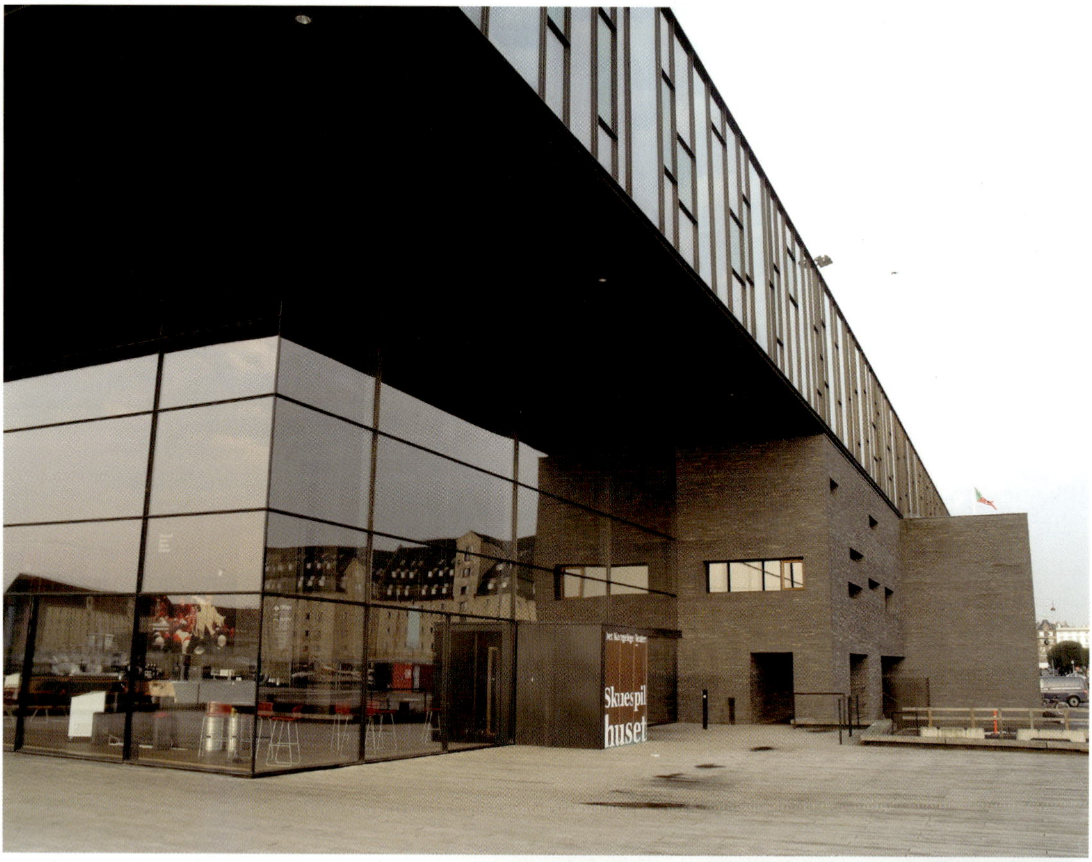

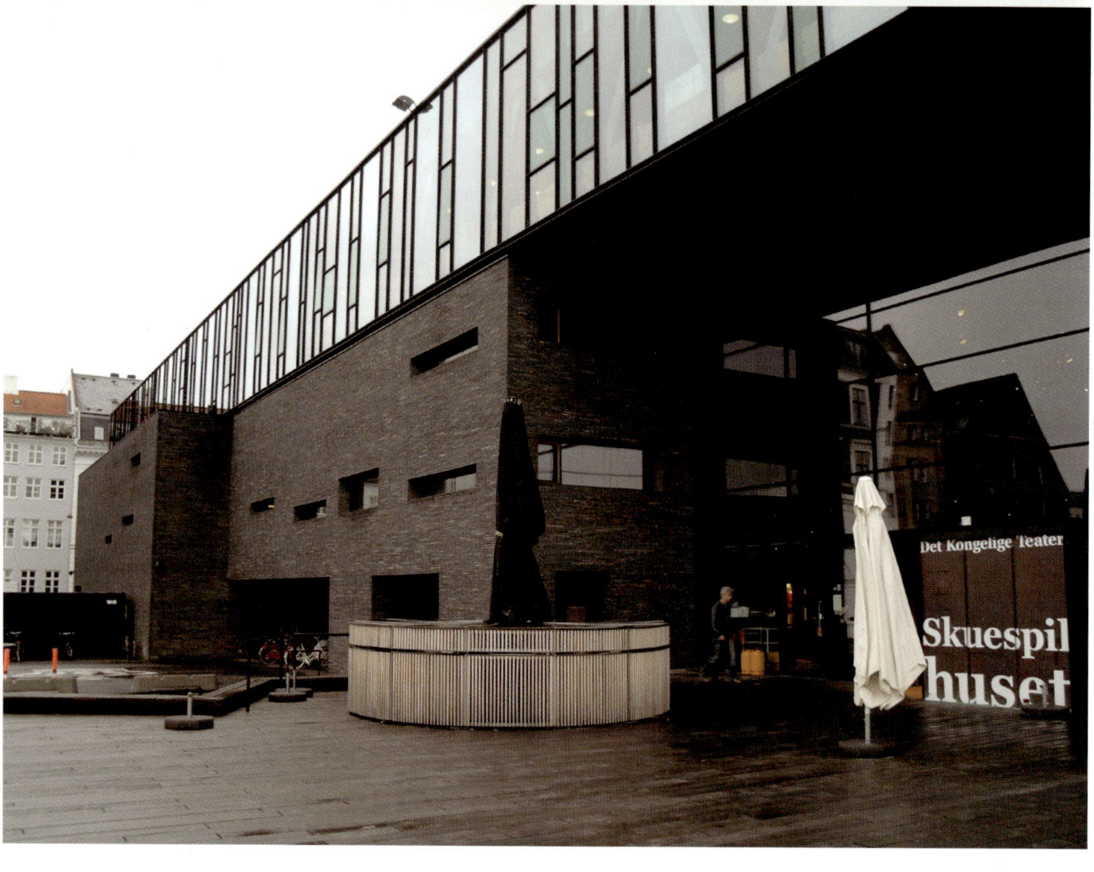

○ 덴마크 DR 콘서트홀 Danish Radio Concert Hall

▫ 코펜하겐(Copenhagen)

덴마크는 한반도(韓半島)의 1/5 크기로 총면적이 43,100㎢이다. 대부분의 영토가 북유럽 유틀란트 반도에 위치하고 있고, 유럽 본토와 연결된 유틀란트 반도의 남쪽은 독일과 국경을 접하고 있으며, 서쪽으로 북해, 동쪽으로는 발트해와 접해 있다. 이런 지정학적 특성으로 국토의 나머지는 총 406개의 섬으로 이루어져 있다. 이 가운데 76개 섬이 유인도(有人島)이며 1,000명 이상 거주(居住)하는 섬은 17개 뿐이다. 인구의 반 정도가 유틀란트에 살고 있다.

덴마크의 수도 코펜하겐은 덴마크의 가장 큰 섬인 셸란(Sealand)에 위치해 있다. 스웨덴을 마주하고 있는 셸란은 200만 가까운 인구가 거주(居住)하고 있고, 나머지 15만 명은 카스트루프의 코펜하겐 국제공항이 있는 아마게르 섬에 산다. 유틀란트와 셸란 사이에 있는 섬퓐은 많은 덴마크 사람들이 셸란에서 유틀란트를 거쳐 유럽 대륙(大陸)으로 갈 때, 또는 그 반대로 유럽에서 셸란으로 들어올 때 거치는 중간지역이다. 가장 멀리 떨어진 섬은 스웨덴과 폴란드 사이 발트해에 있는 보른홀름 섬이다. 덴마크는 1945년 제2차 세계대전이 끝나면서 영국에 의해 독일의 점령(占領)에서 벗어났지만 보른홀른은 소련군이 점령함으로써 이 섬을 영영 잃어버릴 뻔했다. 하지만 러시아인이 철수함으로써 보른홀름은 전후 소련이 자발적으로 물러난 유일한 지역이 되었다.

덴마크의 이런 지형(地形)은 덴마크 사람들한테는 바다가 육지만큼 중요하다는 인식을 가지게 했으며, 바다를 이용한 각종 산업의 번창(繁昌)을 가져오게 되는 계기가 되기도 했다. 많은 섬과 섬으로 연결된 국토의 특성에 따라 페리를 타고 다니는 일은 덴마크 사람들의 일상이며, 대다수 국민이 해안(海岸)에서 수 킬로미터밖에 떨어지지 않은 곳에 살고 있다. 여름이건 겨울이건 사람들은 근처 해변이나 항구에 나가서 바람을 쐬고 휴식을 취한다. 덴마크인이라면 누구나 수영(水泳)을 할 줄 알고 어디를 가든 특유(特有)의 소금기가 있고 시원한 바닷바람을 느낄 수 있다.

덴마크를 작은 나라라고 생각하는 대다수(大多數)의 사람들이 있는데, 덴마크 공항에 내리는 순간 그 생각은 바뀌게 된다. 덴마크는 바로 '작지만 강한 나라'다. 작지만 강한 나라 덴마크를 다시금 느끼게 하는 또 하나의 역사적(歷史的) 사업은 2000년에 완공된 스웨덴과 덴마크를 이어주는 16㎞에 달하는 터널과 다리로 외레순(Øresund)을 연결한 것으로 이곳 역시 자동차와 기차만 다닐 수 있다.

| 뉘하운 운하

| 코펜하겐 풍경

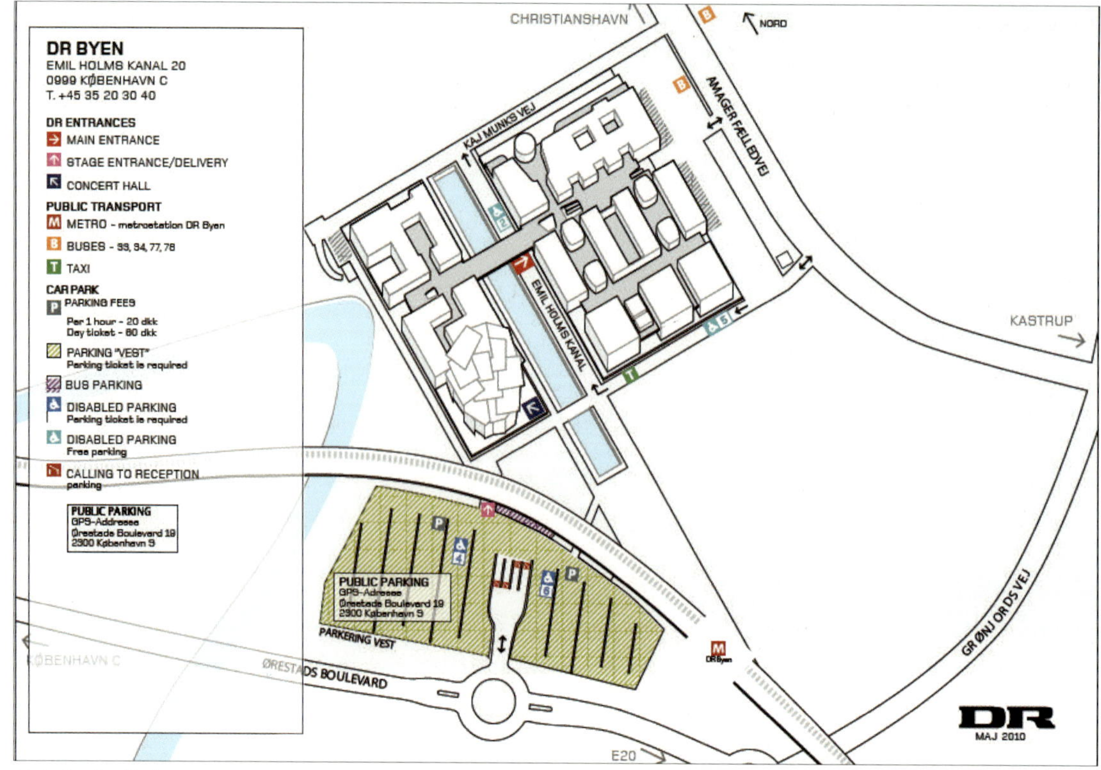

| 콘서트홀 배치

2000년 7월 1일 개통식(開通式) 때 여왕 마르그레테(Margrethe) 2세 부처와 스웨덴의 칼 구스타프(Carl Gustav)왕 부처를 비롯해서 양국(兩國) 총리들이 다리 중앙에서 만나는 감동적인 기념식이 열렸고, 그 광경이 전 세계 TV로 중계되어 8억 명 이상이 시청했다.

이 모형(模型)은 코펜하겐 시내에 있는 다자인센터에 가면 볼 수 있다.

영어로 '덴마크'이지만 덴마크어로는 '단마르크 Danmark'이고, 정식 명칭은 '덴마크왕국'(Kongeriget Danmark)이다. 나라 이름이 원래 '데인족의 경계지대'라는 말에서 유래(由來)했다는 이야기가 있을 만큼 유럽 대륙에 대한 위치 관계가 역사상 숙명적(宿命的)으로 중대한 의미를 지닌 나라이기도 하다. 북유럽 최초의 기독교화, 봉건제 영토의 일부 도입, 북유럽 최초의 종교개혁(宗教改革), 19세기 독일과의 민족항쟁 등 역사적 사건들이 이를 증명한다. 나치 독일에 의한 중립 침범과 점령, 제2차 세계대전 후의 NATO(북대서양조약기구) 가맹, 북유럽에서 유일한 EC(EU의 전신) 가맹(加盟)이라는 현대적인 상황들도 북유럽 최남단(最南端)의 나라라는 결정적인 요인이 큰 영향을 준 결과다.

덴마크의 수도 코펜하겐은 덴마크어로 '상인(商人)의 항구'를 의미하는 데서도 알 수 있듯이 바다를 마주한다.

수많은 운하는 도시의 생명줄과 같은 역할을 하고 상업상 중요한 거점으로 발전해왔다. 코펜하겐의 중심은 시청 광장이며, 이곳에서 도보로만 갈 수 있는 스트뢰이어트(Strøget)로 '왕의 새로운 광장'이라는 뜻을 지니는 콩겐스뉘토르(Kongens Nytorv)로 이어져 있다.

도시의 중심인 시청 광장에서 남쪽으로 가면 티볼리 공원(公園)과 코펜하겐 중앙역이 있으며, 북동쪽으로 가면 아말리엔보르 궁전이 보인다. 그리고 성채(城砦) 옆의 랑겔리니에 공원을 지나면 인어공주 동상(人魚公主 銅像)과 만나게 된다. 그밖에 주요 관광명소도 이 스트뢰이어트에서 좌우 500m 안에 모여 있다.

콩겐스뉘토르에서 동쪽으로 향하면 선원(船員)들의 거리 뉘하운(Nyhavn)으로 이어진다.

코펜하겐의 역사는 12세기 중반 압살론 대주교(大主敎)가 건설한 크리스티 안스보르 성(城)에서 시작된다. 그 후 17세기에 이르러 '건축왕(建築王)'이라고 불린 크리스티안 4세(1588~1648)에 의해 많은 건축물이 세워지고 도시가 점점 커져갔다. 현재 코펜하겐 곳곳에서 볼 수 있는 빨간 벽돌의 네덜란드 르네상스 양식 건축물은 이 시대에 지어진 것이다.

□ 뉘하운(Nyhavn)

콩겐스뉘토르를 가로질러 가면 뉘하운 운하(運河)가 나온다. 한때는 코펜하겐 항구에 돛을 내린 선원들이 먹고 마시며 휴식을 즐기던 술집 거리로 유명한 곳이다. 현재는 콩겐스뉘토르에서 바라볼 때 오른쪽(남쪽 해안)은 골동품 거리, 왼쪽(북쪽 해안)은 레스토랑 거리다. 안데르센이 사랑한 장소로도 알려져 있는데, 실제로 그는 뉘하운에 세 채의 집을 갖고 있었다. 안데르센의 생가는 현재도 뉘하운에 남아 있으며 건물 벽면(壁面)에는 그 이름과 유래를 새긴 석판(石版)이 붙어 있다.

□ 인어공주 동상(Den Little Havfrue)

조각가 에드바르트 에릭슨의 작품으로 1913년에 세운 인어공주 동상은 우리에게 코펜하겐을 대표하는 상징물로 알려져 있는데, 실제는 우리가 상상(想像)했던 동상과는 달리 크기가 80㎝정도로 작다. 이것은 안데르센의 동화(童話)에도 나오는데, 카를스베르 맥주회사의 2대 사장 카를 야콥센(Carl Jacobsen)이 왕립극장에서 상연된 발레「인어공주」를 관람(觀覽)하고 건립을 추진했다고 한다.

왕립극장의 프리마돈나가 인어공주 동상의 실제 모델로 프리마돈나는 후에 조각가인 에드바르트 에릭슨과 결혼했다. 코펜하겐을 방문하는 많은 사람들의 사랑을 받고 있는 인어공주 동상은 또한 여러 번에 걸쳐 훼손(毁損)되는 수난을 겪기도 했다.

콘서트홀 외관 |

○ 덴마크 라디오 콘서트홀(DR 콘서트홀)

DR Byen / DR City(덴마크 방송 협회)는 덴마크의 가장 오래된 전자장비와 관련된 대중 매체 회사(媒體會社)로 1925년에 설립된 DR은 공공서비스 단체(團體)이다. 오늘날 DR은 4개의 오케스트라와 6개의 합창단을 통한 다양한 예술 활동 및 라디오·TV·인터넷에서 덴마크의 모든 콘텐츠를 제공하는 공공서비스 방송국으로 자리하고 있다. DR은 예전에는 코펜하겐 각지에 분산(分散)되어 있었는데, 2000년 코펜하겐의 새로운 지구인 외레스타드(Ørestad)에 DR Byen(DR City)을 구성하여 모든 DR 활동을 한 곳에 모으기로 하였다.

DR Byen은 각각의 특성과 기능을 지닌 4개의 건물 군(群)으로 구성되어 있으며, 각각의 건물은 독특한 디자인으로 모두 유기적(有機的)인 결합을 이루고 있다. 이러한 각각의 4개의 건물은 기능적(機能的)으로 효율적인 결합을 위하여 2층에 유리덮개로 된 주요 도로인 Indre Gade(내부 도로)에 의해 함께 연결되어 있다.

DR Byen에서 독특한 예술적 공연공간으로 자리하고 있는 '덴마크 라디오 콘서트홀'은 그 자체가 하나의 예술이다. 세계에서 가장 획기적(劃期的)이라 평가받는 건축가의 디자인에 의해 절묘한 건축적 구성을 보이고 있다.

콘서트홀이 지어지는 과정에서는 느끼지 못했던 또 다른 느낌과 호기심(好奇心)을 갖게 하는 건축물이다. 이런 독특한 디자인으로 표현되는 콘서트홀의 중요한 임무는 음악 그 자체뿐만 아니라 모든 사람과 공유하는 음악·예술의 결정체(結晶體)를 만들어서 다함께 느끼게 하는 것이다.

홀의 건축계획은 2001~2002년에 있었던 건축설계경기에서 시작되었다. 이를 위해 세계 각지의 유명

콘서트홀을 견학한 DR 새로운 홀 건설위원회는 2001년 가을부터 2002년 초기까지 건축설계자를 선정하는 건축설계경기를 실시해 프랑스 건축가 장 누벨(Jean Nouvel)을 DR의 새로운 홀의 설계자로 선정(選定)하였다. 새로운 콘서트홀은 덴마크 국립 방송국이 이전(移轉)함에 따라 그에 맞춰 새롭게 건설하는 홀로 1,600~1,800석 규모의 콘서트 전용(專用)홀로 계획하였으며, 덴마크 국립 라디오 심포니 오케스트라(Danish National Radio Symphony Orchestra)의 본거지로 사용될 목적으로 건립을 추진했다.

장 누벨이 설계한 콘서트홀의 디자인은 매우 독특하다. 콘서트홀 전체를 블루 색상의 엷은 크로스로 덮은 독특한 형태의 외관은 그 자체가 영상(映像)을 비춰내는 스크린으로서의 역할을 한다. 주간(晝間)에는 얼핏 보면 건설 중의 가설 판자(假設 板子) 울타리와 같이 보이지만, 콘서트가 주로 열리는 저녁이 되면 외부에 설치된 프로젝터로 영상이 투영(投影)되어 추상적(抽象的)인 분위기로 자아낸다. 이러한 외관 디자인을 건축설계자인 장 누벨은 다음과 같이 설명한다.

"콘서트홀의 외관은 밤에 컨셉을 맞춰 디자인했다. 이는 콘서트홀이 주요 기능을 하는 시간대(時間帶)가 주로 야간(夜間)이라는 점과, 콘서트 시즌인 겨울은 덴마크와 같은 북유럽에서는 특히 밤 시간이 길다는 점 등을 고려했다."

장 누벨은 이전(以前) 몇 세기에 걸쳐 만들어진 고정된 건축양식에서 벗어난 건축 프로그램의 '미스터리'와 '매력(魅力)'을 이 건물 통하여 드러내고자 했다. 현대적인 건축기술을 새로운 디자인에 접목(椄木)시켜 건물을 통해 다양한 느낌을 갖도록 한 것이다. 건물의 내부와 외부를 연결하는 대규모의 브레이싱은 장식(粧飾) 모티프처럼 밖에 서있다. 이러한 건축양식(建築樣式)은 시작의 부분이 되고, 들어가기 위해서 외부인(外部人)을 초대하는 계속적인 변화와 복잡한 활동을 나타나게 한다. 바깥 둘레를 통해 보이는 우주(宇宙)를 가리게 되는 현실은 변하는 햇빛으로, 그리고 밤이 되면 인공조명으로 바뀐다.

주변에서(전철역에서나 다른 도로에서) 콘서트홀에 접근할 때 펼쳐지는 궁금함과 함께 다양하게 펼쳐지는 멋진 광경은 우리에게 새로운 느낌을 전달한다. 마치 푸른 커튼 안에서 무언가를 계속 보내면서 주변의 사람들을 건물 안으로 끌어들이고 있는 듯하다. 푸른 정면은 거대한 스크린이다. 정면의 거대한 표면이 지속적으로 모션·유기(有機)하고 유혹(誘惑)하는 것처럼 보인다. 정말 독특한 느낌이다.

콘서트 하우스는 4개의 특별한 공연공간인 Koncertsalen·Studio 2·Studio 3·Studio 4로 이루어져 있다. 1,800여 객석의 콘서트홀인 Koncertsalen, 실내악과 소규모 오케스트라를 위한 550석 홀인 Studio 2, 350석의 소규모 '율동적(律動的)인 음악을 위한' 홀인 Studio 3, 합창음악 등의 다양한 공연을 위한 350석 공연장인 Studio 4. 각각의 건축양식 프로그램은 역할에 맞는 음향 요구(音響 要求)에 따라 구성했다.

메인 콘서트홀은 외부 스크린 표면을 통해 밖으로부터 명확하게 볼 수 있는, 떠오르는 형태를 취하고 있으며 커다란 조개 모양을 하고 있다. 내부 마감은 목재로 구성하였으며 바닥과 물결 모양 벽으로 추상적(抽象的)인 이미지를 하고 있어 새로운 느낌을 준다.

다른 홀은 지하에 위치하는데 실내악 홀은 색깔 있는 판자 조명을 입은 바닥과 벽, 바닥 층 위에 약간 올라간 반원(半圓)의 무대가 있는 직사각형이다. 벽에는 39명의 독주자, 지휘자들의 초상화가 폴리우드 판에 특별한 벡터 그래픽으로 새겨 있다. 율동적인 음악을 위한 홀은 모든 스튜디오 중에 가장 가변적(可變的)으로 구성되었다. 고정된 무대나 객석이 없는, 즉 연주자, 예술가와 관객이 모두 같은 바닥에 위치하고 있다. 변화하는 크기에 윤이 나고 가공된 패널이 연속되는 검은 벽면(壁面)은 조명에 의해 다양한 효과를 나타낸다. 마지막 합창 홀은 붉은 벽판에 완전히 둘러싸인 독특한 분위기(雰圍氣)를 조성한다. 이러한 다양한 공간구성은 오케스트라와 합창단의 모든 연주를 가능하게 한다.

2009년 1월 17일 오픈한 새로운 홀은 덴마크 국립방송국(DR, danish Radio)의 부속시설(附屬施設)로, 이전부터 계획이 진행돼 오던 방송국 전체의 이전과 함께 신축된 시설이다. 우리와 비유(比喩)하자면 KBS홀과 같은 곳인데, 다목적홀이 아닌 클래식 음악 전용 콘서트홀이라는 특징이 있다.

콘서트홀의 오픈은 덴마크에 대한 국내 및 국제적인 콘서트 장소이자 새로운 건축 랜드마크를 의미한다.

장 누벨의 이 독특한 건물은 음악회에 자주 가는 사람들을 위해 최고의 현대적인 음향 및 시각 자유로움을 제공하며, 코펜하겐의 세계적 위상에도 그 바탕이 되었다고 할 수 있다.

| 건축물의 개요

프로젝트 제목	콘서트 하우스 덴마크 라디오
의뢰인	DR(덴마크 라디오)
프로그램	콘서트홀(스튜디오 1) : 1,800석 / 25,000㎥ 오케스트라홀(스튜디오 2) : 550석 / 7,000㎥ 리드믹 스튜디오(스튜디오 3) : 350석 / 5,000㎥ 합창홀(스튜디오 4) : 350석 / 7,000㎥ 관중 / 공공 로비 및 레스토랑: 2,600㎡ / 400㎡ 분산 제작시설(멀티 스튜디오-1, 프로덕션룸-4, 셀프 드라이브 스튜디오-5, 녹음 스튜디오-6 등 오피스 면적(라디오 리드믹, 라디오 클래식, DR 앙상블, 기록보관소) : 직원 300명 / 2,700㎡
위치	Emil Holms Kanal 20, opg. 5-2, DK-0999 코펜하겐, 덴마크
선행 연구	2002년 4월~2004년 8월
공사기간	2003년 6월~2009년 1월
오픈	2009년 1월
건축가	Ateliers Jean Nouvel / 협력설계 : Olivier Boissiere, Hubert Tonka
프로젝트 대표	Brigitte Metra(Etudes/Chantier), Frederique Monjanel(Concours)
조명 디자이너	Yann Kersale
그래픽 디자이너	Natalie Saccudefranchi, Mare Maillard, Eugenie Robert
컨설턴트	1) 음향 : Nagata Acoustics INC (Yasuhisa Toyota / Motoo Komoda) 2) 배경 디자인 : Jacques Le Marquet, Ducks(Michel Cova) 3) 인테리어 신호 컨셉 : L'Autobus Imperial, Paris
바닥면적	25,000㎡

Koncertsalen 홀 내부는 1,800석 규모의 이른바 Vineyard 형식의 객석 배치(配置)를 하고 있으며, 이는 대규모 현대 공연공간에서의 객석수와 적절한 음향조건 확보를 위한 형식으로 판단된다.

스테이지를 둘러싼 관객이 서로 얼굴을 마주 볼 수 있는 Vineyard 형식 객석 배치(客席 配置)에서 얻을 수 있는 시각적·음향적인 친밀감, 임장감이 무엇보다도 우선시(于先時)된 결과이다.

이러한 객석 배치야말로 베를린 필하모니 오케스트라를 베이스로 계획하였는데, 나무를 많이 사용한 객석 주위의 블록 벽 및 천장, 측벽 면은 흐르는 듯한 아름다운 곡선으로 디자인된 내장 디자인 또한 독특하다. 전체적으로 붉은 난색계의 색채가 따뜻함과 친밀감이 느껴진다.

| 콘서트홀 내부

□ DR 콘서트홀 건축음향(建築音響)

콘서트홀의 설계자를 선정(選定)하는 방법은 현재까지 공개 설계경기 및 지명 설계경기 등 다양한 방법으로 이루어지고 있다. 특히 건축설계자와 음향설계자를 어떻게 선정하고 조합(組合)할 것인가에 대해서는 여러 방법들이 있다. 즉, '발주자측이 각각 선발하여 팀을 만드는 케이스, 처음에 팀을 만든 다음에 설계경기가 이루어지는 케이스, 건축설계자는 설계경기에서 선정하고 음향설계자는 별도로 지명(指名)하는 경우, 건축설계자만을 선정하여 음향설계자는 건축설계자가 선정하는 경우' 등이다. 여기에는 각각 장단점(長短點)들이 존재하며, 그러하기에 대부분의 경우 다양한 의논(議論)이 이루어진다. 덴마크 라디오 콘서트홀의 경우 미리 음향설계 후보자의 리스트를 발주자측이 선정하고, 이후 건축설계경기에 응모하는 사람은 그 리스트 중에서 팀을 이루고 싶은 상대를 선정, 팀으로서 설계경기에 응모하는 방안이 채택(採擇)되었다.

콘서트홀은 크기와 디자인이 모두 다른 네 개의 Studio로 이루어져 있으며 오케스트라 공연 및 리허설, 콘서트 및 각종 음악공연 등에 적합한 음향 상태를 제공함은 물론, 컨퍼런스·일반적인 회의·리셉션 등 모든 종류의 상황에 적정하도록 설계하였다. 대담한 디자인과 최적의 음향은 어느 이벤트든지 모든 방법으로 그들에게 고유(固有)한 환경을 만들어 준다.

Koncertsalen / Studio 1은 4개의 콘서트홀 Studio 중 가장 크고, 1,800석은 다단계의 계단식 객석에 위치하며 모든 원형 방향으로 갈 수 있는 무대가 홀의 중간에 있다. 이러한 형태 구성의 특징은 대규모의 세계 유명 공연장(산토리홀·삿포로홀·베를린 필하모니홀·가와사키 심포니홀 등)에 잘 나타나고 있으며, 홀의 따뜻한 황금(黃金) 색상은 기존 DR 콘서트홀을 표방했다.

콘서트홀 내부 / 후벽 |

콘서트홀 내부 / 측벽 |

ㅁ 콘서트홀 객석의자의 음향특성(音響特性)

DR 콘서트홀은 객석의자의 선정에서 음향적인 부분을 깊이 고려해 설계했다. 그렇다면 콘서트홀과 같은 음악 전용공간(專用空間)에서의 객석의자의 음향적 특성은 무엇이며, 객석의자의 음향적 특성이 홀의 음향 상태를 어떤 영향(影響)을 주는 것일까. 콘서트홀 객석의자의 사양 검토에서는 기립기구(起立器具) 및 착석감과 같은 기능성·디자인성·내구성 등에 대한 각각의 요구방식이 홀마다 다른 경우가 많기 때문에, 이러한 요구방식을 따르다 보면 의자의 흡음특성에도 특징이 나타난다. 이는 의자의 흡음특성이 의자의 디자인 특성과 매우 밀접한 관련이 있기 때문이다. 객석의자의 흡음특성은 홀의 잔향시간에 많은 영향을 주게 되므로, 홀의 잔향시간을 예측(豫測)할 때 의자의 흡음특성을 미리 파악해 이를 반영한 결과치를 예측해야 한다. 콘서트홀 및 극장에 자주 간다고 하더라도 객석의자의 형상 및 디자인 등에 관심(關心)을 가지는 사람은 그리 많지 않을 것이다. 그러나 홀에는 다양한 디자인의 의자가 설치되어 있다. 사람이 앉으면 의상(衣裳) 등에 의해 의자의 인상이 흐릿하여지지만 관객이 없는 공석시에 홀을 견학하는 경우 공간 속에서 의자가 차지하는 비중이 높다는 점에서 의자 디자인은 중요한 요소(要素)로 꼽힌다.

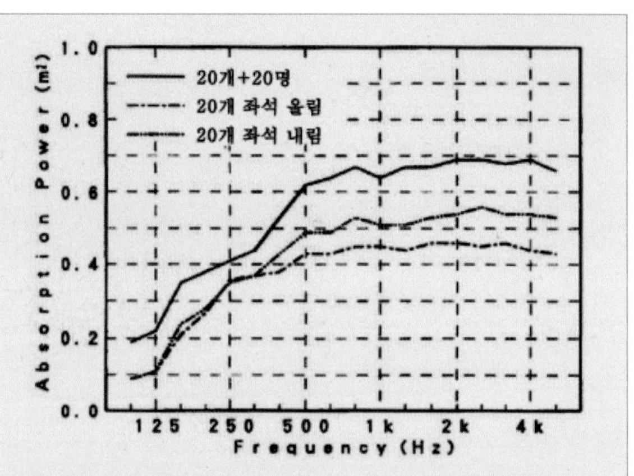

| 공석 · 착석에 따른 흡음특성의 비교 1

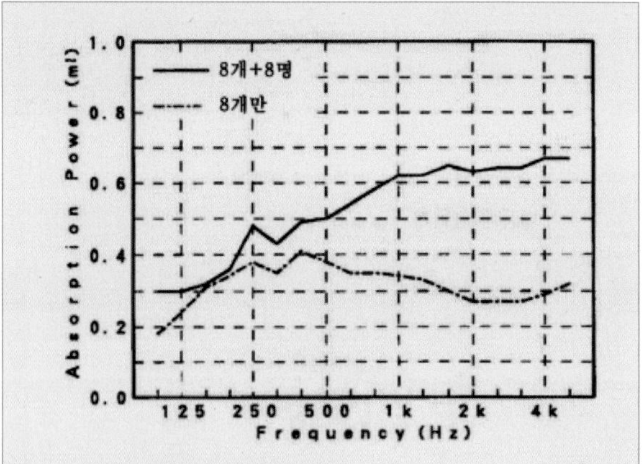

| 공석 · 착석에 따른 흡음특성의 비교 2

그런데 홀에서의 객석의자가 단순히 편안함과 디자인만 중요시 고려되는 사항은 아니다.

의자는 음향적으로도 매우 중요한 요소다. 의자에 따라 홀의 잔향은 달라진다.

그래서 디자인이나 안정감(安定感)만 따져 의자를 선정하여 교체해 버리면 소리에 민감한 관객은 달라진 음향 상태를 감지할 수 있게 된다.

착석에 의해 숨겨지지 않는 부분의 사양 차이가 착석시의 흡음에도 영향을 미치기 때문이다. 이와 같이 콘서트홀에서 의자 면의 흡음력은 공석시 30~40%, 착석시 40~50%에 달한다. 따라서 콘서트홀과 같이 높은 수준의 음향조건이 요구되는 공간, 잔향시간에 대해서 엄격한 조건이 요구되는 공간에서는 의자 흡음력의 추정(推定)에 특히 매우 주의할 필요가 있다.

일정 규모의 콘서트홀과 같은 용적이 큰 공간에서는 확산(擴散) 음장이 성립한다는 것이 전제(前提)가 되어 음향설계의 체계가 구성되고 있다. 하지만 의자라는 큰 흡음면이 있는 한 이러한 가정(假定)은 절대적이지 않다.

잔향실에서 측정한 의자의 흡음력과 실제 홀에서 산출한 의자의 흡음력에 상당한 차이가 있다는 것은 이전부터 지적되어 왔다.

따라서 건축음향설계에서는 잔향실에서의 측정값을 수정하고 있는데, 이는 음향컨설턴트의 경험치(經驗値)가 매우 중요한 역할을 한다. 홀의 잔향 길이를 나타내는 잔향시간은 크기와 내장 마감재료에 관계하고 있다.

긴 잔향시간을 확보하기 위해서는 큰 실용적과 흡음되지 않는 재료를 내장 마감으로 사용하는 것이 필요하다. 예를 들어, 잔향이 긴 콘서트홀은 천장이 높고 천장·벽·바닥의 마감재로 천이나 유공판·카펫 등의 흡음성이 있는 소재(素材)를 거의 사용하지 않는다.

흡음성을 가지는 요소가 적은 가운데 가장 큰 흡음은 객석의자와 사람(관객)으로 이들의 흡음은 홀 전체 흡음의 약 50% 정도를 차지한다.

즉, 잔향시간은 의자와 사람의 흡음 정도로 결정된다고 할 수 있고, 잔향시간을 정확하게 예측하기 위해서는 의자의 흡음특성을 정확하게 예측(豫測)하는 것이 필요하다.

흡음의 정도를 나타내기 위해 흡음률을 사용하는데, 의자와 같이 형태가 복잡한 것은 흡음력(흡음률에 면적을 곱한 값)으로 나타낸다.

의자의 흡음력으로는 일반적인 규격과 설치조건(폭 50㎝ 정도, 높이 90㎝ 정도, 전후 간격 0.95~1.10m) 및 디자인(의자의 착석 부분과 등받이 부분의 사람이 앉는 부분에만 천을 붙임)에 대해 콘서트홀과 같은 음악 전용 공간에서 권장(勸奬)할 수 있는 객석 흡음률은 음향컨설턴트의 요구에 의한다.

그러나 실험실에서의 실측 결과를 잔향 계산에 그대로 적용할 수 있는가에 대한 끊임없는 논란과 연구(研究)가 계속되어지고 있지만 아직 결정적인 방법은 제안되고 있지 않다.

JIS가 ISO와의 정합화를 목적으로 1998년 개정하였는데, 그에 따라 공연장의 객석의자와 같이 연결되어 배치되는 개별 흡음체에 대해 잔향실 내에 실제 배치방법과 동일하게 설치하고, 배열의 끝은 반사성을 가지는 재료(높이는 0.90~1.20m 이내)로 덮어 측정해야 한다.

예전의 측정 방법에서는 이와 같은 방법이 명기(明記)되어 있지 않았기 때문에 배열의 끝에 영향을 받아 홀에서 나타내는 값보다 큰 수치가 측정되었지만, 개정 후 측정 방법에 의한 측정 결과는 거의 동급의 수치가 확보되어 이전과 같이 잔향실에서의 측정값을 보정하는 방법을 개선(改善)할 수 있게 되었다.

그러나 바닥 구배 및 실형상(室形狀) 등에 의해 홀에서 의자의 표면 흡음특성(吸音特性)은 다를 것이라 판단, 잔향실에서의 측정값에 대한 보정은 여전히 필요한 상황이다.

이같이 잔향실에서의 측정 결과로부터 매우 정확한 흡음특성값을 확보할 수 있게 되었는데, 설계 단계(設計 段階)에서 더욱 정확하게 예측할 수 있는 것이 좋다.

| 공연공간 객석의자 음향측정 적용 기준

음향 측정 적용 기준
ISO 354:2003 Acoustics – Measurement of sound absorption in a reverberation room
KS F 2805:2014 잔향실 내의 흡음율 측정방법 (ISO 354 대응 국내 규격)

| 객석의자 선정 기준(사례)

1. 객석은 공연장 바닥면적의 대부분을 차지하고 있어 공연장 내부의 건축음향에 매우 큰 영향을 미치는 구성요소이다.
2. 객석 음향의 계획시 객석의자의 기준 흡음률과 납품된 의자의 흡음률이 상이한 경우 예상했던 음환경 조성에 실패할 수 있으므로 건축적 요구조건에 충족되는 객석의자의 선정이 매우 중요하다. (ISO354 / KSF2805 / JISA1409)
3. 공연장의 객석의자는 공연 장르의 적정 잔향시간 만족 여부에 직접적인 영향을 미치므로 대체적으로 반사재(목재)를 기본 골격으로 쿠션이 덧대어져 있는 것이 바람직하며, 등판의 후면, 팔걸이 측면, 방석 밑면이 모두 목재로 구성하고 쿠션은 흡음률을 지닌 것으로 디자인해야 한다.
4. 공연장 객석의자는 건축음향설계시 검토하는 흡음률(허용오차범위 3% 이내)을 만족해야 하며 관객이 공석시와 착석시 흡음력의 차이가 적은 제품을 선정하여야 한다.
5. 객석의자는 관객의 이동시 방석의 움직임이나 관객의 자세 교정에 따른 충격음이나 소음이 발생하지 않는 구조로 되어 있고, 장시간 공연시에도 피로감을 주지 않고 공연에 집중할 수 있도록 설계해야 한다.

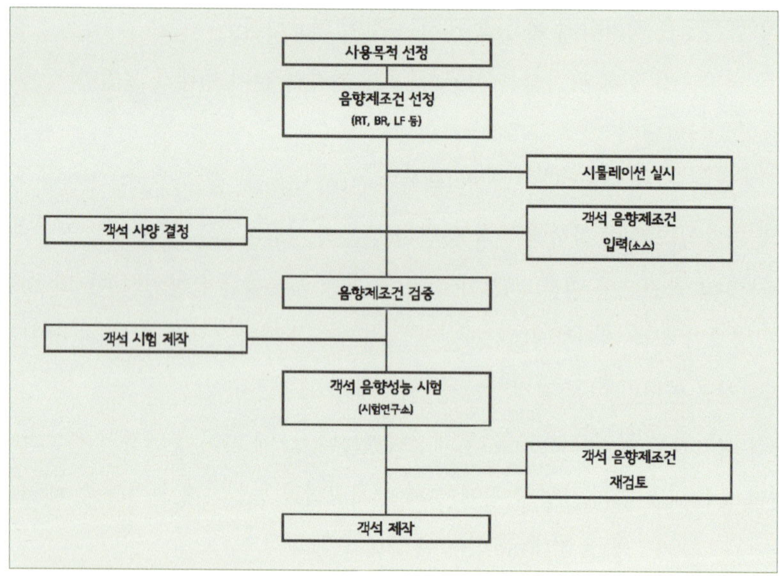

| 객석 선정 기준

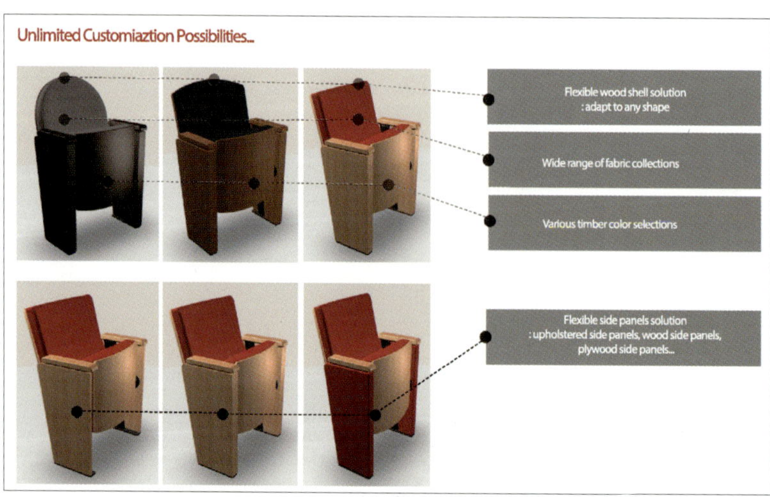

| 피가레스 의자

Acoustic Performance

Measurement of sound absorption in a reverberation room in conformity with the standard ISO R 354 UNE-74041 ASTME y 79593. Test Specimen of a set of seats model 148/160 Scala (modified 128 Carmen) with textile upholstery and wood finished.

Practical sound absorption coefficient, α_p

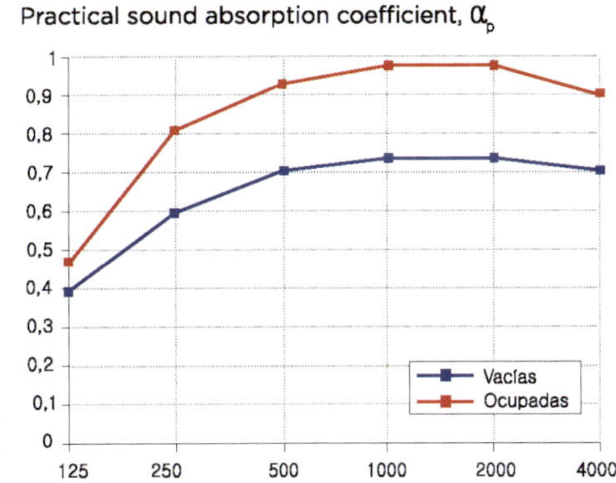

Empty test specimen

Frec. (Hz)	125	250	500	1000	2000	4000
α_p	0,38	0,60	0,72	0,74	0,74	0,70

Occupied t est specimen

Frec. (Hz)	125	250	500	1000	2000	4000
α_p	0,48	0,80	094	0,96	0,96	0,90

Information extracted from acoustic test conducted by García – BBM. Annexed 3.

| 피가레스 의자

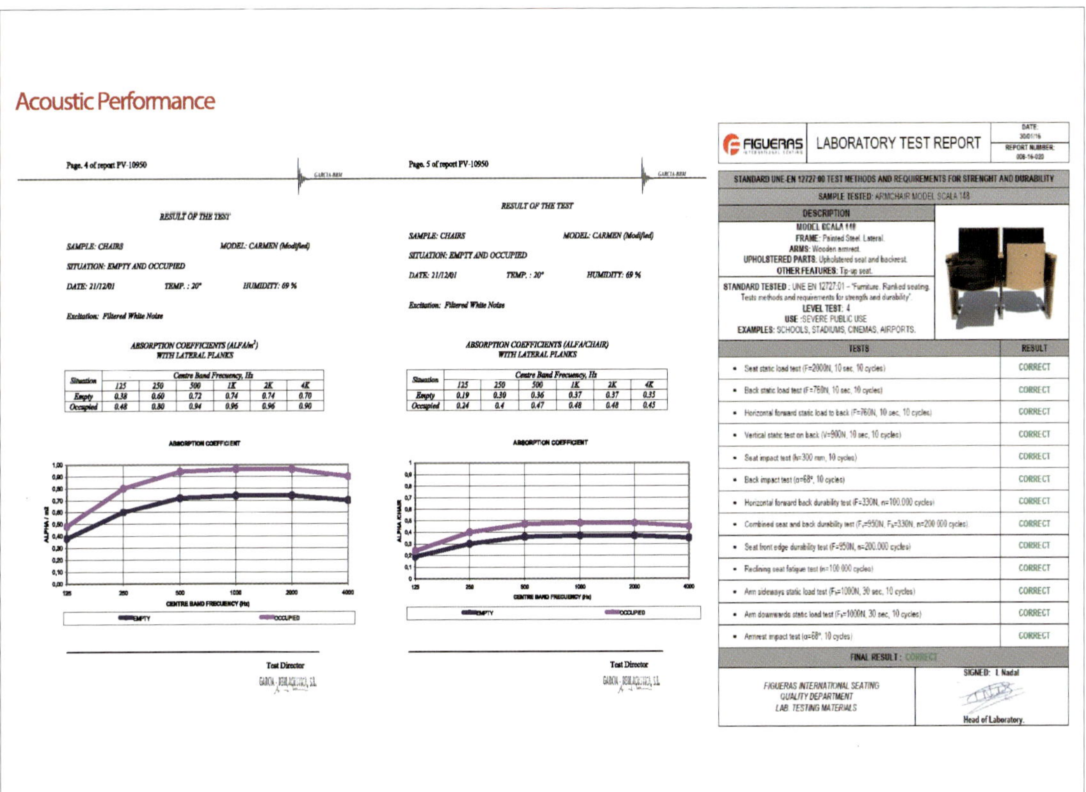

Acoustic Performance

Page. 4 of report PV-10950 GARCIA-BBM

RESULT OF THE TEST

SAMPLE: CHAIRS MODEL: CARMEN (Modified)

SITUATION: EMPTY AND OCCUPIED

DATE: 21/12/01 TEMP. : 20° HUMIDITY: 69 %

Excitation: Filtered White Noise

ABSORPTION COEFFICIENTS (ALFA/m²)
WITH LATERAL PLANKS

Situation	Centre Band Frecuency, Hz					
	125	250	500	1K	2K	4K
Empty	0.38	0.60	0.72	0.74	0.74	0.70
Occupied	0.48	0.80	0.94	0.96	0.96	0.90

ABSORPTION COEFFICIENT

Test Director

Page. 5 of report PV-10950 GARCIA-BBM

RESULT OF THE TEST

SAMPLE: CHAIRS MODEL: CARMEN (Modified)

SITUATION: EMPTY AND OCCUPIED

DATE: 21/12/01 TEMP. : 20° HUMIDITY: 69 %

Excitation: Filtered White Noise

ABSORPTION COEFFICIENTS (ALFA/CHAIR)
WITH LATERAL PLANKS

Situation	Centre Band Frecuency, Hz					
	125	250	500	1K	2K	4K
Empty	0.19	0.30	0.36	0.37	0.37	0.35
Occupied	0.24	0.4	0.47	0.48	0.48	0.45

ABSORPTION COEFFICIENT

Test Director

FIGUERAS INTERNATIONAL SEATING — LABORATORY TEST REPORT

DATE: 30/01/16
REPORT NUMBER: 008-16-020

STANDARD UNE-EN 12727:00 TEST METHODS AND REQUIREMENTS FOR STRENGHT AND DURABILITY

SAMPLE TESTED: ARMCHAIR MODEL SCALA 148

DESCRIPTION

MODEL SCALA 148
FRAME: Painted Steel. Lateral.
ARMS: Wooden armrest.
UPHOLSTERED PARTS: Upholstered seat and backrest.
OTHER FEATURES: Tip-up seat.

STANDARD TESTED : UNE EN 12727:01 – "Furniture. Ranked seating. Tests methods and requirements for strength and durability".
LEVEL TEST: 4
USE :SEVERE PUBLIC USE
EXAMPLES: SCHOOLS, STADIUMS, CINEMAS, AIRPORTS.

TESTS	RESULT
• Seat static load test (F=2000N, 10 sec, 10 cycles)	CORRECT
• Back static load test (F=760N, 10 sec, 10 cycles)	CORRECT
• Horizontal forward static load to back (F=760N, 10 sec, 10 cycles)	CORRECT
• Vertical static test on back (V=900N, 10 sec, 10 cycles)	CORRECT
• Seat impact test (h=300 mm, 10 cycles)	CORRECT
• Back impact test (α=68°, 10 cycles)	CORRECT
• Horizontal forward back durability test (F=330N, n=100.000 cycles)	CORRECT
• Combined seat and back durability test (F_v=950N, F_b=330N, n=200 000 cycles)	CORRECT
• Seat front edge durability test (F=950N, n=200.000 cycles)	CORRECT
• Reclining seat fatigue test (n=100 000 cycles)	CORRECT
• Arm sideways static load test (F_s=1000N, 30 sec, 10 cycles)	CORRECT
• Arm downwards static load test (F_v=1000N, 30 sec, 10 cycles)	CORRECT
• Armrest impact test (α=68°, 10 cycles)	CORRECT

FINAL RESULT : CORRECT

FIGUERAS INTERNATIONAL SEATING
QUALITY DEPARTMENT
LAB. TESTING MATERIALS

SIGNED: I. Nadal
Head of Laboratory.

| 피가레스 의자

□ DR 콘서트홀의 평 / 단면 구성

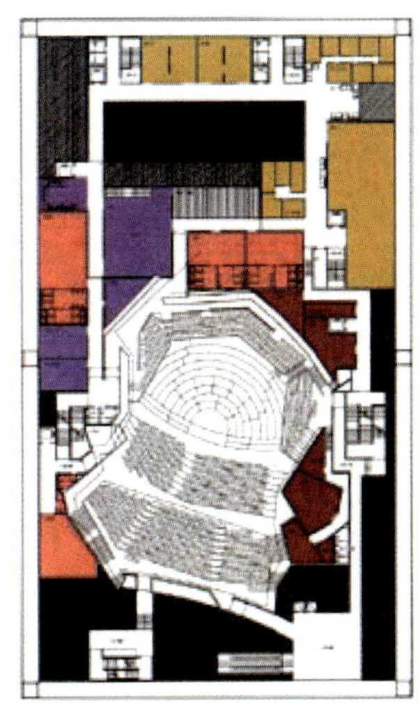
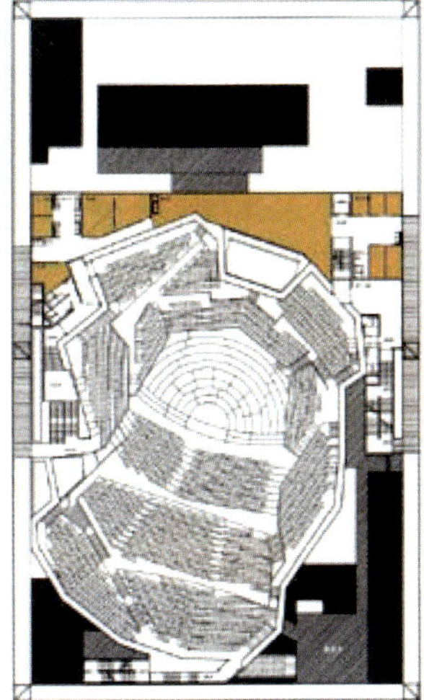
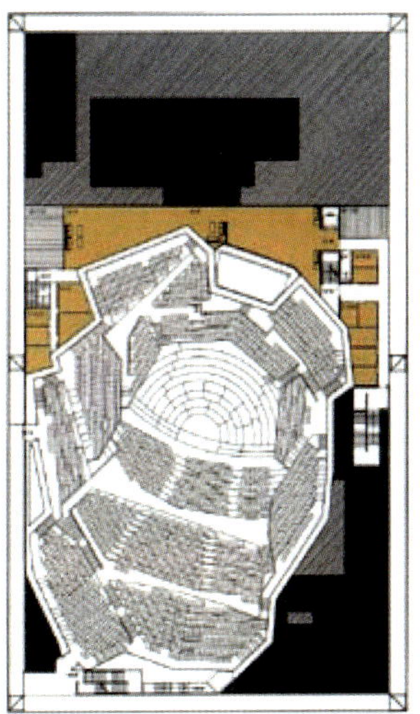

| DR 콘서트홀 평면

| DR 콘서트홀 단면

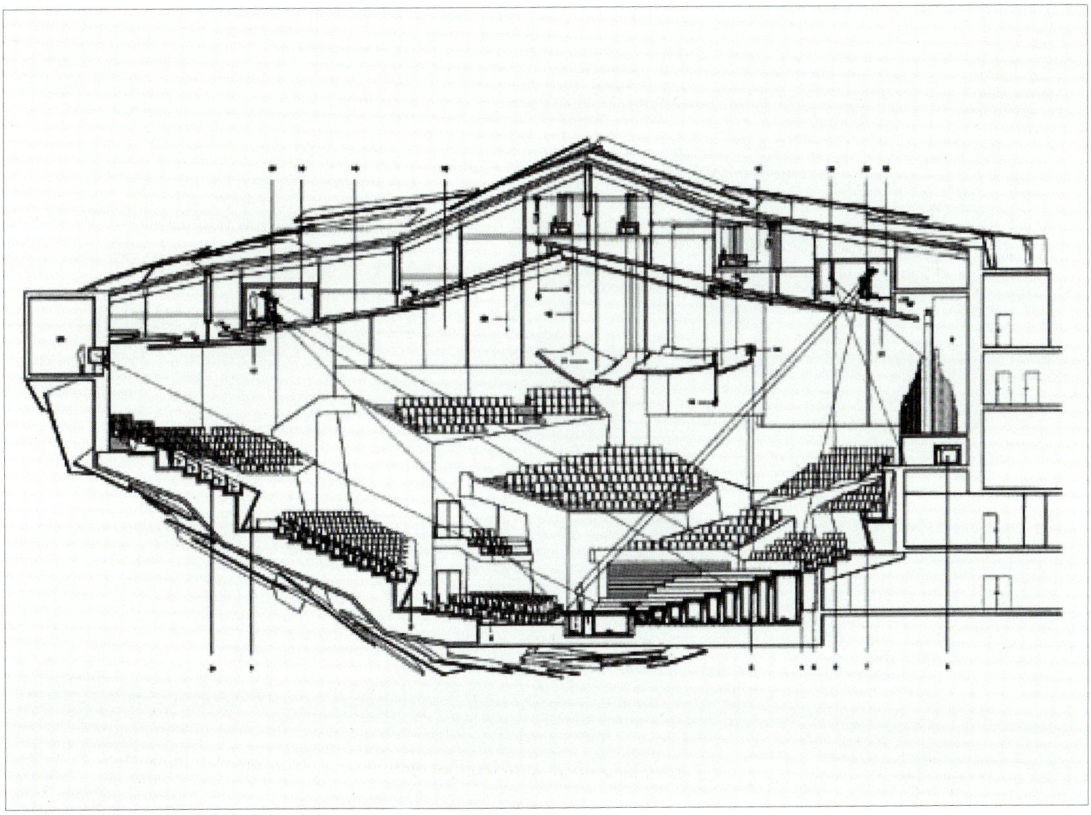

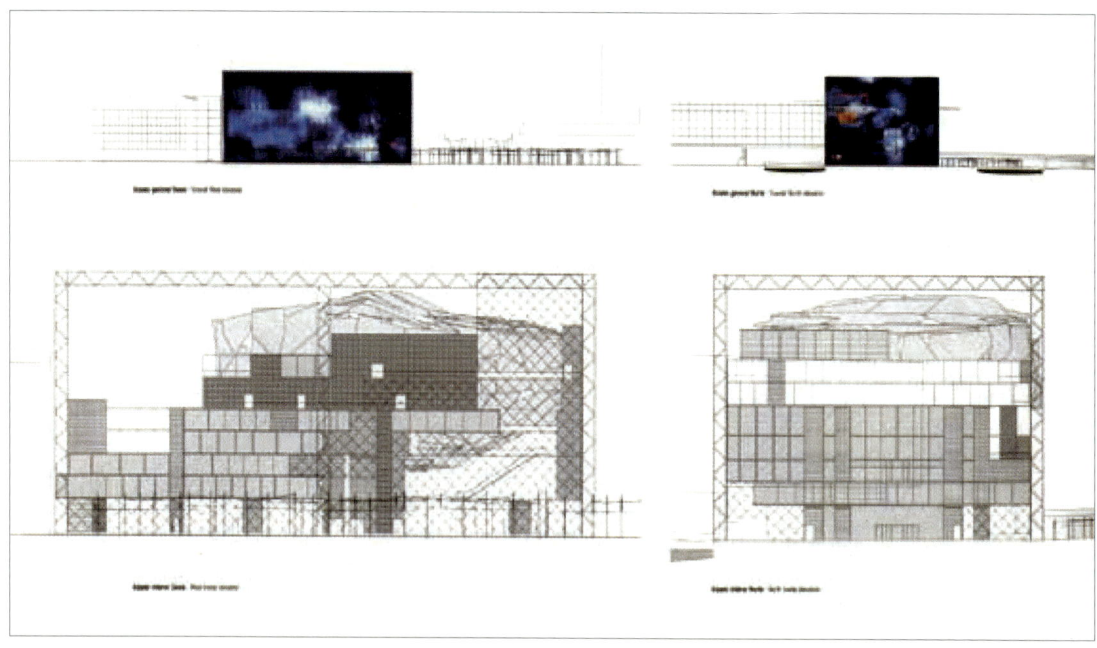

입면 – 1

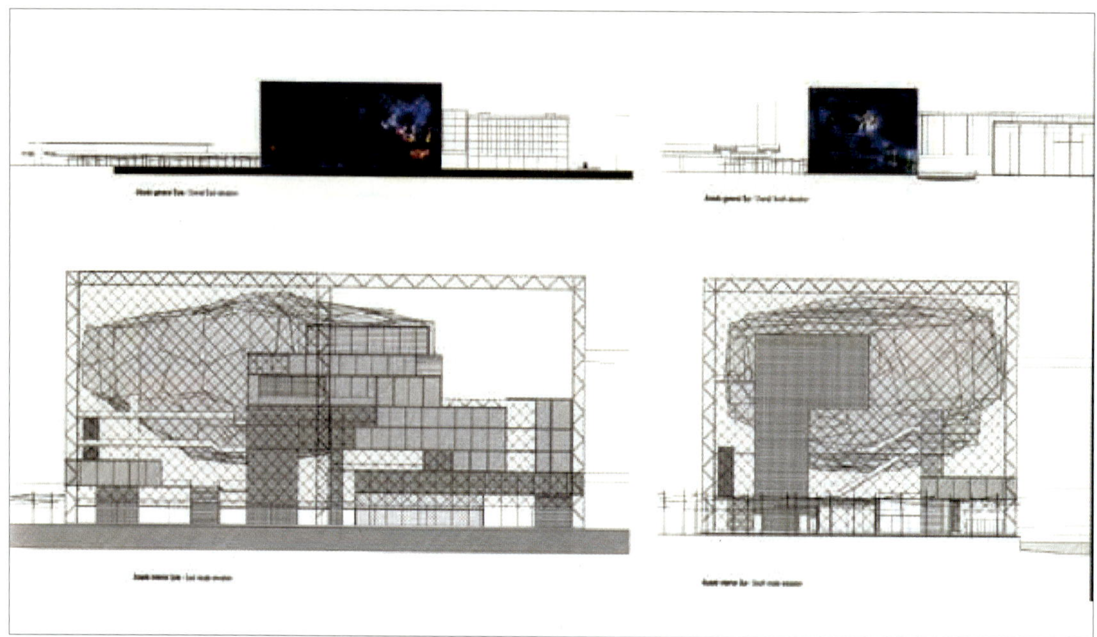

입면 – 2

단면 모형

○ 부속시설

▫ Studio 2

콘서트 건물의 두 번째 큰 홀로 리허설홀과 콘서트홀의 기능을 한다. 할리우드에서 가장 큰 프로덕션 스튜디오에 의해 영감(靈感)을 얻었고, 벽에는 장식으로 선택된 39명의 솔로리스트, 지휘자와 작곡가들의 초상화(肖像畵) 대형 패널이 설치되어 있다.

무대는 콘서트홀과 동일하지만, 고정된 관객 좌석은 의자의 가변성(可變性)이 있도록 구성하고 있다. 홀에서 사운드와 반향을 통제(統制)하는 기능을 담당하고 있는 자작나무로 만들어진 보드가 벽에 매달려 있다.

마일즈 데이비스·칼 닐슨과 밴 모리슨 같은 뮤지션으로 둘러싸여 있으며, 재즈·클래식 음악·팝 ·록과 같은 훌륭한 음악공연이 가능하다.

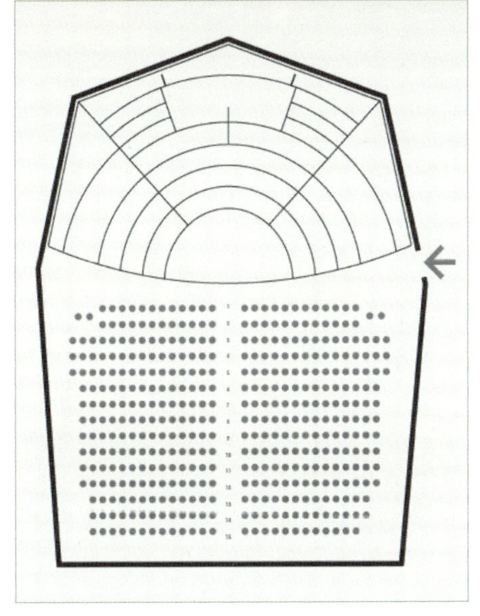

| Studio 2 평면

□ Studio 3

Studio 3은 무대나 관객 좌석이 고정(固定)되지 않는 가변식 구조로 되어 있어 공연의 종류 및 관객의 상황에 따라 변화할 수 있다.

광택과 무광택(無光澤) 패널이 번갈아 설치된 검은 벽은 사운드 조절(調節)에 효과적인 출입구를 여닫을 수 있다.

홀의 검정과 흰색 디자인은 그랜드 피아노에서 영감(靈感)을 얻었다고 한다.

□ Studio 4

융통성 있는 콘서트홀 Studio 4는 무대를 플랫폼으로 건축하였고 관객은 여유(餘裕) 있게 음악을 즐길 수 있도록 꾸며져 있다.

다양한 앙상블과 콘서트 유형에 따라 적응할 수 있으며, 음향은 음악 장르가 수행하는 것에 맞게 다양하다. 홀의 벽과 천장은 어두운 붉은 색조(色調)이고 사운드 조절 벽 패널은 길쭉한 삼각형 'Toblerone' 바 형상(形狀)이다.

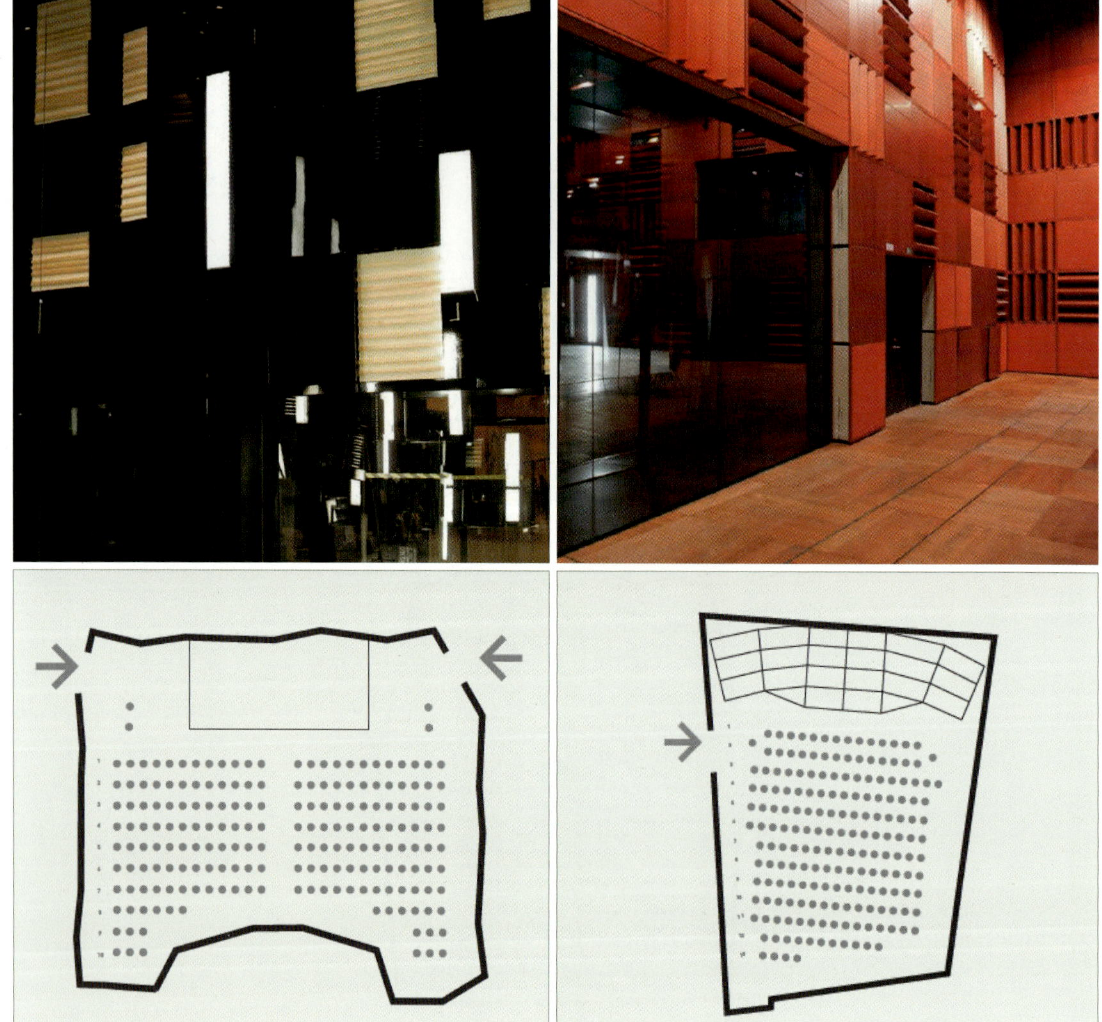

| Studio 3 평면

| Studio 4 평면

□ 로비(Lobby)

콘서트홀 로비는 지하(地下) 약 2.5m 아래에서부터 약 30m 위까지 7층에 이르는 하나의 큰 실(室)이다. 대부분의 관중이 처음 모이게 되는 메인 로비의 길이는 96m다.

로비에서 로비 주변에 조명 이미지를 제작하기 위해 25개의 비디오 프로젝터와 50개의 슬라이드 프로젝터가 있으며, 로비로부터 관객은 '그라운드 위에 올리는' 콘서트홀(Studio 1)을 볼 수 있고 음악가들은 Studio 2·3·4에서 연주할 수 있다.

로비에는 장 누벨에 의해 콘서트홀로 특별히 디자인 된 네 개의 이동 바(Bar)와 휴대품(携帶品) 보관소가 있는데, 이는 다른 것들 사이에 악기를 옮기는데 일반적으로 사용했던 '비행(飛行) 케이스'로부터 영감을 얻었다고 한다. 로비에는 레스토랑이 있다. 콘서트홀 전체 반복 형상은 중간 플라스틱 레이어와 콘크리트의 주름, 그리고 부드러운 질감(質感) 때문에 '코끼리 피부(皮膚)'라고 불리는 특별한 표면에 벽과 거푸집이 있는 매우 독특한 콘크리트 벽으로 구성이다. 로비 공간은 35,000㎥ 이상의 용적과 35m 이상 스팬의 7단계 커버링 등으로 대단한 위용(偉容)을 뽐내고 있다.

KONCERTSALEN
STUDIE 1
RESTAURANT
ELEVATOR

9 추천 명곡(推薦 名曲)

□ **차이코프스키 『백조의 호수』 / Swan Lake Op.20**

《백조의 호수》는 지금은 고전발레의 대표적인 걸작이지만 초연은 대실패로 끝나, 낙담한 차이코프스키가 다음 발레 작품 《잠자는 숲속의 미녀》를 작곡할 때까지 10년의 세월을 필요로 했다.

우리나라의 음악 애호가(愛好家)들이 좋아하는 클래식 작곡가로 표트르 일리치 차이코프스키(Pyotr Il'yich Tchaikovsky, 1840~1893)가 자주 일컬어진다. 「제5 교향곡」, 「제6 교향곡」(「비창」), 「피아노협주곡 제1번」, 「바이올린 협주곡」 등은 콘서트에서도 매우 인기가 높다.

한편, 클래식의 「정통(正統)」을 자처하는 사람들은 오랫동안 차이코프스키를 낮게 보는 경향이 있었다고 생각한다. 먼저 클래식 후진국인 러시아 출신 작곡가이고, 또 연가를 연상시키는 곡조, 감미로운 센티멘털리즘, 바바리즘(Barbarism)이라고도 할 수 있는 노골적인 박력 등이 속되게 보여졌을지도 모르겠다. 음악의 진정한 걸작은 사실 유명한 곡 중 압도적으로 많은 편이다.

차이코프스키는 유럽에서도 인기가 높다. 과거, 현재의 많은 명지휘자가 그의 음악을 적극적으로 레퍼토리에 넣고 있다는 점에서도 증명된다. 그의 음악은 독일 음악처럼 딱딱하지 않고 프랑스 음악과 같은 평범한 느낌도 없다. 아름다운 멜로디는 착 감기기 쉽고, 그런데도 우직하고 스케일이 크다. 요리에 비유하자면 녹아버릴 것만 같은 스테이크에 농후(濃厚)한 소스를 얹은 듯한 음악이라고나 할까. 그리고 간맞추기는 만인을 대상으로 한다. 그러한 점도 「정통」으로부터 가볍게 취급당하는 부분일지도 모른다.

차이코프스키는 매우 다정다감한 사람이었다고 전해지고 있다. 작은 동물을 사랑하고, 또 불행한 사람이나 슬퍼하고 있는 사람을 보면 그냥 지나치지 못했다. 또 동성애자였다고도 일컬어지고 있다. 그의 음악의 지나친 섬세함은 어쩌면 그러한 면이 있었기 때문일지도 모른다. 그러나 한편으로 놀라울 정도로 시류에 편승(便乘)하는 일면도 있다. 그것이 차이코프스키가 가지는 매력 중 하나인데 그의 굴절된 인간성이 살짝 보이는 듯하다. 그의 갑작스러운 죽음은 동성애자였던 사실이 폭로될 것을 두려워한 자살이라고 전해지기도 했지만 현재는 장티푸스에 의한 급사가 정설(定說)로 여겨지고 있다.

「백조의 호수」. 이 곡은 이제 대중음악이라고도 말할 수 있을 정도로 유명한 곡이 되었는데, 「백조의 테마」를 들으면 누구라도 「아, 이 곡인가」하고 생각할 것이 틀림없다. 「백조의 호수」에는 그의 음악이 가지는 매력이 모두 담겨 있기 때문이다. 이 곡을 작곡한 36세 무렵 그는 결혼생활의 실패와 사생활로 고민에 빠져 모스크바강에 몸을 던져 자살을 기도했을 정도로 정신적으로 쇠약한 시기이기도 했다. 이만큼 힘든 시기에 이러한 걸작을 남겼다는 사실이 놀랍다.

차이코프스키는 분명히 훌륭한 교향곡이나 협주곡을 여러 차례 작곡하였다. 이 곡들이 최량(最良)의 독일 음악에 필적할만한 명곡임은 논할 여지도 없지만, 논쟁이 되는 것은 그가 존경하고 사랑하는 독일 음악(베토벤부터 브람스에 이르는 전통적인 교향곡 및 협주곡)의 규범(혹은 형식)에 맞춰 만든 것처럼 느껴지기 때문이다. 그것은 본래 차이코프스키가 가지고 있던 유례없는 재능을 억제(抑制)하고 있는 것일지도 모른다는 생각을 지울 수 없다.

차이코프스키는 문화의 중심이었던 유럽에서 멀리 떨어진 러시아 땅에서 음악교육을 받았다. 당시 지리적인 거리의 차는 그대로 문화의 차이(差異)로 나타났다. 게다가 그가 본격적으로 음악교육을 받은 것은 22세 때이다. 상트페테르부르크에 음악원이 창립되었을 때 법무성 공무원 자리를 포기하고 음악원에 입학하였다. 이는 클래식 작곡가로서는 이례적인 커리어이다. 또한 매우 늦다. 하지만 어린 시절부터 음악적인 재능은 있었다고 전해지고 있다.

○「백조의 호수」는 교향시 중 하나

「백조의 호수」는 발레의 반주음악(伴奏音樂)으로서 작곡하였다. 이 발레의 줄거리를 간단히 소개하면...

무대는 중세(中世)의 독일, 왕자 지크프리트는 어느 날 밤 숲속의 호수에서 아름다운 백조를 만난다. 그 백조는 악마 로트바르트의 저주로 백조의 모습으로 변해버린 오데트 공주였다. 그 저주(咀呪)는 오데트에게 영원한 사랑을 맹세하는 남자가 나타나면 풀린다. 지크프리트는 오데트를 사랑하지만 로트바르트의 함정으로 오데트로 둔갑한 그의 딸에게 구애하게 되고, 오데트와의 서약을 져버린다. 속았다는 것을 안 지크프리트는 호수에서 오데트에게 용서를 구하지만 저주는 풀리지 않는다. 지크프리트는 로트바르트와 싸우지만 역(逆)으로 호수에 가라앉는다. 그것을 본 오데트는 왕자를 뒤따라 호수에 몸을 던지고 두 사람은 천상(天上)에서 맺어진다. (단, 이 라스트는 후에 개정된다) 그냥 동화 같은 로맨티시즘으로 가득한 스토리다.

전체 4막으로 구성된 이 발레에 붙여진 음악은 그 어떤 것도 훌륭하다. 유명한「백조의 테마」가 나타나는 것은 1막의 피날레이다. 형태를 바꾸어 몇 번이고 등장하는 이 비극적인 멜로디는 그때마다 가슴을 죄는 듯한 애절함으로 다가온다. 그러나 무곡(舞曲)에서는 우아하고 즐거운 곡이 여러 번 나온다. 1막의 왈츠, 2막의「백조들의 춤」, 3막의 헝가리무곡, 러시아무곡, 스페인무곡 등 모두가 마음이 들뜨는 음악이다. 이 외에도 곡이 장면에 따라 환상적인 분위기가 가득한 곡, 로맨틱한 곡, 극적이고 격렬한 곡 등 진정으로 다양한 매력이 있는 곡들이 잇달아 나타난다. 마치 호화 풀코스와 같은 음악이다.

전곡 어느 부분이나 모두 아름답지만 백미는 4막의 피날레이다.「백조의 테마」가 급박한 리듬을 치고 음악이 풍운 분위기를 고한다. 그리고 비극을 향해 나아가 가장 고조된 부분에서 같은 테마가 비극적으로 나타난다. — 결국 악마의 저주를 이기지 못한 것이다. 그러나 다음 순간「백조의 테마」는 장조로 전환(轉換)되어 두 영혼이 맺어진 것을 알려준다. 이 효과는 탁월하다. 하프와 현의 트레몰로(Tremolo ; 동음 또는 복수의 음을 가늘게 규칙적으로 반복하는 주법)가 천상으로 올라가는 두 사람의 모습을 표현하고 있다. 이 코다의 아름다움은 말로 표현할 수 없을 정도다. 그리고 음악은 드높은 불멸의 사랑을 노래하며 극적으로 끝을 맺는다.

피날레는 겨우 몇 분의 곡이지만 차이코프스키의 최고의 센스가 담겨 있는 걸작이라고 확신한다.

원래는 발레음악이기 때문에 정확히는 발레를 감상하면서 듣는 것이 본래의 형식이겠지만 음악만으로도 충분히 즐길 수 있다고 생각한다. 아니, 이것은「백조의 호수」라는 교향시라는 생각마저 든다. 교향시라는 것은 리스트가 만든 음악형식으로 이야기의 정경 등장이나 인물의 심정 등을 음악에 의해 관현악곡으로 만들어 가는 것이다. 이는 후에 R. 슈트라우스가 크게 발전시켜 클래식 음악의 한 장르가 되었지만「백조의 호수」도 교향시 중 하나로 보고 있다. 단, 리스트나 R. 슈트라우스와 같은 통일감(統一感)을 가진 완성도는 없다. 그러나 오히려 그러한 면이 좋다.

차이코프스키는 교향곡이나 협주곡을 작곡할 때 형식에 맞춰 엄격한 스타일로 작곡하는 경우가 많았는데, 발레음악에서는 그러한 제약으로부터 해방되어 하고 싶은 것을 모두 하고 있다는 느낌을 받는다. 즉, 그가 본래 가지고 있는 선율의 아름다움, 러시아적인 풍미, 형식에 구애받지 않는 자유분방함을 마음껏

표출하고 있다. 때문에 이야기의 변화에 따라 음악도 다양하게 변하여 마치 만화경과 같이 다양한 매력을 보여준다.

그런데, 오늘날 여러 발레 중에서 압도적인 인기를 자랑하는 「백조의 호수」이지만 초연은 프리마 발레리나(Prima Ballerina) 및 연주에 관한 문제도 있어 처참한 악평(惡評)으로 끝난다. 그 후 몇 번 상연이 시도되었지만 결국 관객들로부터 외면당하여 차이코프스키 생전에는 거의 상연하지 못했다. 그리고 어느 사이엔가 곡 자체도 잊혀졌다. 차이코프스키가 세상을 떠난 지 2년 후 유명한 발레 안무가였던 마리우스 프티파(Marius Petipa)가 남겨진 총보를 검토하고 개정을 더해, 그가 직접 만든 안무로 차이코프스키의 추모공연으로 17년 만에 상연할 수 있었다.

이 공연은 대성공을 거두어 마침내 「백조의 호수」가 걸작으로 인정받았다. 현재 상연하는 것은 대부분이 개정판인데 그 이외의 버전으로도 연주한다. 이 곡으로 인해 러시아발레는 세계 최고의 인기와 규모를 자랑하게 되었다.

그런데 현재 「백조의 호수」를 상연할 때 라스트에서 왕자 지크프리트가 악마 로트바르트를 쓰러트리고 그의 저주를 풀며 끝나는 경우가 많다. 사실 이 해피엔딩의 라스트는 전후(戰後) 소련에서 개정한 것이다.

○ **전곡판(全曲版)과 하이라이트판**

전곡판으로는 오자와 세이지(小澤 征爾) 지휘의 보스턴교향악단 연주, 안드레 프레빈(André Previn) 지휘의 런던교향악단 연주, 볼프강 사발리시(Wolfgang Sawallisch) 지휘의 필라델피아 관현악단 연주가 좋다. 두 연주 모두 호화찬란(豪華燦爛)하여 「백조의 호수」의 매력을 충분히 전해준다.

너무 길다고 느껴지는 사람에게는 하이라이트판을 추천한다. 특히 인기가 높은 몇 곡을 발췌한 것으로 시판되고 있는 CD로는 오히려 이쪽이 압도적으로 많다. 하이라이트판의 경우 차이코프스키의 3대 발레음악 중 나머지 두 곡인 「잠자는 숲속의 미녀」, 「호두까기 인형」의 하이라이트판과 조합하여 세트로 판매하는 경우가 많다. 헤르베르트 폰 카라얀 지휘의 빈 필하모니 관현악단 연주가 훌륭한 음악으로 알려져 있으며, 샤를르 뒤트와(Charles Édouard Dutoit) 지휘의 몬트리올 교향악단의 연주는 박진감(迫進感) 넘친다. 제임스 레바인(James Levine) 지휘의 빈 필하모니 관현악단 연주 역시 좋은 평가를 받고 아나틀 피스톨라리(Anatole Fistoulari) 지휘 런던교향악단의 연주도 많은 추천을 받는다.

◇ 추천음반

- 지휘 : 오자와 세이지(小澤征爾)
- 보스턴 심포니 오케스트라
- 1978년 녹음

◇ 小澤 征爾(오자와 세이지)

| 1935.9.1.~ : 일본

보스턴교향악단, 빈 국립가극장의 음악감독을 역임… 유럽과 미국을 뒤좇아 온 일본의 음악가가 세계 정점에 처음으로 서다.

국제적 활약을 펼치는 최초의 일본인 지휘자 오자와 세이지는 20세기에 있어 가장 카리스마 넘쳤던 지휘자 중 한명이다. 무엇을 하던지 소박한 인품이 나타나지만 그야말로 현대적 의미에서의 진정한 스타다.

베를리오즈, 드뷔시, 그리고 라벨의 작품(作品)과 마음이 통하고, 메시앙(Olivier Messiaen)과 뒤티외(Henri Dutilleux)를 이 정도로 완벽(完璧)하게 표현할 수 있는 지휘자는 지금까지 없었다. 오자와의 활약을 되돌아보면 프랑스와의 적잖은 인연을 여기저기서 볼 수 있다.

오자와 세이지는 1935년 9월 1일 만주에서 일본인 부모 슬하로 태어났다. 도쿄에서는 명지도자 사이토 히데오(斎藤 秀雄) 밑에서 음악을 배웠다. 사이토는 평생 동안 일본에 클래식 음악을 정착시키려고 노력한 천재적인 교육자였다. 바흐 음악의 비밀을 쫓기 위해 라이프치히로 건너가 연찬(硏鑽)을 쌓고, 도쿄로 돌아온 후에는 유럽의 우수한 교사를 초빙하였다. 기악 연주에는 독일인 교사, 음악이론에는 프랑스인 교사를 불러 모았다. 오자와가 항상 음표를 앵글로 색슨(Anglo-Saxon) 풍(abc)이 아니라 프랑스풍(도레미)으로 나타낸 것은 그 흔적(痕迹)이다. 솔페즈(Solfège) 교사인 Jeanne Isnard은 파리의 국립 고등음악원에서 왔다.

오자와가 「Monsieur Metronome(무슈, 메트로놈)」이라 부르는, 리듬의 규칙성에 엄격한 지휘자 외젠 비고(Eugène Bigot) 밑에서 실력을 갈고 닦은 것도 파리였다. 이 무렵부터 오자와는 프랑스인 음악가의 초견연주(처음 보는 악보를 연주)의 스피드를 배우게 되었다. 그들은 난해한 악보라도 매우 빨리 읽어낼 수 있다.

'파리오페라극장 관현악단에 신속한 악보 해석 능력이 없었다면 그렇게 짧은 준비기간으로 메시앙의 《아시시의 성 프린치스코(Saint François d'Assise)》를 초연하는 것은 불가능했다'고 훗날 회상(回想)하고 있다. 처음 큰 상을 받은 것도 프랑스였다. 1959년 브장송 국제 지휘자 콩쿨에서 1위로 수상했다. 이것이 인연이 되어 샤를 뮌슈(Charles Munch)와 알게 되었다. 오자와는 뮌슈를 최고의 지휘자 그리고 본보기로 삼게 된다. 두 번째 모델은 카라얀이다. 카라얀은 오자와를 후에 베를린 필하모니 관현악단의 상임 객연 지휘자로 임명했다.

1965년 토론토교향악단에서 그를 음악감독으로 맞이했다. 여기서 녹음한 메시앙의 《투랑갈릴라 교향곡(Turangalîla Symphony)》은 오자와의 초기 녹음 작품 중 하나다. 계속해서 1970년에는 샌프란시스코 교향악단 음악감독에도 임명됐다.

보스턴교향악단의 음악감독으로 영입되었을 때 오자와는 겨우 마흔살 밖에 되지 않았다. 이 취임의 상징적 의미는 크다. 보스턴은 은사(恩師) 샤를 뮌슈가 키운 오케스트라이다. 프랑스派의 전통이 고스란히 뿌리 내린 악단으로, 예를 들어 트럼펫 연주자인 Roger Voisin을 비롯한 멤버 구성에까지 그 영향은 미치고 있었다. 대작 레퍼토리도 다루었지만 베토벤이나 브람스보다 라벨, 스트라빈스키의 연주에 정채(精彩)를 발휘하였고 말러는 특기 중 하나이다.

오자와 세이지는 1984년 사이토·키넨·오케스트라(Saito Kinen Orchestra)를 창설하였다. 사이토 히데오의 문하생에 의해 결성된 사이토 키넨 오케스트라는 전 세계에서 활약하는 일본인 음악가의 1년에 한 번 모임이 되었다. 베를린 필의 클라리넷 연주자 칼 라이스터(Karl Leister) 및 보스턴의 팀파니 연주자 빅 퍼스(Vic Firth) 등 유럽과 미국의 연주자들도 참여하고 있다. 빅 퍼스는 오자와가 활약하는 한 자신도 연주를 계속하고 싶다고 선언하고 있어, 74세가 된 지금도 현역 연주자이다. 이러한 정력적인 활동을 통해 오자와는 일본 음악계의 발전에 기여해 가는 의사(意思)를 보여주고 있다. 1992년 사이토·키넨·오케스트라는 일본의 알프스인 마쓰모토시(松本市)에 여름 본거지를 두었고, 여기에는 오자와 자신이 창설한 음악제가 열리고 있다. 차세대에 대한 계승을 위해 힘쓰는 오자와는 미토실내관현악단(水戸室内管弦楽団), 도쿄의 오페라의 숲(オペラの森), 그리고 음악학교(音楽塾)를 창설하고 있다. 음악학교는 중국과 일본의 아이들에게 오페라를 알리기 위한 목적으로 설립하였다. 또 실내악의 신인 육성을 위해 스위스 국제음악 아카데미를 개교했다.

오자와는 요시다 히데카즈 및 사이토 히데오 등이 구축한 도호가쿠인의 제 1세대에 해당하는데, 그들은 사이토 방식이라는 공통적인 기반 하에서 자기(自己)를 발전시키고 있다. 사이토 키넨 오케스트라 및 미토실내관현악단은 그 문하생들이 중심이 되어 만든 교향악단이므로, 세대교체도 진행되었다고는 하나 현재도 오자와가 지휘할 때에는 독특한 긴장감 및 자기장(磁氣場)과 같은 것이 생겨, 그것이 관객을 끌어 들여 둘도 없는 체험을 만들어 낸다. 1969년 잘츠부르크 음악제 데뷔 이래 빈 필하모니에서 대단히 사랑받고 있는(2002년, 신년콘서트 지휘) 오자와이지만 오페라에 관해서는 교향곡만큼의 천재성을 보여주지 못하고 있다. 그럼에도 파리오페라극장에 등장했을 때에는 사람들의 마음에 빛나는 추억만 남겼다. 프랑스 국립관현악단과 공연한 연주회는 마치 전류(電流)가 흐른 것처럼 관객을 열광시켰다. (라벨의 《라 발스(La Valse)》, 말러의 《교향곡 제 2번》과 《교향곡 제 3번》, 오네게르(Arthur Honegger)의 《화형대 위의 잔다르크》, 베를리오즈의 《환상교향곡》).

오자와는 많은 초연 작품을 맡아 왔다. 다케미쓰 도루(武満徹)(1967년의 《November Steps》, 리게티(Gyōrgy Ligeti) (1975년의 《샌프란시스코 폴리포니(San Francisco Polyphony)》, 메시앙 (1983년의 《아시시의 성 프란치스코(Saint François d'Assise)》, 그리고 친구인 앙리 뒤티외 (Henri Dutilleux) (1998년, 보스턴에서의 《시간의 그림자》, 그리고 2007년 마쓰모토시에서 르네 플레밍(Renée Fleming)을 맞이한 미완성의 《Le temps l'horloge (Time and the Clock)》, 2009년 같은 작품의 완성판을 샹젤리제극장에서 초연) 등의 기념할 만한 작품의 초연을 지휘했다. 1998년 레지옹 도뇌르(Légion d'honneur) 훈장을 받고, 2001년 유디 메뉴인(Yuhudi Menuhin)이 죽은 후 공석이 된 예술 아카데미 회원으로서 선정되었다.

오자와의 특징은 콤팩트한 몸짓에 의해 타점이 뚜렷하고 명확한 박절(拍節)감을 만들고 스윙하듯이 활달하게 리드해 가는 면에 있다. 때로는 가볍게, 또 때로는 강력하게 전진(前進)하는 음악을 드라마틱하게 꾸며가는 역량에도 눈이 휘둥그레지는 면이 있다. 그러나 오자와가 클래식 팬을 뛰어넘어 특히 동세대의 일본인으로부터 사랑받고 있는 것은 전시 하에도 반골(反骨) 정신을 지켜갔던 아버지 밑에서 전후의 빈곤함 속에서 세계에 부딪혀 갔던 성공스토리가 패전, 부흥, 고도 경제성장이라는 일본이 걸어 온 길을 반영하고 있었기 때문이 아닐까. 대기업의 오너들이 오자와를 적극적으로 원조(援助)한 것은 동시대의 고난을 극복한 공감이 있었기 때문일 것이다. 국제 레벨의 지휘자는 그 후 다수 탄생하였지만 이러한 이유에서 오자와 만큼의 영향력을 가진 이는 없다.

2010년 식도암을 앓은 후로는 체력도 떨어져 하나의 콘서트 및 오페라를 끝까지 지휘하는 것이 여의치 않게 되었다. 그러나 그것으로 인해 반대로 카리스마성은 더 강해졌다는 생각이 든다. 지휘는 자신의 이미지를 타인에게 표명(表明)하는 특수한 일로 장로 카리스마 지휘자라는 것은 그렇기 때문에 성립하는 장르이지만, 이 정도까지 오랜 역사를 함께 한 헌신적인 멤버들로 둘러싸여 있는 지휘자는 세상이 넓다하지만 다른 곳에는 없지 않을까. 그러한 의미에서 오자와 세이지는 이제 하나의 문화사상(文化思想)이라고 말할 수 있을 것이다. 또 오자와는 도쿄로 모든 것이 집중되기 쉬운 일본의 음악 장면을 지방으로까지 확장한 점에서도 커다란 발자취를 남겼다.

Saito Kinen Festival 마쓰모토(현 Seiji Ozawa Matsumoto Festival), 요시다 히데카즈(吉田秀和)가 사망한 후 제 2대 관장을 지내고 있는 미토예술관 등의 업무 외 최근에는 젊은 인재 육성을 위한 Seiji Ozawa Ongaku-Juku(小澤征爾音楽塾)를 새롭게 오픈한 롬시어터 교토(ロームシアター京都)에서 출발시켰다.

DISK

드보르자크 : 교향곡 제 9번「신세계에서」
수록 : 1991년
(유니버설) UCCD-50027
※ Decca(Philips) 원반

리햐르트 슈트라우스 :「알프스교향곡」
수록 : 1996년
(유니버설) UCCD-50090
※ Decca(Philips) 원반

다케미쓰 도루(武満徹) :
「My Way of Life」
「November Steps」
「Ceremonial」

차이코프스키 : 교향곡 제5번
보스턴교향악단
(유니버설) UCCG-4442
녹음 : 1977년

□ **베토벤 『교향곡 제9번 "합창"』 / Symphony No.9 in d minor, Op.125**

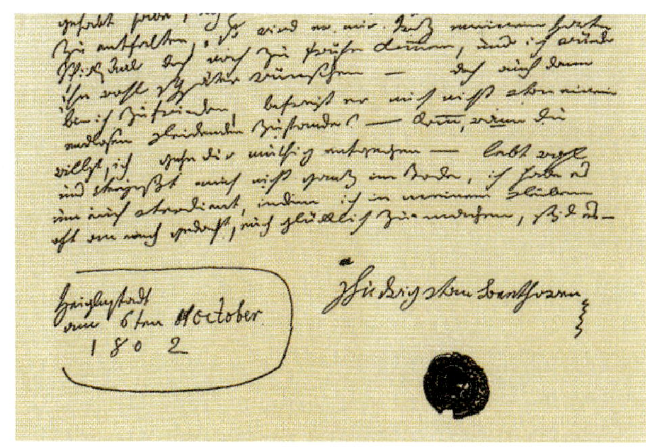

Heiglnstadt am 6ten October 1802

| 「하일리겐슈타트 유서」의 마지막 부분

베토벤은 거의 전 장르에 걸쳐 작곡을 하여 수많은 걸작(傑作)을 남겼다.

예외라고 한다면 오페라로 대표되는 극음악(劇音樂)인데, 완성한 오페라는 《피델리오》 한 작품으로 그것도 몇 번이고 수정하는 등 고생한 것에 비해서는 높은 평가를 받고 있지는 않다.

뛰어난 부분도 있어 오페라극장의 레퍼토리가 되고 있지만 다른 장르에서 남긴 업적(業績)에 비하면 그 빛이 작다.

진가(眞價)는 교향곡 등의 기악 작품에서 압도적으로 나타난다.

베토벤은 고전파와 낭만파의 가교적(架橋的)인 존재로 자주 일컬어지는데, 그 특징이 잘 드러나고 있는 것도 교향곡이다.

유명한 곡은 3번 《에로이카》, 5번 《운명》, 6번 《전원》, 9번 《합창》 등이 있다. 교향곡이란 무엇인지 한 마디로 말하자면 「제시부, 전개부, 재현부」로 구성되는 소나타형식을 도입한 관현악곡일 것이다.

하이든과 모차르트가 완성시킨 대규모 관현악곡으로서의 교향곡에 베토벤은 더욱더 스케일과 정신적인 깊이를 더했다.

그의 교향곡은 대부분 「급속 악장 — 완서 악장 — 미뉴에트 — 급속 악장」이라는 4악장 구성으로(하이든이나 모차르트에게는 3악장 구성의 교향곡도 있다), 이후 교향곡은 4악장 구성이 일반적인 형식이 된다.

○ **제1악장부터 제3악장까지를 부정하는 「환희의 찬가」**

「환희의 찬가」로 알려진 너무나도 유명한 이제는 대중적이라고도 말할 수 있는 곡이다. 「제9 교향곡」은 통속적(通俗的)인 명곡과 그리 멀지 않은 광기로 가득 채워진 걸작이다.

젊은 시절부터 귓병으로 고생해 온 베토벤(1770~1827)이었지만 이 곡을 완성시키는 최만년 무렵에는 거의 청력을 잃고 있었다. 더불어 건강상태도 악화되고 많은 후원자 및 친구들도 떠나 금전적으로 곤궁(困窮)해져 실의와 고독의 만년을 보내고 있었다.

그 무렵, 빈은 G. 로시니(Gioachino Antonio Rossini)의 밝고 경쾌한 음악이 인기를 얻어 상대적으로 베토벤의 심각한 음악은 경원시(敬遠視)되고 있었다. 또 그 자신의 음악도 대중이 선호하는 음악과 점점 거리가 멀어지고 있었다.

장년기(壯年期)에는 운명과 싸우는 듯한 격한 곡을 썼지만 40대 후반부터는 후기의 피아노소나타로 대표되는 명상적이고 철학적인 곡을 쓰게 되었다.

그런데 그러한 베토벤이 50세에 격렬하고 투쟁적인 「제9 교향곡」을 완성시킨 것이다(그는 그 3년 후에 세상을 떠났다). 베토벤은 생애의 마지막에 다시 한 번 인생과 예술에 대한 격렬한 승부를 한 것이다.

제1악장의 신비한 도입 부분은 지금까지 어느 누구도 자아낸 적이 없는 신비한 잔향이다. 20세기 최고의 지휘자 빌헬름 푸르트뱅글러(Wilhelm Furtwängler)는 이 서두를 「우주의 창세(創世)」에 비유했다.

실제 우주가 어떻게 탄생되었는지는 모르지만, 암흑과 혼돈의 세계에 작은 빛이 생겨 그것이 명멸하면서 천천히 회전(回轉)을 시작하여 마침내 거대한 소용돌이가 되어 우주가 모습을 드러낸다. — 마치 그러한 이미지를 방불케 하는 서두이다. 그리고 음악은 굽이치듯, 또 큰 파도가 밀려왔다 밀려가듯이 혼돈된 세계의 두려움을 보여준다. 이 제1악장은 베토벤 장년기의 웅혼(雄渾)함과 만년의 철학성이 융합된 최고의 음악이다.

제2악장은 격렬한 투쟁의 음악이다. 엄습(掩襲)해 오는 어두운 운명을 상징하듯이 팀파니가 처절한 소리를 낸다. 전곡 중 가장 짧은 악장이긴 하지만 강렬한 인상을 남긴다.

제3악장은 앞 악장에서의 투쟁의 피로를 치유하듯 싹 달라진 조용한 음악으로 주선율은 더 할 나위 없이 로맨틱하여 젊은 날의 걸작 피아노소나타 「비창」의 제2악장과 흡사하다. 깊은 정신성이 담긴 이 제2악장이야말로 「제9 교향곡」의 백미(白眉)라고 하는 사람도 적지 않다. 이 악장을 끝으로 곡을 마쳤으면 좋았을 것이라고 말하는 극단적인 사람도 있을 정도로 제3악장은 훌륭하다. 그러나 베토벤은 감미로운 세계에 젖어 도피하는 남자가 아니다. 이 악장의 마지막 즈음에 잠시 조는 베토벤을 깨우듯이 금관악기가 울려 펴진다.

한순간의 달콤한 꿈에서 깨어난 그는 다시 한 번 일어선다.

그리고 맞이한 최종 제4악장은 서두에서 갑자기 폭풍과 같은 격심한 음악이 불어 닥친다. 마치 제3악장의 달콤한 꿈을 날려 버리는 폭풍과도 같다. 그리고 저현악기(低絃樂器 / 첼로와 콘트라베이스)에 의한 레치타티보를 연주한다.

레치타티보란 원래는 오페라 등에서 사용되는 멜로디가 붙은 대사인데, 악기만으로 연주되는 멜로디도 레치타티보라 부른다. 그러므로 이 부분은 첼로와 콘트라베이스가 말하고 있는 것처럼 들린다.

레치타티보가 잠시 중단되고 돌연 제1악장은 우주의 혼돈(混沌)을 연상시키는 선율이 나타난다. 그러나 바로 레치타티보로 지워진다. 다음으로 제2악장은 투쟁이 선율로 표현되지만, 이 역시도 레치타티보로 바로 지워진다. 그리고 제3악장의 선율이 흐른다. 이번에는 앞 두 악장처럼 바로 지워지지 않으며 부드럽게 위로하듯 아름다운 멜로디가 잠시 지배한다. 그 도중 멀리서 「환희의 찬가」선율이 들리는데, 바로 다시 제3 악장의 감미로운 음악으로 싹 사라진다. 이 부분을 듣고 있으면 베토벤의 심정이 애달플 정도로 전해져 온다.

그는 이 달콤한 세계에 계속 머물고 싶었을 것이다. 「환희」를 지향하기 위해 싸우는 것이 아니라, 언제까지나 이 꿈같은 세계에서 잠들고 싶었을 것이다. 그러나 베토벤은 그 미련을 끊었다. 어떠한 결의처럼 두 강력한 화음이 제3악장의 선율을 부정(否定)한다.

그리하여 마침내 그 유명한 「환희의 찬가」의 선율이 피아니시모로 조용히 연주된다. 같은 선율을 반복하면서 서서히 악기가 늘어간다. 다시 폭풍 같은 음악이 불어 닥치고 모든 음악이 멈춘 뒤, 베이스(남성의 저음) 가수가 「오 벗이여, 이와 같은 음이 아니다」라고 노래한다. 그 선율은 지금까지 반복된 레치타티보의 선율이다. 그리고 가사는 베토벤 자신이 직접 쓴 것이다. 즉 그는 여기에 이르기까지 모든 음악(제1악장부터 제3악장까지)을 부정한 것이다. 가사는 이렇게 이어진다. 「우리는 더 즐거운 노래를 원한다」

그때, 우리는 그때까지 저현으로 연주되던 레치타티보가 실은 그 말을 이야기하고 있었던 것을 알게 되는 것이다.

이 구성을 「과하다」 또는 「고의적이다」라며 비난하는 사람도 있다. 마치 음악을 드라마와 같은 구성으로 만들었다는 것이다. 그러나 지금까지 음악의 세계에서 이러한 시도를 한 사람은 아무도 없었다. 베토벤이 한 말 중에서 「미(美)를 위해 깨서는 안 되는 규칙(規則)은 없다」는 말이 있는데, 그는 진리와 미(美)를 위해서는 못할 것이 없는 예술가인 것이다. 약 200년이나 전에 이러한 음악을 만든 베토벤은 실로 대단하다고 생각한다.

한편, 음악은 드디어 「환희의 찬가」로 이어진다. 이 가사는 실러(Johann Christoph Friedrich von Schiller)가 쓴 송시(頌詩) 「환희에 부침」이다. 베토벤이 이 시에 음악을 붙이고자 생각한 것은 20대 무렵이라고 전해지고 있는데, 젊은 날의 뜻을 늦은 나이에 이룬 셈이다. 이 노래는 일반적으로 「사람들이 손을 붙잡고 환희의 노래를 부르자」는 밝고 명랑한 노래라고 믿고 있지만 그러한 보이스칼라적인 가벼운 노래는 결코 아니다.

시(詩) 안에는 확실히 「진실된 우정을 얻은 자여, 여성의 따뜻한 사랑을 얻은 자여, 환희의 노래를 함께 부르자. 그러나 그것조차 가지지 못한 자는 눈물 흘리며 발소리 죽여 떠나가라」라고 되어 있다.

즉, 사랑과 우정을 얻지 못한 자는 떠나라! 라고 선언하고 있는 것이다. 오늘날 젊은이들의 달콤한 고독, 은둔형 외톨이적인 것 등을 모두 부정하고 있다. 사람들의 진정한 연대(連帶), 사랑과 우정의 이상을 노래한 것이다.

이는 청력을 잃은 만년의 베토벤의 영혼의 부르짖음이기도 했다.

그리고 「제9 교향곡」의 마지막은 「백만의 사람들이여, 껴안아라!」라는 합창으로 노래하며 장대한 오케스트라로 마무리된다. 전곡을 연주하면 1시간이 훨씬 넘는 거대한 곡으로 과거 이 정도로 장대한 교향곡을 쓴 사람은 없었다. 또 교향곡에 4명의 가수(소프라노, 알토, 테너, 베이스), 나아가 합창단까지 가세한 공전(空前)의 음악이다.

○ 생애 최고의 성공

이 곡의 초연(初演)은 1824년 이미 청력을 완전히 잃은 베토벤이 지휘했지만 교향악단원들은 베토벤 옆에 선 부지휘자를 보면서 연주하였다. 연주가 끝나고 관중은 매우 감동하여 떠나갈 듯한 갈채를 보냈지만 베토벤에게는 들리지 않아 알토 가수가 그의 손을 잡고 관객석으로 돌아보게 했다. 그때, 청중이 열광적으로 박수를 보내는 광경을 본 그는 너무 기쁜 나머지 정신을 잃었다. 이것은 그의 생애 최고의 성공이었다. 이 초연의 대성공은 음악의 신이 고난(苦難)의 생애를 보낸 베토벤에게 보내준 마지막 선물이라는 느낌이 든다.

그 증거로 초연 이후 이 곡의 연주는 모조리 다 실패한다. 당시의 오케스트라나 합창단의 기술로는 「제9 교향곡」을 완전히 연주하는 것은 불가능했기 때문이었다. 때문에 언제부터인가 동시대(同時代)의 청중에게는 「거장이 만년에 만든 수수께끼와 같은 대곡」이라고 여겨졌고, 베토벤 사후(死後)에는 연주도 거의 이루어지지 않게 되었다.

「제9 교향곡」의 진가가 처음으로 세상에 알려지게 된 것은 베토벤이 세상을 떠난 지 약 20년 후 리하르트 바그너(Wilhelm Richard Wagner)에 의한 드레스덴에서의 연주에서였다. 바그너는 관계자들의 반대를 무릅쓰고 「제9 교향곡」을 프로그램에 싣고 엄청난 리허설을 반복하여 멋진 연주를 이루어냈다. 이때 청중은 처음으로 베토벤의 「제9 교향곡」의 위대함을 알게 되었고, 이후 이 곡은 유럽을 제패(制覇)하게 된다.

○ 압도적인 드라마 「바이로이트의 제 9 교향곡」

「제9 교향곡」의 명연은 별만큼 무수하다. 아니 이 정도의 곡이라면 어떻게 연주를 하여도 감동이 있겠지만, 굳이 명연을 몇 가지 꼽자면 우선 푸르트뱅글러의 연주이다. 십여 종류 남아 있는 그의 「제9 교향곡」(모두 라이브 녹음)은 모두 훌륭한 연주지만 전설적인 명반이라고 말할 수 있는 바이로이트 축제 관현악단판(1951년)은 많은 사람들로부터 최고의 평판을 받고 있다. 「바이로이트의 제9 교향곡」이라고 불리는 이 연주는 64년 이상 전의 옛 음반이지만 이 녹음의 진가는 결코 사라지는 것이 아니다.

바그너의 오페라만을 연주하는 바이로이트 음악제는 전후 한동안 연합군에 의해 금지되었지만 1951년 재개되었다. 「바이로이트의 제9 교향곡」은 그 재개를 축하한 오프닝 콘서트에서 푸르트뱅글러가 지휘한 연주다. 연주는 더 이상 훌륭한 퍼포먼스는 없다고 말할 수 있을 정도로 극적(劇的)이며 감동적이다. 이 CD를 들으면 압도적인 음의 드라마에서 헤어 나오지 못할 것이다.

그런데 푸르트뱅글러의 「제9 교향곡」에는 사실 또 하나의 대단한 면이 숨겨져 있다. 전쟁 중이었던 1942년에 베를린에서 연주한 것이다. 「소름 끼친다」라는 표현마저도 미적지근하게 느껴질 정도로 매우 처절한 연주다. 소리가 좋은 새로운 녹음이라면 헤르베르트 폰 카라얀 지휘의 베를린 필하모니 오케스트라(1977년), 크라우디오 아바도 지휘의 베를린 필하모니 오케스트라(1985~88년), 클라우스 텐슈테트 (Klaus Tennstedt) 지휘의 런던 필하모니 오케스트라(1985년) 등을 꼽을 수 있겠다. 게오르그 솔티 경(卿) 지휘의 시카고 심포니 오케스트라(1972년)의 연주는 실로 호쾌하고 강력한 것로 평가받고 있다. 오케스트라도 합창도 최고급 레벨의 명연주다.

베를린 필하모니홀 |

◇ 장르별 대표작

○ 교향곡

- 제3번 내림마장조《에로이카(영웅)》Op.55 (1803~1804년 작곡, 1804년 초연)
- 제5번 다단조《운명》Op.67 (1807~1808년 작곡, 1808년 초연)
- 제6번 바장조《전원》Op.68 (1807~1808년 작곡, 1808년 초연)
- 제7번 가장조 Op.92 (1811~1812년 작곡, 1813년 초연)
- 제9번 라단조《합창》Op.125 (1822~1824년 작곡, 1824년 초연)

○ 협주곡

- 피아노협주곡 제5번 내림마장조《황제》Op.73 (1809년 작곡, 1811년 초연)
- 바이올린협주곡 라장조 Op.61 (1806년 작곡·초연)

○ 실내악곡

- 현악4중주를 위한 대 푸가 내림나장조 Op.133 (1825~1826년 작곡)
- 피아노 3중주곡 제 7번 내림나장조《대공》Op.97 (1811년 작곡, 1814년 초연)
- 바이올린 소나타 제9번 가장조《크로이처》Op.47 (1803년 작곡·초연)

○ 피아노곡

- 피아노소나타 제8번 다단조《비창》Op.13 (1797~1798년 작곡)
- 피아노소나타 제14번 올림다단조《월광》OP.27-2 (1801년 작곡)
- 피아노소나타 제21번 다장조《발트슈타인》Op.53 (1803~1804년 작곡)
- 피아노소나타 제23번 바단조《정열》Op.57 (1804~1805년 작곡)
- 피아노소나타 제29번 내림나장조《해머 클라비어(Hammer klavier)》Op.106 (1817~1818년 작곡)
- 바가텔(bagatelle)《엘리제를 위하여》가단조 WoO.59 (1810년 작곡)

종교곡

- 미사 솔렘니스 라장조 Op.123 (1819~1823년 작곡)

◇ 추천 음반

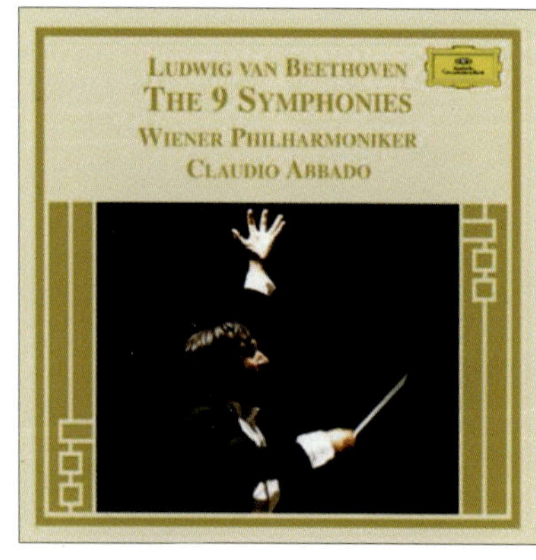

- 베토벤 교향곡 전집(Universal Italy) 4761914
- 클라우디오 아바도 지휘
- 빈 필하모니오케스트라
- 녹음 : 1985~88년

◇ Claudio Abbado(클라우디오 아바도)

아바도 |

지휘자 아바도가 빈 국립 오페라하우스의 음악감독을 맡았던 시절 빈 필과의 관계가 한층 더 밀접해졌는데, 젊은 시절부터 이 오케스트라에게 인정을 받아 베토벤, 말러 등에서 오케스트라의 자발성을 존중(尊重)한 멋진 연주를 남기고 있다.

클라우디오 아바도는 이태리의 지휘자이고 이태리 오페라의 명소인 스칼라 극장의 음악감독이었음에도 푸치니에 의해 대표되는 베르디 이후의 일반적으로 베리스모 오페라라고 불리는 오페라를 조심성 있게 피해 왔다. 반면 프로코피에프나 스트라빈스키 등의 작품은 매우 적극적으로 지휘해 왔다. 그의 지휘는 이태리 출신의 지휘자들에게서 볼 수 있는 열정적이거나 카리스마적인 것과는 거리가 멀다. 그보다는 이지적(理智的)이며 노래하듯 아름답고 명확한 것을 선호한다. 특정 작품의 양식적인 아름다움을 부각시키는 것은 그의 장기랄 수 있다. 시간이 흐를수록 더욱 뛰어난 광채(光彩)를 발하고 있는 명지휘자 클라우디오 아바도는 1933년 6월 26일 이탈리아 밀라노에서 태어났다. 그는 밀라노 주세페 베르디 음악원에서 지휘와 피아노, 작곡 등을 공부하고 이어 한스 스바로프스키에게서 지휘법을 익혔다. 그의 재기(才氣)는 꽤 일찍부터 나타나기 시작했는데, 1958년의 탱글우드 페스티벌에서 쿠세비츠키 상(賞)을 받은 것이 그 대표적이다. 이 상으로 그는 촉망받는 젊은 지휘자 중의 하나로 주목받기 시작했고 1960년 스칼라 오페라 극장에서 알레산드로 스카를라티의 탄생 300주년을 기념하는 공연을 지휘함으로써 지휘자로서 성공적인 데뷔를 장식했다. 몇 년 후인 1963년에는 런던에서 열린 디미트리 미트로풀로스 지휘자 콩쿨에서 우승해 그의 실력을 다시한번 보여주었다. 그가 잘츠부르크에 모습을 드러내기 시작한 것은 1965년 8월경이었다. 빈 필하모닉을 이끌고 이 페스티벌에서 난곡(難曲) 중의 하나인 말러의 교향곡 '제2번'을 무리 없이 연주해 좋은 평가를 받았다. 1968년의 잘츠부르크 음악제에서도 그는 로시니의 오페라 '세빌리아의 이발사'를 지휘해 호평을 얻어낸 바 있다. 이외에도 그는 처음으로 스칼라 오페라 극장에서 시즌 최초의 공연을 지휘하기도 했는데 이때가 1967년이었다. 한편 같은 해에 그는 스칼라 극장 관현악단의 수석 지휘자로 임명되어 갈수록 그 명성을 다져가기에 이른다. 하지만 클라우디오 아바도가 본격적으로 메이저 지휘자로 부상할 수 있었던 것은 1971년 빈 필하모닉의 수석 지휘자가 되면서부터이다.

빈 필의 탄생은 빈 궁정 오페라극장(현재의 국립오페라극장) 관현악단이 자주적으로 모여 빈에서의 프로 음악가에 의한 자주 운영 연주회용 오케스트라의 활동을 시작한 것으로 거슬러 올라간다. 이때 그들과 함께 교향악단 창설을 위해 최선을 다한 것이 궁정 오페라극장의 악장을 역임했던 니콜라이인데, 그는 빈 필로부터 음악감독 및 수석 지휘자와 같은 포스트를 제공(提供)받은 것은 아니다.

니콜라이가 빈에서 떠난 후, 빈 필은 일시 활동의 정체를 맞았지만 1860년 이후는 자체공연(自體公演)을 정기적으로 여는 정기연주회를 개최하게 된다.

그 계기를 구축한 것이 예전 니콜라이가 근무하던 궁정오페라극장의 지휘자를 지내고 마침내 지배인도 역임하게 된 에케르트(Eckert). 다만 에케르트를 비롯해 그의 후임으로서 궁정오페라극장의 지휘자 및 감독에 취임하여 빈 필도 지휘한 데소프(Felix Otto Dessoff), 리히터(Karl Richter), 말러(Gustav Mahler)와 같은 유명 음악가는 모두 빈 필에서는 어디까지나 「정기연주회 지휘자」, 즉 정기연주회를 지도하는 존재라는 지위에 지나지 않았다.

여기에도 지휘자에게는 필요 이상으로 많은 권한(權限)을 주지 않으려고 하는 교향악단의 자주 독립을 볼 수 있을 것이다. 그럼에도 말러와 같이 재능은 있지만 오케스트라의 자주성을 침해하는 지휘자가 나타나 교향악단과 심각한 대립이 빈발하게 되어, 20세기에 들어서자 빈 필은 객연 지휘자 체제를 도입하기 시작하여 1933년 이후는 일관적으로 이 시스템을 유지하고 있다. 1973년에는 빈의 모차르트 협회로부터 모차르트 메달을 수상하는 영예도 안았다. 한편 그러는 와중에 클리블랜드 심포니 오케스트라 및 필라델피아 심포니 오케스트라와 함께 미국 투어를 펼쳤고, 그런가 하면 빈 필하모닉 오케스트라를 이끌고 한국을 비롯 일본과 중국 공연도 가진 바 있다. 클라이우디오 아바도가 런던 심포니 오케스트라의 수석 객원 지휘자로 임명된 것도 이즈음의 일이다. 1974년에는 모차르트의 오페라 '피가로의 결혼'을 스칼라 극장에서 지휘했는데, 이것은 그가 처음으로 손을 댄 모차르트 오페라이기도 했다. 1989년 아바도는 대 지휘자 카라얀의 사망으로 세계 최고의 오케스트라인 베를린 필하모닉의 제5대 음악감독으로 취임해 세계적인 관심을 집중시키기도 했다. 그는 처음에는 베를린 필이라는 막강한 교향악단의 광채를 컨트롤하지 못해 애를 먹어 보이는 듯했지만 시간이 지나며 특유(特有)의 스타일로 이 대악단의 또 다른 면을 부각시키는 명연을 펼쳐보였다. 그중에서도 베토벤의 교향곡 전집 녹음은 베를린필하모닉과 이룬 거대한 업적(業績)이라 할 수 있다.

DISK

클라우디오 아바도
교향곡 제9번 「신세계에서」
- 베토벤 : 교향곡 전집 (Universal Italy) 4761914 (해외판)
- 녹음 : 1985~88년
- 말러 : 교향곡 전집 (DG) 4470232 (해외판)
- 녹음 : 1977~92년

말러 : 교향곡 제4번
- 클라우디오 아바도 지휘 빈 필하모니관현악단
- 녹음 : 1977년 5월

브루크너 : 교향곡 제9번
- 클라우디오 아바도 지휘, 루체른축제관현악단

□ 모짜르트 『교향곡 제40번』 / Symphony No.40 in g minor K.550

교향곡 중 가장 극적(劇的)이며 긴장감 넘치는 음악이다. 1788년 6월부터 8월까지 작곡한 〈교향곡 40번〉은 모차르트 최후의 3대 교향곡이다. 일생 동안에 50곡이 넘는 많은 교향곡을 남겼지만 〈교향곡 25번〉과 함께 단 두 곡밖에 없는 단조(短調) 교향곡 중 하나다.

40번 교향곡은 그의 교향곡 중 걸작으로 분류되는 만년의 16개의 교향곡 중에서 단 한개의 단조 교향곡이다. 단순한 모티브의 극적 전개가 돋보이는 기쁨과 슬픔, 유머와 눈물이 잘 융합된 걸작으로 손꼽히고 있다. 모짜르트 최후의 3대 교향곡 중 두 번째 곡으로서 39번의 밝고 맑음, 40번의 장려함과 대조적으로 그윽한 애수를 담은 비극미(悲劇美)를 특색으로 한다. 이는 모짜르트가 살았던 시대가 절대음악을 추구하는 시대였다는 시대적 배경 또한 무시할 수 없겠으나, 모짜르트의 작품이 가지는 비자서전적인 특질이 중요한 원인인 것으로 생각된다. 물론 모짜르트가 단조 작품을 만들어내는 시기는 일반적으로 자신의 환경이 불우해지는 시기와 일치한다.

작품 전반에 걸쳐 장조 조성을 즐겨 썼던 모차르트는 전체 교향곡 가운데 단 두 곡만 단조로 작곡했는데, 두 곡 모두 g단조이다. 같은 조성의 두 곡을 구분하기 위해 〈25번〉은 '작은 g단조 교향곡', 〈40번〉은 '큰 g단조 교향곡'이라 불린다. g단조는 전통적으로 깊은 슬픔과 슬픔을 상징하면서 라멘트에서도 자주 사용되었는데, 이 조성에 특별한 애착을 보인 모차르트는 교향곡 외에도 〈피아노 4중주 K.478〉, 〈현악 5중주 K.516〉에서 같은 조성을 사용했다.

1791년 4월 빈에서 초연하였으며 18세기 교향곡의 전형을 답습(踏襲)하지 않은 독특한 형식의 표현방식 때문에 다양한 평가를 받았다. 작곡자이자 음악평론가인 로베르트 슈만은 이 교향곡에 감탄하며 "가볍고 고대 그리스적 우아함이 배어있다"고 평한 반면에 음악학지 알프레트 아인슈타인은 "실내악적인 작품"이라 말하였으며, 로빈스 램던은 "모짜르트의 조울증을 반영한 작품"이라 평가하는 등 다양한 의견을 내놓았다.

○ **단순한 모티브의 극적 전개**

〈교향곡 40번〉은 '1악장 몰토 알레그로, 2악장 안다테, 3악장 미뉴에트 알레그레토, 4악장 알레그로 아사이'까지 전체 네 악장으로 구성되어 있다.

• 1악장 몰토 알레그로(Molto Allegro / g단조, 2/2박자, 소나타형식)

비올라의 어두운 박자로 시작해 곧이어 첫 번째 주제가 나온다. 서주부 없이 곧바로 주제를 들려주는 이러한 기법은 낭만주의(浪漫主義) 시대에 유행하였다.

소나타형식으로 작곡한 1악장은 영화 〈아마데우스〉에 삽입된 곡으로 대중에게 무척 친숙하다. 주제 선율을 구성하는 기본단위인 단2도 하행 음정으로 이루어진 8분음표 두 개와 4분음표의 3음 모티브는 라멘트에서 자주 볼 수 있는 한숨의 모티브를 떠올리게 한다. g단조와 더불어 내면의 슬픔의 정서를 상기시키는 장치로 볼 수 있는 리듬형은 훗날 오페라 〈피가로의 결혼〉에 나오는 케루비노의 아리아 '내가 누구인지, 무슨 일을 하는지 나도 모르겠어요'(Non so piu cosa son cosa faccio)의 주제 선율에 차용(借用)되기도 했다.

짧은 음표 2개에 긴 음표 1개로 이루어진 이런 형태의 음형 모티브는 로시니의 〈빌헬름 텔〉 서곡을 비롯해 비슷한 시기의 여러 작품에서도 볼 수 있지만, 모차르트는 비화성음인 전타음을 사용해 긴장감을 높이고 선율을 약박에서 시작함으로써 당김음과 유사한 일시적인 셈여림의 변화를 꾀한다. 또한 2도 음정의 반복 이후에 등장하는 4분음표의 6도 도약을 통해 자칫 밋밋하게 전개될 수 있는 선율에 역동성과 활기를 부여(附與)하기도 한다.

• 2악장 안단테(Andante / E♭장조, 6/8박자, 소나타형식)

느린 2악장은 g단조와 관계조성인 E♭장조로 전개된다. 긴장감과 역동성을 강조한 1악장의 흐름을 잠시 쉬어가는 듯 부드럽고 평화로운 선율 속에 휴식 같은 분위기가 펼쳐지지만 관악기와 현악기가 대화를 나누듯 펼쳐지는 부분은 음색의 조화로운 하모니를 느낄 수 있다.

• 3악장 미뉴에트 알레그레토(Menuetto Allegretto/g단조,2/2박자, 소나타형식)

강렬한 헤미올라 리듬으로 시작한다. 미뉴에트 리듬을 사용한 3악장은 상행하는 아르페지오와 하행하는 반음계 선율의 대조가 특징적으로 사용된다. 특히 오리지널 악보에는 사용되지 않았던 클라리넷이 개정판 이후에 등장해서 한층 음향적인 효과를 더한다.

• 4악장 알레그로 아사이(Allegro assai / g단조, 2/2박자, 소나타형식)

1악장과 마찬가지로 소나타형식으로 쓰인 4악장은 아르페지오 형태의 상행하는 음형이 극적인 분위기를 만들어낸다. 못갖춘마디의 불안정한 분위기로 시작한 4악장은 단조의 정석. 가장 강하게 느껴지는 부분으로 비극적이면서 격정적인 피날레를 장식한다. 고전시대(古典時代) 교향곡의 피날레에서 나타나는 일반적인 경향인 단정하고 가지런함을 따라 주로 여덟 마디의 악절로 구성하고 있다. 반음계의 한 음만을 제외하고 모든 음이 연주되는 발전부의 시작 부분에 나타나는 전조악절에서는 조(調)가 매우 불안정해진다. 재현부에서는 제시부가 재현되지만 제2주제가 확대되어 나오고 종결부도 규모가 크게 편성되어 비장감(悲壯感)이 감도는 가운데 대단원의 막을 내린다.

모차르트의 〈교향곡 40번〉은 대중적인 인기만큼이나 수많은 레코딩이 남아 있고 연주자마다 해석의 기준과 스타일도 각기 다르다. 모차르트 교향곡의 정석으로 평가받는 브루노 발터 지휘의 뉴욕 필하모닉의 연주, 푸르트벵글러와 빈 필하모닉의 연주, 그리고 18세기 스타일의 정격 연주로 해석한 니콜라스 아르농쿠르와 프란스 브뤼헨의 녹음 등이 있다.

ㅁ 볼프강 아마데우스 모차르트(Wolfgang Amadeus Mozart)

오스트리아의 잘츠부르크는 모차르트, 여름의 음악제, 사운드 오브 뮤직의 3가지로 유명하다. 모두 음악과 관계하고 있기 때문에 지금은 "음악의 도시"라는 인상이 강하지만, 역사를 살펴보면 수도 빈처럼 풍부한 음악문화가 이 도시에 뿌리를 내리는 일은 없었다. 모차르트가 태어난 18세기의 잘츠부르크는 이 도시를 지배하고 있던 가톨릭 대주교가 음악을 찾는 것 이외에 주문자(注文者)가 없어 음악환경에 축복받았다고 말하기는 매우 어렵다.

1756년에 음악가의 아들로 태어난 모차르트는 4살에 악보를 암기하고 5살에 작곡을 시작한 신동으로 잘츠부르크에 있기에는 아까운 일재(逸材)였다. 그래서 그의 아버지는 모차르트가 6살 때부터 유럽 각지로 아들을 알리는 여행을 떠났다. 모차르트는 인생의 1/3에 해당하는 3,720일의 시간을 여행에 할애했다.

때문에 파리, 런던, 뮌헨, 밀라노를 비롯한 유럽의 각 도시에 모차르트의 흔적이 남아 있다. 각지에서 높은 주목을 받았지만 조건이 좋은 일자리를 찾지 못해, 결국 잘츠부르크로 돌아와서는 대성당 및 궁전에서 연주하거나 종교음악(宗教音樂)을 작곡했다.

그러나 새롭게 대주교로 취임한 히에로니무스 콜로라도(Hieronymus Graf von Colloredo)는 절약가로 문화적 활동에 호의적이지 않았다. 모차르트는 25세에 잘츠부르크를 떠나 음악의 도시 빈으로 정착하기로 결심한다. 그곳에서는 프리랜서 음악가로서 오페라 작곡, 악기 연주, 음악 지도 등을 하면서 생계를 유지했다. 모차르트가 대표적인 오페라 및 교향곡, 협주곡 등을 연속해서 발표하게 된 것은 빈 시절 이후의 일이다.

음악환경이 부족했던 잘츠부르크는 결국 모차르트에게 버림받았다. 그래도「대관식 미사」등의 초기 주요 작품이 잘츠부르크에서 작곡하는 등 모차르트의 재능을 키워준 도시임에는 틀림없다.

잘츠부르크는 그로 인해 자부심을 잃기는커녕 이제는 오히려 모차르트를 전면에 내세운 도시가 되었다. 모차르트의 생가, 주거, 조각상, 모차르트 재단 등의 주요 장소뿐만 아니라 도시의 구석구석에 모차르트의 흔적을 엿볼 수 있다.

모차르트 광장에 세워진 모차르트 조각상. 모차르트의 두 아들이 입회한 가운데 모차르트의 사후 51년째인 1842년에 성대한 준공식이 열렸다. 아내 콘스탄체는 반년 전에 세상을 떠나 준공식에 참석할 수 없었다.

준공식에는 "모차르트 2세"를 자칭(自稱)했던 아들 프란츠 모차르트(Franz Xaver Wolfgang Mozart)가 자작의 축제 칸타타를 연주했다.

1756년 1월 27일 볼프강 아마데우스 모차르트(Wolfgang Amadeus Mozart)가 탄생했다. 1880년 이래 모차르트 박물관으로서 공개되고 있다.

오리지널 악기, 모차르트家 가족 각각의 초상화, 자필 악보를 볼 수 있다. 모차르트가 어린 시절에 이용했던 작은 바이올린도 있다. 모차르트가 태어나고 자란 환경 및 주위를 둘러싸는 인간관계, 오페라 작곡에 대한 정렬 등을 알 수 있다.

모차르트의 생가가 비좁아져서 일가는 1773년에 마르크트 광장(Marktplatz)에 있는 더 큰 방으로 이사했다. 친구 음악가들을 초대할 수 있게 되어 사교의 장으로서도 이용하였다. 모차르트는 17세부터 24세까지를 이곳에서 보내게 되었고, 초기의 주요 작품을 작곡했을 뿐만 아니라 최초의 중요한 오페라「이도메네요(Idomeneo)」도 이곳에서 작곡을 개시(開始)하였다.

건물은 제2차 세계대전으로 피해를 입었지만 재건되어 1996년부터 모차르트 박물관으로서 공개하고 있다. 모차르트가 사용한 악기, 모차르트 일가의 초상화, 자필 악보 등이 전시되어 있다. 모차르트가 잘츠부르크에서 보낸 시기를 중심으로 아버지, 어머니, 누나와의 관계 및 모차르트가 인생의 1/3을 보낸 여행에 대해 해설(解說)하고 있다.

1628년에 바로크양식으로 재건된 대성당. 대주교가 지배한 잘츠부르크에서 도시의 중심적인 존재로서 군림해 왔다. 모차르트의 부모가 결혼식을 올린 장소로서 모차르트가 세례를 받은 곳이기도 하다. 모차르트는 잘츠부르크 대성당의 오르간 연주자였기 때문에 대성당을 위해 수많은 종교음악을 작곡하고 또 연주했다.

모차르트는 대주교를 섬기는 궁정음악가이기도 했다. 때문에 대성당의 옆에 있는 대주교의 궁전(Residenz)에서도 기사의 방 등에서도 수많은 콘서트를 열었다.

국제 모차르테움(Mozarteum) 재단은 모차르트의 음악을 보호·장려하기 위해 1880년에 창설하였다. 재단의 사무소가 있는 현재의 건물은 뮌헨의 건축가에 의해 유겐트양식(Jugendstil)으로 1910년~1914년에 걸쳐 건축하였다. 사무소뿐만 아니라 음악학교, 도서관, 대 홀, 소홀을 설치하고 있다.

800명을 수용하는 내장이 화려한 대 홀은 여름의 음악제의 회장으로서도 이용되고 있으며, 주로 소편성의 오케스트라 및 실내악 콘서트가 이곳에서 열린다.

성 세바스찬 (Sankt Sebastian)교회에는 모차르트 일가와 관련된 인물의 묘가 있다. 모차르트의 조모와 아버지, 모차르트의 아내 콘스탄체(Constanze)와 그녀의 두 번째 남편, 모차르트가 사랑한 콘스탄체의 언니 알로이지아(Aloysia) 등의 인물이 매장(埋葬)되어 있다.

잘츠부르크가 배출한 음악가로서 모차르트에 이어 유명한 것은 1908년에 잘츠부르크에서 태어난 20세기 최고의 지휘자 헤르베르트 폰 카라얀(Herbert von Karajan)이다. 독일의 베를린 필하모니를 본거지로 하고 있었지만 빈 필하모니와도 관계가 깊어, 잘츠부르크 음악제를 세계적인 음악제로 발전시킨 장본인이기도 하다. 카라얀의 생가에는 입장할 수 없지만 정원에 세워진 카라얀의 동상을 볼 수 있다. 모차르트의 생가가 있는 게트라이데거리는 잘츠부르크에서 가장 혼잡한 쇼핑가다. 높은 건물들 사이에 낀 좁은 거리의 양측에 독일어권에서만 볼 수 있는 개성적인 상점의 간판이 늘어서 있다.

모차르트는 빈으로 이주하는 1781년까지 이곳에서 생활하였고, 모차르트의 누나 나넬(Nannerl)은 결혼하기 전 1784년까지, 모차르트의 아버지 레오폴트(Leopold)는 세상을 떠난 1787년까지 여기서 지냈다.

1925년「잘츠부르크 축제 소극장」으로 설립한 콘서트홀은 2006년 모차르트 탄생 250주년을 맞이해「모차르트를 위한 극장」으로 개칭하였다. 잘츠부르크 음악제의 메인 공연장 중 하나로 1,495명을 수용한다. 모차르트는 미라벨 궁전의 대리석 방에서 연주한 적이 있다. 영화「사운드 오브 뮤직」에서는 도레미송을 부른 장면에서 미라벨 정원이 등장한다.

◇ 추천 음반

- 모차르트, 교향곡 제40번
- 지휘 : 레너드 번스타인
- 빈필하모니 오케스트라
- 2011. 9 발매

◇ Leonard Bernstein(레너드 번스타인)

1918. 8. 25~1990. 10. 14. : 미국 |

카라얀과 번스타인이라는 성격과 음악성이 전혀 상반된 두 거장이 눈부신 활약을 보이기 시작했을 때 클래식 음악 애호가들에게는 커다란 양론(兩論)이 있었다.

눈을 감고 우아하게 지휘를 하는 카라얀의 정적인 멋진 모습보다도 지휘대에서 펄쩍펄쩍 뛰고 피아노까지 잘 치는(그것도 재즈 피아니스트처럼) 동적인 멋진 모습의 번스타인을 더 좋아하는 사람들의 느낌들이다. 레너드 번스타인은 자유로운 패션으로 지휘자의 통념을 깬 것으로도 유명하다. 청바지 등의 캐주얼 차림으로 지휘대에 선다거나 하는 것들이다.

「내 인생에서 중요한 것은 두 가지, 음악과 사람이다. 어느 쪽이 더 좋은지 물어도 대답할 수 없다.」

레너드 번스타인이 자신에 대해 이야기한 말이다. 번스타인은 즉 사람을 위해 음악을 연주했다고 말할 수 있을 것이다. 음악가로서의 번스타인은 물론 인간 번스타인도 사람들의 마음에 각인되어 있다. 매사에 지나치게 왕성한 에너지가 넘친다. 보편적 교양을 지닌 지식인, 카리스마적 지휘자, 유명 작곡가, 열혈교육가, 꿈꾸는 휴머니스트, 다국어(Multilingual)의 세계 시민... 번스타인에게는 성경의 등장인물을 연상케 하는 무언가가 있었다.

레너드 번스타인은 1918년 8월 25일 매사추세츠 주(州)의 보스턴에서 그리 멀지 않은 제조업 도시 로렌스(Lawrence)에서 태어났다. 유대계 우크라이나인인 부모님이 고향 리우네에서 아메리칸 드림을 꿈꾸고 이주한지 수년이 지났을 무렵이었다. 조모(祖母)의 뜻에 따라 처음에는 루이스라고 이름 지었지만 부모님에게는 항상 레니라 불렀다. 운전면허를 땄을 때 레너드라고 개명하였다.

하버드 재학 중 인생을 바꾸는 두 번의 만남이 있었다. 한 사람은 작곡가 아론 코플랜드(Aaron Copland). 엄밀히 말하면 코플랜드의 제자는 아니었지만 번스타인이 유일하게 작곡의 스승으로 삼았던 인물이다. 그리고 또 한 사람은 지휘자 디미트리 미트로풀로스(Dimitri Mitropolos)로서 번스타인에게는 신과 같은 존재다.

1940년 보스턴교향악단의 음악감독(音樂監督) 세르게이 쿠세비츠키(Sergey Koussevitzky)가 탱글우드에서 서머 아카데미를 개설한다는 이야기를 들은 번스타인은 추천서를 들고 긴장하며 거장 앞에 나타났다.

입학을 허가 받은 레니에게 있어 쿠세비츠키는 아버지를 대신하는 존재가 되었다. 번스타인은 스승으로부터 「음악의 기본이념, 그것은 곡(曲) 안에 있는 절대적 진실을 계속 추구하는 것이다.」라고 배웠다.

1943년 8월 25일 뉴욕 필하모닉의 음악감독 아르투르 로진스키(Artur Rodzinski)가 번스타인을 부지휘자로 임명하였다. 그 경위 역시 색달랐다. 「신예 지휘자 후보의 수가 너무 많아 하나님의 계시를 들어보니, 하나님은 이렇게 말씀하셨다. 번스타인으로 하라고」

브루노 발터(Bruno Walter)가 개인적인 사유로 1943년 11월 14일의 콘서트를 취소하게 되는데, 번스타인은 브루노의 대행으로서 준비도 하지 않은 채 지휘를 했다. 콘서트의 모습은 라디오로 전미국에 방송되어 25세의 그는 하루아침에 대스타가 되어 있었다. 유럽의 오케스트라로부터 첫 객연 의뢰를 받아 런던,

파리, 뮌헨, 프라하, 부다페스트 등에서 지휘 활동을 시작했다. 또 1947년에는 처음으로 텔아비브의 팔레스티나 교향악단(Palestine Symphony Orchestra)에서 지휘를 하였다. 다음해인 1948년, 다시 텔아비브로 돌아와 보니 오케스트라의 이름은「이스라엘 필하모니 관현악단」으로 바뀌어 있었다.

이 교향악단과는 평생 교류가 계속된다. 아버지 대신의 쿠세비츠키에게 부름을 받는 경우도 많고, 브리튼(Benjamin Britten)의 《피터 그라임스(Peter Grimes)》의 미국 초연(初演) 및 메시앙(Olivier Messiaen)의 《튀랑갈릴라 교향곡(Turangalîla-Symphonie)》의 세계 초연을 맡게 되었다. 1953년 밀라노의 스칼라극장에서의 데뷔에서는 마리아 칼라스(Maria Callas) 주연의 벨리니 작곡 《몽유병의 여인(La Sonnambula)》을 지휘해 관객을 열광시켰다.

1951년 9월 10일 칠레 출신의 여배우 펠리시아 몬테알레그레와 결혼하였다. 딸 2명, 아들 1명이 둘 사이에 태어났다. 위장결혼(僞裝結婚)으로 보는 사람도 있다. 당시의 합중국에서는 동성애의 유명인들은 거의 대부분 그런 방법을 사용하고 있었기 때문이다. 사실 사정은 매우 복잡하다. 번스타인은 여성뿐 아니라 남성도 사로잡는 사람이었다.

그리고 성적으로도 감정적으로도 남자, 여자 모두를 필요로 했다. 그런 번스타인도 1978년 아내가 56세의 젊은 나이로 세상을 떠나자 매우 큰 충격을 받았다.

지휘자로서 대단한 스피드로 커리어를 쌓기 시작하는 한편, 작곡에 대한 열의도 식지 않았다. 1942년 《교향곡 제 1번》「예레미야(Jeremiah)」, 1944년의 발레 《팬시 프리(Fancy Free)》, 1944년의 《온 더 타운(On the Town)》, 1953년 《원더풀 타운(Wonderful Town)》 그리고 1957년 《웨스트 사이드 스토리(West Side Story)》 등의 뮤지컬, 1952년의 오페라 《타히티 섬에서의 소동(Trouble in Tahiti)》, 1954년의 엘리아 카잔(Elia Kazan) 감독의 영화 《On the Waterfront》의 음악, 1956년 자작 오페라 《캔디드(Candide)》는 번스타인의 다작 스타일과 다방면에 걸친 재능을 남김없이 보여주고 있었지만, 스승 쿠센비츠키는 항상 불만이었다.

쿠센비츠키가 단정하는「가벼운 음악」 작품보다 정통파(正統派)의 음악을 작곡하고 싶었기 때문이다. 1949년 그럼에도 쿠세비츠키는 번스타인으로부터 헌정받은 《교향곡 제2번》「불안의 시대」의 초연을 지휘하였다. 이 시기 만큼은 번스타인이 재즈풍의 음악 지휘법을 스승에게 가르쳐 주어야 해서 제자와 스승의 입장이 바뀌어 버렸다!

1958년 번스타인은 뉴욕 필하모닉의 음악감독에 최초(最初)의 미국 출신의 지휘자로서 임명된다. 마침내 정상의 자리에 오른 것이다. 전임자 미트로풀로스(Dimitris Mitropoulos)는 본 교향악단에 재임 중 힘든 고난을 겪었다. 은인인 미트로풀로스에 대해 번스타인은 충성심도 전혀 없이 그의 대처 방식은 칭찬받을 만한 것은 아니었다.

모든 레퍼토리에 도전하여 그만의 매력으로 청중을 사로잡았다. 친숙한 교육자이기도 했던 번스타인이 기획했던「Young People's Concerts」의 연주회는 전국에 TV로 방영되었다. 클래식 음악을 아이들에게 설명하는데 번스타인 이상의 적임자(適任者)가 있을까.

1959년 소련 방문 공연을 마치고 쇼스타코비치의 《교향곡 제5번》을 작곡가가 참석한 자리에서 연주하였다. 케네디 대통령의 암살(暗殺)에 충격을 받고 쓴 《교향곡 제3번》「카디쉬(Kaddish)」는 보스턴에서 샤를 뮌슈(Charles Munch)에 의해 초연되었다.

1960년대 초, 번스타인이 가장 공감을 느끼고 있던 음악가 말러의 작품을 펼칠 기회가 찾아 왔다. 말러의 전집 음반을 최초로 완성한 것은 번스타인이다. 1969년 그는 뉴욕 필하모닉을 사임한다.

1970년의 베토벤 탄생 200주년 기념제에서 《피델리오(Fidelio)》의 지휘자로 임명된 것은 번스타인이었다. 이때 그는 교향악단원들에게 그 온화한 귀족적 교육을 타파하게 하였다. 연주회가 성공리에 끝난 후 멤버 전원에게 돌아가며 키스를 한 것은 빈 필 역사상 아마 그가 처음일 것이다!

1970년대에 있어서의 번스타인의 큰 공헌은 빈 필 역사상 최초의 말러 전곡 연주이다. 빈 필이 옛날 이 교향악단의 음악감독이기도 했던 말러의 음악으로부터 완전히 멀어져 버린 실정에 분개했던 번스타인은 잊혀진 전통을 되찾기 위해 오케스트라에게 말러에 대해 가르쳤다. 그 시작은 전쟁(戰爭)이었다. 단원들은 말러의 음악을 천박(淺薄)하다고 생각해 거부 반응을 보였고, 이런 음악을 연주시키는 레니를 원망하였다.

그러나 그는 참을성이 있었다. 덕분에 빈 필은 말러를 다시 자신들의 음악으로 만들었다. 「말러는 당신들의 음악입니다!」 번스타인은 이렇게 외쳤다.

빈은 제2의 고향이 되었지만 베를린은 가까이 하지 않았다. 번스타인을 까닭 없이 싫어하는 카라얀은 한 번도 그를 베를린 필에 초빙하지 않았다. 단 한번, 1979년 베를린 축제에서 베를린 필을 지휘한 적이 있었는데, 이는 프로그램 편성에 카라얀이 관여하지 않았기 때문이다. 이때 연주된 말러의 《교향곡 제9번》은 계속 회자(膾炙)되는 명연주가 되었다.

이스라엘 필하모니 관현악단, 보스턴교향악단, 런던교향악단, 바이에른방송교향악단에서도 재차 객연하였다. 프랑스 국립관현악단은 번스타인에게 완전히 반해버렸다. 피아노를 치며 지휘한 라벨의 《피아노 협주곡 사장조》, 앵발리드(Invalides)에서 연주한 베를리오즈의 《레퀴엠》 등 번스타인이 객연한 콘서트는 모두 이 오케스트라의 역사상 가장 기억에 남는 연주가 되었다. 앵발리드에서는 완벽한 불어를 선보일 기회도 얻었다.

음악감독직에서 물러난 번스타인은 다시 작곡에 몰두(沒頭)하기 시작해 1971년 《미사》, 1974년 《디벅(Dybbuk)》, 1977년 《Songfest》, 1983년 《조용한 장소((A Quiet Place)》를 완성시켰나.

1990년 8월 19일 탱글우드에서 보스턴 교향악단과 함께 브리튼(Benjamin Britten)의 《4개의 바다 간주곡(Four Sea Interludes)》과 베토벤의 《교향곡 제7번》을 지휘하였는데, 베토벤의 연주 도중 기침 발작(發作)이 일어나 일단 연주를 중지하고 다시 지휘를 재개하는 사태가 되었다. 결국 3곡째의 연주는 부지휘자에게 대행시켰다.

이 연주회 후 지휘활동에서의 은퇴를 발표하였다. 그리고 1990년 10월 9일 폐렴과 흉막종양으로 세상을 떠났다.

DISK

| 베토벤 : 교향곡 전집
(DG)474924 (해외판)
녹음 : 1977~79년

| 브람스 : 교향곡 전집
(DG)4749302 (해외판)
녹음 : 1981~82년

| 슈만 : 교향곡 전집
(유니버설)
UCCG-4099/100
녹음 : 1984~85년

| 말러 : 교향곡 전집
(DG)4778668 (해외판)
녹음 : 1974~88년

| 슈베르트 : 교향곡 제9번 《더 그레이트》
로열 콘세르트헤보 관현악단
(DG)UCCG-90582
녹음 : 1987년

| 브루크너 : 교향곡 제9번
빈 필하모니 관현악단
(DG) UCCG-90765
녹음 : 1990년

◇ 유명 음반(有名 音盤)

| 사이먼 래틀
번스타인 「온 더 타운」(EMI)

| 한스 크나퍼츠부슈
요한 슈트라우스 「남국의 장미」(Seven Seas)

| 카라얀
도니체티 「람메르무어의 루치아」(EMI)

| 게르기예프
스트라빈스키 발레 「봄의 제전」(필립스)

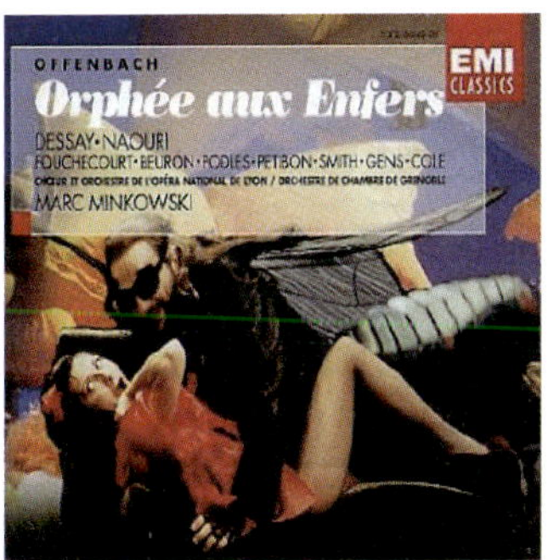

| 민코프스키
오펜바흐 「천국과 지옥」(EMI / DVD 재중)

| 세라핀
베르디 「서곡집」(1998년 : EMI)

| 번스타인
말러 「교향곡제9번」(도이체 그라모폰)

| 카를로스 클라이버
R.슈트라우스 「장미의 기사」(DVD/도이체 그라모폰)

| 쿠르트 잔데를링
「라스트 콘서트」(Harmonia Mundi)

| 바르트
R.슈트라우스「짜라투스트라는 이렇게 말했다」(EXTON)

| 푸르트벵글러
베토벤 : 교향곡 제9번 1951년 바이로이트~ (그랜드슬램)

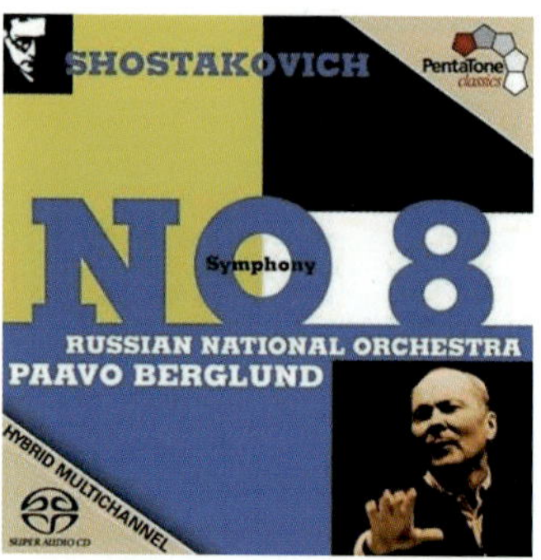

| 베르글룬드
쇼스타코비치「교향곡 제8번」(Pentatone)

| 마타치치
레하르「메리 위도 (The Merry Widow)(EMI)

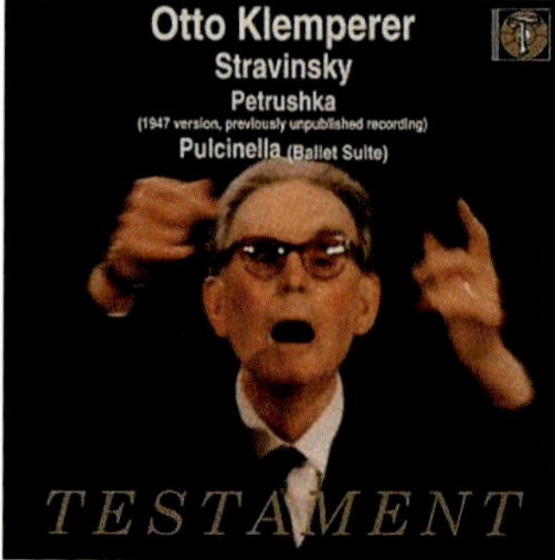

| 클렘페러
스트라빈스키「페트르슈카」(Testament)

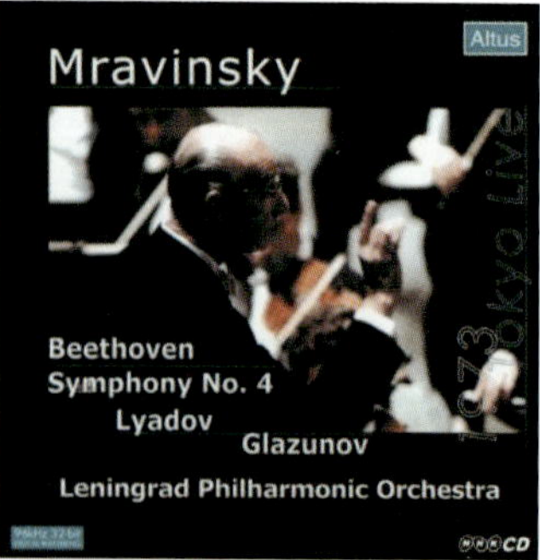

| 므라빈스키
베토벤「교향곡 제 4번」(Altus)

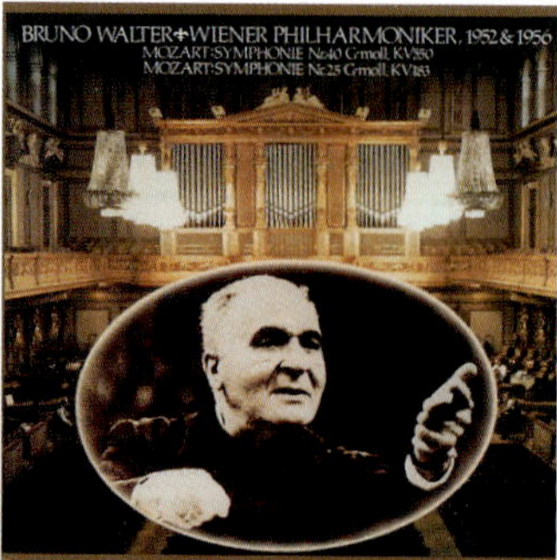

| 발터
모차르트「교향곡 제 40번」(Sony)

베토벤 : 교향곡 전집
CZSW-9156242 (해외판)

베토벤 : 피아노협주곡 전집
알프레드 브렌델 (피아노)
(DECCA)4627812

말러 : 대지의 노래
바이에른 방송교향악단
Magdalena Kožená
Stuart Skelton
BR Klassik 900172
발매 : 2018년 9월

베토벤 : 교향곡 전집
베를린 필
Berliner
Philharmoniker
KKC-5925
발매 : 2018년 9월

말러 : 교향곡 제5번
체코 필 (Octavia)
EXCL-00060
녹음 : 2011년

브람스 : 피아노협주곡 제1번
백건우 (피아노)
체코 필 (유니버설)
UCCG-1571
녹음 : 2009년

Elbphilharmonie Hamburg
Copenhagen Opera House

1. 참고문헌

1. 엘브필하모니 함부르크 홈페이지 : https://www.elbphilharmonie.de/
2. 코펜하겐오페라하우스 홈페이지 : https://kglteater.dk/
3. HAMBURGS SCHÖNE philharmonie an der Elbe, BRUCKMANN
4. JOACHIM MISCHKE & MICHAEL ZAPF ELBPHILHARMONIE HAMBURG, EDEL(小)
5. SYMPHONIKER HAMBURG LAEISZHALLE ORCHESTER, Saison 18 | 19
6. HERZOG & DE MEURON ELBPHILHARMONIE HAMBURG, BIRKHÄUSER
7. NDR ELBPHILHARMONIE ORCHESTER, SAISONVORSCHAU 18 | 19
8. JOACHIM MISCHKE/MICHAEL ZAPF ELBPHILHARMONIE HAMBURG EDEL(大)
9. 안내책자
   - Immer gute Karten! Spielzeit 2018/19
   - Ein stück Geschichte
   - Kulinarische Events in der Elbphilharmonie
   - Folgen Sie uns schon?
   - JAZZ GUITAR WOLFGANG MUTHSPIEL QUINTET - 5.NOVEMBER 2018 ELBPHILHARMONIE KLEINER SAAL
   - SYMPHONIKER HAMBURG LAEISZHALLE ORCHESTER
   - ELBPHILHARMONIE & LAEISZHALLE HAMBURG, NOVEMBER 2018
   - ELBPHILHARMONIE & LAEISZHALLE HAMBURG, DEZEMBER 2018
10. journal DAS MAGAZIN DER HAMBURGISCHEN STAATSOPER
11. ELBPHILHARMONIE MAGAZIN, nachbarn, 2018.3
12. Architektur und Baudetails/Architecture and Construction Details Herzong & de Meuron, Edition DETAIL
13. COPENHAGEN OPERA HOUSE, Richard Brett John Offord, Entertainment Technology Press Ltd (7 Jun. 2006)
14. Auditorium Acoustics and Architectural Design, Michael Barron Routledge, 2009
15. Technical Theater for Nontechnical People, Drew Campbell, ALLWORTH PRESS
16. Theaters 2 : partnerships in facility use, operations, and management Holzman Moss Architecture, JaffeHolden, Theatre Projects Consultants, Mulgrave, Vic. : Images Publishing, 2009, c2008
17. OPERAEN THE OPERA, Aschenhoug
18. Jörg Friedrich pfp architekten: Theaters, Jovis Berlin(2011.10.31)
19. Theater Planning: Facilities for Performing Arts and Live Entertainment, Gene Leitermann, Routledge; 1 edition (2017.2.23.)
20. 劇場―舞台芸術のための建築計画と設計, Roderick Ham, 鹿島出版会 (1996/02)

2. 추가자료

1. 김남돈, 『건축음향설계 、공연장순례―유럽편』, 공간예술사
2. 김남돈, 『건축음향설계 、공연장순례―일본편』, 공간예술사
3. 김남돈, 『건축음향설계 、공연장순례―한국편』, 공간예술사
4. 김남돈, 『건축음향설계 、공연장순례―일본 Ⅰ』, 공간예술사
5. 김남돈, 『세계의공연장 80選』, 지식공감

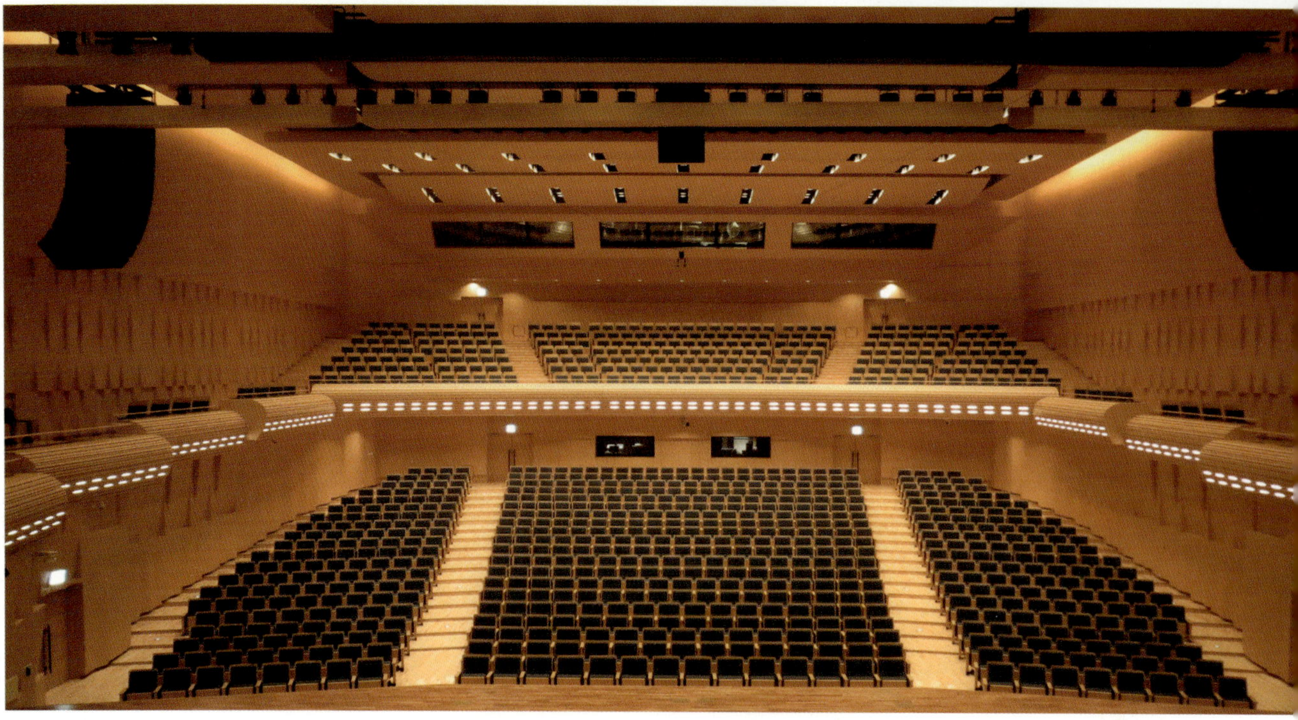

설계단계
Designing

■ 차음 계획
. 공간 운영 및 용도 검토
. 외부 발생 소음에 대한 검토
. 실내 소음/차음 설계 목표 설정 검토
. 각 구성부분 차음 소재 선정 검토
. 차음 및 소음 유입 시뮬레이션 검토

■ 건축음향 계획
. 공간 운영 및 용도 검토
. 음향 목표 수립
. 적정 규모에 의한 평면, 단면 계획
. 주요 마감재 선정
. 음향 시뮬레이션 검토

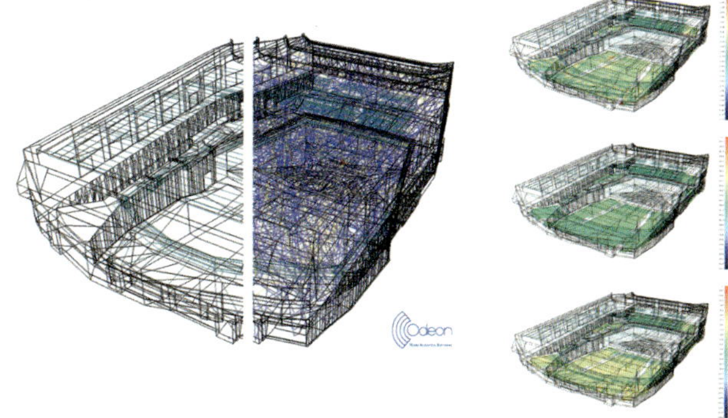

시공단계
Construction

■ 시공 중 미세 조정 실시
. 실시 설계도면 검토 및 보완
. 현장 시공 예정 마감재 등 제품 적정성 검토
. 음향, 기계, 조명 장비의 적정 여부 재확인

■ 건축음향 측정
. 배경 소음 측정
. 플로터에코(Flutter Echo) 발생 검토
. 단계별 실내 음향 성능 측정
. 각 구간별 차음 성능 측정

준공단계
Completion

■ 실내 음향 최종 측정 평가
. 플로터에코(Flutter Echo) 발생 검토
. 실의 잔향감 및 명료도 측정

■ 차음 성능 최종 측정 평가
. 배경 소음 측정
. 각 구간별 차음 성능 측정

시설관리
Facility Managemen

■ 정기 점검 실시
. 건축음향 : 시공물에 대한 관리 확인
. 전기음향 : 배관 배선 및 장비 관리 확인
. 무대설비 : 배관 배선 및 장비 관리 확인

■ 건축음향 측정
. 음향 성능 유지 확인을 위한 점검
. 사용감에 따른 차음 손실 여부 확인(실내 소음도 유지)
. 음향 제조건 유지 확인을 위한 측정(잔향감 및 명료도)

SHINHWA'S PROJECTS

Better than, the best Shinhwa's mind

인간중심의 공간문화 창조를 목표로 신화인테리어는 30년간 실내건축에서 설계, 시공 등의 모든 분야에 축적된 경험과 KNOW-HOW를 바탕으로 최근 공연장, 문화시설 등 전문 콘서트 홀의 시공경험을 통하여 공간음향과 접목되는 건축시설의 발전에 노력하고 있습니다.

동대문 디자인 플라자 & 파크, KBS 월드 공연장, 삼성전자 인재개발원 콘서트홀, 대구 콘서트 하우스, 경북도청신청사 본청 및 콘서트홀 등 다양한 실적을 바탕으로 문화공간의 창조에 힘쓰며 고객에게 만족을 드리는 것에서 한발 더 나아가 고객의 성공적인 발전에 기여하고자 합니다.

KBS 월드 공연장

KBS 월드 공연장

동대문디자인플라자 & 파크

대구 콘서트 하우스

삼성전자 인재개발원 콘서트홀

경북도청신청사 콘서트홀